"十二五"职业教育国家规划教材

经全国职业教育教材审定委员会审定

高分子材料基本加工工艺

GAOFENZI CAILIAO JIBEN JIAGONG GONGYI

第三版

徐应林　王加龙　主编

U0205505

化学工业出版社

·北京·

内 容 简 介

《高分子材料基本加工工艺》(第三版)详细阐述了高分子材料的基本理论和基本加工工艺。全书分为上下两篇:上篇详细阐述了高分子材料加工的基础理论,如高分子材料在加工中的流变行为、热行为及常用的高分子材料;下篇详细阐述了物料的配制原理与工艺、挤出成型、注射成型、压延成型、泡沫塑料的成型、模压成型和其他成型方法,还较为详细地阐述了橡胶在加工过程中的硫化工艺。

本书的内容密切联系现代生产实际,工艺方法切实可行,工艺参数与生产实际吻合,可作为高分子材料加工技术类专业的教材,也是从事高分子材料加工人员的一本很好的参考资料,还可作为技术工人培训的理论教材。

图书在版编目(CIP)数据

高分子材料基本加工工艺/徐应林,王加龙主编 . —3 版.
北京:化学工业出版社,2018.2(2025.1重印)
ISBN 978-7-122-31118-4

Ⅰ.①高… Ⅱ.①徐…②王… Ⅲ.①高分子材料-加工-
生产工艺 Ⅳ.①TB324

中国版本图书馆 CIP 数据核字(2017)第 297992 号

责任编辑:于 卉 提 岩 文字编辑:林 媛
责任校对:王素芹 装帧设计:王晓宇

出版发行:化学工业出版社(北京市东城区青年湖南街 13 号 邮政编码 100011)
印 装:北京科印技术咨询服务有限公司数码印刷分部
787mm×1092mm 1/16 印张 17 字数 449 千字 2025 年 1 月北京第 3 版第 5 次印刷

购书咨询:010-64518888 售后服务:010-64518899
网 址:http://www.cip.com.cn
凡购买本书,如有缺损质量问题,本社销售中心负责调换。

定 价:39.00 元 版权所有 违者必究

前言

《高分子材料基本加工工艺》(以下简称《加工工艺》)第二版自 2009 年 2 月出版以来，在相关高职高专院校使用了多年，教材使用覆盖材料类高分子材料工程技术、轻化工类高分子材料加工技术等专业，收到了良好的社会效益。

根据多年来的使用情况，《加工工艺》(第二版)还有一些需要进一步完善的地方。 为了更好地服务于高分子材料相关专业的教学，本次修订的重点是：

1. 对结构、段落和文字进行精简，锤炼文字语言的准确性、简洁性和条理性，增强教材的可读性；

2. 下篇各章末增加"阅读材料"，使教材内容得以延伸，以激发学生学习兴趣。 内容涉及基本常识、新工艺、新视点等；

3. 删除或替换一些或理论性太强、或过于简单、或不合时宜的内容，如删除原"第一章第四节"，增加并丰富原"第五章第一节双螺杆挤出机"内容，原"第六章第三节"用"特种注射成型工艺"替代等；

4. 更新教材中有关时效性数据，采用最新设备及工艺标准；

5. 拟建立《加工工艺》网络课程，打破学生学习上的时间和空间限制，使学生学习更自由、更方便、更多样化。

在编写过程中，在全面阐述成熟的基础理论和基本工艺的前提下，力求结合高分子工业中的新材料、新设备、新工艺和新技术。 书中的内容与生产实践结合紧密，学生学完本教材后，对高分子材料的基本加工工艺有一定的了解。

常州轻工职业技术学院徐应林、王加龙任本书第三版主编，并编写绪论、第一章第四节、第五章至第九章、第十章第一节、第十一章、阅读材料及附录；江苏理工学院周健编写第一章第一节至第三节和第二章；广东轻工职业技术学院王玫瑰编写第三章；湖南科技职业学院的李跃文编写第四章和第十章第二节；徐州工业职业技术学院王艳秋编写第十章第三节至第五节；广东轻工职业技术学院吴清鹤担任主审。 在编写过程中，得到了陶国良教授、戚亚光教授等的大力支持，在此表示衷心的感谢。

限于编者水平，书中难免有不妥之处，敬请读者批评指正。

编者
2017 年 11 月

第一版前言

本书是教育部高职高专规划教材，是按照教育部对高职高专人才培养的指导思想，广泛吸取近几年来高职高专教育工作经验的基础上编写的，本书的内容体现了石油、化工、轻工和建材四大行业几十年来在教育和生产方面改革的经验和成果，是高分子材料加工专业的必备专业教材。

本书共分十一章，分上下两篇：上篇是"基础理论"，下篇是"基本工艺"。"基础理论"部分包括"高分子材料加工与流变学概论"、"高分子材料加工中的热行为"和"常用高分子材料"共3章；"基本工艺"部分包括"成型用物料的配制"、"塑料与橡胶挤出成型"、"塑料与橡胶注射成型"、"塑料与橡胶压延成型"、"泡沫塑料成型工艺"、"塑料与橡胶模压成型工艺"、"橡胶硫化与塑料交联"和"其他工艺方法"共8章。

在编写过程中既注意从本专业学生掌握基础理论的需要出发，又注意到培养学生的综合素质和应用专业知识的能力，在全面阐述成熟的基础理论和基本工艺的前提下，力求介绍高分子材料工业中的新材料、新设备、新工艺和新技术。书中的内容与生产实践结合紧密，学生读完本书后，对高分子材料的基本加工工艺有一定了解。

本书由常州轻工职业技术学院王加龙担任主编，并编写绪论、第一章第五节和第六节、第三章第二节和第三节、第五章第一节、第七章第二节、第八章、第十章第二节、第十一章和附录。广东轻工职业技术学院吴清鹤担任主审。江苏技术师范学院周健编写第一章第一节至第四节和第二章。广东轻工职业技术学院王玫瑰编写第三章第一节和第六章第一节。湖南科技职业学院李跃文编写第四章第一节至第三节和第九章第一节。徐州工业职业技术学院王艳秋编写第四章第四节、第五章第二节、第六章第二节、第七章第一节和第三节、第九章第二节和第十章第一节。在编写过程中，得到了陶国良、戚亚光等同志的支持，在此表示衷心的感谢！

编　者

2004 年 4 月

第二版前言

《高分子材料基本加工工艺》(简称《基本工艺》)自从 2004 年 7 月出版以来,在我国相关专业高职高专学校使用了四年多,社会效益较好。《基本工艺》的内容密切联系现代生产实际,工艺方法切实可行,工艺参数与生产实际吻合,是刚从事高分子材料加工人员的一本很好的参考资料。《基本工艺》的内容翔实,图文并茂,也可供非高分子材料专业的人员参考,还可作为技术工人培训的理论教材。

但根据四年多来的使用情况,《基本工艺》(第一版)还有一些不能完全适应高职教育的内容。 如原书的第一章有关流道的计算,理论太深;第二章有关不稳定传热的计算,理论也太深;又如,橡胶方面的内容太分散,故第二版将橡胶加工的内容并为一章;第一版第六章中实际生产中的内容较少,第二版增加注射机的操作方面的内容。

《基本工艺》(第二版)教材体现高职高专这类院校的特点,教材中淡化了理论推导,强化了实际技能培训,使学生到社会上能尽快适应实际生产。 部分不适合实际生产的内容作了必要的修改。

《基本工艺》(第二版)共分十一章,分上下两篇:上篇是"基础理论",下篇是"基本工艺"。 "基础理论"部分包括"高分子材料加工流变学概论"、"高分子材料加工中的热行为"和"常用高分子材料"共 3 章;"基本工艺"部分包括"成型用物料的配制"、"塑料挤出成型"、"塑料注射成型"、"塑料压延成型"、"泡沫塑料加工工艺"、"塑料模压成型"、"橡胶加工工艺"和"其他工艺方法"共 8 章。

在编写过程中,在全面阐述成熟的基础理论和基本工艺的前提下,力求介绍高分子材料工业中的新材料、新设备、新工艺和新技术。 书中的内容与生产实践结合紧密,学生读完本书后,对高分子材料的基本加工工艺有一定了解。

本书由常州轻工职业技术学院王加龙担任主编,并编写绪论、第一章第五节、第五章、第六章、第七章、第八章、第九章、第十章第一节、第十一章和附录。 广东轻工职业技术学院吴清鹤担任主审。 江苏技术师范学院的周健编写第一章第一节至第四节和第二章。 广东轻工职业技术学院的王玫瑰编写第三章。 湖南科技职业学院的李跃文编写第四章和第十章第二节。 徐州工业职业技术学院的王艳秋编写第十章第三节至第五节。 在编写过程中,得到了陶国良、戚亚光等同志的大力支持,在此表示衷心的感谢。

编 者
2008 年 11 月

目录
Contents

绪　论

学习目标

1. 掌握高分子材料及其加工的基本概念和基本特性。
2. 掌握高分子材料原料生产和制品生产的关系。
3. 了解高分子材料的过去、现在和将来。

现代文明和未来的进步由"能源工程"、"信息工程"、"生物工程"和"材料工程"四大支柱支撑着。因此，材料的发展直接影响到人类生活和科学技术的状况。人们通常将材料分为"金属材料"、"无机非金属材料"和"有机材料"。有机材料又分为"有机低分子材料"和"有机高分子材料"（简称高分子材料）。高分子材料原料丰富、性能优良，在材料领域中所占的位置日益重要。

高分子材料从来源来分，可分为"天然高分子材料"和"合成高分子材料"。天然高分子材料种类很多，如蛋白质、纤维素、天然橡胶等。本课程基本上不讨论其他天然高分子材料，只涉及天然橡胶。合成高分子材料主要是三大合成材料，即塑料、合成橡胶和合成纤维。严格地讲，高分子材料还包括涂料、黏合剂等，但人们已习惯将高分子材料称为三大合成材料。三大合成材料应用广泛，发展前景看好。本教材重点阐述塑料材料。

什么叫高分子？通常认为，分子量超过 10^4 的材料称为高分子物；但有时分子量不到 10^4 的材料也称为高分子物。应当注意，"高分子物"和"高分子材料"的主要区别是：高分子物是一种物质，将高分子物经过工程技术处理后才能成为高分子材料；高分子材料再经过成型加工，才能进入实用领域，成为高分子制品或成品。研究高分子物、高分子材料及高分子材料成型加工的学科叫做高分子学科。

在高分子领域里，有几个词比较含混：高分子又有人称为大分子，也有将高分子称为高聚物或聚合物。笔者认为：高分子或称大分子，应该包括"天然的较高分子量的物质"（如天然橡胶、蛋白质等）和"人工合成的较高分子量物质"。高聚物或聚合物只是人工合成的分子量较高的有机物，如聚乙烯（PE）、聚丙烯（PP）等，而不包括人工合成胰岛素等有机高分子物，也不包括人造水晶等无机高分子物。

一、高分子材料及其成型加工

塑料是以树脂（有时用单体在加工过程中直接聚合）为主要成分，一般含有添加剂、在加工过程中能流动成型的材料（注：目前塑料一词尚无确切定义，一般不包括弹性体、纤维、涂料、黏合剂）。如果说塑料还能以其组成和加工过程中的流动成型来阐述，那么，橡胶和纤维连这样也无法清楚表达其定义；只能以这些材料在使用过程中的某些特性来阐述。例如，橡胶是具有高弹性，能在外力作用下变形，除去外力后又恢复原来形状的材料，橡胶是具有独特的高弹性、优异的疲劳强度、极好的电绝缘性与耐磨性的材料。纤维则是指柔韧、纤细的丝状物，有相当的长度、强度和弹性。

高分子材料加工（加工亦称成型或成型加工）是将高分子材料转变成所需形状和性质的实用材料或制品的工程技术。例如，塑料成型加工是一门工程技术专业的总称。所涉及的内容是将塑料材料转变为塑料制品的各种工艺和工程。将塑料材料转变为塑料制品也就是增添其使用价值。在转变的工艺过程中常会发生以下一种或几种情况：化学变化、流动以及物理性能的改变。当然，橡胶的成型加工也有类似情形。培养工程技术人员，就应该让学生尽早地接触工程、认识工程、具有工程意识，具有工程师的思维模式。

《高分子材料基本加工工艺》（简称《基本工艺》）的内容分为两大部分。第一部分是"基础理论"，主要有这几方面：①高分子材料的流变行为及其基本特性。②在成型加工过程中能量的交换及其变化规律。如热量的传递与定量计算，机械能、电能与热能之间的相互转化与定量计算。③常用高分子材料及其基本特性。第二部分为"基本工艺"。主要包括：①成型用物料的配制原理及工艺流程。②高分子材料的挤出成型的基本原理和工艺。③高分子材料的注射成型的基本原理和工艺。④高分子材料的压延成型的基本原理和工艺。⑤泡沫塑料的工艺原理及工艺。⑥高分子材料的模压工艺原理和工艺。⑦橡胶加工基本原理和工艺。⑧其他工艺方法的基本原理和工艺。

形状的转变往往是为满足使材料转化为制品这一过程而进行的。大多数情况下是使高分子材料流动或变形来实现形状的转变。要使高分子材料流动，往往采用加热，而使黏流状态的材料定型又必须将热量散发出来。高分子材料结构的转变包括高分子材料的组成、组成方式、微观和宏观结构的变化等，也包括高分子材料结晶和取向所引起材料聚集态的变化。这种转变主要是为满足对成品内在质量的要求而进行的，一般通过配方设计（即材料按适当的比例混合），采用先进的工艺流程和适宜工艺参数来实现。加工过程中高分子材料结构的转变有些是材料本身所固有的，或是有意进行的，有些则是不正常的加工方法或工艺参数所引起的。如何才能使高分子材料在加工过程中，使这些转变向着我们所期望的方向进行呢？首先要深刻理解和熟悉这些转变过程中的基本原理和基本工艺，而这正是这门课程的主要任务。当然，实际生产经验也是不可少的。

通过本课程的学习，使学生对高分子材料加工概况有个总体的初步了解。如果我们将高分子材料加工行业看成一个"公园"，而《基本工艺》这门课程就是这个公园的一张"导游图"。当你毕业后工作时，你必然在这个公园的某个"景点"（即某一个高分子材料加工工艺）进行深入细致的研究；这时你就可能发现：用同一材料加工成同一产品时，有时会有两种或两种以上的工艺路线；这时，工业生产中就有最优化的问题需要解决。用何种工艺路线能达到产品质量好，生产效率高，设备投资少，制品成本低。当你走到这一层次时，你就深深地感受到《基本工艺》对你成才的早期影响和贡献。

二、高分子材料加工特性

高分子材料具有许多优良性能，如质轻、电气绝缘性好、隔热性能好等（当然，高分子材料也有其本身的不足，如力学强度低、耐老化性能差、易燃烧等）。然而，在这许多优良性能中，一个突出优点就有可能使这些高分子材料的发展前景十分乐观。这个突出的优点就是高分子材料有优异的加工性能，即能便宜而廉价地加工，采用简单操作就能生产出几何形状相当复杂的制品，加工成本很少超过材料的成本。高分子材料的加工性主要表现为如下三个方面。

（1）可挤压性　是指聚合物通过挤压作用形变时获得形状和保持形状的能力。高分子材料在加工过程中常受到挤压作用，例如物料在挤出机和注射机料筒中、压延机辊筒间以及在模具中都受到挤压作用。只有深入研究高分子材料的可挤压性，才能对材料和工艺方面作出正确的选择和控制。通常条件下处于固体状态的物料不能通过挤压而成型，只有当高分子材料处于黏流态时才能通过挤压获得宏观有用的变形。在挤压过程中，熔体主要受到剪切作用，因此，可挤压性主要取决于高分子熔体的剪切黏度，有时也涉及拉伸黏度。

（2）可模塑性　是指材料在温度和压力作用下形变和在模具中模塑成型的能力。具有可模塑性的材料可通过注射、模压和挤出等加工方法制成各种形状的模塑制品。可模塑性主要取决于材料的流变性、热性能和其他物理力学性能等。对于热固性高分子材料，可模塑性还与其化学反应性能有关。模塑工艺参数不仅影响高分子材料的可模塑性，而且对制品的力学性能、外观、收缩以及制品中的结晶和取向等都有重要的影响。还有，模具的结构、尺寸等也影响高分子材料的加工和产品的性能。

（3）可延性　表示无定形或半结晶固体聚合物在一个方向或两个方向上受到压延或拉伸应力时变形的能力。材料的这种性质为生产长径比（有时是长度对厚度的比）很大的制品提供了可能。利用高分子材料的可延性，可通过压延或拉伸工艺生产薄膜、片材和纤维。高分子材料的可延性取决于材料产生塑性形变的能力。可延性也使高分子材料能产生高倍的拉伸变形，使其形成高度的分子取向材料。

其他工艺性（如可纺性）有时也不可少，热固性塑料的固化速率也属于工艺性的一部分，本书将不阐述。

三、《基本工艺》在高分子材料加工中的作用

高分子材料工业共包含"原材料生产"（即树脂、生胶，还包括半成品的生产）和"制品生产"两个系统。这两个系统相辅相成。若没有原材料的生产（或原材料生产滞后），则制品的生产就成了无源之水；当然，没有制品生产（即加工工业），那么再多再好的原材料也不能进入使用领域，不会成为生产或生活资料。而《基本工艺》就是制品生产系统中的"灵魂"（即理论依据）。

原材料生产系统是指将单体聚合成为高分子材料，这在《高分子化学》课程中已作详细论述。制品生产系统是指将高分子材料加工为制品的过程。对于某些制品，采用何种原辅材料、什么样的加工方法，工艺和工程问题如何解决，这些问题将在《塑料成型工艺学》、《塑料挤出成型》和《橡胶加工工艺学》等教材中系统阐述。本教材的注意力应集中到这些工艺和工程的原理和基本工艺上。若不熟悉基础理论，则成型工艺和工程就带有盲目性，就有可能陷入"经验主义"的泥潭。而熟悉这些原理，那就有助于发展创造性的工程构思，引导新的改进设计，在成型加工的领域就有较大的"自由度"。

《基本工艺》主要有"挤出成型"、"注射成型"、"压延成型"、"模压成型"、"橡胶的基本加工工艺"及"其他"。这些基本工艺几乎覆盖了高分子材料加工领域的全部。

四、高分子材料加工工业的发展概况

高分子材料的加工应用经历了一个曲折的发展过程。在人类原始社会时期，人们绝大多数使用天然高分子材料（如植物的纤维、动物的皮毛）作为维持生存的最低生活资料，偶尔也用石块这些无机材料。在这种情况下，高分子材料的利用率较高。随后，随着生产力和科学技术的进步，大量的金属材料被利用，在这段时期内，高分子材料的利用率比较小。进入了20世纪以来，尤其是第一次、第二次世界大战以来，高分子合成材料的问世和发展，高分子材料的应用比例又

在不断地上升，到目前为止，金属材料、无机非金属材料和高分子材料成鼎足之势。

高分子材料工业的发展经历了大约有一百年的时间。第一时期为萌芽期，1872年，A. Bayer合成了酚醛（PF）树脂，1907年，Baekeland分别在酸性催化剂和碱性催化剂下合成了线性PF和体型PF。1909年，PF塑料用作电气绝缘材料（俗称"电木粉"），1932年，PF塑料电话机问世。这段时期的特点是：品种少，成型设备原始且粗糙，工艺不成熟。第二个阶段为发展期，这个时期的特点是塑料品种增加很快，成型设备有很大的改进，工艺逐渐成熟。1930年合成了聚苯乙烯（PS）。1927～1931年间，美国和德国先后合成了聚甲基丙烯酸甲酯（PMMA，俗称有机玻璃），1938年合成了聚四氟乙烯（PTFE）。聚氯乙烯（PVC）是在第二次世界大战中合成的。1938年，英国人合成了PE粉末，1939年，英国建立了世界上第一个高压聚乙烯（即低密度聚乙烯，LDPE）厂。1953年，Ziegler（齐格勒）用三乙基铝/TiCl$_4$在常压下使乙烯聚合，合成了高密度聚乙烯（HDPE）。1954年，G. Natta（纳塔）改进了催化剂，合成了等规聚丙烯（iPP）。第三个时期为变革期。在这段时期，虽然品种增加得不多，但产量有很大的提高，质量有很大改善，成型设备逐渐成熟且定型，工艺控制精确。高分子材料的工程化和功能化方面得到长足的进展，人们致力于研究高分子材料的接枝、共聚、补强、共混及合金化，以提高力学性能，或得到透光、抗冲、耐寒、耐热、阻燃、耐候等性能，以提高材料的性价比。

从总体来说，塑料工业是一个新兴的工业，尤其在我国，塑料工业方兴未艾。

橡胶工业则既古老又富有朝气。早在1735年，人们就学会从橡胶树上割取胶乳制造胶鞋、容器等橡胶制品。1823年，英国建立了世界上第一个橡胶工厂，用溶解法生产防水胶布。1826年，Hancock发明了橡胶塑炼机。橡胶经过塑炼后弹性下降，可塑度提高。这一发明奠定了现代橡胶加工方法的基础。1839年，Goodyear发现了橡胶与硫黄一起加热可以消除橡胶制品"冷则变硬、热则发黏"的缺陷，而且可以大大提高橡胶的弹性和强度。硫化过程的发现，开辟了橡胶制品广泛应用的前景，有力地推动了橡胶工业的发展。直到今天，橡胶工业中基本上依然采用硫黄硫化的方法。因此，可以毫不夸张地说，硫化过程的发现是橡胶工业发展史上的一个里程碑。1900年以来，对天然橡胶的结构的研究得到突破性的进展，合成橡胶登上了历史舞台。在第一次世界大战期间，德国人用二甲基丁二烯合成了橡胶。1916年，用炭黑作橡胶补强剂，这不仅降低了橡胶制品的成本，而且大大改善了橡胶制品的性能，如汽车轮胎的强度、磨耗等力学性能。炭黑的应用是橡胶工业史上又一里程碑。现在，人工合成橡胶以来，无论是品种还是产量，均已远远超过天然橡胶。近年来，液体橡胶、热塑性橡胶及粉末橡胶的研制与应用，为橡胶工业的发展开辟了崭新的远景。

天然纤维的应用与人类社会的发展同步，而合成纤维的应用与塑料材料相似，是一个极年轻的工业。1927年，聚酯和聚酰胺合成并纺丝成功。1934年氯化聚氯乙烯（CPVC）纤维投入市场。1935年聚酰胺-66（PA-66）纤维投产，1939年聚酰胺-6（PA-6）纤维投产，1950年聚对苯二甲酸乙二醇酯（PET）纤维和聚丙烯腈纤维（人造羊毛）投产。现在，合成纤维的产量大大超过了天然纤维的产量。

 习题

1.解释名词术语。

高分子　高分子物　高分子材料　塑料　橡胶　纤维　成型加工

2.高分子材料加工特性是什么？

3.高分子材料的基本特性有哪些（从高分子材料的使用角度）？

4.《高分子材料基本加工工艺》所研究的内容主要有哪些？

5.《高分子材料基本加工工艺》在高分子材料加工工业的作用有哪些？

上 篇

基 础 理 论

第一章

高分子材料加工流变学概论

学习目标

1. 掌握高分子流体流动的性质与其他材料流体的流动过程的本质区别。
2. 掌握高分子流体的流动与其加工的工艺过程及产品的综合质量的关系。
3. 学会用流变学的知识指导制品的配方设计。

流变学是研究材料流动和形变的科学，是流体力学与固体力学的有机结合，其重点是研究稳态流动随时间变化的形变过程。对于高分子材料的使用来说，力学等性能通常是比较重要的，然而，将高分子材料加工为制品的过程中，流变学的作用则是举足轻重的。本章将介绍高分子材料的剪切流动、拉伸流动、高分子流体的黏度与弹性等基本概念；介绍高分子熔体黏度和弹性的影响因素；介绍高分子熔体在简单截面导管中的流动过程中的流变方程；高分子材料加工中的聚集态变；成型设备中流道的流变学计算。

第一节
高分子材料流体的剪切流动

高分子材料在加工过程中流体（亦称"液体"）有两种形式：一种是高分子熔体；另一种是高分子溶液（往往是高分子高浓度的悬浮液）。在大多数高分子材料的加工过程中，都离不开高分子流体的流动。高分子流体在外力的作用下会发生流动和变形，既表现出黏性，又表现出弹性和塑性。

在高分子材料的加工中，高分子流体的剪切流动是其主要的流动形式之一。如高分子材料在挤出、注射成型中，物料在料筒中的流动形式是以剪切流动形式为主。

一、牛顿流体的流动

1. 牛顿黏性定律

流体在外力作用下其内部质点可以产生相对运动。流体在运动状态下，流体存在着一种抗拒内在的向前运动的特性，这种特性称之为黏性。黏性是流体流动性的基本性质之一。

　　流体在管内任一截面上径向上各点的速度并不相同，中心处的速度最大，愈靠近管壁速度愈小，在管壁处的质点附于管壁上，其速度为零（理论上）。所以，流体在圆管内流动时，实际上是被分割成无数极薄的圆筒层，一层套着一层，各层以不同的速度向前运动，如图 1-1 所示。由于各层速度不同，层与层之间发生了相对运动。速度快的流体层对相邻的速度较慢的流体层产生了一个推动其向前进方向的力；同时，速度慢的流体层对速度快的流体层也作用一个大小相等、方向相反的力，从而阻碍较快流体层向前运动。这种运动着的流体内部相邻两流体层的相互作用力，称为流体的内摩擦力。这种内摩擦阻力就表现为流体黏性，又称为黏滞力或黏性摩擦力。流体流动时的内摩擦，是流动阻力产生的依据，流体流动时必须克服内摩擦力而做功，从而流体的一部分机械能转变为热而散失掉。

　　如图 1-2 所示，设有上下两块平行放置且面积很大而相距很近的平板，板间充满了某种液体。若将下板固定，对上板施加一个恒定的外力 F，上板就以恒定的速度 v 沿 x 方向运动。此时，两板间的液体就会分成无数平行的薄层而运动，黏附在上板底面的一薄层液体也以速度 v 随上板运动，其下层液体的速度依次降低，黏附在下板表面的液层速度为零。

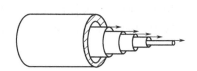

图 1-1　流体在圆管内分层流动示意图

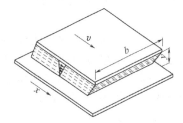

图 1-2　平板间液体速度变化图

　　实验证明，对于一定的液体，内摩擦力 F 与两流体层的速度 Δv 成正比；与两层之间的垂直距离 Δy 成反比；与两层间的接触面积 S 成正比，即

$$F \propto (\Delta v / \Delta y) S \tag{1-1}$$

式中　F——外力；

　　　Δv——速度；

　　　Δy——两层之间的垂直距离；

　　　S——平板的面积。

　　若将上式写成等式，就需引进一个比例系数 η，即

$$F = \eta (\Delta v / \Delta y) S \tag{1-2}$$

式中　η——黏度。内摩擦力 F 与作用面 S 平行，单位面积上的内摩擦力称为内摩擦应力或剪应力，以 τ 表示，于是式(1-2) 可写成：

$$\tau = F/S = \eta (\Delta v / \Delta y) \tag{1-3}$$

　　式(1-3) 只适用于 v 与 y 成直线关系的场合。当流体在管内流动时，径向速度的变化并不是直线关系，而是如图 1-3 所示曲线 b、c，则式(1-1) 应改写成：

$$\tau = \eta (\mathrm{d}v / \mathrm{d}y) \tag{1-4}$$

式中　$\mathrm{d}v/\mathrm{d}y$——速度梯度，即在与流动方向相垂直的 y 方向上流体速度的变化率；

　　　η——比例系数，其值随流体的不同而异，流体的黏性越大，其值越大，亦称为黏滞系数或动力黏度，简称为黏度。式(1-3) 或式(1-4) 所显示的关系，称为牛顿黏性定律。

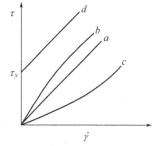

图 1-3　牛顿流体与非牛顿
流体的流动曲线

a—牛顿型流体；b—假塑性流体；
c—胀塑性流体；d—宾汉型流体

2. 流体的黏度

将式(1-4) 可改写成

$$\eta=\tau/(\mathrm{d}v/\mathrm{d}y) \tag{1-5}$$

黏度的物理意义是促使流体流动产生单位速度梯度的剪应力。由式(1-5) 可知，管壁处的速度梯度最大，剪切应力也最大；管中心速度梯度为零，剪切应力为零。黏度总是与速度梯度相联系，只有流体在流动时才显现出来。

黏度值由实验测定。液体（包括熔体）的黏度随温度升高而减小，压力变化时，液体（包括熔体）的黏度基本不变；黏度的单位常用 Pa·s 表示。

在工业生产中常遇到各种流体的混合物。对混合物的黏度，如缺乏实验数据时，可参阅有关资料，选用适当的经验公式进行估算。

二、高分子流体剪切流动状态的判别

根据牛顿黏性定律，在一维剪切流动情况下牛顿型流体的黏度见式(1-5)，将式中 $\mathrm{d}v/\mathrm{d}y$ 用 $\dot{\gamma}$ 表示，则上式可改写为：

$$\eta=\tau/\dot{\gamma} \tag{1-6}$$

即牛顿黏度（全称为“牛顿型流体的黏度”）定义为剪切应力与剪切速率（速度梯度）之比，或称之为产生单位剪切速率（速度梯度）所必需的剪切应力值。它表征液体流动时流层之间的摩擦阻力，仅与液体本性和温度有关，并不随剪切应力和剪切速率而变。大多数低分子物的流体可看作为牛顿型流体。

将式(1-6) 改写为

$$\tau=\eta\dot{\gamma} \tag{1-7}$$

式(1-7) 称为流变方程，在直角坐标图上标绘 τ 对 $\dot{\gamma}$ 的关系，可得一条通过原点的直线，如图 1-3 中的 a 线所示。

凡不遵循牛顿黏性定律的流体，统称为非牛顿型流体。由于其 τ 与 $\dot{\gamma}$ 之间不能维持或不能始终维持线性关系，τ 与 $\dot{\gamma}$ 之比不再为一常数。大多数高分子材料在加工中，其流体的流动不符合牛顿黏性定律。因此，大多数高分子材料流体属于非牛顿型流体。

三、非牛顿流体的流动

根据流体的流变方程式或流变曲线图，可将非牛顿型流体分类，见图 1-4。

- 非牛顿型流体
  - 黏性流体
    - 与时间无关
      - 无屈服应力
        - 假塑性流体
        - 胀塑性流体
      - 有屈服应力——宾汉塑性流体
    - 与时间有关
      - 触变性流体
      - 流凝性（负触变性）流体
  - 黏弹性流体

图 1-4　非牛顿流体的分类图

对于与时间无关的黏性流体，在流变图上可见 τ 对 $\dot{\gamma}$ 关系曲线或是通过原点的曲线，或是不通过原点的直线。如图 1-3 中的 b、c、d 诸线所示。这些关系曲线的斜率是变化的。但是，这些关系曲线在任一特定点上也有一定的斜率，故与时间无关的黏性流体在指定的剪切速率下，有一个相应的表观黏度 η_a 值，即

$$\eta_a=\tau/\dot{\gamma} \tag{1-8}$$

图 1-3 中 b、c、d 曲线所代表的流体，其表观黏度随 η_a 都只随剪切速率而变，和剪切

力作用持续的时间无关，故称为与时间无关的黏性流体，又可分为下面三种。

（1）假塑性流体 该流体的表观黏度随剪切速率的增大而减小，τ 对 $\dot{\gamma}$ 的关系这一向下弯曲的曲线，该曲线可用指数方程来表示：

$$\tau = K\dot{\gamma}^n \tag{1-9}$$

式中 K——流动常数，$(Pa \cdot s)^n$；

n——流动性指数，无量纲量。对于假塑性流体，$n < 1$。

式(1-9)也可用下式表示：

$$\dot{\gamma} = k\tau^m \tag{1-10}$$

式中 k——流动常数，$k = K^{-\frac{1}{n}}$；

m——流动性指数，无量纲量，$m = \dfrac{1}{n}$。对于假塑性流体，$m > 1$。

注意：k 和 K 两者意义相反，因此，应用这两个公式时，字母的大小千万不能写错！

大多数高分子材料属于此类型。对塑料熔体说，造成黏度下降的原因在于大分子之间彼此缠结的状况。当缠结的大分子受应力作用时，其缠结点就会被解开，所受的应力愈高，则被解开的缠结点就愈多，同时被解开的缠结点的大分子还沿着流动方向排列成线状，这时的大分子之间要发生相对运动，内摩擦力就比较小，表现在宏观性能上就是表观黏度下降。

对于高浓度的悬浮液来说，当它受到应力时，原来由于溶剂化作用而被封闭在颗粒内或大分子盘绕空穴内的小分子即溶剂或分散介质（如增塑剂）就被挤出来一些，这样，颗粒或缠绕大分子的有效直径即随着应力的增加而相应缩小，再由于颗粒空间的小分子的液体增多，使得颗粒之间的内摩擦减小（主要表现为颗粒之间的碰撞概率减少），从而使液体的黏度下降，大多数的情况下，高分子浓溶液流动曲线不是线性的关系。在高分子材料加工中，假塑性流动是十分普遍的现象。为此，常常利用这一性质，改善高分子材料的加工工艺性。如，在塑料挤出、注射工艺中，在不增加温度的情况下，适当提高螺杆转速，可降低高分子熔体的剪切黏度，从而提高熔体的流动性。

高分子熔体的黏度计算式如下：

$$\eta_a = k^{-\frac{1}{m}} \dot{\gamma}^{\frac{1-m}{m}} \tag{1-11}$$

式中字母的意义同式(1-8)和式(1-10)。

（2）胀塑性（亦称"膨胀性"）流体 与假塑性流体相反，该流体的表观黏度随剪切速率的增大而增加，τ 对 $\dot{\gamma}$ 的关系为一向上弯的曲线，如图 1-3 曲线 c 所示，该曲线的方程式仍可用式(1-9)或式(1-10)来表示，但式中的 $n > 1$ 或 $m < 1$。

在高分子材料中，胀塑性流体数量比假塑性流体少得多，如 PVC 高浓度的悬浮溶液在高剪切应力的作用下是这类液体，还有玉米粉、糖溶液、湿沙和某些高浓度的粉末悬浮液等属此类流体。

表观黏度随剪切速率的增加而增大的原因（多数解释）是：当高浓度悬浮液于静止状态时，体系中的固体颗粒构成的间隙最小，即呈紧密堆砌状态，其中低分子液体成分（如增塑剂）只能勉强充满这些空隙，当施加于这一体系的剪切应力不大时，低分子液体就可以在移动的颗粒间充当润滑剂，因此，这时高分子流体的表观黏度不高。然而，当剪切应力渐渐增大时，固体颗粒的紧密堆砌结构就渐渐被摧毁，使得整个体系显得有些胀大，此时，低分子液体如增塑剂已不能充满所有的空隙，固体颗粒移动时的润滑作用正在减弱，高分子流体流动时的内摩擦阻增加，体现在宏观性能上就是表观黏度增大。

（3）宾汉（Bingham）流体　该流体的流动曲线如图 1-3 的直线 d 所示，它的斜率固定，但不通过原点，该线的截距 τ_y 称为屈服应力。该流体的特性是，当剪应力超过屈服应力之后才开始流动，开始流动之后像牛顿型流体一样。属于此类的流体有 PVC 糊的凝胶体，还有纸浆、牙膏和肥皂等。

宾汉塑性流体的流变特性可表示为：

$$\tau - \tau_y = \eta_p \dot{\gamma} \tag{1-12}$$

式中　τ_y——屈服应力，Pa；

　　　η_p——刚性系数，Pa·s。

宾汉流体这种性质是因为：液体在静止时内部有凝胶性结构，当外力的应力超过 τ_y 时，这种结构完全崩溃，这时才开始流动。

在一定剪切速率下，非牛顿型流体表观黏度随剪切力作用时间的延长而降低或升高的流体，则为与时间有关的黏性流体。它可分为下面两种。

（1）触变性（亦称"摇溶性"）流体　该流体的表观黏度随剪切力作用时间的延长而降低，属于此类流体的高分子材料流体较少，高分子化合物溶液、某些流质食品和油漆等属于此类。

（2）流凝性（亦称"震凝性"）流体　这种流体的表观黏度随剪切力作用时间的延长而增加，此类流体如某些溶胶和石膏悬浮液等。

通常认为触变性流体和流凝性流体的这种属性是由于流体内部物理或化学结构发生变化而引起的。触变性流体在持续剪切过程中，有某种结构的破坏，使黏度随时间减少；而流凝性流体则在剪切过程中伴随着某种结构的形成。

第二节
高分子材料流体的拉伸流动

剪切流动是高分子材料流体的一种基本流动形式，它还有另一种基本流动形式，即拉伸流动。拉伸流动在高分子材料加工过程中也经常出现，如单丝、纤维、薄膜、中空吹塑等制品的加工，都存在高分子流体的拉伸流动。

一、拉伸流动与拉伸黏度

拉伸流动的特点是流体流动的速度梯度方向与流动方向相平行，即产生了纵向的速度梯度场，此时流动速度沿流动方向改变。拉伸流动中速度梯度的变化见图 1-5。

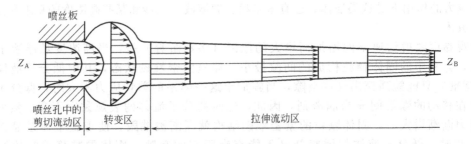

图 1-5　拉伸流动中速度梯度的变化图

通常在流体流动中，凡是发生了流线收敛或发散的流动都包含拉伸流动成分。

　　拉伸流动又可按拉伸是沿一个方向或相互垂直的两个方向同时进行而分为单轴（亦称"单向"）和双轴拉伸流动。单丝生产属于单轴拉伸工艺，双向拉伸薄膜和塑料薄膜生产属于双轴拉伸工艺。

　　对于牛顿流体，拉伸应力 σ 与拉伸应变速率 $\dot{\varepsilon}$ 之间有类似于牛顿流动定律的关系

$$\lambda = \sigma / \dot{\varepsilon} \text{ 或 } \sigma = \lambda / \dot{\varepsilon} \tag{1-13}$$

式中　λ——拉伸黏度。

　　在低拉伸应变速率下，高分子材料熔体服从式(1-13)。此时拉伸黏度为常数；当拉伸应变速率增大时，高分子材料熔体的非牛顿型变得显著，其拉伸黏度不再为常数，随拉伸应变速率或拉伸应力而变化。对于不同的高分子材料，其拉伸黏度随拉伸应变速率或拉伸应力的变化趋势不同。图1-6给出了三类典型的 λ-σ 关系及与这些聚合物剪切黏度的对照。

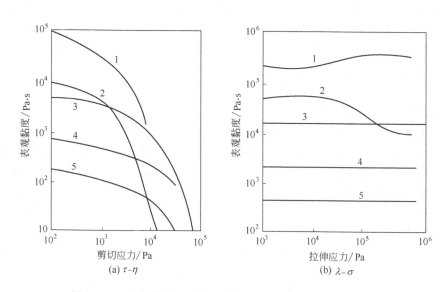

图1-6　三种典型的 λ-σ 关系及与这些聚合物剪切黏度的对照
1—LDPE（170℃）；2—乙-丙共聚物（230℃）；3—PMMA（250℃）；
4—POM（200℃）；5—PA-66（285℃）

　　由图1-6(b)可见，一些高分子流体的 λ-σ 关系如曲线1所示，拉伸黏度随拉伸应力的增加而增大，一般支化高分子化合物如LDPE属于此类；另一些高分子流体的拉伸黏度几乎与拉伸应力无关，如曲线3、4、5；还有一类高分子，拉伸黏度随拉伸应力的增大而减少，一般高聚合度的线性聚合物属于此类，如曲线2。

　　由图1-6(a)和(b)的对比可知：在剪切应力作用下，熔体的表观黏度随剪切应力增大而下降的高分子材料，在拉伸应力作用下其熔体的表观黏度就不一定随拉伸应力的增大而下降。

二、拉伸流动与剪切流动的关系

　　拉伸黏度与剪切黏度的关系为 $\lambda = 3\eta$。多数情况下，剪切黏度随剪切应力的增加而大幅度下降，但拉伸黏度随拉伸应力的增加而增加（即使有下降，其下降幅度也很小），因此在大应力的情况下，拉伸黏度不再等于剪切黏度的三倍，前者可能较后者大一个甚至两个数量级。

第三节
高分子熔体的黏性流动与弹性

　　热塑性塑料加工过程一般需经历加热塑化、流动成型和冷却固化三个基本步骤。所谓加热塑化就是经过加热使玻璃态的高分子材料变成黏性流体；流动成型是借助注塑机或挤出机等成型设备有关部件的运动，以很高的压力将黏性流体注入闭合模具内，或以很高的压力将黏性流体从所要求形状的口模挤出，得到连续的型材；冷却固化是用冷却的方法使塑料从黏流态再变成玻璃态。

　　几乎所有聚合物都是利用其黏流态下的流动行为进行加工成型的，而且由于聚合物大多在 300℃以下进入黏流态，比其他材料的流动温度低，这给加工带来了很多方便。高分子材料易于加工的特点，正是它比金属材料和其他无机材料优越的一个重要方面。

一、高分子黏性流动的特点

1. 由链段的位移运动完成流动

　　一般液体的流动，可以用简单的模型来说明：低分子液体中存在着许多与分子尺寸相当的孔穴。当没有外力存在时，靠分子的热运动，孔穴周围的分子向孔穴跃迁的概率是相等的，这时孔穴与分子不断交换位置的结果只是分子扩散运动，外力存在使分子沿作用力方向跃迁的概率比其他方向大。分子向前跃迁后，分子原来占有的位置成了新的孔穴；又让后面的分子向前跃迁。分子在外力方向上的从优跃迁，使分子通过分子间的孔穴相继向某一方向移动，形成液体的宏观的流动现象。

　　当温度升高，分子热运动能量增加，液体中的孔穴也随着增加和膨胀，使流动的阻力减小。

　　高分子的流动不是简单的整个分子的迁移，而是通过链段的相继蠕动来实现的。形象地说，这种流动类似于蛇的蠕动。这种流动模型并不需在高分子熔体中产生整个分子链那样大小的孔穴，而只要如链段大小的孔穴就可以了。这里的链段也称流动单元，尺寸大小约含几十个主链原子。

2. 大多数高分子流体流动呈现非牛顿性

　　如前所述低分子液体流动时，流速越大，受到的阻力也越大，剪切应力 τ 与剪切速率 $\dot{\gamma}$ 成正比，见式(1-7)。此式称为牛顿流体方程，比例常数 η 称为牛顿黏度，是液体流动速度梯度（剪切速率）为 1 时，单位面积上所受到的阻力（剪切力）。牛顿黏度不随剪切应力和剪切速率的大小而改变，是始终保持常数的流体，通称为牛顿流体，低分子液体和少数高分子的熔体（如 PC 熔体）属于牛顿性。

　　对于高分子熔体来说，黏度随剪切应力或剪切速率的大小而改变，一般剪切速率增大时，黏度变小或增大，τ 与 $\dot{\gamma}$ 不呈线性关系（图 1-3），这种流体称为"非牛顿流体"。

　　这是因为高分子在流动时各液层间总存在一定的速度梯度，细而长的大分子若同时穿过几个流速不等的液层时，同一个大分子的各个部分就要以不同速度前进，这种情况显然是不能持久的。因此，在流动时，每个长链分子总是力图使自己全部进入同一流速的流层。不同流速液层的平行分布就导致了大分子在流动方向上的取向。聚合物在流动过程中随剪切速率或剪切应力的增加，由于分子取向使其液体黏度降低。

3.高分子流体流动时伴有高弹形变

低分子液体流动所产生的形变是完全不可逆的，而聚合物在流动过程中所发生的形变中一部分是可逆的。因为聚合物的流动并不是高分子链之间简单的相对滑移的结果，而是各个链段分段运动的总结果，在外力作用下，高分子链不可避免地要顺外力的方向有所伸展，这就是说，在聚合物进行黏性流动的同时，必然会伴随一定量的高弹形变，这部分高弹形变显然是可逆的，外力消失以后，高分子链又要蜷曲起来，因而整个形变要恢复一部分。这种流动过程可以示意如图 1-7。

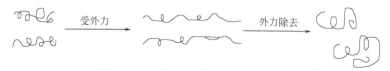

图 1-7 聚合物分子链在流动时的变化

高弹形变的恢复过程也是一个松弛过程，恢复的快慢一方面与高分子链本身的柔顺性有关。柔顺性好，恢复得快；柔顺性差，恢复就慢；另一方面与高分子所处的温度有关。温度高，恢复得快；温度低，恢复就慢。

在高分子材料挤出时，型材的截面实际尺寸与口模的尺寸往往有差别。一般型材的截面尺寸比口模来得大，这种截面膨胀的现象就是由于外力消失后，聚合物在流动过程中发生的高弹形变回缩引起的。这是由高弹形变引起的。膨胀的程度与聚合物的性质和流动条件有关，一般分子量愈大，流速愈快、挤出机机头愈短、温度愈低，则膨胀程度愈大。

由于高分子流体流动的这个特点，在加工过程中必须予以充分的重视，否则，就不可能得到合格的产品，例如，要设计一个制品，应尽量使各部分的厚薄相差不要过分悬殊，因为薄的部分冷却得快，其中链段运动很快就被冻结了，高弹形变回复得较少，各个高分子链之间的相对位置来不及作充分的调整。而制品中厚的部分冷却得较慢，其中链段运动冻结得较慢，高弹形变恢复得就多，高分子链之间的相对位置也调整得比较充分。所以制件厚薄两部分的内在结构很不一致，在它们的交界处存在着很大的内应力，其结果不是制件变形，就是引起制品开裂。

二、高分子熔体黏度的影响因素

高分子熔体的黏度是影响高分子材料加工性的重要因素之一，不同的加工方式，对高分子熔体的黏度要求有所不同。在挤出、注射中，高分子熔体主要受到剪切作用，所以，熔体的黏度主要表现为剪切黏度；高分子熔体在受拉伸作用的过程中，熔体的黏度主要表现为拉伸黏度。下面主要讨论的是影响高分子熔体黏度的主要因素。影响高分子熔体黏度的主要因素有分子量、温度、压力、剪切速率、分子结构等。

1.分子量的影响

一般来讲，高分子材料的分子量越大，黏度越高，如图 1-8 所示。由图 1-8 可见，曲线 ABC 在 B 点发生转折，BC 段的斜率高于 AB 段的斜率，说明当分子量超过 B 点所对应的临界分子量 $M_临$（即大分子开始缠结的分子量）之后，分子量稍有增加，黏度便迅速提高，遵循指数方程：

$$\eta_0 = A\overline{M}_w^{3.4} \qquad (1\text{-}14)$$

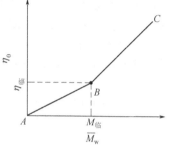

图 1-8 高分子熔体黏度 η_0 与分子量 $\overline{M}_w$ 的关系

式中　η_0——剪切速率很低时的黏度；

　　　A——经验常数；

　　　$\overline{M}_{\mathrm{w}}$——重均分子量，必须高于分子链发生缠结时的临界分子量。

当 $\overline{M}_{\mathrm{w}}$ 低于分子链发生缠结时的临界分子量时，黏度与分子量的关系为

$$\eta_0 = B\overline{M}_{\mathrm{w}}^{1\sim1.6} \tag{1-15}$$

式中　B——经验常数。

其他字母的意义同式(1-14)。

不同结构的高分子材料临界分子量不同，一般情况下，大分子上取代基数目越少，大分子主链就越易靠近，易相互缠结。当取代基数目多，但体积较小时，也具有较低的临界分子量。为了使加工易于进行，在保证产品性能的基础之上，分子量应尽量低些。

分子量宽分布，有利于黏度降低，可使橡胶易加工。但对塑料不适宜，易造成产品强度低、应力开裂严重、塑化时漏料。

2. 温度

如果以黏度 η 表示流动阻力的大小，则高分子液体的黏度与温度之间有如下关系：

$$\eta = A\mathrm{e}^{\Delta E_\eta/RT} \tag{1-16}$$

式中　A——常数；

　　　R——气体常数；

　　　T——热力学温度；

　　　ΔE_η——黏流活化能，是分子向孔穴跃迁时克服周围分子的作用所需要的能量。

温度对黏度有重要的影响。温度升高，分子间空隙变大，分子间相互作用力减小，黏度降低。由式(1-16) 可见，黏度取决于 ΔE_η 与 RT （每摩尔分子热运动能量）的比值。若 ΔE_η 一定，提高温度可以使黏度降低。若活化能不同，温度变化幅度相同，则黏度改变幅度不同。由此可见，黏流活化能在温度对黏度的影响中有重要的作用。大分子柔顺性是影响黏流活化能的主要因素，如表 1-1 所示。

表 1-1　一些高分子化合物黏流活化能

高分子化合物	$\Delta E_\eta/(\mathrm{kJ/mol})$	高分子化合物	$\Delta E_\eta/(\mathrm{kJ/mol})$
NR	1.05	LDPE	46.1~71.2
IR	1.05	PA-6	60.7~66.9
CR	5.63	PC	105~125
SBR	13.0	醋酸纤维素	292
NBR	23.0	PP	41.9

由表 1-1 可知，分子链刚性高或极性大，取代基体积大，黏流活化能高；分子链柔顺，黏流活化能低。除此之外黏流活化能还与分子量分布、剪切速率、切应力、温度、补强剂等有关，如分子量分布宽，黏流活化能低；温度升高黏流活化能降低，但温度变化不大时，黏流活化能基本为一常数；补强剂用量增加，黏流活化能增加，但在低剪切速率下与补强剂无关。

对式(1-16) 取对数形式：

$$\ln\eta = \ln A + \frac{\Delta E_\eta}{R} \times \frac{1}{T} \tag{1-17}$$

然后作 $\ln\eta$-$\dfrac{1}{T}$ 图，见图 1-9。

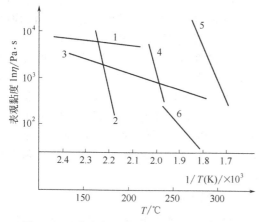

图 1-9　几种高分子熔体黏度与温度的关系
1—天然橡胶；2—醋酸纤维；3—PE；
4—PMMA；5—PC；6—PA

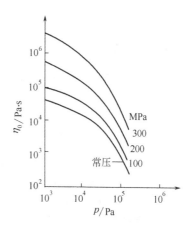

图 1-10　LDPE 黏度与压力的关系

如图 1-9 所示的不同直线，直线斜率为 $\Delta E_\eta/R$（相当于高分子化合物的活化能）。具有较低活化能的高分子化合物，如天然橡胶、PE 等直线斜率小，温度大幅度提高，黏度降低较小，说明黏度对温度的敏感性低。具有较高活化能的高分子化合物，如 PC、醋酸纤维等直线斜率很大，温度稍微增加，黏度便明显降低，说明黏度对温度敏感性很强。例如，PC 和 PMMA 的熔体，温度每升高 50℃左右，表观黏度可以降低一个数量级。因此加工此类高分子化合物时，可通过调节温度来大幅度地控制黏度；而分子链柔性的天然橡胶、PE 等，它们的流动活化能变化较小，表观黏度随温度变化不大，故在加工中调节其流动性，单靠改变温度是不行的，需要改变剪切速率等因素来有效地调节黏度。

3. 压力

在注射、挤出等加工中，高分子熔体还受到静压力的作用。这种压力导致物料体积收缩，分子链之间相互作用力增大，熔体黏度增高，甚至无法加工。所以对高分子熔体来说，静压力增加相当于温度的降低，例如图 1-10 为 LDPE 黏度与压力的关系。

不同的高分子化合物，其黏度对压力的敏感性不同，压力的影响程度与分子结构、密度、分子量等因素有关。例如，HDPE 比 LDPE 受压力影响小；高分子量的 PE 比低分子量的 PE 受力影响大；PS 因为有很大的苯环侧基，且分子链为无规立构，分子间隙较大，所以，PS 的熔体黏度对压力非常敏感。

4. 分子链的支化

支链的长度与数量对黏度有一定的影响。短支链（低于可产生缠结的长度）可使分子间距离加大，分子间力降低，有利于链段跃迁和大分子链移动，黏度低于直链分子。这说明：随着分子量的增加，支链变长，大分子运动阻力加大。当支链长至支链间产生缠结时，黏度急剧增加，以至高出直链的 10～100 倍。由此可见，通过改变支链的长度、数目可调节橡胶的黏度。

5. 剪切速率

多数高分子化合物熔体属于非牛顿流体，其黏度随剪切速率的增加而降低。但各种高分子化合物熔体黏度降低的程度不同。图 1-11 是几种高分子熔体的表观黏度与剪切速率关系曲线。

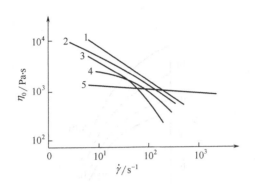

图 1-11　剪切速率对高分子材料熔体
表观黏度的影响

1—氯化聚醚（200℃）；2—PE（180℃）；
3—PS（200℃）；4—醋酸纤维素
（210℃）；5—PC（302℃）

从图 1-11 可以看出，柔性链高分子如氯化聚醚和 PE 的表观黏度随剪切速率的增加而明显下降，如氯化聚醚和 PE；刚性链高分子，如 PC、醋酸纤维素等的表观黏度也随剪切速率的增加而下降，但下降幅度较小。这是因为剪切速率增加，柔性高分子链容易改变构象，即通过链段运动破坏了原有的缠结，降低了流动阻力。而刚性高分子链的链段较长，构象改变比较困难，随着剪切速率的增加，流动阻力变化不大。

6. 增塑剂

增塑剂、软化剂分子可使高分子链间距离加大，分子间作用力下降。在剪切力作用下，易解缠结和变形，有助于黏度降低。软化、增塑剂用量越多，高分子化合物流动性越好，但用量过多，会使产品其他性能下降，如制品的刚性下降等。

三、高分子熔体的弹性及影响因素

高分子黏流过程中伴随着可逆的高弹形变，这是高分子熔体区别于小分子流体的重要特点之一。由于高分子在黏流过程中构象发生了变化，因此，在外力作用下，除表现出不可逆形变即黏性流动之外，还会发生一定的可恢复形变而表现出弹性。高分子熔体的弹性流变效应主要有包轴现象，亦称包轴效应（即爬杆现象）、巴拉斯效应（出口膨胀）以及熔体破裂现象。

1. 包轴现象

包轴现象是韦森堡首先观察到的，故又称为韦森堡效应。其现象是：如果用一转轴在液体中快速旋转，高分子熔体或溶液与低分子液体的液面变化明显不同。低分子液体受到离心力的作用，中间部位液面下降，器壁处液面上升，见图 1-12（a）；高分子熔体或溶液受到向心力作用，液面在转轴处是上升的，在转轴上形成相当厚的包轴层，见图 1-12（b）。

包轴现象是高分子熔体的弹性所引起的。由于靠近转轴表面的线速度较高，分子链被拉伸取向缠绕在轴上。距转轴越近的高分子拉伸取向的程度越大，取向了的分子链，其链段有自发恢复到蜷曲构象的倾向，

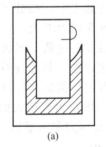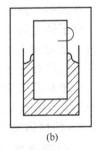

(a)　　　　　(b)

图 1-12　在转轴转动时液面的变化图

但此弹性回复受到转轴的限制，使这部分弹性能表现为一种包轴的内裹力，把熔体分子沿轴向上挤（向下挤看不到），形成包轴层。

2. 挤出物胀大现象

挤出物胀大现象（亦称巴拉斯效应或离模膨胀）是指熔体挤出口模后，挤出物的截面积比口模截面积大的现象。当口模为圆形时，如图 1-13，挤出胀大现象可用胀大比 B 值来表征。B 定义为挤出物最大直径值 D_f 与口模直径 D 之比。

$$B = D_f/D \tag{1-18}$$

挤出物胀大现象也是高分子熔体弹性的表现。目前公认，至少有两方面因素引起。其

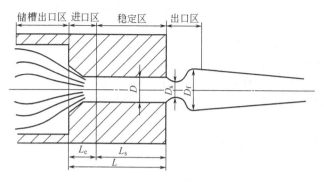

图 1-13 挤出物胀大现象

D—口模直径；D_s—挤出物收缩到最小时的直径；D_f—挤出物膨胀到最大时的直径；

L_e—进口区的长度；L_s—稳定区的长度；L—定型部分的长度

一，是高分子熔体在外力作用下进入窄口模，在入口处流线收敛，在流动方向上产生速度梯度，因而高分子受到拉伸力产生拉伸弹性形变。这部分形变一般在经过模孔的时间内还来不及完全松弛，那么到了出口之后，外力对分子链的作用解除，高分子链就会由受拉伸的伸展状态重新回缩为蜷曲状态，发生出口膨胀。另一种原因是高分子在模孔内流动时由于剪切应力的作用，所产生的弹性形变在出口模后回复，因而挤出物直径胀大，见图 1-14。当模孔长径比 L/R 较小时，前一原因是主要的，当模孔长径比较大时，后一原因是主要的。

挤出胀大现象对制品设计有很大影响。设计时必须充分考虑到模具尺寸和膨胀程度之间的关系，才能使制品达到预定的尺寸。

3. 不稳定流动——熔体破裂现象

高分子熔体在挤出时，如果剪切速率过大超过一极限值时，从口模出来的挤出物不再是平滑的，而会出现表面粗糙、起伏不平、有螺旋波纹、挤出物扭曲甚至为碎块状物。这种现象称为不稳定流动或熔体破裂。熔体破裂时，一些挤出物的外观见图 1-15 所示。

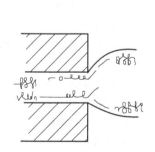

图 1-14 挤出物胀大效应中
的弹性回复过程

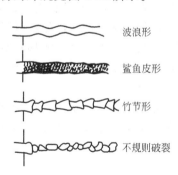

波浪形

鲨鱼皮形

竹节形

不规则破裂

图 1-15 熔体破裂时挤出物外观
的典型类型

有多种原因造成熔体的不稳定流动，其中熔体弹性是一个重要原因。

对于小分子，在较高的雷诺数下，液体运动的动能达到或超过克服黏滞阻力的流动能量时，则发生湍流；对于高分子熔体，黏度高，黏滞阻力大，在较高的剪切速率下，弹性形变增大，当弹性形变的储能达到或超过克服黏滞阻力的流动能量时，导致不稳定流动的发生。因此，高分子这种弹性形变储能引起的湍流称为高弹湍流。

引起高分子弹性形变储能剧烈变化的主要流动区域通常是口模入口处，毛细管壁处以及口模出口处。

不同高分子熔体呈现出不同类型的不稳定流动和挤出物畸变。研究结果表明，可找到某些类似于雷诺数的准数来确定出现高弹湍流的临界条件。

（1）临界剪切应力 τ_{cr}　熔体挤出时，当剪切应力接近 10^5 Pa 时，往往使挤出物出现熔体破坏现象。以不同高聚物熔体出现不稳定流动时的剪切应力取其平均值可得到临界剪应力 τ_{mf} 为 1.25×10^5 Pa。

（2）"弹性雷诺数"　这是将熔体破裂的条件与分子本身的松弛时间 t^* 和外界剪切速率关联起来，即：

$$Re,e = \dot{\gamma} t^*　\qquad (1\text{-}19)$$

式中　Re,e——弹性雷诺数，无量纲；

　　　$\dot{\gamma}$——剪切速率，s^{-1}；

　　　t^*——分子链的松弛时间，s。

当 $Re,e < 1$ 时，液体为黏性流动，弹性形变很小，当 Re,e 等于 $1 \sim 7$ 时，液体为稳态黏弹性流动，当 $Re,e > 7$ 时为不稳定流动或称弹性湍流。

（3）临界黏度降　另一个衡量高分子不稳定流动的临界条件是临界黏度降。即随剪切速率增大，当熔体黏度降至零切黏度的 0.025 倍时，则发生熔体破坏。

$$\eta_{cr}/\eta_0 = 0.025 \qquad (1\text{-}20)$$

式中　η_{cr}——熔体破裂时的黏度。

η_0 的意义见式(1-14)。

对任何聚合物来说，只要知道 η_0，就可以求出 η_{cr}。

在聚合物加工中，应尽可能避免产生不稳定流动，以避免成型制品性能的劣化。

4. 影响高分子熔体弹性的因素

高分子的弹性形变是由于链段运动引起的，链段运动的能力即松弛过程的快慢由松弛时间所决定。当松弛时间很小时，形变的观察时间远大于高分子链段的松弛时间，则高分子熔体的形变以黏性流动为主。当松弛时间远大于形变的观察时间，则高分子熔体弹性形变为主。

（1）剪切速率　通常，随着剪切速率的增大，熔体弹性效应增大。但是，如果剪切速率太快了，以致毛细管内分子链都来不及伸展，则出口处膨胀反而不太明显。

（2）温度　温度升高，高分子熔体弹性形变减小。因为温度升高，能使大分子的松弛时间变短。

（3）分子量及其分布　高分子熔体的弹性受分子量和分子量分布的影响很大。分子量大，或者分子量分布宽，高分子熔体弹性效应特别显著。这是因为当分子量大，熔体黏度高，松弛时间长，弹性形变松弛得慢，则弹性效应就可明显地观察出来。

（4）流道的几何形状　高分子熔体流经管道的几何形状对熔体弹性也有很大影响。例如，流道中管径的突然变化，会引起不同位置处流速及应力分布情况的不同，进而引起大小不同的弹性形变导致高弹湍流。又如，在同一切变速率下，出口胀大值 B 随毛细管长径比 L/D 的增大而减小，如图 1-16 所示，这是由于毛细管越长，在入口处流线收敛引起的弹性形变可以

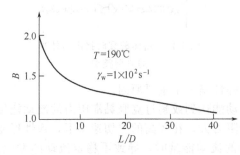

图 1-16　PP 试样挤出胀大和
毛细管长径比的关系

在毛细管内充分松弛掉，故出口膨胀较少。

除以上几个方面外，还有一些影响熔体弹性的因素，如长支链支化程度增加，导致熔体弹性增大，又如加入增塑剂能缩短物料的松弛时间 t^*，减少高聚物熔体弹性。

一般，由于熔体弹性对制件外观、尺寸稳定性、内应力等都会带来影响，故在保证制品的使用性能和适当成型周期的前提下，应避免高分子在流动中表现出过多的弹性，以便充分地通过黏流形变而成型。

要避免或减轻高分子熔体产生熔体破裂现象，可以从如下几方面考虑：①可将模孔入口处设计成流线形，以避免流道中的死角；②适当提高温度使弹性恢复容易，可使熔体开始发生破裂的临界剪切速率提高；③降低分子量，适当加宽分子量分布，使松弛时间缩短，有利减轻弹性效应，改善加工性能；④采用添加少量低分子物或与少量高分子共混，也可减少熔体破裂。例如硬 PVC 管挤出时如共混少量丙烯酸树脂，可提高挤出速率改进塑料管的外观光泽；⑤注射模具设计时，浇口的大小和位置要恰当；⑥在临界剪切应力、临界剪切速率以下成型；⑦挤出后适当牵引可减少或避免破裂。

第四节
高分子材料加工中的聚集态

高分子材料在加工中的聚集态变化主要是指结晶结构和取向结构的变化。结晶与取向这些物理变化与加工时的工艺参数以及制品的性能关系极大。

一、加工过程中的结晶

结晶型高分子材料在加工过程中一定会结晶。大多数高分子材料结晶的基本特点是：结晶速度较慢、结晶具有不完全性和结晶型高分子材料没有清晰的熔点。

1. 高分子材料的结晶能力

结晶能力的含义是指可否结晶、结晶的难易程度和可达到的最大结晶度。不同种类的高分子材料结晶能力差别很大，主要决定于化学结构，如分子链的对称性和柔性、分子链的相互作用、共聚等。

再生料（也称回料）是指塑料加工中的边角料或其他来源的废塑料，经过适当处理而使其能再用于制造质量较低制品的物料。新料是指除在原来合成与配制的过程中经过加工外，没有在成型加工中使用过的一种塑料或树脂。一般说来，再生料比新料的结晶度要低，并且再生的次数越多，则结晶度越低，因为再生料的分子结构的对称性、规整性受到一定的破坏。因此，尽管热塑性塑料能够再回收利用，然而，在实际生产中我们也要尽可能减少回料。

结晶能力只是高分子材料具有结晶倾向的内因；这些材料也只有在适宜的外界条件（即外因）下才能结晶。因此，结晶高分子材料在加工中既可以形成结晶型的材料，也可以形成非结晶型的（或者说结晶度相当低的）材料。

2. 球晶形成速度与温度

高分子熔体或浓溶液冷却时发生的结晶过程是大分子链段重排进入晶格并由无序变为有序的松弛过程。大分子链进行重排运动需要一定的热运动能，要形成结晶结构又需要分子间有足够的内聚能。所以，热运动的自由能和内聚能要有适当的比值是大分子进行结晶所必需的热力学条件。

均相成核时，高分子材料结晶速率与温度的关系见图 1-17。

由图 1-17 可知，在均相成核的条件下，当温度很高时（$T > T_m$），分子热运动的自由能显著地大于内聚能，该体系中难以形成有序结构，故不能结晶。当温度很低时（$T <$

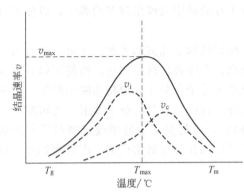

图 1-17 均相成核时，高分子
材料结晶速率与温度的关系

T_g），因分子链的双重运动处于冻结状态，不能发生分子链的重排运动，因而也不能结晶。所以，高分子材料结晶过程只能在 $T_g < T < T_m$ 温度范围内发生。但在 $T_g \sim T_m$ 区间，温度对这两个过程有不同的影响。在图 1-17 中 v_i 线可以看出，在接近 T_m 的温度范围内，由于晶核的自由能高，晶核不稳定，故单位时间内成核的数量少、时间长、速率慢。降低温度则自由能降低，成核数量和成核速率均增加。所以，成核速率最大时的温度偏向 T_g 一侧；在图 1-17 中 v_c 线，在 $T_g \sim T_m$ 之间晶体生长的速率取决于链段重排的速率，温度升高有利于链段运动，所以，晶体生长最快时的温度则偏

向于 T_m 一侧。在 T_g 和 T_m 处成核速率和晶体生长速率均为零。高分子的结晶速率（v）是晶核生成速率（v_i）和晶体生成速率（v_c）的总效应，最大结晶速率（v_{max}）必然在 $T_g \sim T_m$ 之间有一对应的温度，此温度即为最大结晶速率温度（T_{max}）。

T_{max} 对实际生产有重大的指导意义。例如，对某一高分子材料所制得的制品，如果制品需要较高的结晶度（详细情况以下将讨论），则在成型过程中，冷却时要在 T_{max} 附近保温一段时间；如果制品的结晶度要尽可能低，则在冷却时必须以最快的冷却速率偏离 T_{max}。常见几种聚合物的 T_m 和 T_{max} 见表 1-2。

表 1-2 常见几种聚合物的 T_m 和 T_{max} 数据

材 料 名 称	T_m/K	T_{max}/K	T_{max}/T_m
天然橡胶	301	249(248)	0.83
全同立构 PS	513	448(436)	0.87(0.85)
PET	540(537)	453(463)	0.84(0.86)
聚乙二酸乙二醇酯	332	271	0.82
聚丁二酸乙二酯	380(376)	303(328)	0.78(0.87)
全同立构 PP	449	393	0.88
PA66	538	420(413)	0.79(0.77)
PA6	500	300	0.82
POMM(分子量 40000)	453	361	0.80
聚(四甲基对亚苯基硅氧烷) 　分子量 8700	418	338	0.81
分子量 1400000	423	338	0.80
聚环氧丙烷(分子量 10300)	348	285	0.82

注：括号中的数据来自不同的资料。

根据表 1-2 的数据，有人仅从 T_m 对 T_{max} 提出了简便的估算式（以下三个公式中的温度单位为 K）：

$$T_{max} = (0.80 \sim 0.85) T_m \tag{1-21}$$

也有资料提供的估算式是：

$$T_{max} = 0.85 T_m \tag{1-22}$$

还有人考虑了 T_m 和 T_g 这两个因素，提出了 T_{max} 的经验式如下：

$$T_{max} = 0.63 T_m + 0.37 T_g - 18.5 \tag{1-23}$$

尽管这些估算［即表 1-2 中的数据与式(1-22)、式(1-23) 的计算值］还相当粗略，但在加工的通常情况下是很有用的。

3. 结晶度

结晶型高分子材料中通常总是同时包含晶区和非晶区两个部分。为了对这种状态作定量的描述，结晶度作为结晶部分含量的量度，通常以质量分数 f_c^W 或体积分数 f_c^V 来表示：

$$f_c^W = [W_c/(W_c + W_a)] \times 100\% \tag{1-24}$$

$$f_c^V = [V_c/(V_c + V_a)] \times 100\% \tag{1-25}$$

式中　W——质量；

　　　V——体积；

　　　c——结晶部分；

　　　a——非结晶部分。

结晶度的概念虽然沿用了很久，但由于高分子材料的晶区与非晶区的界限不明确（即缺乏明确的物理意义）：在一个样品中，实际上同时存在着不同程度的有序状态。这自然要给准确确定结晶部分的量带来困难。由于各种测定结晶度的方法所涉及不同的有序状态的认识不同，或者说，各种测试方法对晶区和非晶区的理解不同，因此，用不同的测试方法测定同一试样结晶度时有很大的差别。表 1-3 给出三种试样用不同方法测得的数据。

表 1-3　用不同方法测得的三种高分子材料结晶度的比较

测试方法	纤维素(棉花)的结晶度/%	未拉伸涤纶的结晶度/%	拉伸过涤纶的结晶度/%
密度法	60	20	20
射线分析法	80	29	2
红外光谱法	—	61	59
甲酰化法	87	—	—
氘交换法	56	—	—
水解法	87	—	—

从表 1-3 中可以看出，不同方法测得的数据的差别远远超过测量误差。因此，在指出某种高分子材料结晶度的同时，通常必须说明测量方法。因为现在还不能清楚地指明各种测量方法涉及何种有序状态。当然，对于有些试样，如 PE 和顺 1,4-聚异戊二烯，不同方法又都能得到比较一致的结晶度数据。

尽管结晶度的概念缺乏明确的物理意义（即结晶度的数值随测定方法不同而有较大的差别），但是，为了描述高分子材料的聚集态结构或加工中结构的变化情况，比较各种结构状态对高分子材料物理性质的影响，结晶度的概念仍是不可少的，仍是加工工艺中一项很有用的工艺参数。

4. 结晶速率

实践证明，结晶速率曲线为 S 形，PP 在不同温度下结晶时的体积变化曲线见图 1-18。

这表明：结晶速率在中间阶段最快，结晶后期速度愈来愈慢；结晶初期的速度缓慢说明高分子材料由熔融状态冷却到 T_m 以下出现结晶诱导时间 t_i。

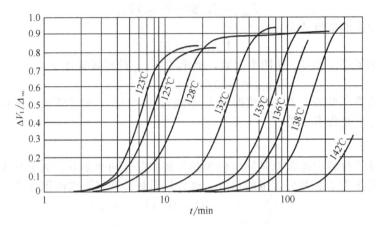

图 1-18　PP 在不同温度下结晶时的体积变化曲线

由于高分子材料达到完全结晶需很长时间，因此，通常将结晶度达到 50% 的时间（$t_{1/2}$）的倒数作为高分子材料结晶速率的比较标准，称为结晶速率常数（K）。很明显，$t_{1/2}$ 小则 K 值大，结晶速率快。

5. 二次结晶、后结晶和退火处理

二次结晶是在一次结晶完成之后，在一些残留的非晶区和晶体不完整的部分（即晶体的缺陷或不完善区域）继续进行结晶和进一步完整化的过程。这些不完整的部分可能是在初始结晶过程中被排斥的比较不容易结晶的物质。高分子材料二次结晶的速度很慢，往往需要很长的时间（有的可能是几年甚至几十年）。

一次结晶和二次结晶是结晶动力学的范畴，而在实际生产中，按生产过程顺序，我们称之为在位结晶（也称在线结晶）和后结晶现象。在位结晶是指在成型模具中的结晶；而后结晶是高分子材料在加工过程中一部分来不及结晶的区域在加工后（一般是指离开加工设备后）发生的继续结晶过程。它发生在球晶的界面上，并不断地形成新的结晶区域，使晶体进一步长大，所以，后结晶是加工中在位结晶的继续。因此，可以这样认为：在后结晶的前阶段仍属于一次结晶，只不过是制品离开加工设备；在后结晶的后阶段属于二次结晶过程。当然，一次结晶过程和二次结晶过程之间尚无明显的界限。

二次结晶和后结晶都会使制品性能及尺寸在使用和贮存中发生变化，有时也影响制品的正常使用。因此，常在 $T_g \sim T_m$ 温度范围内对制品进行热处理（即退火处理），以加速高分子链的二次结晶或后结晶的过程。退火处理实质上是分子链的松弛过程。通过退火处理能促使分子链段加速重排，以提高结晶度并使晶体结构趋完善，制品尺寸和形状的稳定性得到提高，内应力降低。也就是说，经过退火处理，制品的微观结构发生了变化。

在实际生产中，退火处理的温度通常控制在这种材料的热变形温度以下 10～20℃，以保证制品在退火处理过程中不发生大的变形。

二、成型-结晶-性能之间的关系

结晶型高分子材料的物理力学性能和化学性能与结晶度、结晶形态等因素有关，而这些晶体结构的变化取决于加工条件。虽然，这给结晶型高分子材料的加工和应用带来了一定的复杂性，但当人们弄清楚这三者之间的关系后，应用其规律，可以有效地在很大范围内改善制品的性能。

1. 结晶-性能的关系

在结晶对制品性能影响的诸因素中，着重讨论结晶度对制品性能的关系，晶体尺寸对制品性能的影响也略加论及。

（1）结晶度的影响　结晶过程中分子链的敛集作用使高分子材料体积收缩、比容减小、密度增加；通常，密度和结晶度之间有线性关系。密度增大意味着分子链之间吸引力增加，所以，结晶度高的高分子材料的力学性能和热性能（包括耐热性、熔点以及热变形温度等）都相应提高。高分子材料中的晶体类似分子链中的"交联点"，有限制链段运动的作用，也能使结晶高分子材料的力学性能、热性能和其他性能发生变化。结晶度不同的塑料材料可以有不同的性能，见表 1-4。结晶度较高的高分子材料，耐环境应力开裂性下降。

表 1-4　不同结晶度的塑料材料性能比较

结晶度/%	65	75	85	95
密度/(g/cm^3)	0.91	0.93	0.94	0.96
拉伸强度/MPa	14	18	25	40
冲击强度/(kJ/cm^2)	5.30	26.5	20.6	15.7
伸长率/%	500	300	100	20
硬度	130	230	380	700
熔点温度/℃	105	120	125	130

（2）晶体尺寸的影响　在高分子材料的晶体形态中，球晶结构比较普遍。球晶直径对高分子材料许多性能也有较大的影响，其中尤其光学性能（即透明度）。当球晶直径大到大于可见光波长时，则可见光就要在球晶表面产生散射，因而使制品变得浑浊，透明性下降。另外，当球晶直径增大时，材料的韧性也下降，屈服应力也降低。

2. 成型-结晶的关系

影响结晶过程一个极其重要的因素是冷却速率。在理论上，研究高分子材料结晶过程是处于等温（或温度变化很小）条件下的结晶，这种结晶称为静态结晶过程；但实际上高分子材料在加工过程中的结晶大多数情况下都不是在等温条件下进行的，温度是在逐渐下降，而且熔体还要受外力（如拉伸应力、剪切应力和压缩应力）的作用，产生流动和取向等。这些因素都会影响到高分子材料的结晶过程。这种多因素影响下的结晶称为动态结晶过程。影响结晶过程的主要因素讨论于下。

（1）冷却速率的影响　温度是高分子材料结晶过程中最敏感的因素。温度相差无几（有时甚至 $1\sim2$℃）而结晶速率可相差若干倍。在不同温度下，对于同一材料可得到不同的结晶度，见表 1-5。高分子材料从 T_m 以上降低到 T_g 以下的冷却速率（过去称"冷却速率"），实际上决定了晶核生成和晶体生长的条件，所以，高分子材料在成型加工过程中能否形成结晶以及结晶的程度、晶体的形态和尺寸等都与熔体的冷却速率有关。

表 1-5　不同温度下结晶的 PE 结晶度

温度/℃	0	20	40	60	80	90	100	105	110
结晶度/%	55	55	55	55	50	45	40	35	25

冷却速率取决于熔体温度（$T_{m,0}$）和冷却介质温度（$T_{c,0}$）之间的温度差（即 $\Delta T = T_{m,0} - T_{c,0}$），$\Delta T$ 称为冷却温差。如果熔体温度 $T_{m,0}$ 一定，则 ΔT 决定于冷却介质的温度

$T_{c,0}$。据冷却温差 ΔT 的大小，将冷却速率大致可分为如下三种情况。

① 缓慢冷却 当 $T_{c,0}$ 接近高分子 T_{max} 时，则 ΔT 值很小（即熔体的过冷程度小），冷却速率缓慢，结晶过程实际上接近于静态结晶过程。如果结晶是通过均相成核作用而开始的，由于冷却速率缓慢，则要制品容易形成直径较大的球晶，而较大的球晶结构可使某些力学性能（如拉伸强度）提高，但也会使制品的有些力学性能下降（如韧性），即制品发脆；同时由于冷却速率缓慢使生产周期增长（即生产效率降低）。故大多数高分子材料加工厂家很少采用缓慢冷却的作业方式。有没有这样的一种方式，使制品的结晶度相当高的同时使球晶直径又比较小呢？有，这就要使用成核剂（后面讨论）。

② 急冷 当 $T_{c,0}$ 低于 T_g 以下很多时，ΔT 很大（即熔体的过冷很大），冷却速率很快。在这种情况下，大分子链段重排的松弛过程将滞后于温度变化的速率，以致高分子材料的结晶温度降低。使分子链来不及结晶而呈过冷液体（即冷却的高分子仍保持着熔体状态的液体结构）的非晶结构，因而，制品具有十分明显的体积松散性。当然，在厚制品内部仍有微晶结构的形成。这种内层与表层结晶程度的不均匀性会使制品的内应力增大。同时，制品中的过冷液体或微晶结构都具有不稳定性。特别是像 PE、PP 和 POM 等这些结晶能力强，T_g 很低的高分子材料，后结晶会使制品的力学性能和尺寸及形状发生改变。这种情况虽然可使成型周期缩短，但由于上述种种缺陷使高分子材料加工厂家也很少采用急冷的作业方式。当然，在加工的中间过程采用急冷措施以降低材料的结晶度，使得下道工序能顺利进行，这也是常有的事。例如，高分子材料在拉伸取向之前就必须尽可能地降低结晶度。

③ 中等冷却速率 当 $T_{c,0}$ 处于 T_g 以上的某一温度范围，则 ΔT 不很大。此时，高分子熔体表层能在冷却的时间内冷却凝固形成壳层，冷却过程中接近表层的区域最早结晶。制品内部也有较长时间处于 T_g 以上的某一温度范围，因此，有利于晶核的生成和晶体的长大，结晶速率常数也较大。在理论上，这一冷却速率或冷却程度能获得晶核数量与其生长速率之间最有利的比例关系。在这种情况下，晶体生长快，结晶结构完整、稳定，所以，制品的尺寸稳定性好，且生产周期也较短。高分子材料加工厂家常采用中等冷却速率，其办法是将冷却介质（在注塑工艺中就是模具）的温度 $T_{c,0}$ 控制在该材料的 $T_g \sim T_{max}$ 之间的某一温度，当冷却介质接近这一温度时再降温，进行第二阶段的冷却，使制品脱模后不变形。

（2）熔融温度和熔融时间的影响 任何能结晶的高分子材料在加工前的聚集态中都具有一定数量的晶体结构，当其被加热到 T_m 以上温度，还需要一定的时间才能使高分子的原始晶体熔化；因此，熔化温度的高低与在该温度的停留时间长短会影响到高分子熔体中是否残存原始的微小有序区域或晶核的数量。实际生产中，加工温度总要高出 T_m 许多，且有足够的保温时间，因此，残存晶核是不存在的。

（3）应力的影响 高分子材料在纺丝、薄膜拉伸、注射、挤出、模压和压延加工过程中受到应力作用，应力会加速结晶。原因是应力作用下高分子熔体取向产生了诱发成核作用所致，例如，高分子材料受到拉伸或剪切应力作用时，大分子沿受力方向伸直并形成有序区域。在有序区域中形成一些"原纤"，它使初级晶核生成时间大大缩短，晶核数量增加，以致结晶速率增加。

由于"原纤"的浓度随拉伸或剪切速率增大而升高，所以，熔体的结晶速率随拉伸或剪切速率增加而增大。例如，受到剪切作用的 PP 生成晶体所需的时间比静态结晶少一半；PET 在熔融纺丝过程中受拉伸时，其结晶速率甚至比未拉伸时要大 1000 倍。应力使高分子熔体的结晶温度升高，因而使产品的结晶度提高。

应力对晶体结构和形态也有相当影响。例如，在剪切或拉伸应力作用下，熔体中往往生成一长串的纤维状晶体，随应力或应变速率增长，晶体中伸直链含量增多，晶体熔点升高。

压应力也能影响晶体的大小和形状。低压下能生成大而完整的晶体，高压下则生成小而形状很不规则的晶体。在加工过程中，熔体所受力形式也影响晶体的形状和大小。例如，螺杆式注塑机的注塑制品中具有均匀的微晶结构，而用柱塞式注塑机所注塑制品中则有直径小而不均匀的晶体。

在加工过程中，必须充分地估计应力对熔体结晶过程的作用。例如，应力的变化使结晶温度变化，在高速流动的熔体中就有可能提前出现结晶，从而导致流动阻力增大，使加工发生困难。

（4）成核剂与结晶行为　用来提高结晶型高分子材料的结晶度、加快结晶速率，完善晶体结构，有时也能改变高分子晶体形态的物质叫成核剂。添加成核剂可使球晶直径变小。添加成核剂在工艺上的优点是注塑制品能在较高的温度下脱模，大幅度地缩短了加工周期。这是因为添加成核剂后，在较高的温度下即可达到完善的结晶，不致在室温下存放时再继续结晶而引起尺寸变化，这样不仅对缩短加工周期有利，而且对提高制品质量也有利。

成核剂的作用机理大致有两种。其一，成核剂为高分子链段的成核提供了表面，可大大增加晶核数目，提高了结晶速率。其二，有些成核剂还能与高分子链段存在某种化学作用力，促使分子链在其表面作定向排列而改变高分子链的结晶过程。

成核剂的用量及其添加方式，对制品性能的影响也是不同的。成核剂的用量为 1 份左右。除了直接添加外，也时先做成母料，然后再加入，这样才能保证成核剂均匀分散。

三、加工中的取向

在流动的状态下，高分子材料中存在的细而长的纤维状填料和大分子链在很大程度上顺着流动的方向作平行的排列，这种排列常称为取向。在剪切作用下所产生的取向称为剪切取向，简称取向。如前所述，高分子熔体在导管（如圆管）内流动的速度是管道中心最大，管壁处为零。在导管截面上各点的速度分布呈扁平的抛物线（见图 1-17）。取向的原因是：如果不作这样的平行排列，那么，细而长的单元势必以不同的速度运动，这实际上是不可能的。当然，由于同样的原因对处于 T_g 与 T_m 或（T_f）之间的热塑性高分子材料受到拉伸应力时，大分子链也必然会沿着流动方向作平行排列，这称为拉伸取向。

形成取向的结果使产品有了各向异性（力学性能）。其原因有二：首先，使主价键与次价键分布不均，在平行于流动方向上以次价键为主。因为，克服次价键所需的力要比克服主价键所需的力要小得多。其次，取向过程可消除存在于未取向材料的某些缺陷（如微孔等），或使某些应力集中同时顺着力场方向取向，这样，应力集中效应在平行的方向上减弱，而在垂直的方向上加强。

1. 纤维状填料的取向

塑料熔体中纤维状填料在扇形制品中的取向过程见图 1-19。

在注塑扇形薄片制品时，熔体的流线自浇口处沿半径方向散开，在扇形模腔的中心部分熔体流速最大，当熔体前沿到达模壁被迫改变流向时，流线转向两侧形成垂直于半径方向的流动，熔体中纤维状填料也随熔体流线而改变方向，最后纤维状填料形成同心环似的排列，尤以扇形边沿部分最为明显。由图 1-19 分析可知，填料

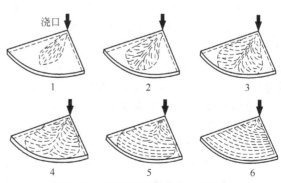

图 1-19　注塑时塑料熔体中纤维状
填料在扇形制品中的取向过程

（1→2→3→4→5→6）

的取向方向总是与液体的最终流动方向一致的。在扇形制品中，填料的取向具有平面取向的性质。

实验证明：扇形片状试样在切线方向上的力学强度总是大于径向方向上的力学强度；而在切线方向上的收缩率和后收缩率又往往小于径向。因为纤维状填料的力学强度往往比树脂要大；其收缩率往往比树脂小。实验结果与理论分析是一致的。

影响纤维状填料取向方向与程度的因素主要依赖于浇口的形状（因它能影响物料流动的速度梯度）和位置，充模速率对此也有一定的影响。

应当注意，纤维状填料一旦形成取向结构就无法解除。这与热塑性塑料的分子取向有本质的区别。

2. 加工过程中的分子链取向

在剪切流动中，高分子材料的分子链同时存在着取向与解取向两方面的作用：在速度梯度的作用下，蜷曲状的长链分子逐渐沿流动方向舒展伸直而引起取向；由于熔体温度很高，分子热运动剧烈，故在大分子流动取向的同时必然存在着解取向的作用。因此，在分析大分子取向的程度就是分析这两方面综合平衡的结果。

在流动过程中，可从塑料熔体在管道和模具中的流动情形（图 1-20）中分析长链大分子取向结构的分布规律。

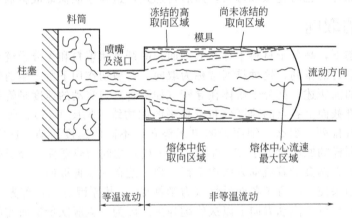

图 1-20　塑料熔体在管道和模具中的流动情形

在等温流动区域，由于管道截面小，故管壁处的速度梯度最大，靠管壁附近的熔体中取向程度最高；在非等温流动区域，熔体进入截面尺寸较大的模腔后压力逐渐降低，故熔体中的速度梯度也由浇口处的最大值逐渐降低到料流前沿的最小值。所以熔体前沿区域分子取向程度低。当这部分熔体首先与温度很低（与熔体相比）的模壁接触时，被迅速冷却，只能形成很少的取向结构的冻结层，即表层。但靠近表层内的熔体仍然流动，且黏度高、速度梯度大，故这层（称为次表层）的熔体有很高的取向程度，再加上次表层物料的热量散失较快（因为表层很薄，热传导所需的时间较短），故次表层的取向结构大多数能够保留下来。模腔中心部分的熔体由于速度梯度小，取向程度本来就很低，加之中心层的温度高、冷却速度慢，分子链解取向的时间充足，故最终中心层的取向程度极低。

在模腔中，熔体的速度梯度沿着流动方向降低，因此，在流动方向分子的取向程度是逐渐减小的。但取向程度最大的区域不在浇口处，而在距离浇口不远的位置（即熔体首先与模壁接触点）上。因为熔体进入模腔后首先充满在此处，有较长的冷却时间，冻结层厚，随后进入的熔体在通过此处时受到的剪切作用也最大，因此，这个部位的取向程度最高。图 1-21 表示了注塑长条试样中取向结构的分布情况。

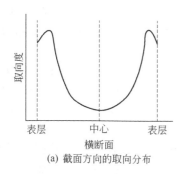 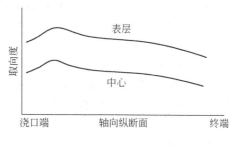

(a) 截面方向的取向分布　　　　　　　　　　(b) 长度方向的取向分布

图 1-21　矩形长条试样中分子链的取向分布

注塑过程中，高分子熔体的流动取向是复杂的，取向情况和这样两类因素有关：一类是模具因素，主要表现为浇口长度和模型深度这两方面。浇口的长度愈长，则制品的分子取向程度愈大；模腔深度（即物料的流程）越深，则分子的取向程度就越大。另一类是工艺因素，主要是熔料温度、模具温度、注射压力与保压时间这四个因素对制品分子取向程度均有一定的影响。

3. 塑料材料的拉伸取向

在高分子材料中，橡胶材料不采用拉伸取向工艺。本书只讨论塑料拉伸取向制品，即塑料丝的生产工艺。

（1）无定形塑料材料的拉伸取向　拉伸取向过程包含着链段取向和大分子取向这两个过程。两个过程可以同时进行，但速率不同。在外力作用下最早发生的是链段的取向，链段取向进一步发展引起分子链的取向，见图 1-22。

在拉伸过程中，由于材料变细，材料沿拉力方向的拉伸速率是逐渐增加，则必然使材料的取向程度沿拉伸方向逐渐增大。

当温度低于 T_g（或 T_m）时，由于分子链处于冻结状态，链段也处于冻结状态，即使用很大的拉力，由于此时材料的弹性模量较大，所以，发生的形变很小，分子链很难进行重排。所以，在玻璃态下，高分子材料是不能进行拉伸取向的。

未取向　　链段取向　　大分子取向

图 1-22　无定形塑料材料取向过程示意图

在 $T_g \sim T_f$（或 T_m）温度区间，升高温度时，材料的拉伸弹性模量和拉伸屈服应力降低，所以，拉伸应力可以减小；如果拉伸应力不变，则拉伸应变增大。所以，升高温度可以降低拉伸应力和增大拉伸速率。当温度足够高时，不大的外力就能使高分子产生连续的均匀性的塑性形变，并获得较稳定的取向结构和较高的取向程度。

当温度升高到 T_f（或 T_m）以上时，高分子材料的拉伸称为黏流拉伸。由于温度很高，大分子的活动能力很强，即使应力很小也能引起大分子链的解缠、滑移和取向，但此时分子链的解取向也很快，因而，保留下来的有效取向程度非常低。同时，由于熔体黏度低，拉伸过程极不稳定，容易造成拉伸材料中断，使生产不能连续进行。要使在此温度区间已取得的取向结构能较好地保留下来，则必须采用非常快的冷却速度，在大分子没有来得及解取向之前就使温度降低到很低的温度（如 T_g），这实际上是不可能的。

综上所述，无定形塑料材料在工业生产中拉伸工艺要诀可用六个字概括：低温、快拉、骤冷，其中低温的含义是在 $T_g \sim T_f$ 区间内，拉伸温度偏向于 T_g。

（2）结晶型塑料的拉伸取向　结晶型塑料的拉伸取向通常在 T_g 以上适当的温度进行。拉伸时所需应力比非结晶型塑料大，且应力随结晶度的增加而提高（因此，结晶塑料在拉伸取向之前要设法降低其结晶度）。

结晶塑料取向过程中包含着晶区与非晶区的形变。两个区域的形变可以同时进行，但速率不同。结晶区的取向发展快，非晶区的取向发展慢。晶区的取向过程很复杂，取向过程包含晶体的破坏，大分子链段的重排和重结晶以及微晶的取向等，取向过程伴随着相变化的发生。

结晶高分子拉伸取向的工艺要点如下。首先，在拉伸之前，将结晶型塑料在特定条件下转变为无定形（指结晶度相当低并不是结晶度等于零）塑料。在工业生产采取的措施通常是熔融挤出后的骤冷（一般是水冷）来降低其结晶度。其次，经急冷的材料（一般为片材，也有薄膜）需将温度回升至 $T_g \sim T_m$ 之间的某一适当的温度（称为拉伸温度 T_{dr}）才能进行拉伸，并且拉伸温度 T_{dr} 要偏离最大结晶速率温度 T_{max}。拉伸时按无定形塑料拉伸取向工艺要诀进行。再次，取得取向结构以后，同样也要通过冷却使取向结构得以保留。最后，进行热处理。即已经取向的材料在张紧的条件下，在 T_{max} 附近一段时间，然后再冷却下来。热处理的目的有二：一是恢复材料原有的结晶度，改善其结晶结构；二是在保留分子链取向的基础上，解除链段的取向。因为链段的取向对材料力学强度的贡献不大，却能引起制品有较大的收缩率，而较大的收缩率是制品在使用过程中所不需要的。

（3）拉伸温度的讨论　拉伸温度制定在 $T_g \sim T_{max}$ 之间，还是制定在 $T_{max} \sim T_m$ 之间呢？从理论上讲，应该取决于该材料的结晶速率。如果某种高分子材料的结晶速率较快（例如 PP），其半结晶时间 $t_{1/2}$ 较快（如 $t_{1/2,PP}=1.25s$），为了减轻晶区与非晶区变形的不均匀性，则拉伸温度 T_{dr} 应该取在 $T_{max} \sim T_m$ 之间。如果某种高分子的结晶速率较慢，如 PET，则拉伸温度 T_{dr} 应该取在 $T_g \sim T_{max}$。然而，在实际生产中，无论材料的结晶速率是快还是慢，都将 T_{dr} 取在 $T_g \sim T_{max}$ 之间。这样做的好处有二：其一，减少了能源的消耗；其二，减轻了冷却设备的负担，生产中也不会出现问题。

 习题

1. 解释下列名词术语：

流变学　牛顿液体与非牛顿液体　表观黏度　宾汉液体　假塑性液体　膨胀性液体　非牛顿指数　黏流活化能　弹性、弹性模量和弹性形变　离模膨胀　不稳定流动和熔体破裂　结晶度　新料和再生料　一次结晶和二次结晶　在位结晶和后结晶　成核剂　取向与拉伸取向

2. 流变学对高分子材料加工的作用表现在哪几方面？

3. 在与时间无关的黏性系统中，非牛顿液体可分为哪几类？其特性和形成原因分别是什么？（提示：三类）

4. 在有时间依赖系统中，非牛顿液体可分为哪两类？

5. 在高分子材料加工中，除了剪切流动和拉伸流动这两种主要的流动形式外，还有哪几种流动形式？

6. 影响高分子熔体黏度的主要因素有哪些？

7. 聚合物熔体的黏度与分子量的关系式是什么？这一关系式对加工和制品的力学性能各有何指导意义？

8. 黏度对温度敏感性指标的数值对实际生产有何指导意义？

9. 减少或减轻熔体破碎现象的主要方法有哪些？

10. 高分子材料离模膨胀的原因何在？对实际生产有何指导意义（膨胀对制品尺寸和形状有何影响）？从机头结构和工艺角度如何有效地减轻离模膨胀？离模膨胀的影响因素有哪些？

11. 聚合物的结晶度有何实用性？同时，聚合物的结晶度没有明确的物理意义（即聚合物结晶度的局限

性)，其原因何在？

12.取向对制品性能（尤其是力学性能）有何影响？其原因何在？

13.塑料材料的拉伸取向在何种热力学状态下进行？为什么必须在该状态下进行？

14.分别简述无定形塑料和结晶型塑料拉伸工艺要点。

15.结晶型塑料拉伸取向后的制品往往要经过热处理过程。其目的有哪些？热处理工艺如何确定？为什么这样确定？

第二章
高分子材料加工中的热行为

学习目标

1. 掌握高分子材料的热物理性质。
2. 掌握高分子材料在加工中的生成热。
3. 掌握高分子热膨胀和热容的基本性质。
4. 掌握高分子材料在加工过程中热传导的基本行为及有关计算。
5. 掌握高分子材料在加工过程中生成热与成型加工过程的关系。

高分子材料的许多重要物理性能往往都与温度有依赖性。在塑料加工中，当我们把玻璃态的热塑性塑料加热，它的比容随之增大，逐渐变为弹性体，当温度继续升高，塑料便能自由流动而成为熔体；有些塑料（如 PA 等）熔点较为明显，另一些塑料（如 PVC 等）却无明显的熔点。当塑料块接触热源时，表层温度已很高而内芯温度却升得很慢；塑料在挤出机中塑化时，发现螺杆转速加快，虽然外界停止加热，塑料却自己会升温；在冷却 PA 类塑料时，骤冷使结晶度小，缓慢冷却使结晶度高；结晶温度不同，塑料的结晶速率大不一样。塑料的流动和变形往往都与能量有关，而热能却是塑料加工的重要能量。

第一节
高分子材料的热物理特性

高分子材料的热物理性能是高分子材料的重要性能之一，其对高分子材料的加工及应用有着密切的关系。高分子材料热物理特性与其他材料的热物理特性有着明显的不同。

一、热膨胀

材料因受温度的升降而使体积发生膨胀或收缩的现象称为材料的胀缩性。热膨胀是材料由于吸收热能，相邻原子或基团由于振动使得间距变大的缘故。不同材料由于聚集结构不同，导致材料具有不同的胀缩性。物体的胀缩性可用线膨胀系数和体膨胀系数两种方法表示。

线膨胀系数是指固态物质温度改变 $1℃$ 时，其长度的变化和它在原温度时长度的比值，其单位为 $℃^{-1}$。线膨胀系数与材料分子间的作用力大小有关，与键能有关。键能越强，线膨胀系数越小。键能与线膨胀系数之间的关系可以推广到其他材料。有共价键或离子键构成的材料线膨胀系数最小；金属由金属键结合，线膨胀系数居中；高分子材料大分子之间主要是范德华力，所以线膨胀系数最高。一般金属的线膨胀系数约为 $10^{-5}℃^{-1}$。而高分子材料的线膨胀系数比一般金属大得多。体膨胀系数是指物体温度改变 $1℃$ 时，其体积的变化和它在原温度时体积的比值。本节主要讨论的是高分子材料的线膨胀系数。常用的高分子材料的线膨胀系数见表 2-1。

表 2-1　常用高分子材料的线膨胀系数

高分子材料	线膨胀系数 /$10^{-5}℃^{-1}$	高分子材料	线膨胀系数 /$10^{-5}℃^{-1}$	高分子材料	线膨胀系数 /$10^{-5}℃^{-1}$
HDPE	11~13	硬 PVC	5.0~18.5	POM	10.7
LDPE	16~18	软 PVC	7.0~25	PTFE(填充)	8.0~9.6
纯 PP	9.8	PS	6~8	PA66	7.1~8.9
玻纤增强 PP	4.9	HIPS	3.4~21	30%玻纤增强 PA66	2.5
PMMA	5~9	20%~30%玻纤增强 PS	3.4~6.8	PA9	15
ACS	6.8	AAS	8~11	PA11	11
ABS	7.0	玻纤增强 ABS	2.8	MC-PA(碱聚合浇铸)	5~8
PET	1.8	玻纤增强 PET	2.5	PA6	8
乙基纤维素	10~20	醋酸纤维素	8~16	PA610	10
硝酸纤维素	8~12	PC	6	PA12	11
20%~30%长玻纤增强 PC	2.13~5.16	20%~30%短玻纤增强 PC	3.2~4.8	PA1010	14
PTFE	10~12	聚三氟氯乙烯	4.5~7.0	氯化聚醚	12

高分子材料的胀缩性对高分子材料的应用非常重要。由于有些高分子材料（特别是工程塑料）具有较高的比强度、耐化学腐蚀性等优越的物理性能和化学性能。因此，经常被用于制造仪器仪表和测量工具等精密的机械零件。在制造精密机械时就必须要考虑高分子材料的线膨胀系数问题。不同高分子材料所制成的机械零件的配合和装配也要考虑高分子材料的线膨胀系数问题，否则，会因胀缩性不同而产生配合过紧或过松现象，造成产品变形或损坏。

高分子材料胀缩性的大小与其分子结构和组成有关。由于高分子材料是由长链分子通过分子间的作用力聚集而成，其聚集态结构较为复杂。聚集态结构中有结晶态和非晶态，当高分子材料受到环境温度而加热时，其聚集态中的分子链段吸收环境热量后动能增加，便发生不同程度的振动，使大分子链间的"自由体积"增大，导致高分子材料宏观上的体积增大，产生受热膨胀效应。反之，环境温度下降时，其聚集态中的分子链段的动能明显下降，振动程度下降，则大分子链间的"自由体积"下降，产生冷却收缩效应。

一般来讲，高分子经过填充处理或玻纤增强，提高其聚集态结构中分子链的刚性，其分子链段受热产生膨胀现象就会下降。

二、热容

在绝对零度时，材料的原子具有最低能量。如果有热量供给，原子就会得到热能，以一定的频率与振幅振动。每个原子的振动都会传递给周围的原子，产生一个弹性波，称为声子。声子的能量可以波长或频率来表示：

$$E = hc/\lambda = h\nu \tag{2-1}$$

材料通过获得或失去声子来获得或失去热量。热容是材料的温度提高 1℃（或 1K）所需的能量，单位为 J/℃（或 J/K）。比热容是将单位质量材料的温度提高 1℃（或 1K）所需的能量，单位为 J/(kg·℃)。在工程计算中，使用比热容更方便。常用典型材料的比热容见表 2-2。材料结构对比热容或热容的影响不大。

表 2-2　常用典型材料在 27℃ 时的比热容

材　料	比热容/[J/(kg·℃)]	材　料	比热容/[J/(kg·℃)]
铝	990	RPVC	1000
铜	385	SPVC	1600
铌	444	NR	1880
铁	444	PTFE	1050
铅	159	二氧化碳	1109
镁	1017	HDPE	1942
镍	444	LDPE	2302
硅	703	PA66	1674
钛	523	PS	1172
钨	134	PP	1920
锌	389	PC	1460
氧化铅	837	ABS	1590
金刚石	519	POM	1460
碳化硅	1047	NR	1880~2090
氮化硅	712	氮	1042
		水	4186

第二节
高分子材料加工业中的热传导

高分子材料在加工中都离不开热交换和能量的转换，因此，我们必须了解塑料加工中的传热学。

一、传热基本概念

1. 传热的基本方式

传热即热量传递。热量传递是由于物体内部或物体之间的温差而引起的。当无外功输入时，根据热力学第二定律可知，热总是自动地从温度较高的部分传给温度较低的部分，或是从温度较高的物体传给温度较低的物体。根据传热机理的不同，传热的基本方式有：传导、对流和辐射三种。

（1）传导 传导又称热传导，简称导热。其机理是当物体的内部或两个直接接触的物体之间存在着温差时，物体中温度较高部分的分子因振动而与相邻分子碰撞，并将能量的一部分传给后者，为此，热能就从物体的温度较高部分传到温度较低部分或从一个温度较高的物体传递给直接接触的温度较低的物体。其特点是物体中的分子或质点不发生宏观的相对位移。在金属固体中，自由电子的扩散运动，对导热起主要作用，在不良导热体的固体和大部分液体中，导热是通过振动能从一个分子传递到另一个分子；在气体中，导热则是由于分子不规则热运动而引起的。导热是固体中热传递的主要方式。在高分子材料加工中，热传导是热主要的传递方式。

（2）对流 对流又称热对流。对流仅发生在流体中，其机理是由于流体中质点发生相对位移和混合，而将热能由一处传递到另一处。若流体质点的相对移动是因流体内部各处温度不同而引起的局部密度差异所致，则称为自然对流。用机械能（如搅拌流体）使流体发生对流运动的称为强制对流。热对流的实质是流体的质点携带着热能在不断的流动中，把热能给出或吸入的过程。在同一种流体中，有可能同时发生自然对流和强制对流。

强制对流在高分子材料加工中时有应用，如塑料熔体在挤出机或注射机料筒中的流动就是强制对流的一种表现形式。

但在实际上，热对流的同时，流体各部分之间还存在着导热，而形成一种较复杂的热传递过程。但在某种状态下，是某种热传递方式为主导。

（3）辐射 辐射又称热辐射，是一种以电磁波传递热能的方式。一切物体都能把热能以电磁波形式发射出去，热辐射的特点是不仅产生能量的转移，而且还伴随着能量形式的转换。如两个物体以热辐射的方式进行热能传递时，放热物体的热能先转化为辐射能，以电磁波形式向周围空间发射，当遇到另一物体，则部分或全部地被吸收，重新又转变为热能。热传导和热对流都是靠质点直接接触而进行热的传递，而热辐射则不需要任何物质作媒介。任何物体只要在绝对零度以上，都能发射辐射能，但是只有在高温下物体之间温度差很大时，辐射才成为主要的热传递方式。

高分子材料加工中，温度往往较低（一般不超过 300℃），因此，辐射传热的程度较轻。实际上，上述三种传热的基本方式，很少单独存在，而往往是互相伴随着同时出现。

2. 高分子材料加工中的传热特性

高分子材料的加工与传热的关系甚为密切。因为高分子材料的加工中的很多单元操作，都需要进行加热和冷却。例如，高分子材料的挤出通常要控制在一定的温度下进行，为了达到和保持所要求的加工温度，就需要通过加热器向挤出机的料筒导入一定的热量，使物料熔融塑化；又如高分子材料被输送到挤出机头口模后，需要采取一定方式冷却定型。整个挤出过程都有一定的温度要求，所以需要向挤出设备或辅助设备导入或向外移出一定的热量。

高分子材料在加工中在传热特性与加工工艺过程及工艺参数控制有着密切的联系。由于塑料是热的不良导体，其热导率比较低，传热速度较慢。在塑料的加热或冷却过程中，其传热效果影响着塑料的加工过程和产品的质量。

PVC 原料和其他助剂在高速混合机中通过高速混合产生的摩擦热使物料升温，当升温至规定温度后出料，出料后需及时进行搅拌冷却，否则，出料后混合料堆积在一起，堆积在中间的 PVC 混合物料由于热量不能及时散发，导致 PVC 发生热降解，其热降解反应产生的反应热使物料进一步升温，促使 PVC 混合物料进一步加速热分解。

对于厚壁的塑料注塑制品，由于其表面的冷却速率与其内部的冷却速率不同，使表面的大分子链与内部大分子链的松弛时间不同，导致表面收缩率与内部收缩率不同，使制品容易产生内应力，而使制品生产翘曲、变形，产生银纹，严重时产生开裂现象；再如，在塑料的注射、挤出操作中，在开机前首先要加热料筒，当料筒温度被加热至设定温度时，还需进行保温一段时间才能启动主机，其原因是料筒内原有的塑料物料传热速度比较慢，需要一定时间热量才能通过传热作用均匀分布于料筒内部，否则容易产生启动载荷过大，使电机过载而损坏，严重时使螺杆损坏。

挤出成型中，单螺杆挤出机向高效高速方向发展，现已出现螺杆转速高达 1000r/min，在这样高的转速下，固体塑料在螺槽内受剪切摩擦产生的热量足以使其熔融塑化，生产正常后，往往不需要外界加热。相反，甚至剪切摩擦产生的热量过剩，反而需要通过冷却来降低料筒温度。因此，这种物料自身由于剪切摩擦产生的热量，是由机械能转换的重要热源，必须引起重视。

二、高分子材料加工中的热传导

在塑料加工过程中，必须将塑料加热至高弹态或加热至黏流态，视各种加工方法而定。总之，需要热量传给塑料，最后还得冷却物料而得到制品，这就涉及传热问题。传热学在塑料加工过程中至关重要。

1. 傅立叶定律

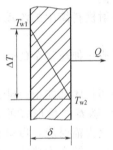

图 2-1 单层平壁热传导

一个物体的内部，只要各点间有温差存在，则热量就会从高温点向低温点传导。由热传导方式所产生热流的大小，取决于物体内部各点的温度分布情况。

如图 2-1 所示，为一个由均匀材料构成的单层平壁，两侧表面积都等于 $A(m^2)$，壁厚为 $\delta(m)$，壁的两侧表面上温度保持为 T_{w1} 和 T_{w2}。如果 $T_{w1} > T_{w2}$，则热量以热传导的方式，从温度为 T_{w1} 的平面传递到温度为 T_{w2} 的平面上，导热公式为

$$Q = \lambda A \Delta T / \delta \qquad (2\text{-}2)$$

式中 Q——单位时间内通过平壁的导热量，即导热速率，W；

ΔT——平壁两侧表面的温差，℃，$\Delta T = T_{w1} - T_{w2}$；

A——垂直于导热方向的截面积，m^2；

δ——平壁的厚度，m；

λ——高分子材料的热导率，W/(m·℃)。

式(2-2) 就是傅立叶导热公式。傅立叶定律的内容是："在平壁内单位时间以热传导的方式传递的热量，与垂直于热流的横截面积成正比，与平壁两侧的温差成正比，而与热流方向上的路程长度成反比。"这是对导热现象经验的规律性总结，是导热的基本定律。据此定律可以确定在物体各点间存有温差时，因热传导而产生热流的大小。式(2-2) 是研究热传导的基本方程。

2. 热导率

热导率是衡量物质导热能力的一个物理量。式(2-2) 可改写为：

$$\lambda = Q / [(T_{w1} - T_{w2}) A / \delta] \qquad (2\text{-}3)$$

当 $A = 1m^2$、$\delta = 1m$、$\Delta T = T_{w1} - T_{w2} = 1℃$ 时，则单位时间内的导热量 Q 就和热导率相等。这就是说，热导率在数值上等于一个厚度为 1m、表面积为 $1m^2$ 的平壁两侧维持 1℃ 温度差时，每单位时间通过该平壁的热量。所以热导率是物质的一种物理性质，它表示物质导热能力的大小，λ 值愈大，则物质的导热性能越好。其单位由式(2-2) 可知，为 W/(m·℃)。

工程计算中所用的各种物质的热导率值都由实验测定。

物质的热导率与物质组成、结构、密度、温度和压力有关。一般来说，金属的热导率最大，非金属的固体次之，固体的热导率随温度的升高而增大。液体的热导率一般远较固体的为小（绝热材料除外），液体的热导率随温度的升高而减小。表 2-3 是各种塑料的热导率。

表 2-3　各种塑料的热导率

塑　料　名　称	热导率/[W/(m·℃)]	塑　料　名　称	热导率/[W/(m·℃)]
ABS	2.93×10^{-1}	改性聚苯醚	2.1×10^{-1}
POM	2.3×10^{-1}	改性聚苯醚(30%玻璃纤维)	1.67×10^{-1}
POM(20%玻璃纤维)	2.51×10^{-1}	聚芳醚	2.93×10^{-1}
PMMA	2.93×10^{-1}	聚芳砜	1.93×10^{-1}
醋酸纤维素	2.51×10^{-1}	PC	1.93×10^{-1}
醋酸丁酸纤维素	2.51×10^{-1}	LDPE	3.35×10^{-1}
丙酸纤维素	2.51×10^{-1}	MDPE	7.95×10^{-1}
乙基纤维素	2.3×10^{-1}	HDPE	4.2×10^{-1}
氯化聚醚	1.3×10^{-1}	PP	1.17×10^{-1}
聚三氟氯乙烯	2.1×10^{-1}	聚 4-甲基戊烯	1.67×10^{-1}
聚偏二氟乙烯	1.25×10^{-1}	PS	1.25×10^{-1}
聚全氟乙丙烯	2.51×10^{-1}	HIPS	8.4×10^{-2}
PA6	2.51×10^{-1}	AS	1.21×10^{-1}
PA6(30%玻璃纤维)	2.51×10^{-1}	BS	1.51×10^{-1}
PA66	2.51×10^{-1}	RPVC	1.67×10^{-1}
PA66(30%玻璃纤维)	2.1×10^{-1}	氧化聚氯乙烯	1.38×10^{-1}
PA11	2.93×10^{-1}	聚偏二氯乙烯	1.25×10^{-1}
PA610	2.1×10^{-1}	PF 塑料(无填料)	1.88×10^{-1}

塑料的热导率在固体材料中稍偏低，热塑性塑料的热导率一般在 $(4.185\sim46)\times10^{-2}$ W/(m·℃) 范围内。所以，在加工过程中冷却或加热厚制品是一个难题，需要新技术改进。

热塑性塑料在物态转变点时，其热导率有明显变化；热导率与温度有依赖性，一般随温度升高而增大，特别是结晶型塑料尤为显著，无定形材料变化较小。热导率也与压力有依赖关系，随压力升高而增大。

经过单层平壁的稳定热传导示于图 2-1 中，式(2-2)适用于单层平壁的稳定热传导，可简化为：

$$Q=\lambda A(T_{w1}-T_{w2})/\delta=[(T_{w1}-T_{w2})A]/(\delta/\lambda) \qquad (2-4)$$

3. 经过平壁和圆筒壁的稳定热传导

经过多层平壁的稳定传热示于图 2-2 中，而式(2-2)成为下列形式：

$$Q=A(T_{w1}-T_{w2})/\sum_{i=1}^{i=n}\frac{\delta_i}{\lambda_i} \qquad (2-5)$$

式中　T_{w1}，T_{w2}——多层串联壁两外表面的温度，℃；

　　　　n——壁的层数；

　　　　i——壁层的序数。

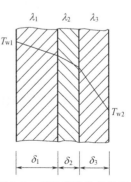

图 2-2　多层平壁的热传导

例1　某平模板壁厚 d 为 0.37m，外表面温度 $T_{w1} = 280℃$，内表面温度 $T_{w2} = 100℃$，模板材料的热导率 $\lambda = 0.815 + 0.00076T$。若将热导率按平均热导率计算时，试求通过每平方米该平模板的导热量。

解：平模板的平均温度为 $T_a = (T_{w1} + T_{w2})/2 = (280 + 100)/2 = 190℃$

平模板材料的平均热导率为 $\lambda_a = 0.815 + 0.00076 \times 190 = 0.959 W/(m \cdot ℃)$

依式（2-4）可求得每平方米该平壁的导热量为

$$Q/A = \lambda(T_{w1} - T_{w2})/\delta = 0.959 \times (280 - 100)/0.37 = 466.54 W/m^2$$

例2　某材料厚度 $\delta_1 = 20mm$，材料的热导率 $\lambda_1 = 58 W/(m \cdot ℃)$。若在该材料内壁复合一层保温层厚 $\delta_2 = 1mm$ 热导率 $\lambda_2 = 1.16 W/(m \cdot ℃)$ 的材料。已知该材料表面温度为 $T_{w1} = 260℃$，内壁复合材料的内表面温度 $T_{w2} = 200℃$。求该复合材料每平方米表面积的导热速率及两层材料间的温度 T'_{w2}。

解：由式（2-4）得 $\dfrac{Q}{A} = \dfrac{T_{w1} - T_{w2}}{\dfrac{\delta_1}{\lambda_1} + \dfrac{\delta_2}{\lambda_2}} = \dfrac{260 - 200}{\dfrac{0.02}{58} + \dfrac{0.001}{1.16}} = 49714.29 W/(m \cdot ℃)$

由式（2-2）得 $T'_{w2} = T_{w1} - \dfrac{\delta Q}{\lambda A} = 260 - \dfrac{0.02 \times 49714.29}{58 \times 1} = 242.86℃$

经过单层圆筒壁的稳定热传导示于图2-3，而式（2-2）成了下列形式：

$$Q = 2\pi L \frac{T_{w1} - T_{w2}}{\dfrac{1}{\lambda} \ln \dfrac{r_2}{r_1}} \tag{2-6}$$

式中　T_{w1}，T_{w2}——单层圆筒壁两边外表面的温度，℃；

　　　　L——圆筒的长度，m；

　　　　r_1，r_2——圆筒的内外半径，m。

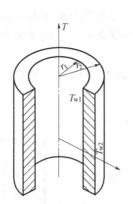

图2-3　单层圆筒壁的热传导

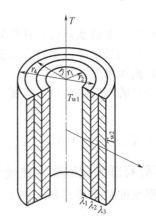

图2-4　多层圆筒壁的热传导

经过多层圆筒壁的稳定热传导示于图2-4中，而式（2-2）成为下列形式：

$$Q = 2\pi L (T_{w1} - T_{w2}) \bigg/ \sum_{i=1}^{i=n} \frac{1}{\lambda} \ln \frac{r_{i+1}}{r_i} \tag{2-7}$$

式中　T_{w1}，T_{w2}——多层圆筒壁两边外表面的温度，℃；

　　　　　n——圆筒壁的层数；

　　　　　i——壁层的序数。

不稳定热传导的计算较复杂，有兴趣者可参阅有关专著，本书略。

三、热扩散系数

高分子材料的热扩散系数（α）是其热导率（λ）除以其定压比热容（C_p）与密度（ρ）的乘积。其表达式如下：

$$\alpha = \lambda / (\rho C_p) \tag{2-8}$$

式中　α——热扩散系数，$10^{-2}\,cm^2/s$；

　　　λ——热导率，W/(m·℃)；

　　　ρ——密度，g/cm^3；

　　　C_p——定压比热容，J/(g·℃)。

某些材料常温下的传热性能数据见表 2-4。

表 2-4　某些材料的传热性能数据（常温）

材　料　名　称	热扩散系数 /($10^{-2}cm^2/s$)	定压比热容 /[J/(g·℃)]	材　料　名　称	热扩散系数 /($10^{-2}cm^2/s$)	定压比热容 /[J/(g·℃)]
HDPE	18.5	2.30	PC	13.0	1.46
PP	6.0	1.92	PTFE	11.1	1.05
PS	10.0	1.34	NR	8.2	1.88～2.09
RPVC	15.0	1.0	CR	6.5	2.18
SPVC	6.0～8.5	1.25～2.1	钢(20℃)	1250	0.11
PA	12.0	1.67	铜(20℃)	11440	0.091
ABS	11.0	1.59	铝(20℃)	9110	0.22
POM	11.0	1.46	玻璃(20℃)	44.4	0.16
木材	14.7	0.42			

由表 2-4 可知，高分子材料是热的不良导体，其热导率比金属材要小 3～4 个数量级，而定压比热容只比金属材料大一个数量级，热扩散系数要比金属材料小 2～3 个数量级。因此，在加工过程中，要在不长的时间内使物料内部温度很均匀，这是不现实的；然而，生产中也不要求物料内部的温度很均匀，只要各部分的温度差比较小，能生产出合格的制品即可。

值得注意的是，从各种资料查得的热扩散系数的数据有很大差别。表 2-4 中所列的数据是在常温状态下求得的。如果需要计算加工温度范围内各种高分子材料的热扩散系数是颇为麻烦的。其原因有这样三个方面。

第一，热导率 λ 是随温度的变化而变化。一般固体的热导率随温度上升而增加；液体的热导率（除水和甘油外）随温度的上升而下降。高分子材料在 T_g 以下时具有固体性质，即热导率也随温度的上升而增加，因而在 T_g 处出现一极大值。橡胶以外的各种非晶态高分子材料的热导率也都符合这一规律。

第二，高分子材料的密度 ρ 也随温度的升高而减小。在熔体状态下高分子材料的密度也很难计算。

第三，定压比热容 C_p 也随温度的变化而明显变化，而且变化规律也较复杂。因此，热扩散系数的数据在很大程度上是很粗糙的，从所有的实验数据来看，在较大温度范围内，各种高分子材料的热扩散系数的变化幅度通常不足两倍。

第三节
高分子材料加工过程中的生成热

高分子材料在加工过程中，在不同的情况下，会产生各种形式的生成热。在受机械力的作用下，部分的机械能会转变为热能，如物料在高速混合机中进行高速混合，由于物料与混合设备内壁的摩擦而产生摩擦热；高分子熔体在挤出、注射等加工的流动过程中，由于受到各种剪切作用，而形成剪切热；高分子材料在塑炼、混炼等加工工序中，因弹性等因素而产生热能；橡胶制品使用时常受到周期应力或交变应力作用，会使制品的温度升高；在塑料发泡成型中，还存在化学反应热。因此，加工过程的生成热与加工工艺参数控制有着密切的关系。

一、高分子熔体因摩擦而生成的热量

许多高分子熔体的黏度较低，在加工过程中由于外界各种机械作用而发生流动。在高分子熔体流动过程中，由于高分子熔体内部分子的摩擦而产生大量的热量，使得熔体黏度降低许多。塑料熔体的剪切摩擦热可按下式计算：

$$Q = \eta_a \dot{\gamma}^2 / J \tag{2-9}$$

式中 Q——剪切摩擦的热流量，$J/(cm^3 \cdot s)$；

$\quad\quad J$——热功当量，$9.6 \times 10^{-2} J/(kg \cdot cm)$；

$\quad\quad \dot{\gamma}$——剪切速率，s^{-1}；

$\quad\quad \eta_a$——表观黏度，$kgf \cdot s/cm^2$。

借摩擦热而使高分子材料升温，在成型加工过程中是一种常用的方法。用摩擦热加热高分子材料颇为理想，它使熔体分解的可能性很小，因为表观黏度随温度的升高而下降很快。

在近代注射成型技术中，制品复杂、物料黏度大、注射压力高，在喷嘴中熔体压力有时可高达 $98.1 \sim 196 MPa$。熔体在喷嘴中的流动相当于绝热条件压力损失，大部分都通过内摩擦作用转换为内能，使熔体的温度升高，其值可用下式计算：

$$\Delta T = \Delta p / (\rho C_p) \tag{2-10}$$

式中 ΔT——熔体通过喷嘴时的温升值，K；

$\quad\quad \Delta p$——通过喷嘴时的压力降，Pa；

$\quad\quad \rho$——熔体密度，kg/m^3；

$\quad\quad C_p$——定压比热容，$J/(kg \cdot K)$。

例3 在喷嘴入口处，$150℃$ 时 LDPE 的密度 ρ 为 $0.775 g/cm^3$；定压比热容 C_p 为 $2540 J/(kg \cdot K)$；设熔体流经喷嘴时的压力降为 $57.2 \times 10^6 Pa$，问熔体流出流道时的温度为几何？

解：将例题中的数据代入式(2-10)，得

$$\Delta T = (57.2 \times 10^6) / (775 \times 2540) = 29.0 K (即29.0℃)$$

熔体流出喷嘴时的温度：$150 + 29 = 179℃$

故熔体在流出孔道时的温度为 $179℃$。

二、在周期应力作用下，由内耗所引起的温升

外力作用速度对橡胶形变量的影响见图 2-5。

图 2-5 中比较了三种作用频率下形变与温度的关系，其中 $\omega_1 > \omega_2 > \omega_3$。由图 2-5 可见，随频率的增加，曲线的形状几乎不变，但向高温方向移动。换句话说，随外力作用速度的增加，使 T_g 提高（由 T_{g_1} 增高到 T_{g_3}），而高弹形变的总量并不改变。在橡胶制品的实际使用中，提高作用频率，起到相当于降低温度的作用，这是由于高分子链运动存在松弛时间所引起的。例如：在静态应力作用下直到 $-50\,℃$ 还保持着高弹性的橡胶，在频率为 $100 \sim 1000\,r/min$ 的动态应力的作用下，$-20\,℃$ 就可能玻璃化而变硬、变脆。

如果不考虑动态工作方式的影响，对橡胶的耐寒性就可能得出完全错误的结论。例如作胶管使用的橡胶其弹性已很好，但作飞机起落架（相当于汽车轮胎的作用）用就可能不适用（因在高频交变应力作用下，橡胶变得太硬、发脆）。

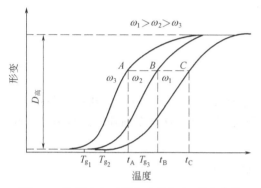

图 2-5　作用速度不同橡胶的温度-形变曲线

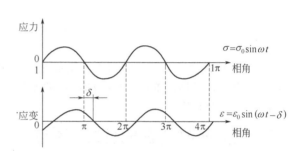

图 2-6　应力与应变的相位

在橡胶炼胶过程中也遇到作用速度的影响问题。例如采用快速密炼对提高塑炼效果大有益处。因为快速密炼（即加快转子转速）就是提高了外力作用速度，由于分子链来不及松弛，分子链的相对移动和各链段运动都相应地减少了，从而使分子链断裂机会增加。

滞后现象会引起内耗，从而使橡胶温度上升。定量地计算在周期应力作用下的内耗使橡胶温度上升的数值很有必要。正弦交变应力作用下的形变是最简单的动态形变。橡胶在正弦交变应力作用的形变表明，形变滞后于应力，并产生一定的相位差 δ，见图 2-6。

若应力变化服从正弦定律，则形变也服从正弦定律变化，但落后一个相位 δ。

$$\sigma = \sigma_0 \sin\omega t \tag{2-11}$$

$$\varepsilon = \varepsilon_0 \sin(\omega t - \delta) \tag{2-12}$$

式中　σ_0——应力的最大振幅；

　　　ε_0——应变的最大振幅；

　　　δ——相位差（又叫作损耗角）。

对于角频率为 ω 的周期形变来说，每单位时间的振动数为 υ，则 $\omega = 2\pi\upsilon$，每形变一个周期所需的时间 $t = 1/\upsilon = 2\pi/\omega$。每一周期形变所做的功 W 即周期形变的损耗为：

$$w = \int_0^t \sigma \, \mathrm{d}\varepsilon \tag{2-13}$$

将式（2-11）和式（2-12）代入，则

$$w = \int_0^{2\pi/\omega} \sigma_0 \sin\omega t \, \mathrm{d}\big[\varepsilon_0 \sin(\omega t - \delta)\big]$$

$$= \sigma_0 \varepsilon_0 \omega \int_0^{2\pi/\omega} \sin\omega t \cos(\omega t - \delta)\mathrm{d}t$$

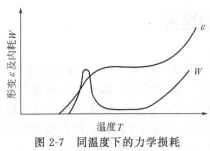

图 2-7 同温度下的力学损耗
以及形变的曲线

经运算可得：

$$W = \pi\sigma_0\varepsilon_0\sin\delta \qquad (2\text{-}14)$$

式(2-14)表明：单位体积的物料在每一循环中所做的功 W 与三个量有关，即与 σ_0、ε_0 和 $\sin\delta$ 成正比。由于 σ_0 为常数，则热效应仅与 ε_0 与 $\sin\delta$ 有关。如图 2-7 所示，在玻璃态时，由于 ε_0 很小；在充分发展的高弹态时，形变虽很大，但相位差微不足道，$\sin\delta$ 值很小，因此 $\varepsilon_0\sin\delta$ 也很小；而在玻璃态和高弹态的过渡区，形变量 ε_0 已相当可观，滞后现象 $\sin\delta$ 又很明显，这时，力学损耗有一极大值；当温度较高时，物料发生黏流时，内耗又开始急剧上升。为了求得单位时间散发的热量 ΔH，可将每一周期中的损耗乘以单位时间内的振动数：

$$\upsilon = 1/T = \omega/(2\pi)$$

从式(2-14)可得：

$$\Delta H = W\upsilon = \frac{1}{2}\omega\sigma_0\varepsilon_0\sin\delta \qquad (2\text{-}15)$$

式(2-15)说明，单位时间内的生成热与作用频率有关。随 ω 的增大，放出的热量愈多。将损耗功换算成热量单位，再查阅物料的比热容和热导率，则可从这个损耗的热量估算出胶料温度上升的数值。

三、高分子材料在成型加工中的化学反应热

高分子材料在加工过程中，凡发生化学反应之时，都伴随着热效应。用化学发泡剂生产泡沫塑料时，有生产热的产生或吸收热量。例如：N,N'-二亚硝基五亚甲基四胺（发泡剂 H）在 218℃ 分解时的生成热为 +2.40kJ/g（"+"表示释放热量）。又如偶氮二甲酰胺（发泡剂 AC）在 229℃ 分解的生成热为 +0.7kJ/g，而在 246℃ 分解时的热则为 −0.34kJ/g（"−"表示吸收热量），从整个过程来看，其生成热的总和为 +0.36kJ/g。在橡胶硫化过程中，生胶与硫黄之间的化学反应也是放热反应。实验证明，在 184℃ 硫化时，含 4% 硫黄胶料的反应热为 +41.8J/g。这在硫化工艺中是不能忽视的一个因素，尤其是硬质橡胶制品硫化时所产生的热量更大。在制订硫化工艺条件时，必须对生成热的量有正确的估算，以便在工艺上采取相应的措施。

 习题

1. 何谓材料的热胀缩性？影响材料热胀缩性大小的主要因素有哪些？
2. 在加工过程中利用摩擦热对物料进行升温有何优越性？为什么会有这样的优越性？
3. 在使用橡胶材料时为什么必须考虑外力的作用频率？
4. 何谓材料的热容？热容大小对高分子材料的加工有何影响？
5. 材料的传热方式有哪几种？高分子材料传热的基本特点是什么？
6. 举例说明高分子材料的传热特性对成型加工的影响。
7. 何谓热扩散系数？如何计算？它对成型加工有何指导意义？
8. 在高分子材料正弦交变应力的作用下所做的功如何计算？
9. 为什么必须注意高分子材料在加工过程中由于化学变化而产生的生成热？

第三章

常用高分子材料

学习目标

1. 树脂是组成塑料的主原料，树脂的结构和特性决定了塑料制品的性能，必须掌握树脂结构和特性之间的关系。
2. 热塑性弹性体是介于塑料和橡胶特性之间的新型材料，有较为广阔的发展前景，必须了解热塑性弹性体的基本特性。
3. 茂金属聚合物的优异性能必将给高分子材料的应用带来广阔的前景。茂金属聚合物已成为高分子材料家族中重要成员。

第一节
常 用 树 脂

一、热固性树脂

热固性树脂是指在制造或加工的某个阶段是既可以溶解也可以熔化的固态，或者是可以流动的液态，通过加热、催化或其他方法（如紫外线等射线的作用）发生化学变化后交联成既不能溶解也不能受热熔化的三维体型结构树脂。常见的热固性树脂有 PF 树脂、UP 树脂、EP 树脂、UF 树脂、三聚氰胺-甲醛树脂、PU 等。热固性塑料具有刚性和硬度大、尺寸稳定性好、耐热、耐燃以及价格低廉等特性，在合成树脂中占有一定的地位。

1. 酚醛树脂（PF）与塑料

PF 树脂是酚类化合物和醛类化合物缩聚而得的高分子高聚物。最常用的是苯酚，其次是甲酚、二甲酚和对苯二酚等；最常用的醛是甲醛，其次是糠醛，其中最重要的是苯酚和甲醛制得的酚醛树脂。

（1）PF 树脂的制备　随着反应条件的不同，如催化剂是酸性还是碱性以及苯酚/甲醛的比例不同，可生成不同性能的树脂，有其不同的用途。

① 酸法 PF 树脂的合成　酸法 PF 树脂又称为热塑性 PF 树脂，它可以反复地加热熔化和冷却凝固，如果不加入固化剂，它不可能进一步缩聚成体型聚合物。

在酸的催化作用下，如果苯酚与甲醛的摩尔比大于 1，即没有足够多的甲醛分子与苯酚上面的三个活泼氢都起反应，则可形成线型结构的 PF 树脂。

一般的热塑性 PF 树脂是在苯酚与甲醛的摩尔比为 1∶0.8 时制备的，其数均分子量约为 500，分子中约有 5 个酚环。反应过程为：

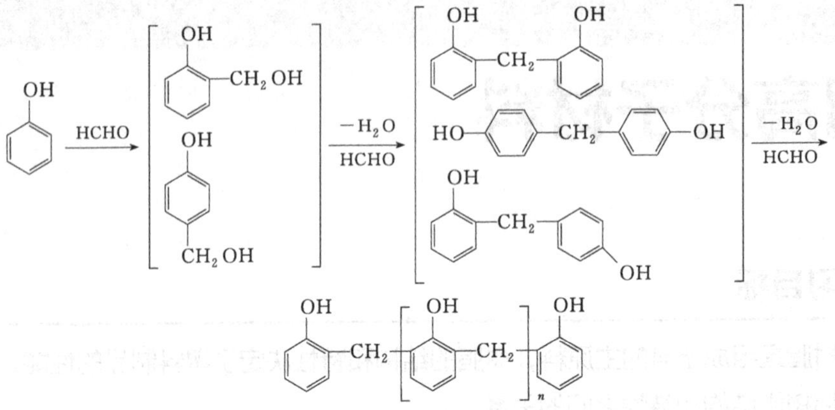

$(n=4\sim12)$

需要指出，催化剂酸性的强弱会影响到所得树脂的结构：若用强酸（pH<3）作催化剂，树脂分子结构中的酚环绝大多数通过邻位和对位连接起来；若在中等酸性（pH=4～7）环境中进行反应，则以邻位为主。

② 碱法 PF 树脂的合成　碱法 PF 树脂又称为热固性 PF 树脂，它不可能像热塑性的树脂那样反复地加热熔化而冷却又固化。如果它被加热熔化以后继续进行加热，会发生交联反应而固化。一旦发生了这样的交联反应，它就不可能再熔化了。碱法 PF 树脂实际上只是体型缩聚反应中所得到的甲阶树脂。

碱法 PF 树脂所用的催化剂一般是一些碱性物质，如氢氧化钠、氨水和氢氧化钡等，苯酚和甲醛的比例控制在 1～1.5 之间。整个反应过程可分为两个步骤，即甲醛与苯酚的加成反应和羟甲基苯酚之间的缩聚反应。

a. 甲醛与苯酚加成，生成多羟甲基苯酚：

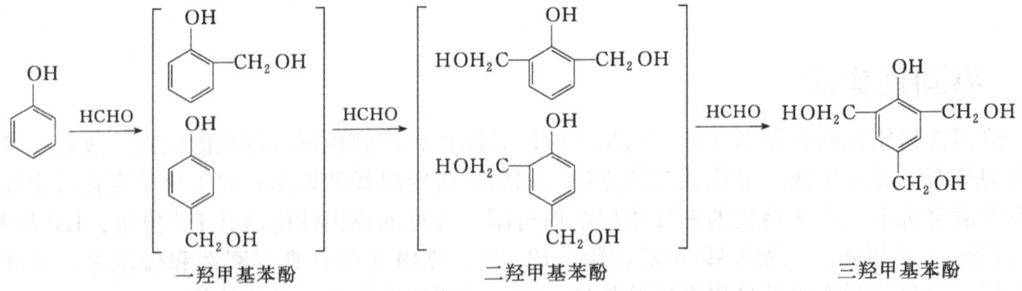

一羟甲基苯酚　　　　二羟甲基苯酚　　　　三羟甲基苯酚

b. 各种羟甲基酚之间再发生缩聚反应，生成含有羟甲基的热固性 PF 树脂：

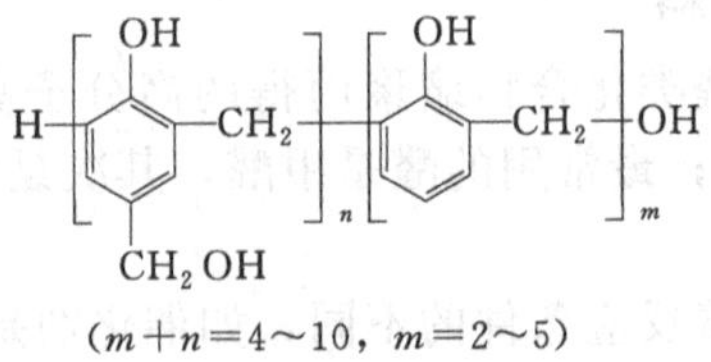

$(m+n=4\sim10,\ m=2\sim5)$

（2）PF 塑料　　PF 树脂本身很脆，因此必须加入各种纤维或粉末状填料后，才能获得所要求的性能，以 PF 树脂为基料，加入各种添加剂后所制成的材料统称 PF 塑料。

① PF 模压塑料　　PF 模压塑料是以热塑性酚醛树脂为基本成分，加上固化剂（六亚甲基四胺）、固化促进剂（如氧化镁等）、填料（以木粉为代表，其他尚可为石棉粉、云母粉、石英粉）、润滑剂（硬脂酸及其金属盐）、着色剂（黑、棕等颜料）等组成。一般配制方法有干法和湿法两种，一般以干法为主。这时将上述组分经混合均匀后，在塑炼机上熔融混炼，经冷却、粉碎和过筛而成粉状或颗粒状 PF 模塑料，可供模压、注射、挤出成型。

② PF 层压塑料　　将各种片状材料如棉布、玻璃布、石板布、纸等浸渍甲阶段热固性树脂，经烘干制成纤维（可织物），增强的 PF 塑料预浸料，或经模压制成层压板，或经缠绕加工为管材、型材和制品。

总之，PF 塑料具有力学强度高、性能稳定、坚硬耐腐、耐热、耐燃、耐大多数化学药品、电绝缘性良好、制品尺寸稳定性好、价格低廉等优良；当然，PF 也有颜色较深，不适用于浅色制品。PF 塑料主要用于电绝缘材料，在 PF 树脂中填充木粉后的塑料有电木之称。当用碳纤维增强后，能大大提高耐热性，已应用于飞机、汽车等方面。在宇航中可做烧蚀材料以隔绝热量，防止金属壳层熔化。

2. 不饱和聚酯（UP）树脂

UP 树脂是指在主链中含有不饱和双键的一类聚酯，是由不饱和二元酸或酐（主要为顺丁烯二酸或其酸酐，另有反丁烯二酸等）和一定量的饱和二元酸（如邻苯二甲酸、间苯二甲酸等）与二醇或多元醇（如乙二醇、丙二醇、丙三醇等）缩聚获得线型初聚物，当然，随着原料种类和配比的不同可获不同性能的产品。加入饱和二元酸的目的是调节双键密度和控制反应活性。在这种树脂中加入苯乙烯等活性单体作为交联剂，并加入引发剂（常用过氧化物）和促进剂（如胺类、环烷酸钴等），可以在低温或室温下交联固化形成，并可加入玻璃纤维增强形成复合材料，称之为玻璃纤维增强不饱和聚酯塑料，因其力学强度很高，在某些方面接近金属，故称为玻璃钢。其初聚物分子式为：

$$H \left[O - R^1 - O - \overset{\overset{\displaystyle O}{\|}}{C} - R^2 - \overset{\overset{\displaystyle O}{\|}}{C} \right]_x \left[O - R^1 - O - \overset{\overset{\displaystyle O}{\|}}{C} - R^3 - \overset{\overset{\displaystyle O}{\|}}{C} \right]_y OH$$

式中，R^1 代表二元醇；R^2 和 R^3 分别代表饱和性和不饱和性二元酸。

在玻璃钢中，以不饱和聚酯树脂为最重要（约占 80%），其他如 EP、PF 树脂也可用作复合材料。UP 主要用作玻璃纤维增强塑料，其相对密度为 1.7～1.9，仅为结构钢材的 1/5～1/4，为铝合金 2/3，其比强度高于铝合金，接近钢材，因而，在运输工业上用作结构材料，能起到节能作用。UP 树脂的主要优点是可在常温、常压下固化，其制品制造方法可用手糊法、喷射法、缠绕法、模压法等。但以手糊法为主，因为适用于制大型、异型的结构材料，特别是大型壳体部件如车体、船体、通风管道等。加工设备简单、操作方便，此外也可用作建筑材料、化工防腐蚀设备、容器衬里及管道等。

3. 氨基塑料

氨基塑料是以氨基树脂为基本组分的塑料。氨基树脂是指由含氨基官能团（主要是尿素和三聚氰胺）与醛类经缩聚反应生成的聚合物。主要品种有脲-甲醛树脂、三聚氰胺（蜜胺）甲醛树脂、脲-三聚氰胺甲醛树脂。

（1）氨基树脂的反应　　现以尿素为例，首先尿素与甲醛缩合生成羟甲基脲：

$$\underset{\text{脲}}{\overset{\displaystyle NH_2}{\underset{\displaystyle NH_2}{C=O}}} \xrightarrow{HCHO} \underset{\text{一羟甲基脲}}{\overset{\displaystyle NHCH_2OH}{\underset{\displaystyle NH_2}{C=O}}} \xrightarrow{HCHO} \underset{\text{二羟甲基脲}}{\overset{\displaystyle NHCH_2OH}{\underset{\displaystyle NHCH_2OH}{C=O}}}$$

反应体系中的羟甲基可以与尿素上的活性氢反应，或者 2 个羟甲基相互缩合：

$$\overset{\displaystyle NHCH_2OH}{\underset{\displaystyle NH_2}{C=O}} + \overset{\displaystyle HNCH_2OH}{\underset{\displaystyle NHCH_2OH}{C=O}} \xrightarrow{-H_2O} \overset{\displaystyle NHCH_2OCH_2NH}{\underset{\displaystyle NH_2\qquad NHCH_2OH}{C=O\qquad C=O}} \xrightarrow{-HCHO} \overset{\displaystyle NH-CH_2-NH}{\underset{\displaystyle NH_2\qquad NHCH_2OH}{C=O\qquad C=O}}$$

上述反应促使链增长，低分子量的聚合物是水溶性的。当在酸性条件下进一步加热，则分子链间的活性基团（羟甲基及氨基上的氢）发生缩合，进行交联而形成体型结构。如一个分子链上的羟甲基与另一个分子链上的活性氢的反应：

$$\begin{array}{l} \sim\sim CONCH_2\sim\sim \\ \qquad\quad CH_2OH \\ \qquad\qquad + \\ \sim\sim CONHCH_2\sim\sim \end{array} \longrightarrow \begin{array}{l} \sim\sim CONCH_2\sim\sim \\ \qquad\quad CH_2 \\ \sim\sim CONCH_2\sim\sim \end{array} + H_2O$$

以及相邻两个分子链中羟甲基的相互反应生成醚键，在一定温度下再分解。

$$\begin{array}{l} \sim\sim CONCH_2\sim\sim \\ \qquad\quad CH_2OH \\ \qquad\qquad + \\ \qquad\quad CH_2OH \\ \sim\sim CONCH_2\sim\sim \end{array} \longrightarrow \begin{array}{l} \sim\sim CONCH_2\sim\sim \\ \qquad\quad CH_2 \\ \qquad\quad O \\ \qquad\quad CH_2 \\ \sim\sim CONCH_2\sim\sim \end{array} + H_2O$$

$$\begin{array}{l} \sim\sim CONCH_2\sim\sim \\ \qquad\quad CH_2 \\ \qquad\quad O \\ \qquad\quad CH_2 \\ \sim\sim CONCH_2\sim\sim \end{array} \longrightarrow \begin{array}{l} \sim\sim CONCH_2\sim\sim \\ \qquad\quad CH_2 \\ \sim\sim CONCH_2\sim\sim \end{array} + HCHO$$

（2）氨基塑料　氨基塑料是由氨基树脂和添加剂所组成，其添加剂由填料（如纤维素、木粉、纸浆、云母、石棉等）、固化剂（如草酸、磷酸三甲酯）、稳定剂（如六亚甲基四胺）、润滑剂、着色剂等所组成。

氨基树脂是由羟甲基脲醛的水溶液与各类添加剂，首先由捏合机捏合，然后经干燥、粉碎即可得到氨基压塑粉。因其美丽如玉，又具有优良的电性能，故而被称为电玉粉，再经模压成型可得到制品。

氨基层压板是将纸、棉布、玻璃布等浸渍氨基树脂水溶液，经干燥得预浸料，再经叠合，层压固化，即可得氨基塑料层压板材。

脲醛树脂具有质坚硬、耐刮痕、无色透明、耐电弧、耐燃自熄等特点。适合制电器开关、插座、照明器具。由于它无毒、耐油，不受弱碱和有机溶剂的影响，因而，可用于日用器皿、食具，其层压板可作为装饰面板、家具、包装器材等。三聚氰胺-甲醛树脂具有脲醛树脂的优点外，还具有耐热水性，可制成仿瓷制品，作为餐具及厨房用具。其经玻璃纤维及石棉纤维增强后，因具有高的耐电弧性，因而可作为各种开关、灭弧罩和防爆电器零件、飞机发动机零件以及电器零件等。

4. 环氧树脂

在分子两端含有环氧基团$\left(\begin{array}{c}-CH-CH_2\\ \diagdown O\diagup\end{array}\right)$，同时在分子链中含有羟基（—OH）和醚键（—O—）的树脂，统称为环氧树脂（EP）。但习惯上把含有两个或两个以上环氧基团的能交联的聚合物统称为 EP 树脂。EP 树脂是线型的大分子，呈热塑性。由于在分子结构中含有活泼的环氧基、羟基、醚键等，所以，可以和多种类型的固化剂发生交联固化反应，从而将其线型结构变为体型结构，得到热固性的聚合物。

EP 树脂的种类很多，但工业上应用最普遍的是二酚基丙烷（即双酚 A）和环氧氯丙烷缩聚而得的二酚基丙烷 EP 树脂，但一般称之为双酚 A 型 EP 树脂。

（1）EP 树脂的反应 双酚 A 和环氧氯丙烷都含有两个官能度，且相互间可以发生反应。在碱的催化作用下，二者可进行缩合反应，反应式为：

之后，同样的反应继续进行，最后可得到线型聚合物：

（n 为平均聚合度，一般为 0～19）

根据平均聚合度的不同，可以把聚合反应所得树脂分为三类：平均聚合度小于 2，则为低分子量 EP 树脂，其软化点在 50℃以下，常温下是一种黏稠的液体；平均聚合度在 2～5 之间，称为中等分子量 EP 树脂，软化点范围是 50～95℃，常温下处于固体状态；平均聚合度如果大于 5，则称为高分子量 EP 树脂，其软化点高于 100℃，常温下是固体。

（2）EP 树脂的固化 EP 树脂的固化是通过树脂中环氧基或羟基的化学反应来实现的，其固化剂大体可分为催化型和官能型两大类。催化型固化剂只是作为引发剂而促使树脂分子本身进行交联反应，而官能型固化剂则是作为一种反应物或共聚单体直接参与交联反应。常用催化型固化剂有三氟化硼的络合物、咪唑及其衍生物、叔胺类化合物，常用的官能型固化剂有胺类和酸酐类。

胺类化合物中的氮原子上连有活泼的氢原子，可与 EP 树脂进行加成反应使其固化，反应过程有如下两种不同的方式：

$$R-NH_2 + CH_2-CH-CH_2\sim \longrightarrow R-NH-CH_2-CH-CH_2\sim$$

（含环氧基结构及羟基结构）

$$\longrightarrow R-N \begin{matrix} CH_2-CH-CH_2\sim \\ CH_2-CH-CH_2\sim \end{matrix}$$

$$\begin{matrix} R \\ NH \\ R \end{matrix} + CH_2-CH-CH_2\sim \longrightarrow \begin{matrix} R \\ N-CH_2-CH-CH_2\sim \\ R \end{matrix}$$

酸酐类固化剂可以和缩水甘油醚型、缩水甘油酯型及环氧化烯烃型环氧树脂发生固化反应，反应较为复杂。

5. 聚氨酯

分子链的重复单元含有氨基酯基团 $\left(-NH-\overset{O}{\overset{\|}{C}}-O-\right)$ 的聚合物称为聚氨基甲酸酯树脂，简称为聚氨酯（PU）。PU 是把含有羟基的聚醚树脂或聚酯树脂与异氰酸酯发生亲电加成聚合反应而得，可以制成泡沫塑料、弹性体、化学纤维、涂料及胶黏剂等性能和用途各不相同的多种制品。PU 泡沫塑料是 PU 树脂的一个主要用途，本章不讨论 PU 泡沫塑料（在本书第八章中阐述），只讨论 PU 非泡沫聚合物。

二、通用热塑性树脂

1. 聚乙烯

（1）概述　聚烯烃（PO）是烯烃高聚物的总称，一般指乙烯、丙烯、丁烯、苯乙烯的均聚物和共聚物。其中产量最大的是聚乙烯（PE）。

PE 按合成工艺的不同，可分为低密度聚乙烯（LDPE）、高密度聚乙烯（HDPE）、中密度聚乙烯（MDPE）和线型低密度聚乙烯（LLDPE）。PE 主要是制成板材、管、薄膜、贮槽和容器，用于工业、农业及日常生活用品。PE 中约有 70% 是 LDPE，而其中的 70% 用来制作薄膜（包装、建筑、农用等），大约 10% 用作注射制品，其余用于其他方面（如电线、电缆包覆、中空制品）；HDPE 的 3/4 用于注射及吹塑中空制品（如玩具、工业容器、壳体、家用电器等）；LLDPE 这个被称为第三代 PE 的新材料主要用于薄膜，代替 LDPE，这种薄膜冲击强度、拉伸强度和延伸性很高，可以做得很薄。

（2）PE 的合成　当前，单体乙烯主要是由石油烷烃热裂解后，分离精制而得。次要的方法有乙醇脱水、乙炔加氢、天然气中分离出乙烯等。乙烯的聚合方法分如下几种。

① 高压聚合法（ICI 法）　以高纯度（＞99.8%）乙烯为原料，在 150～300MPa 压力、170～200℃ 温度下，以氧气、有机过氧化物、偶氮化合物作为引发剂进行自由基聚合，制得密度较低（0.91～0.93g/cm³）、结晶度为 55%～65% 的 LDPE。

② 中压聚合法（Phillips 法）　以乙烯为原料在 1.5～8.0MPa 压力、130～270℃ 的条件下，以过渡金属为催化剂，烷烃为溶剂，按配位机理制得密度为 0.93～0.94g/cm³、结晶度为 90% 的 MDPE。但因催化剂的催化效率和工艺流程都不及目前的高效催化剂，故中压法也逐渐退出生产线。

③ 低压聚合法（Ziegler 法）　以高纯度乙烯为原料，用 Ziegler-Natta 高效载体钛系作

催化剂，H_2 做分子量调节剂，在汽油溶剂中进行配位聚合反应，制得密度为 $0.94 \sim 0.96 g/cm^3$ 的 HDPE。采用同样方法，不加 H_2 调节分子量，即可合成超高分子量聚乙烯（UHMW-PE），分子量在 150 万以上，密度为 $0.92 \sim 0.94 g/cm^3$，结晶度为 $80\% \sim 85\%$。

④ 低压气相本体法 LLDPE　在沸腾床反应器中采用铬和钛氟化物催化剂附着于硅胶载体上组成的催化体系，以 H_2 为分子量调节剂，使乙烯与少量（约 $8\% \sim 12\%$）$C_4 \sim C_8$ 的 α-烯烃（如 1-丁烯）进行共聚反应（压力为 $0.7 \sim 12.1 MPa$，温度为 $85 \sim 95℃$）制得 LLDPE。

（3）PE 的结构与性能　PE 是仅含有碳氢两种元素的长链脂肪烃。但由于聚合方法的不同，大分子的规整度不同，也即表现在大分子的支化程度及结构有较大的差异，如图 3-1 所示。因而在性能上有明显的不同。

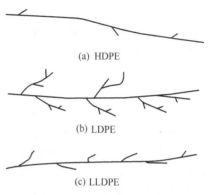

(a) HDPE

(b) LDPE

(c) LLDPE

图 3-1　三种 PE 分子形态

高压法是自由基聚合机理，在反应中容易发生大分子间和大分子内链转移反应，导致 LDPE 支化度高，长短支链不规整，呈树枝状，分子量低，分子量分布宽，故结晶度低、密度低。制品柔软，透气性大、透明度高，而熔点低，力学强度低。低压法是按配位机理聚合，故使 PE 支化度低，线型结构，分子量高，分子量分布窄，因而结晶度高，制品的耐热性好，力学强度比 LDPE 高。LLDPE 由于具有规整的短支链结构，虽然结晶度和密度与 LDPE 相似，但由于分子间力加大，使其熔点与 HDPE 相似，抗撕裂性的耐应力开裂性比 LDPE 和 HDPE 高。UHMM-PE 由于巨大的分子量，增加了大分子间的缠绕程度，虽然结晶度、密度介于 LDPE 和 HDPE 之间，但冲击强度和拉伸强度都成倍地增加，并具有高的耐磨、自润滑性，使用温度在 100℃以上。表 3-1 列出不同 PE 的性能以进行比较。

表 3-1　各种 PE 性能比较

性　能	LDPE	HDPE	LLDPE	UHMW-PE
密度/(g/cm³)	$0.92 \sim 0.92$	$0.94 \sim 0.96$	$0.91 \sim 0.92$	$0.92 \sim 0.94$
透明性	半透明	不透明	半透明	不透明
洛氏硬度	D41~46	D60~70	D40~50	R55
拉伸强度/MPa	7~15	21~37	15~25	30~50
拉伸模量/GPa	0.17~0.35	1.3~1.5	0.25~0.55	1~7
缺口冲击强度/(kJ/m²)	80~90	40~70	>70	>100
熔点/℃	105~115	131~137	122~124	135~137
热变形温度/℃	50	78	75	95
脆化温度/℃	$-80 \sim -55$	$-140 \sim -100$	<-120	<-137
介电常数	2.25~2.35	2.30~2.35	2.25~2.35	2.30~2.35
介电损耗	$<5 \times 10^{-4}$	$<10^{-4}$	$<5 \times 10^{-4}$	$<2 \times 10^{-4}$

PE 为乳白色不透明或半透明的蜡状固体，无毒、无味，几乎不吸水，密度比水低，PE 的物理力学性能依赖于结晶度，具体数据见表 3-1。但 LDPE、HDPE 和 LLDPE 三者都存在蠕变大、尺寸稳定性差，不能做结构使用。UHMW-PE 是强而韧的材料，具有优异的性能，耐磨、自润滑、蠕变低，可以制作传动零件。

PE 易燃，燃烧时有石蜡气味，火焰上黄下蓝，离火继续燃烧。PE 易受光氧化、热氧化、臭氧氧化分解，表现为制品变色、龟裂、发脆直到破坏。可加防老剂改性。PE 耐辐射性较好，受高能射线照射时，可形成不饱和基团而发生交联、断链，但主要倾向是交联反应。

PE 具有突出的电绝缘性和介电性能，特别是高频绝缘性极好，并不受湿度和频率的变化而影响，故常用作电器零部件、电线及电缆护套。

PE 有优良的化学稳定性，在室温下无溶剂能溶解。LDPE 在 60℃能溶于苯中，HDPE 在 80℃才能溶解。它不受无氧酸、碱及其水溶液的腐蚀，浓硝酸及浓硫酸会缓慢侵蚀 PE，PE 能在脂肪烃、卤代烃和芳香烃中溶胀。

2. 聚丙烯（PP）

PP 自 1957 年工业化生产以来，当前，PP 已为发展速度最快的塑料品种。目前生产的 PP 中 95％皆为等规聚丙烯（iPP）。无规聚丙烯（aPP）是生产等规聚丙烯的副产物。而间规聚丙烯（sPP）是采用特殊 Zeigler 催化剂在低温下聚合而得。

（1）PP 的制备　PP 树脂工业合成方法有溶液法、本体法和气相法。常采用以纯度为 99％以上的丙烯为原料，在烷烃（己烷、庚烷）中，以 $TiCl_3$ 和 $(C_2H_5)_2AlCl$ 为催化剂，氢气为分子量调节剂，于 50℃和 1MPa 压力下进行配位聚合。等规结晶物不溶，无规物溶解，因而达到分离目的。在正庚烷中不溶部分的质量分数作 PP 的等规度。

（2）PP 的性能与用途　PP 为白色蜡状材料，相对密度为 0.89～0.91，是较轻的树脂品种，在水中稳定，在水中 24h 的吸水率仅为 0.01％，具有优良的力学性能，其拉伸、压缩强度和硬度、弹性模量等优于 HDPE。但在室温及低温下，由于分子结构的规整度高，因而冲击强度较差，其耐磨性能与尼龙相近。PP 具有良好的耐热性，熔点为 165～170℃，所以，制品能在 100℃以上进行消毒灭菌，不受外力作用在 150℃也不变形，其脆化温度约为 -15℃，所以，耐寒性能较差。其优良的电绝缘性能并不受湿度影响，同时具有较高的介电系数，可以用作受热的电气绝缘件，其击穿电压较高，可适用于作电气零件。PP 具有高度化学稳定性，除能被浓硝酸侵蚀外，对其他各种化学试剂都比较稳定。同时其化学稳定性随结晶度的增加而有所提高，与 PE 和 PVC 相比，在 80℃以上还能耐 70℃以上硫酸、硝酸、磷酸及各种浓度盐酸和 40％的氢氧化钠溶液，甚至在 100℃以上还能耐稀酸和稀碱。但其耐紫外线和耐候性不够理想，所以，常加入稳定剂以提高其耐老化性能。PP 宜采用注射、挤出吹塑等方法加工，用途广泛，主要用于制造薄膜、电绝缘体、容器、包装品等，还可用作机械零件如法兰、接头、汽车零件、管道等，可用作家用电器（如电视机、收录机外壳、洗衣机）内衬等。由于其无毒及一定耐热性，广泛用于医药工业如注射器及药品包装、食品包装等，并且 PP 可拉丝成纤维（即丙纶），用于制作地毯及编织袋等。

（3）PP 的改性　通过添加防老剂，改善 PP 的易热老化和光氧老化的缺点，加入阻燃剂提高 PP 耐燃性。特别是填充、增强改性可提高 PP 的耐热性、强度、模量及耐疲劳性能，用纤维增强的效果优于填充改性。采用共聚或共混技术改善 PP 的低温脆性。乙-丙共聚物已成为 PP 耐低温性的一类。另外塑料合金技术，在 PP 中加入韧性高的塑料如 PA 塑料或橡胶（乙-丙橡胶或 SBS 热塑性弹性体），可以提高 PP 的低温冲击强度。为了改善相容性，利用丙烯酸或马来酸酐对 PP 接枝，使 PP 带有极性，再与极性高分子共混，增加与极性高分子的相容性，提高了改性效果。

3. 聚氯乙烯

聚氯乙烯（PVC）是工业化生产较早（1931 年）的通用型热塑性塑料，目前，年产量仅次于 PE 居第二位。

（1）PVC 的制备　其单体为氯乙烯，可由乙炔、氯化氢加成而得（电石路线）。其优点是转化率高、设备较简单，但其明显的缺点是耗电量大，成本高。所以，目前生产氯乙烯主要用乙烯为原料，与氯、氧等合成氯乙烯的氧氯化法（石油路线）。其经过乙烯氯化，二氯乙烷裂解，以及氧氯化等阶段。反应方程为：

$$H_2C\!=\!CH_2+2HCl+0.5O_2 \longrightarrow CH_2Cl\!-\!CH_2Cl+H_2O$$

$$CH_2Cl\!-\!CH_2Cl \longrightarrow H_2C\!=\!CHCl+HCl$$

因为原料丰富，原料利用率高，产率高，工艺合理，因而已逐步代替其他生产氯乙烯的方法。氯乙烯单体经悬浮、乳液或本体聚合制得 PVC 树脂。但目前用悬浮法生产的 PVC 树脂占总产量的 80%～85%。悬浮聚合是在水溶液分散（如明胶）与溶于单体的引发剂（如偶氮二异丁腈）存在下，在机械搅拌下，一般当转化率达到 85%左右就结束。

PVC 树脂是一种无色、硬质及低温脆性的材料，特别是其耐稳定性差，软化点为 80℃，于 130℃开始分解变色，并析出氯化氢。同时，加热时容易黏附在金属表面上。因而，作为 PVC 要有实用价值，需要加入各种添加剂，如热稳定剂、增塑剂、润滑剂、增强剂等。对于提高 PVC 的热稳定性，除了严格控制和调节聚合反应，以减少和消除副产物外，最有效的方法是加入热稳定助剂。其主要作用：吸收和中和分解所放出的氯化氢；置换分子中不稳定的氯原子，抑制脱氯化氢反应；能与分解中生成的双键进行加成；防止聚烯烃结构的氯化等。

PVC 使用增塑剂的量为最大，主要是因为 PVC 熔融黏度高，分解温度低，不易加工；PVC 能容纳大量增塑剂，从而达到可以改变和能制得软质 PVC 的目的。我国将 PVC 按分子量大小分成 7 级（树脂合成厂实际上将悬浮 PVC 分为 10 个等级），其中采用分子量较大的 SG-2 型树脂（SG 表示悬浮法疏松型树脂），当其含 30%～70%增塑剂时，可制成软质 PVC 塑料，当采用分子量较小的 SG-4 型树脂，其中不含或含 5%左右的增塑剂，则可制成硬质 PVC 塑料。

（2）PVC 的性能与用途 PVC 具有阻燃（氧指数为 40 以上）、化学稳定性（耐浓盐酸、浓度为 90%的硝酸和浓度为 60%的硝酸和浓度为 30%氢氧化钠）、力学强度和电绝缘性能良好的优点，但耐热性较差。

PVC 塑料主要应用于：软制品，主要是薄膜和人造革，薄膜制品有农膜、包装材料、防雨材料、台布等；硬制品，主要是硬管、瓦楞板、衬里、门窗、墙壁装饰物；电线、电缆的绝缘层；地板、家具、录音材料等。

（3）改性 PVC 氯化聚氯乙烯（CPVC）可以通过溶液氯化法和悬浮化法对 PVC 进行氯化生成 CPVC。其性能与 PVC 相近，但耐热性、耐老化、耐腐蚀性有所提高。改性 PVC，氯乙烯可分别与乙烯、丙烯、丁二烯、醋酸乙烯进行共聚改性。特别与醋酸乙烯的共聚物简称氯-醋树脂，由于醋酸乙烯的引入，具有内增塑作用，改善了加工性能，减少了增塑剂的用量。

4. 聚苯乙烯（PS）及其改性品种

苯乙烯类塑料是以苯乙烯树脂为基体的塑料，其中包括均聚和以苯乙烯为主的共聚物。目前产量仅次于 PE 和 PVC。

（1）PS 的制备 单体苯乙烯是由苯和乙烯为原料，在 $AlCl_3$ 为催化剂下反应生成乙苯，然后乙苯再以铁、锌、镁的氧化物为催化剂，在高温下脱氢，生成苯乙烯。苯乙烯受热易聚合，故单体贮存时应加阻聚剂（如对苯二酚）。苯乙烯在过氧化物之类引发剂的引发下，按自由基机理进行聚合。目前，工业上主要以本体聚合和悬浮聚合为主。本体聚合可以是热引发也可以是光引发。热引发一般分两个阶段进行：首先在 80～82℃进行预聚，要求条件温和，以防反应太快而引起暴聚，转化率至 30%～50%；其次，再进入温度从 110～180℃的七段连续聚合塔中，反应最后转化率达 90%以上即为完成。悬浮聚合是以水为分散介质，再加入分散剂（水溶性高聚物如聚乙烯醇或非水溶性无机物如 ZnO 等），在引发剂 BPO 或

AIBN 等引发下，于 80～90℃反应 10h，再在 100～105℃下熟化即得 PS。

（2）PS 的性能与用途　由于苯环的空间位阻，影响大分子链段的内旋转和柔顺性，链段在常温下僵硬，链段间聚集，规整性差，基团相互作用少，故耐热性差。PS 为非结晶塑料，透明度高达 88%～92%，折射率为 1.59～1.60，吸水性低（为 0.03%～0.1%），其质硬而脆，耐磨性差。PS 具有优良的电绝缘性能，有高的体积电阻和表面电阻，介电损耗小，是良好的高频绝缘材料，由于 PS 的吸水率低，所以，上述电性能随湿度和温度的改变仅有微小的变化。PS 的热变形温度为 60～80℃，耐热性低，热导率不随温度而改变，是良好的绝热材料，能燃烧，并带有浓烟。PS 能耐某些矿物油、有机酸、盐、碱及其水溶液。PS 溶于苯、甲苯等芳烃中。由于 PS 具有透明、价廉、刚性大、电绝缘性好、印刷性能好、绝热性能好及优异的加工性能等优点，所以，广泛应用于工业装饰、各种仪器仪表零件、灯罩、电子工业中高频零件、透明模型、玩具、日用品等。另外用于制备泡沫材料，此为重要的绝缘和包装材料。

（3）改性 PS　为克服 PS 脆性大、耐热性低的缺点，开发了一系列 PS 改性品种，其中主要的有 ABS、AAS、ACS、MBS、AS 等。

① ABS　ABS 是指由丙烯腈（Acrylonitril）、丁二烯（Butadiene）、苯乙烯（Styrene）三种单体组成热塑性塑料，其成分较复杂，不仅仅是三种单体的共聚物，也可以含有某种单体的均聚物及其混合物。

a. 制备方法　接枝共聚法，包括乳液接枝和悬浮接枝。其中以乳液接枝为主，是先用丁二烯和苯乙烯制成丁苯胶乳（BS），然后加入丙烯腈和苯乙烯使之共聚和接枝共聚，当然在接枝共聚的同时也存在丙烯腈和苯乙烯的均聚物，所以是接枝共聚物和均聚物的混合物。混炼法是用乳液聚合的方法分别制得 AS 树脂（丙烯腈与苯乙烯的共聚物）和 NBR（丁腈橡胶），然后两者进行机械混炼，可得 ABS。这种方法制得的 ABS 实际上是塑料与橡胶的共混物。接枝混炼法，是由乳液接枝共聚制得的 ABS 树脂和另一乳液制备的 AS 乳胶，将两种胶乳按不同比例混合、凝聚、水洗、干燥，在混炼机上进行机械混炼，由于比例不同，可得不同性质和型号的 ABS。

b. 性质与用途　随着制备方法、单体比例及接枝情况不同，性能有所差异。但总的讲具有坚韧、质硬、刚性大等优异力学性能，特别是冲击强度高，并且也大大提高了耐磨性，使用温度范围为 -40～100℃，具有良好的电绝缘性和一定化学稳定性，但耐候性差。ABS 应用广泛，可用于制造齿轮、泵叶轮、轴承、把手、管道、电机外壳、仪表壳、冰箱衬里、汽车零部件、电气零件、纺织器材、容器、家具等，也可用作 PVC 等聚合物的增韧改性剂。

② AAS　是丙烯腈-丙烯酸酯（Acrylate）-苯乙烯的三元共聚物。AAS 的性能与加工及应用性能与 ABS 相近。由于用不含双键的丙烯酸酯代替了丁二烯，所以 AAS 的耐候性要比 ABS 高 8～10 倍。

③ ACS　是丙烯腈-氯化聚乙烯-苯乙烯的三元共聚物，一般是经悬浮聚合而得。其组成一般为：丙烯腈为 20%，氯化聚乙烯为 30%，苯乙烯为 50%。ACS 的性能、加工及应用与 ABS 相近。

④ MBS　是由甲基丙烯酸甲酯（MMA）-丁二烯-苯乙烯的三元共聚物。由于用 MMA 代替丙烯腈，因此透明性好，其性能与 ABS 相仿，故有透明 ABS 之称。合成方法大体与 ABS 相仿，可用作透明性的制品。

⑤ AS 和 BS　AS 是由丙烯腈和苯乙烯的共聚物，BS 是丁二烯与苯乙烯的共聚物。二者都改进了 PS 的韧性。

⑥ 高抗冲聚苯乙烯（HIPS）　在苯乙烯单体中加入合成橡胶，以自由基引发聚合可制得 HIPS。当然随着橡胶品种及用量不同，HIPS 有不同的性能，如苯乙烯与顺丁二烯橡胶及丁苯嵌段共聚橡胶（SBS 热塑性弹性体）接枝共聚，可制得高耐抗冲击型 HIPS；苯乙烯

与丁苯橡胶（SBR）接枝共聚，可得中耐冲击型 HIPS。HIPS 具有 PS 的大多数优点，但拉伸强度提高 1 倍，软化点有所下降。

三、热塑性工程塑料

1. 聚酰胺（PA）

（1）概述　PA 类塑料是指主链由酰胺键重复单元（—NHCOR—）组成的聚合物，俗称为尼龙（Nylon）。从种类上讲，PA 可分脂肪族 PA、芳香族 PA、含杂环芳香 PA 及酯环族 PA 等。从结构上分：① 由 ω-氨基酸脱水缩聚或由内酰胺开环聚合生成，主链结构为（—NH—R—NHOCR′CO—），其典型代表物为 PA6、PA9、PA12 等；② 由二元胺与二元酸及其衍生物如酰氯等反应生成，如 PA66、PA610、PA1010 等。此外还有二元、三元共聚酰胺（如 PA6/66、PA6/66/1010）以及后来发展的玻璃纤维增强尼龙、透明尼龙等。PA 塑料是工程塑料中发展最早的品种。目前，PA 在产量上居工程塑料首位。

（2）主要品种　PA 树脂主要通过单体经缩聚反应而生成。而环己内酰也可通过阴离子开环生成聚合物。聚合方法可以是熔融、溶液、界面聚合等。

① PA66　PA66 是 PA 最重要的品种，产量约占 PA 工程塑料总量的 70%，其原料是己二胺和己二酸。

PA66 在工业上的合成方法是将等摩尔比的己二胺和己二酸在 270～275℃下进行熔融缩聚。为了保证己二胺和己二酸等摩尔比，通常采取先综合成盐，然后再进行缩聚的方法，即利用 PA66 盐在冷热乙醇中溶解度的显著差别，经重结晶，可以提纯，保证氨基和羧基两种官能团等摩尔比，而杂质则留在母液中。反应式为：

$$H_2N(CH_2)_6NH_2 + HOOC(CH_2)_4COOH \longrightarrow [H_3N^+(CH_2)_6NH_3^+ {}^-OOC(CH_2)_4COO^-]$$

在缩聚过程中，可加入少量醋酸（质量分数为 0.2%～0.3%）或己二酸，以控制分子量。

$$n[H_3N^+(CH_2)_6NH_3^+ {}^-OOC(CH_2)_4COO^-] + nCH_3COOH \longrightarrow$$

$$CH_3CO \!+\! NH(CH_2)_6NHCO(CH_2)_4CO \!\!+_n\!\! OH + 2nH_2O$$

同样，PA610、PA1010、芳香 PA、透明 PA 等都是通过二元胺与二元酸及其衍生物反应而成。PA610（聚癸二酰己二胺）是由己二胺和癸二酸缩聚而得。PA1010（聚癸二酰癸二胺）是由癸二胺和癸二酸缩聚而得。

透明 PA 有聚对苯二甲酰三甲基己胺。因一般尼龙是结晶聚合物，产品呈乳白色，要获透明性，必须抑制晶体的生成，使其成为非结晶聚合物。目前，采用主链上引入侧链支化或者用不同单体进行共缩聚的方法，其典型产品是由三甲基己胺与对苯二甲酸成尼龙盐后，将盐在 240～260℃、1.96～2.45MPa 压力下缩合而得透明 PA 树脂。其透明性好，透光率达 90%，具有尼龙的性能，因而除作为尼龙使用外，利用其透明性可用作食具、液体计量容器的透明视窗、工业监视窗以及光学零件等。

芳香 PA 目前主要品种有聚间苯二酰间苯二胺（商品名 Nomex）、聚对苯酰胺、聚对苯二甲酰对二胺（商品名 Keviar）。Nomex 具有优良的力学性能，耐热性能（熔点 410℃，脆化温度−70℃，可在 200℃下连续使用），优异的电性能，能成薄膜，可做成复合材料用于航空、航天材料。Kevlar 具有高强度、低密度、耐高温等一系列优异性能，主要用于制造超高强力耐高温纤维，亦可用作塑料、制成薄膜和复合材料，用于轮胎帘子线、防护材料、降落伞绳索、电缆、防弹背心及头盔以及航空、航天、造船工业上复合材料制件。

② PA6　PA6 以己内酰胺为原料经缩聚而成。己内酰胺分子中有酰氨基，故易发生水

解反应。在高温及引发剂的作用下，己内酰胺发生开环聚合反应，形成 PA6。工业 PA6 通常由己内酰胺水解而得，即将单体和 5%～10% 的水加热至 250～270℃，使己内酰胺水解得到氨基己酸，随后缩聚和加成反应同时进行即可得到 PA6，基本反应如下：

己内酰胺水解成氨基酸：

$$O=C-(CH_2)_5-NH + H_2O \Longrightarrow HOOC(CH_2)_5NH_2$$

氨基酸本身逐步聚合：

$$H\text{—}[NH(CH_2)_5CO]_m\text{—}OH + H\text{—}[NH(CH_2)_5CO]_n\text{—}OH \Longrightarrow H\text{—}[NH(CH_2)_5CO]_{m+n}\text{—}OH + H_2O$$

氨基酸直接和己内酰胺进行增长反应：

$$HOOC(CH_2)_5NH_2 + O=C-(CH_2)_5-NH \Longrightarrow HOOC(CH_2)_5NHCO(CH_2)_5NH_2$$

$$O=C-(CH_2)_5-NH + H\text{—}[NH(CH_2)_5CO]_n\text{—}OH \Longrightarrow H\text{—}[NH(CH_2)_5CO]_{n+1}\text{—}OH$$

无水存在时，聚合速率较低；有水存在时，聚合速率随转化率的提高而降低。聚合产物的最终分子量与平衡时水的浓度有关。为了提高分子量，转化率达到 80%～90% 时须将引发用的大部分水除去，另外也可用加入单官能团的酸（如醋酸）的方法控制分子量。

同样，PA9 也是用内酰胺为原料，通过高温水解聚合法而制得。PA9（聚壬酰胺）由氨基壬酸聚合而成。

③ MC 尼龙 MC 尼龙为单体浇铸尼龙，是液体树脂或熔融后的单体浇入模具中，常压聚合，一般以内酰胺为单体，聚合物为：

$$\text{—}[NH(CH_2)_mCO]_n\text{—}$$

其中 m 可为 5、11 等。一般用 $m=5$ 的己内酰胺单体，用碱催化聚合法，使单体直接在模具中聚合，其反应属碱催化阴离子聚合。MC 尼龙分子量比一般 PA6 高。因此各项力学性能都高于 PA6 和 PA66。MC 尼龙成型方便、操作及设备简单，可直接浇铸。因而，特别适用于大制件、多品种、小批量制品的生产。

④ 反应注射成型尼龙（RIM 尼龙） 反应注射成型本身是一种加工的方法，是将低相对分子质量的单体或预聚体在加压下通过混合器注入密闭的模具中，在模腔内反应形成弹性或刚性高分子制品的一种成型方法。对于大多数具有高活性的反应单体或预聚体均可采用此法制成高分子制品，如 PA、PU、EP 树脂等。这种方法具有省能、省模具和产品质量好等优点，作为 RIM 尼龙，一般采用己内酰胺为原料，以钾为催化剂，N-乙酰基己内酰胺为助催化剂，反应温度在 150℃ 以上，其产物一般来讲，具有较高的结晶性和刚性，更小的吸湿性。

（3）性能与用途 PA 塑料具有力学强度优良、耐磨、自润滑、耐油、难燃自熄性、低的氧气透过率及优良的电性能等优点。但有吸水率高、制品性能及尺寸稳定性差、热变形温度低和不耐酸等缺点。作为工程塑料，PA 主要用于制作耐磨和受力传动零件，如齿轮、滑轮、涡轮、轴承、泵叶轮、密封圈、衬套、阀座及垫片等，已广泛应用于机械、交通、仪器仪表、电子电气、通讯、化工及医疗器械等领域。

2. 聚碳酸酯（PC）

在分子主链中含结构 $\text{—}[ORO\text{—}\overset{\text{O}}{\underset{\|}{C}}]\text{—}$ 的线型聚合物称为 PC。根据 R 基的不同，可分成脂肪

族、脂环族、芳香族 PC。但目前作为工程塑料的产品仅指芳香族 PC，并且主要是指双酚 A 型 PC，目前产量居工程塑料的第二位。

（1）PC 塑料的制备　　目前生产 PC 的原料是双酚 A 和光气。方法主要有酯交换法和光气法。

① 酯交换法　　首先双酚 A 和碳酸二苯酯（摩尔比 1∶1.05）于 180～200℃、压力为 2.5～4kPa 下进行酯交换反应，蒸馏脱除苯酚，当苯酚蒸出量为理论量的 80%～90% 时，温度升高到 290～300℃，压力降低至 0.1kPa 下进行缩聚反应，至达到一定分子量为止，出料、切粒。本法仅能生产低、中黏度的树脂。

② 光气法　　这是由双酚 A、氢氧化钠碱液、催化剂、分子量调节剂和溶剂（二氯甲烷或二氯乙烷），在常温常压下进行光气化和缩聚反应，可制得任意分子量的双酚 A 型 PC，其反应式如下：

（2）性能与用途　　PC 是无毒、无味、无色透明（或淡黄透明）的塑料，透光率达 90%，折射率为 1.58（在 25℃），密度为 $1.20～1.25g/cm^3$。其折射率比有机玻璃高，更适合做透镜等光学材料，PC 具有优良的力学性能，特别是冲击性能，是目前工程塑料中最高的品种，且模量高和具有优良的抗蠕变性能，所以是一种硬而韧的材料。PC 具有较好的耐热性能，热变形温度为 130～140℃，脆化温度为 -100℃，无明显熔点，在 220～230℃ 呈熔融状态，所以，长期使用温度为 -60～110℃。PC 具有制品尺寸稳定性、耐燃性，是属于自熄性树脂。PC 由于本身极性小，玻璃化温度高，吸水性小，所以，在低的温度范围内有良好的电绝缘性能，介电常数和介电损耗在室温至 150℃ 几乎不变。PC 能耐稀酸、盐水溶液、油、醇，但不耐碱、酯、芳香烃，易溶于卤代烃，它的耐老化性尚可，但易吸收紫外线，所以，在有紫外线的环境中使用的 PC 应加紫外线吸收剂（UV）等稳定剂。

PC 是一种具有优良综合性能的工程塑料，能代替金属广泛应用于各领域，在机械工业中制作传递中、小负荷的零部件（如齿轮、齿条、蜗轮、蜗杆等）和受力不大的紧固件（螺钉、螺帽）。在电子电气工业中制造大型接插件、线圈架、电话机壳、电视和录像机零件。PC 的膜广泛用于电容器零件、录音带和彩色录像带等。PC 还广泛应用于飞机、车船上的挡风玻璃、大型灯罩、防爆玻璃、高温透镜等，也可制作安全帽及医疗器械。

（3）其他 PC

① 玻璃纤维增强 PC　　用一次挤出法或挤出包覆法制取玻璃纤维含量为 10%～40% 的玻

璃纤维增强 PC。改性效果由纤维及长度决定。随纤维含量和长度增加，其制品强度、模量和耐热性提高，但熔体黏度增加，可根据使用性能和加工要求进行合理配方。偶联剂对玻璃纤维处理后，可明显增强其力学强度。

② 卤代双酚 A 型 PC　通常是双酚 A 与氯或溴反应制成卤代双酚，然后再与光气进行光气化和缩聚反应，制成难燃的卤代 PC。其制法类同于一般的双酚 A 型 PC，其中以溴代的阻燃效果比氯代的好。其分子式为：

$$\left[\!\!\begin{array}{c}\end{array}\!\!O\!-\!\overset{X}{\underset{X}{\bigcirc}}\!-\!\overset{CH_3}{\underset{CH_3}{C}}\!-\!\overset{X}{\underset{X}{\bigcirc}}\!-\!O\!-\!\overset{O}{\overset{\|}{C}}\!\right]_n \quad (X=Cl，Br)$$

3. 聚酯树脂与塑料

聚酯是大分子链上含有 $\left[\!O\!-\!\overset{O}{\overset{\|}{C}}\!\right]$ 酯结构的一大类高聚物，聚酯所用酸可以是脂肪族二元酸、芳香族二元酸及其衍生物如酰卤、酸酐等。当酸为不饱和二元酸时则生成不饱和聚酯。聚酯所用的醇可为二元醇，也可为多元醇。若是二元酸和二元醇则生成热塑性树脂，当用多元醇时则生成体型树脂。当用不饱和二元酸，其交联后形成体型结构。除 PC 已在上面论述外，本节主要讨论热塑性树脂、不饱和聚酯和聚芳酯。热塑性树脂主要是指聚对苯二甲酸乙二醇酯（PET）和聚对苯二甲酸丁二醇酯（PBT）等。

（1）PET　PET 是于 1948 年由美国杜邦公司首先工业化生产的，其商品名为 Ducron（涤纶），接着 ICI 公司生产出特丽纶（Terylene），它们都是纤维级的，1953 年开发出薄膜级的 PET。1966 年用玻璃纤维增强改性后，开辟了新的应用领域，用作工程塑料，20 世纪 80 年代开发了吹塑中空制品（聚酯瓶），使 PET 产量剧增。

$$\left[\!\!\begin{array}{c}\end{array}\!\!\overset{O}{\overset{\|}{C}}\!-\!\bigcirc\!-\!\overset{O}{\overset{\|}{C}}\!-\!O(CH_2)_2O\!\right]_n$$

① PET 树脂的制备　PET 是由对苯二甲酸或对苯二甲酸二甲酯与过量的乙二醇在 220～250℃ 的温度下，或有催化剂时在 180～190℃ 的条件下，通过直接酯化法或酯交换法制得对苯二甲酸二-β-羟乙酯，然后升温至 260～280℃，在 266Pa 的真空中缩聚而成，其反应式如下：

$$H_3C\!-\!O\!-\!\overset{O}{\overset{\|}{C}}\!-\!\bigcirc\!-\!\overset{O}{\overset{\|}{C}}\!-\!O\!-\!CH_3$$

或

$$+2HO(CH_2)_2OH \longrightarrow HO(CH_2)_2O\!-\!\overset{O}{\overset{\|}{C}}\!-\!\bigcirc\!-\!\overset{O}{\overset{\|}{C}}\!-\!O(CH_2)_2OH$$

$$HO\!-\!\overset{O}{\overset{\|}{C}}\!-\!\bigcirc\!-\!\overset{O}{\overset{\|}{C}}\!-\!OH$$

$$n\,HO(CH_2)_2O\!-\!\overset{O}{\overset{\|}{C}}\!-\!\bigcirc\!-\!\overset{O}{\overset{\|}{C}}\!-\!O(CH_2)_2OH \longrightarrow HO(CH_2)_5O\!-\!\left[\!\!\begin{array}{c}\end{array}\!\!\overset{O}{\overset{\|}{C}}\!-\!\bigcirc\!-\!\overset{O}{\overset{\|}{C}}\!-\!O(CH_2)_2\!\right]_n\!H$$

缩聚是在高于 PET 熔点下进行，因此属于熔融缩聚。

② PET 树脂的性能与用途　PET 耐热性比较高，熔点与 PA66 相当（$T_m=265℃$），但吸水率为 0.1%～0.27%，低于 PA。制品尺寸稳定，力学强度、模量、自润滑性能与 POM 相当，阻燃性和热稳定性比 POM 好。PET 与玻璃纤维复合，增强效果大，在较宽的

温度范围内都具有优良的电绝缘性能。PET 能耐弱酸及非极性有机溶剂，在室温下耐极性有机溶剂，不耐强碱和强酸以及苯酚类化学药品。在高温、高湿、碱及沸水中会水解，同时 PET 存在结晶速度慢的缺点。PET 以前主要用作纤维制服装，但其强力纤维（经拉伸等特殊处理）可用作帘子线、传动带、绳索和化工滤布；其次用于制造薄膜。PET 薄膜是热塑性塑料薄膜中力学强度和韧性最佳者之一。薄膜可用于电影胶片、X 光片基、录音与录像带等。由于电性能好，可广泛用于电容器、印刷电路、电绝缘材料。中空容器聚酯瓶主要用作各种包装容器。玻璃纤维增强 PET 是用于干燥后的 PET 树脂加入成核剂（加快结晶）和经偶联剂处理过的玻璃纤维（含量 20％～40％），经双螺杆挤出机挤出，再切粒即可得产品。可使 PET 的耐热性、力学性能大大提高，广泛地应用于电子、电器、汽车、机械及文体用品，如制作连接器、线圈骨架、微电机部件、电动机推架、钟表零件、齿轮、凸轮、叶片、泵壳体、皮带轮等。

（2）PBT　PBT 是由美国在 1970 年首先工业化。其制法与 PET 相似，只是用 1,4-丁二醇代替乙二醇，目前主要以酯交换法为主。它的结晶速度快，工艺性比 PET 好，PBT 在未改性前有优良电性能和耐热性能，力学性能一般；但用 30％玻璃纤维增强后，其性能成倍地增加，具有优良的物理性能，在 140℃下仍能保持 POM 的拉伸强度。PBT 自润滑性和耐磨性优良，耐热性好，可在 140℃下长期使用。热膨胀系数也是在热塑性树脂中最小的品种之一。PBT 具有优良电绝缘性能，其耐化学药品稳定性与 PET 相似，因此是一种具有综合性能的材料，所以目前发展很快。鉴于上述优点，PBT 塑料广泛应用于电器、汽车、机械设备以及精密仪器的零部件，以取代铜、锌、铝及铸造铁件。

第二节
热塑性弹性体

一、热塑性弹性体及其分类

热塑性弹性体（TPE）是指在加工温度下能塑化成型，在常温下具有橡胶弹性的一类新型高分子材料。这类材料既有热塑性塑料的加工特性，又有硫化橡胶的高弹性能。

TPE 可以代替一般的硫化橡胶，制成有实用价值的弹性制品，另外，又可以像常规热塑性塑料一样，通过挤出、注射、吹塑等工艺方法进行成型，不需要像传统硫化橡胶那样使用硫化设备，从而大大缩短了生产周期。目前，TPE 已构成一个新的工业原料体系，被称为"第三代橡胶"，其发展迅速。在加工生产过程中产生的边角料、废次品及废旧制品等均可重新加工利用，以达到节省能源、降低成本的目的。

现在，TPE 的种类日趋增多，根据其化学组成，通常分为四大类。

（1）热塑性聚氨酯弹性体（TPU）　按其合成时所用的聚合物二元醇不同又可分为聚醚型和聚酯型两种。

（2）苯乙烯嵌段类热塑性弹性体（TPS）　典型品种为热塑性 SBS 弹性体（苯乙烯-丁二烯-苯乙烯嵌段共聚物）和热塑性 SIS 弹性体（苯乙烯-异戊二烯-苯乙烯嵌段共聚物）。此外，还有苯乙烯-丁二烯的星形嵌段共聚物。

（3）热塑性聚酯弹性体（TPEE）　该类弹性体通常是由二元羧酸及其衍生物（如对苯二甲酸二甲酯）、聚醚二元醇（分子量 600～6000）及低分子二元醇的混合物通过熔融酯交换反应而得到的均聚无规嵌段共聚物。

（4）**热塑性聚烯烃弹性体（TPO）**　该类弹性体通常是通过共混法来制备。如应用特级的 EP(D)M（即具有部分结晶 EPM 或 EPDM）与热塑性树脂（PE、PP 等）共混，或在共混的同时采用动态硫化法使橡胶部分得到交联甚至在橡胶分子链上接枝 PE 或 PP。另外，还有丁基橡胶接枝 PE 而得到的 TPO。

除了上述四大类热塑性弹性体外，人们还在探索热塑性弹性体的新品种。如聚硅氧烷类 TPE、共混型或接枝型热塑性天然橡胶、离子键共聚物、热塑性氟橡胶以及 PVC 类 TPE。

二、热塑性弹性体的结构特征和性能

1. 交联形式

硫化橡胶具有高弹性，这种特性与橡胶硫化时在橡胶大分子链间形成交联键的结构特征

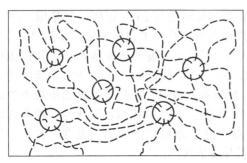

图 3-2　苯乙烯-二烯烃类热塑性嵌段
弹性体的结构示意图

有密切的关系，而交联键的多少则直接影响弹性的高低。TPE 显示硫化橡胶的性质，同样存在着大分子链间的"交联"。这种"交联"可以是化学"交联"，也可以是物理"交联"。物理"交联"具有可逆性的特征，即当温度升高至某个温度时，物理"交联"消失，而当冷却到室温时，又形成了物理"交联"。就 TPE 来说，物理"交联"是其主要的交联形式。图 3-2 是苯乙烯-二烯烃类热塑性嵌段弹性体的结构。

2. 硬段和软段

TPE 是一种橡胶和塑料的嵌段（或接枝）共聚体。其中硬段又称塑料段，软段又称橡胶段。TPE 高分子链的突出特点是它同时串联或接枝一些化学结构不同的硬段和软段，硬段和软段之间要有适当的比例。硬段要求链段间的作用力是以形成物理"交联"或"缔合"，或者具有在较高温度下能离解的化学键。软段则要求是自由旋转能力较大的高弹性链段。

TPE 的硬段和软段都要有足够的长度（或聚合度）。当硬段过长、软段过短时，其共聚物在常温下主要表现为耐冲击塑料的性质，相反，硬段过短、软段过长，则失去硬段的物理交联能力，故在不硫化的条件下，易发生塑料流动或引起冷流。

3. 微相分离结构

因为 TPE 分子链是同时存在着串联或接枝的硬段和软段，所以当 TPE 从流动的熔融状态或溶液状态过渡到固态时，分子间作用力会使硬段首先凝集成不连续相，形成物理交联区。这种物理交联区的大小，形状随着硬段和软段的结构、数量比的不同而发生变化，从而形成不同的微相分离结构，见图 3-3。

4. TPE 的性能

TPE 在常温下为两相体系。呈连续相（橡胶相）的柔性链段决定着材料的高弹性能、良好的低温性能、耐磨性能和耐屈挠性能；而呈分散相的硬段则起物理交联作用，具有补强效果。这种自补强性致使热塑性橡胶纯胶本身在常温下具有较高的强度和综合物理力学性能。

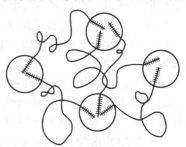

图 3-3　微相分离
结构示意图

热塑性弹性体分子链的形态首先取决于本身的柔性和刚性。通常,软段具有高度的柔性,硬段则具有高度的刚性。而柔性和刚性主要决定于链中单键的内旋转能力,内旋转能力则又与单键内旋转活化能大小有关。由于形态结构的特殊性,使得热塑性弹性体具有如下几点共性。

① 由于热塑性弹性体保留着不同的聚合物的嵌段结构,所以,常常保持着各自的 T_g 或 T_m。

② 结晶型的热塑性弹性体可能出现两种不同性质的转变温度。

③ 热塑性弹性体不仅能溶解于各种溶剂,并且溶解速度也加快。

④ 当适当地选择溶剂,使热塑性弹性体只是溶胀软段的连续相,而对硬段不起溶解作用。

⑤ 由于热塑性弹性体的一根分子上有不同性质的两种嵌段,因此,在适当的条件下,热塑性弹性体有可能性作为表面活性剂来使用。

⑥ 在共混物中,热塑性弹性体具有增混作用。

三、热塑性弹性体的配方、加工和应用

TPE 本身具有自补强性且不需要硫化,因此,可不添加补强剂及硫化体系等配合剂。但为了改善加工、使用性能以及经济性,有时还加入某种配合剂。通常加入的有软化剂、填充剂、抗氧剂等,以增加胶料的流动性、调节硬度和强度、降低成本、提高产品质量。TPE能与大多数通用橡胶配合剂相混溶,可以采用普通密炼机混炼,也可以初步干混后,也可用双螺杆挤出机或连续混炼机进行混炼。

由于 TPE 中的"交联"区域属物理"交联",当温度上升至超过构成物理"交联"区域的温度或熔点时,硬段将被软化或熔化,网状结构就被破坏,可以在力作用下流动,因此,可以像热塑性塑料那样加工。而当温度下降或溶剂挥发时,则物理"交联"结构又重新建立。所以,TPE 可以采用注射成型和挤出成型,也可以模压成型或用其他成型方法成型。各类 TPE 的加工工艺参数见表 3-2。

表 3-2　各类 TPE 的加工工艺参数

加工方法	性　能	SBS	TPO	TPU	TPEE
注射成型	熔体温度/℃	205~230	160~230	190~220	175~215
	螺杆长径比 L/D	>16:1	(16~24):1	>15:1	(18~30):1
	螺杆转速/(r/min)	—	—	20~40	60
	模具压缩比	2~3	2~3	2.5~3	2.5~4
	模具温度/℃	25~65	25~50	25~65	20
	收缩率/(cm/cm)	0.01~0.02	0.001~0.005	0.005~0.03	0.001~0.05
挤出成型	螺杆长径比 L/D	>20:1	>40:1	24:1	>18:1
	螺杆压缩比	(2.5~3.5):1	3.5:1	(2.5~3.5):1	(2.5~4):1
	料筒温度/℃	180~225	150~200	180~225	155~225
	机头温度/℃	210~235	150~200	200	170~230
	是否需干燥	通常不需要	不需	需要	通常不需要

TPE 有类似于硫化橡胶的弹性体性能,可用于制造轮胎以外的一切橡胶制品,并正在以更优越的性能逐步渗入到原先由 SPVC 和某些热塑性塑料所占据的市场。TPE 还可用作

有些塑料的增韧剂。

TPE 在制鞋业、汽车制造业、胶黏剂工业以及在电线电缆、软管及工业配件方面正显示着越来越广泛的应用前景。通用型 SBS 常用来制造各种高档胶鞋、汽车橡胶配件及胶管等；TPU 用于鞋的大底与后跟，尤其是高级运动鞋及传动带、运输带、电缆护套外，在特种橡胶工业制品生产中还有着广泛的应用。如用于汽车工业中的耐油胶、液压密封等。TPO 常用作汽车配件材料、电线电缆绝缘层，以及胶管等。TPEE 可用于制造液压软管、管线包覆层、挠性联轴带、防震制品、阀门衬里、齿轮、履带及耐热胶带、容器及吸料油箱、高压开关、电线电缆护套、配电盘绝缘子等电器零配件。

目前，TPE 中采用的塑料硬段的 T_g 或熔点大都比较低，所以，其耐热性较差，且由于热可逆性，其长期变形大。目前 TPE 的价格也相对较贵，尤其是 TPU 和 TPEE 成本较高，这使得 TPE 的应用尚受到一定的限制。

四、新型弹性体——茂金属聚合物

茂金属催化剂的发现，给高分子材料的合成和性能的优化带来了革命性变化，也给高分子材料加工领域带来了新的课题。茂金属催化剂是继 Ziegle-Natta 催化剂之后的第二代聚烯烃催化剂。

1. 茂金属催化剂及其特性

"茂金属"是环戊二烯相连所形成的有机金属配位化合物，适宜做乙烯、丙烯等聚合的催化剂。目前，已开发应用的茂类金属化合物催化剂（简称"茂金属催化剂"）有三种基本结构：普通茂金属结构、桥链茂金属结构和限定几何构型茂金属结构。茂金属催化剂基本结构是茂、茚、芴的金属化合物。

以这类有机金属配位化合物合成的聚合物称为茂金属聚合物（在聚合物原缩写代号前面加"m-"）。现在茂金属聚合物已实现系列化、工业化的品种有 m-LDPE、m-LLDPE、m-ULDPE、m-HDPE、m-iPP、m-sPP、m-sPS、m-COC、m-EPDM、茂金属 α-烯烃共聚物和热塑料性弹性体等。

2. 茂金属聚合物

1991 年，Exxon 公司实现了茂金属聚乙烯（m-PE）的工业化生产。现在，茂金属聚烯烃的性能已经延伸到工程塑料领域。

(1) m-PP 茂金属催化剂聚合的 m-PP，既可以制成 m-iPP，也可以制成 m-sPP。m-sPP 的突出优点是有较高的透明性，见表 3-3。

表 3-3 m-sPP 与传统的 m-iPP 性能比较

性　能	传统的 m-iPP		m-sPP		30/70 共混 iPP/m-sPP
	均聚物	无规共聚物	均聚物	无规共聚物	iPP/sPP 的均聚物
MFR/(g/10min)	2.5	2.5	2.0	—	2.0
拉伸模量/MPa	875	434	588	231	707
拉伸强度/MPa	32.2	22.4	24.5	14.0	26.6
雾度/%	58.7	36.5	15.5	8.0	5.2
备注	含 4.2%乙烯		含 6%1-己烯		

m-sPP 均聚物或共聚物的雾度是 iPP 的 1/4，并且当 70%高透明度的 m-sPP 和 30%的 iPP 掺混时，所得到的效果比两者单独使用时具有更好的透明性。这对传统的共混理论也是

一个新的突破。传统的共混理论和实践证明：当两种透明高分子材料共混时，共混物的透明性下降。

m-sPP 受辐射消毒不降解，而传统 PP 则降解。

m-sPP 兼有突出的韧性、透明性和光泽度以及柔韧性和耐热性。m-PP 比 m-sPP 有更广泛的用途，MFR 从 0.1～10000g/10min。由于分子量分布窄，使聚合物有较大的熔体延展性，利于生成更细、更强的无纺布，用于毛布、医院的睡衣及罩衣、土工布和过滤材料、窗帘等。

用茂金属催化剂制造的 m-PP 有突出的劲度，比传统的 iPP 高 30%。已有公司将 2～3 种不同的茂金属催化剂结合使用，制成双峰分子量分布的 iPP，可以制成一系列不同的 iPP（40～200 个链节长度）。

m-PP 流变性的关键是窄分子量分布决定了其低的熔体强度，所以，在成型纤维和流延薄膜等对熔融牵伸性有高要求的应用领域，则是十分有利的。采用聚合物共混的方法可以改变分子量分布。

（2）m-PE　m-PE 主要是乙烯和 α-烯烃（如 1-丁烯、1-辛烯、1-己烯）共聚物。m-PE 的 MFR 范围为 0.5～125g/10min，密度为 0.85～0.98g/cm^3，熔点为 50～135℃，这种聚合物比典型的 PE 雾度低，具有高熔体强度以及橡胶特性平台。

与普通 PE 相比，m-PE 具有以下优良的物理性能：①拉伸强度、撕裂强度和冲击强度高；②可获得发黏成分少的低熔点材料和软质材料，有卓越的低温热密封性；③透明性高；④溶剂可溶成分少，卫生性好；⑤耐应力开裂性优良。

（3）m-sPS　PS 有三种结构形式：无规聚苯乙烯（aPS）、间规聚苯乙烯（sPS）和等规聚苯乙烯（iPS）。其中，aPS 的热变形温度较低，iPS 的结晶速度较慢。1985 年，Ishihara 首次采用茂金属催化体系（CpTiCl$_3$/MAO）在室温下合成了 m-sPS。其分子结构与传统的 PS 不同，苯环有规则地交替排列在主链两侧，因此，m-sPS 属结晶型聚合物，熔点高（比 iPS 高 40℃）。m-sPS 的密度为 1.05g/cm^3，熔点为 270℃，T_g 为 100℃，其性能不同于传统的 PS，具有结晶聚合物的耐热性、耐化学性、耐水解性和尺寸稳定性，使 m-sPS 进入工程塑料的范畴。

此外，m-sPS 在成型加工时亦可增大结晶度，即在注塑、模压、挤塑和热成型中使用成核剂，可进一步增大 sPS 的结晶速率，并控制在一个很宽的范围内。熔融加工后，m-sPS 的典型结晶型材料，使 m-sPS 成为半结晶热塑性工程塑料。

（4）m-COC　应用茂金属催化剂制成的乙烯和环丁烯或冰片烯共聚合生成的环烯烃（m-COC），大幅度地增加了对共聚合反应的控制能力，使 m-COC 的商品化得以实现。m-COC 的基本结构如图 3-4 所示。

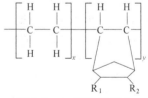

图 3-4　m-COC 的基本化学结构

m-COC 分子由柔软和坚硬的两类单体共聚而成，可以调整其比例组成，同时拥有非结晶性和结晶性聚合物的优点。由于有坚硬的非极性支链，故具有非结晶聚合物透明性，并具有高耐热性、尺寸稳定性及低收缩率、低吸湿性和低双折射性等。

（5）E/S 共聚物　采用茂金属催化剂进行无规共聚时，用高级 α-烯烃（HAO）等作为新的共聚单体，可获得比非均一催化剂更加优良的无规共聚物。

乙烯（E）与苯乙烯（S）的相容性较差，在茂金属催化剂出现以前，用普通的催化聚合方法，这两种单体的共聚没有成功，在乙烯/苯乙烯互贯网络（即 IPN 结构）的共聚物中，苯乙烯的加入量只能在 1%～5%，采用茂金属催化剂后，苯乙烯的加入量可提高为

20％～80％。这种共聚物可以作刚性体和弹性体代替增韧的 PVC，有非常好的低温冲击性和耐擦伤性。

3. 茂金属聚合物的加工特性

茂金属聚合物可用常规的加工设备和加工方法进行，如注塑、挤出成型、挤出吹塑、模压成型和热成型等。

(1) 注塑 m-PP　传统 PP 的加工方式大多数适用于 m-PP 的加工，m-PP 的加工以注塑为主。

Hoechst 公司认为，m-PP 熔体的高流动性使模具的充模更加容易，同时可以降低注塑压力，减少浇口数目，并且能优化冷却时间和温度。

m-PP 的加工性能与传统的 iPP 不同。注塑时，m-sPP 需较长的成型周期，可以选用适当的等规度、加工条件和应用成核剂加以改进。等规度较高的 m-sPP 的结晶速率比等规度较低的 sPP 快。对于传统的 iPP，冷的模具会缩短成型周期，而对 m-sPP 却有相反的效果。即模具越冷所得的制品越软越黏。m-sPP 的窄分子量分布比 iPP 的熔体剪切稀化作用要小，导致 m-sPP 有较长的注射增压时间。

(2) 注塑 m-sPS　m-sPS 可用普通的成型技术加工，包括注塑和挤出成型，其流动性好，在注塑中，其注射压力比玻璃纤维增强 PBT 降低 45％，可以缩短成型周期和降低注射压力，减少浇口数或用细浇口，加工前无需干燥。由于 m-sPS 的结晶相与无定形相的密度近乎相同，所以，m-sPS 制品的尺寸稳定性好，挠曲性低，后结晶也不会引起制品收缩。

m-sPS 的加工与许多工程塑料有诸多相似之处，即可进行注塑、压塑、挤塑和热成型等。典型注塑工艺参数：注塑机的料筒温度为 280～330℃，模具温度为 120～140℃。

(3) 挤出成型　通用 PP 的 MFR 为 45～52g/10min，而 m-PP 则为 60g/10min，因此，m-PP 也可以在加工通用 PP 的单螺杆挤出机上加工，但料筒温度要比通常的温度低 30～40℃。

m-PE 分子链中没有双键，因此，具有更高的热稳定性。m-PE 是透明的粒状物，直接使用很方便。m-PE 能赋予 PP 较高冲击韧性。这比使用 EPDM 改善 PP 的韧性方便得多。

共混工艺：采用双螺杆挤出机，挤出温度为 200℃，螺杆转速为 100r/min，挤出物通过水冷却，切粒后在 70℃的条件下干燥 2h。

与 LDPE、LLDPE 相比，m-PE 在典型的挤出速度下有更高的黏度、对螺杆产生更大的剪切力，要求降低料筒温度，电机荷载提高 10％，熔体强度低，膜泡稳定性稍差，m-PE 易在压辊上产生压痕、线斑，要采取适当措施才能使生产处于最佳状态。

纯 PP 在 −30℃时的冲击强度很低，加入 m-PE（不超过 25％），冲击强度可提高 20 倍。

标准 LLDPE 挤出吹塑设备要经过适当改进才能加工上述聚合物。改进设备需要考虑以下四方面因素：①由于塑性体的黏度极高，需要增大扭矩使物料顺利通过口模；②改进挤出机螺杆，以更好地进行熔融、混合与塑化；③改进口模以在低温和低压下提高产量；④由于膜泡稳定性差，需要使用双唇风环以提高膜泡的稳定性和产量。

综上所述，茂金属聚合物的挤出工艺特性如下：①剪切速率提高时，其熔体黏度降低，改善了挤出性，可在所有挤出机上进行加工；②剪切速率降低时，其熔体黏度增加，改善了吹塑薄膜的膜管的稳定性，熔体强度得到提高。

m-PE/LLDPE 共混物的特点：①熔体具有假塑性，但必须要有较高的剪切应力；②熔体的流变性均符合 Ostwald-DeWaele 指数定律方程；③熔体的表观黏度对温度的敏感性不同，m-PE 最小，LLDPE 最大。

m-PP 均聚产品有纤维和注塑制品，其 MFR 范围为 20～60g/10min。m-PP 的分子量分布和立体等规度分布都很均一，使聚合物在从熔融到结晶，进而高速固化经历了大形变的整个加工过程，很容易地实现比原来更高的牵伸率、更高的加工速度和制品强度。m-PP 的熔体和固体松弛时间一致，即需长松弛时间的分子链很少，而且分子的立体等规度很一致，结晶取向以及非结晶部分的分子取向很整齐，分子相互间的络合作用也很少。

采用 MFR 小于 15g/10min 牌号的 m-PP 制造薄膜（特别是 BOPP 薄膜）和吹塑制品时，有必要改变树脂的分子量分布。

4. 茂金属聚合物的应用

（1）m-COC　m-COC 主要以透明聚合物为竞争对象，其产品在以下几方面将有良好的前景。

① CD、VCD、DVD 等产品方面，m-COC 以不受温度、湿度影响的高尺寸稳定性和低折射率向 PC 挑战，特别是在 DVD 光盘产品方面正当其时。

② 在光学产品方面，m-COC 有类似 PMMA 的透明性而无 PMMA 的受温度、湿度影响的变异性，既有 PC 的耐热性又无 PC 的难加工性和双折射率的问题，是非常有前途的新型光学材料。

③ 医药器材产品方面，m-COC 具有高耐热性、高透明性、耐溶剂性和低溶出物，可用各种方法杀菌，利于回收消毒再利用。

④ 在包装方面，其高透明度和对水的阻隔性利于食品和医药包装。

此外，m-COC 的优良的电性能和耐热性，可用于电子零件的外壳。m-COC 被纳入工程塑料的范畴。

（2）m-EPDM　据报道，乙烯与降冰片烯共聚物 Zeonex，光学性能超过 PC，与 PMMA相似，T_g 为 140℃，拉伸强度为 64.3MPa，吸水性比 PC 低得多，可代替 PC，制作光盘。有些环烯烃共聚物，其 T_g 为 164～171℃，拉伸强度为 62～75MPa，密度比 PC 轻 10%，主要用于光盘、透镜、光纤和液晶显示屏等。

（3）m-PE　m-PE 树脂与其他树脂、助剂有较好的相容性，配方设计自由度高。与尼龙、离子型树脂、醇酸树脂、聚偏二氯乙烯、EVOH 相比，m-PE 的价格较低，而性能价格比较高。m-PE 可用来制造肉肠薄膜。

洗洁精的包装不仅要求抗化学腐蚀，还要求液体袋口焊缝时的带液挤压式热封，成品袋中几乎没有空气，所受到的冲压、挤压和堆压力直接通过液体传递到焊缝上，没有空气的缓冲，其挤压力是非常大的，对焊缝强度是一个苛刻的要求。m-PE 能胜任这种场合的热封要求。

m-PE 薄膜还应用于洗发精用膜、薄型洗发精用膜、洗洁精用膜和洗衣粉包装用膜。

（4）m-PP　m-PP 可制成高强度 PP 普通纤维；实现纤维的细化；m-PP 可提高熔融吹塑加工速率。实现薄壁容器的注塑，透明性比 iPP 强。m-PP 薄膜的热封性也好。

（5）m-sPS　m-sPS 在电子、电器工业中可替代 PA、PET、PBT。

在汽车工业中，可用来生产发动机部件、保险杠、燃油分配转子等替代 PA、PET、PBT；在食品包装业中，可用于制作微波炉托盘、器皿。

另外，用 m-sPS 制造的工业薄膜，具有较高的拉伸强度和透明性（与 BOPET 类似）、韧性（与玻璃纸相似）、耐酸、碱、热水性、低吸湿性、膨胀性和良好的电性能等，可制作相纸、电绝缘膜。

（6）m-E/S 共聚物　m-E/S 共聚物中，当苯乙烯（即 S）含量小于 50% 时为半晶质，称为 E 型，具有合成橡胶的性能，有优良的抗低温性（-40℃）、耐擦伤性和弹性，主要用于铺路、房顶沥青的改性和 PE 及 PS 的改性剂。当 S 含量大于 50% 时为非晶质，分为 M 型和 S 型。M 型材料的 T_g 低于环境温度，性能与橡胶类材料相似。S 型材料的 T_g 略高于环境温度，被称为玻璃橡胶（ESLs）。它有许多优点，表面特性、耐候性、防渗透性、熔体强度好，具有剪切变稀性和热稳定性；与混合物、颜料、填充物的相容性及减振和消音性好；

可用于汽车密封垫圈和窗用封条，也可制作压延板、薄膜、注塑和吹塑模塑件。

 习题

1. 酸法 PF 树脂和碱法 PF 树脂有何不同？

2. PF 塑料有什么性能特点？

3. 玻璃钢一般是由什么材料组成？

4. 什么是氨基塑料？由哪些组分组成？

5. PU 塑料如何生产？其有何用途？

6. EP 树脂如何固化？有何性能特点？

7. PE 有哪几种合成方法？分别得到哪几种 PE？其性能特点如何？

8. PP 的性能特点是什么？有何用途？

9. 如何提高 PVC 的热稳定性？

10. PVC 的主要用途是什么？

11. PS 有哪些特性？PS 有哪些改性品种？分别是改善其哪些性能？

12. PA 有哪些种类？

13. PA 有哪些优良性能？主要用途是什么？

14. PC 有哪些突出性能？有哪些用途？

15. 什么是 TPE？按化学组成可分为哪几类？

16. TPE 的结构特征有哪些？TPE 的用途有哪些？

17. 什么是茂金属催化剂？用其聚合的聚合物有哪些品种？

18. 茂金属聚合物的主要特点有哪些？

下 篇

基本工艺

第四章

成型用物料的配制

学习目标

1. 深刻领会物料的配制对加工及制品性能的影响。
2. 了解塑炼和混炼设备，熟悉其基本结构和工作原理。
3. 掌握塑料的混炼和塑化的原理及工艺参数。

第一节
物料的初加工与配料

一、物料的预处理

1. 物料的细化

（1）粉碎　通过相对运动对物体进行剪切、冲击、压缩、撕裂、摩擦等作用使物体碎裂，这是粉碎设备的原理。粉碎分粗碎（将物料粉碎到10mm以上）、中碎（粉碎至10mm～50μm）及细碎（即研磨至细度50μm以下）。粉碎的设备很多，常用的设备有：辊筒式压碎机、锤击式压碎机、叶轮冲击粉碎机、圆盘式粉碎机、旋转式剪切机、熔融粉碎机、湿式粉碎机、射流磨和低温粉碎装置。

（2）筛析　筛析的目的是除去较大的颗粒及机械杂质，使之达到细度和均匀度方面的要求，有利于混合及分散均匀。细度是指塑料颗粒直径毫米数，这常用通过筛子的网目数来表征；均匀度是指颗粒间直径大小的差数，即表征粒径分布情况。

筛析设备主要有电磁振动筛和平动筛等。双筛体平动筛最适用于PVC树脂，具有紧密性好、体积小，效率高、噪声低的优点；缺点是振动较大。

影响过筛效率的因素有：筛孔的形状大小和物料的形状；筛上物料层的厚度；物料的湿

含量；筛上物料的运动速度较低，过筛效果好。

（3）研磨　在生产过程中，常要求固体物料达到一定的细度。粒度愈细，物料间的接触表面愈大，便于分散均匀，有利于缩短生产时间和提高质量。研磨的作用一是将物料研细，使之达到要求的细度；二是把混合时易结成块或易凝聚的混合物料打散研细，这时的研磨兼有了磨细与混合的双重作用。

研磨的方法与设备视物料的结构不同有两种。

① 球磨　适用于粉末物料的研磨，球磨机是一个钢制或瓷制圆柱形筒体，筒内装有钢球或瓷球。依靠球与球之间或球与筒壁之间的摩擦与撞击而使物料研轧磨碎。球磨的旋转速度决定了球在筒体中的情况，影响研磨效率。球的大小、重量和数量对研磨质量也有影响。

② 三辊磨　适用于将固体与液体物料混合成浆、糊、膏的研磨。例如着色剂-增塑剂，或稳定剂-填料-着色剂-防老剂（或其他助剂)-增塑剂所配制的浆、糊、膏系统的研磨。

三辊研磨机的构造如图 4-1 所示，一般是三只辊筒平行地安装在机座上，中辊固定，前后辊可调节与中辊的辊距，以得到所要求的研磨细度。

三辊磨的操作要求如下。

以国产 40.6cm（16in）三辊磨为例，其速比为前：中：后＝9：3：1；辊筒内通水冷却；研磨可以破坏颜料的凝

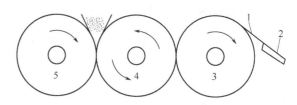

图 4-1　三辊研磨机的工作原理

1—刮刀；2—滑槽；3—前辊；4—中辊；5—后辊

聚和减小颗粒细度，但很多色浆在贮存过程中仍有凝聚作用，所以应研磨完即用。其他添加剂如稳定剂、填充剂、防霉剂等也可以磨成浆料，减小细度，有利于分散；研磨细度由细度板测定，如一次达不到要求时，可研磨多次。

2. 物料的干燥

干燥是指利用加热、热风、真空等动力源，在物料的配制或成型之前，除去原材料（合成树脂和各种添加剂）中水分及其挥发物的工艺过程。

（1）树脂与添加组分的吸湿性　表 4-1 列出了各种树脂的吸湿性。像 PE、PTFE 等不吸水，而 CPVC、EVA 等吸湿性极小，这些塑料可不经干燥直接成型。PC、PMMA、有机硅、POM、ABS 等吸水率在 0.1%～0.5%，在一般情况下也可不经干燥直接成型，但当要求绝缘性能和内在性能高时，则应当进行适当的干燥。PA、PF 树脂、UF 树脂、纤维素塑料等吸水率超过 0.5%，大多在 1% 以上，这类物料一定要预先干燥。有的物料本身不吸水或吸湿性很小，但暴露于湿空气中易凝结水，对这类塑料在成型前亦应预干燥。

表 4-1　各种树脂的吸湿性

品　　种	吸水率/%	品　　种	吸水率/%	品　　种	吸水率/%
PTFE	0.00	改性 PPO	0.06～0.07	ABS	0.2～0.6
PE	＜0.01	HIPS	0.1	POM	0.22～0.40
PCTFE	＜0.01	PET	0.1～0.2	热固性聚酯	0.15～0.6
PP	0.01～0.03	PET+GF	0.05	热固性 PI	0.24
PS	0.01～0.03	PC	0.15	PA11	0.3
交联 PE	0.01～0.06	PMMA	0.1～0.4	PA612	0.4
E/TFE	0.03	热塑性 PI	0.7	PA6	1.3～1.9
CPVC	0.02～0.15	PVDC	0.1	PA66	0.9～1.0
EVA	0.05～0.13	热塑性聚酯	0.08～0.09	PF+纤维素	0.5～0.9
PF+木粉	0.3～1.2	聚丁烯	0.01～0.02	PF+石棉	0.1～0.5

　　碳酸钙、陶土、纤维素、木粉、棉绒等填充料吸湿性较大，在配混前应进行充分干燥，它们配制成干混料或粒料，放置一段时间后仍然会吸收环境中的水分，因而使用前仍然要干燥。炭黑、三盐等添加剂也富于吸湿性，它们也会使塑料吸湿。此外，在配制时有时要加入少量易挥发溶剂促进分散，这些挥发物也要借干燥来排除。

　　少量水分在热固性模塑料中起增塑作用，可促进流动性，像PF树脂、UF树脂、三聚氰胺模塑料，若干燥过度，水分太少，会因流动性太小而难于充模。水分含量过多的不利因素是：配料不准；混合难于分散均匀，使制品各部位性能不一；成型过程中水分挥发，在制品内部产生气泡或脱层，表面出现水纹、凹凸不平、无光泽，制品出现翘曲，电性能和力学性能下降。

　　视被干燥物料的种类、性质、形状的不同，可采取不同的干燥方法与设备，例如，PVC树脂的干燥，通常是在捏合设备和塑炼设备上通过混合前预热及混合过程的加热来实现。而吸湿性强的PA等树脂的干燥则需要用专门干燥装置来进行。

　　(2) 干燥设备　常见的干燥设备如表4-2所示。

表4-2　常见干燥设备的优缺点及其适用范围

设　备	优　缺　点	适　用　范　围
箱式或斗式静止干燥器	有电加热、蒸汽加热、真空加热等,结构简单但干燥效率低	适用于干燥少量物质
真空转鼓干燥器	设备结构简单,物料在真空状态下翻动,干燥效果好、效率高,但系间歇操作	适用于中、小型塑料厂,尤其适用于易氧化的物料
沸腾床干燥器	热风与物料混合充分,有效接触面积大,传热系数大,单位容积的干燥量大;干燥时间短,允许干燥温度高;与静止干燥法相比,极限含水量低,可达0.01%	适用于小至80~250μm、大至15~25mm的物料,特别适用于高聚物的干燥,故障少、效率高
远红外干燥器	干燥速度快、效率高、节电、投资少、干燥质量好,是理想的加热干燥方法。大多数工程塑料在整个远红外波段都有很宽的吸收带,宜用此法	可用于预热、干燥或二者兼顾,振动式红外干燥机可使粒料或粉料翻动,效果更好

　　间歇式沸腾干燥装置的基本原理是干燥介质（通常用热空气）以一定的风速从底部向上，通过多孔分布板进入多孔板上的物料层，并使物料悬浮于热气流中呈沸腾状，含有水分的物料（粉料或粒料）与热气流充分接触，使水分向外扩散而达到干燥的目的。沸腾床干燥器的工作原理见图4-2。

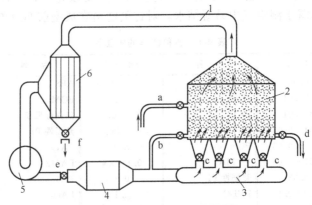

图4-2　沸腾床干燥装置工作原理

1—风管；2—沸腾床箱体；3—热风整流筒；4—电加热器；5—离心风机；6—袋式过滤器；

a—湿料进口；b—气流调节口；c—热风分配口；d—干料出口；e—进风口；f—湿气中的粉料出口

（3）影响干燥的因素　物料中的水分主要吸附于物料表面。加热时，物料表面的蒸汽压大于周围空气的蒸汽分压，水分不断地由物料逸入空气，直至物料水分汽化产生的蒸汽压与周围空气蒸汽分压相等时为止，此时即达到平衡湿度。任何物料只能干燥到平衡湿度。

影响干燥速度的主要因素如下：①物料的性质、结构、化学组成及与水的结合方式；②物料的形状、大小、料层厚度；③空气的温度、湿度和速度。

（4）干燥条件　几种树脂的干燥条件见表4-3。

表 4-3　几种树脂的干燥条件

树脂名称	干燥温度/℃	干燥时间/h	树脂名称	干燥温度/℃	干燥时间/h
PA	100	2	PP	80～90	2
PET	160～180	4	PVA	60	1
PC	120	3	PVC	60	1

二、物料的输送与计量

在 PVC 配混料的配制过程中，重点要解决树脂的输送与计量。其次是增塑剂的自动化输送。粉状 PVC 树脂可采用容器、槽车等散装运输或采用提升机、螺旋输送器等机械输送方法。但目前多采用气动输送系统。

物料的气动输送一般以空气为动力源，速率较高，且具备机械输送的多数优点，但受物料大小的限制。大块、团块、饼状物料不能采用。

（1）气动输送系统的分类　按压力分为正压系统、负压系统和正负压联合系统。

① 正压系统　能把物料从一处运到他处或高处。

② 负压系统　专为从一个或几个取料点把料抽到一个特定的投料点。

③ 正负压联合系统　操作者可以灵活地使用多个取样点和投料点。

PVC 树脂的气动输送系统由负压动力机组操作。它把 PVC 树脂从气动式有轨车或大贮料仓中抽吸出来，物料被抽提到过滤收集器，在这里与气流分开。从过滤收集器出来的物料，由于重力而落入两个预先安排的鼓风槽中的任意一个。当第一槽已满时，自动水平指示器会把树脂引至第二槽。装满料的鼓风槽则封闭顶部而打开底部。在顶部引入的空气使物料受到微小压力，通过正压气流转运到贮料仓。

（2）贮料柜抖动器　存放在锥形底（存放粉料时锥度为 60°～70°，存放粒料时锥度为 45°）贮料仓的树脂或物料借重力放到喂料器、衡器或量器中。柜内安装螺杆式振动器，可以防止物料在仓底夹住、搭桥或压实，为混合过程连续化创造必要条件。

（3）液体物料的贮运　桶装的液态增塑剂存放和输送都很不方便，一般采用槽车运输，大型贮槽存放，齿轮泵管道输送。

（4）计量　准确计量是保证制品质量的前提。捏合料的计量方法可分为重量计量和体积计量。生产中常用杠杆秤或电子秤进行精确重量计量。

三、塑料分散体及其制备

1. 塑料分散体及其分类

加工工业中作为原料用的分散体主要是固态的氯乙烯聚合物或共聚物与非水液体形成的悬浮体，通称为 PVC 分散体或 PVC 糊。采用的非水液体，主要是在室温下对 PVC 溶剂化作用很小的溶剂（增塑剂也属于这一类），也称分散剂，必要时也可添加非水溶性的稀释剂。分散体生产制品要经过塑形（即成型）和烘熔两个过程。塑形就是通过模具或其他器械，在室温下，使分散体具有一定的形状，包括用它制造涂层制品，如人造革等。由于塑料溶液在室温下是非牛顿液体，所以塑形比较容易，而且不需要很高的压力。这是利用分散体加工的一大特点。烘熔是将塑形后的物体进行热处理，从而使分散体通过物理或化学变化成为固体。PVC 分散体系中的物理变化是胶凝和熔化两种作用的结合。

除树脂和非水液体外，分散体还可因使用的目的不同而加入各种助剂，因此，其组成是比较复杂的。按加入的组分不同，分散体的性质会出现差异，通常将其分为四类。

① 塑性溶胶　PVC 树脂的悬浮体，其液相完全是增塑剂，又称增塑糊，又称 PVC 糊。

② 有机溶胶　PVC 树脂的悬浮体，但其液相物有分散剂和稀释剂两种，分散剂内可以有增塑剂，也可以没有，又称稀释 PVC 增塑糊。

③ 塑性凝胶　加有胶凝剂的塑性溶胶，又称增塑胶凝糊。

④ 有机凝胶　加有胶凝剂的有机溶胶，又称稀释增塑胶凝糊。

从以上所述，可见四类分散体之间有一定的关系，如图 4-3 所示。图中非水挥发性液体是指溶剂或（和）稀释剂。

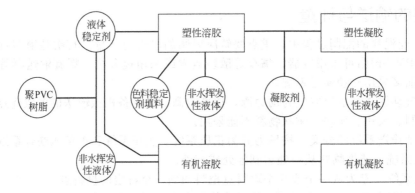

图 4-3　分散体的分类与组成

塑性溶胶既然以增塑剂作为唯一的分散剂，为保证它的流动性，增塑剂的含量一般不得少于树脂的 40%，由于增塑剂的沸点都很高，因此在烘熔时损失很小，也不易燃烧、爆炸和中毒（与有机溶胶和有机凝胶比较而言），而且还有利于它自身的保存和厚壁制品的制造。但由于增塑剂的含量高，故只能用来制作软制品。

为了克服塑性溶胶的制成品硬度不高的缺点，将增塑剂的一部分用挥发性的非水溶液来代替，这样便成为有机溶胶。这类溶胶的液相物不能全是非极性液体（即稀释剂），而必须拌用相当分量的分散剂，否则，不能取得良好的效果。

塑性凝胶与有机凝胶的区别和塑性溶胶与有机溶胶的区别相同。前两者与后两者的区别在于组成中都加有胶凝剂，因此，其流动性表现为在开始时就呈现宾汉液体的行为，即只有当剪应力高达一定值后才发生流动。

2. 分散体的组分及其作用

分散体所含组分有树脂、分散剂、稀释剂、胶凝剂、稳定剂、填充剂、着色剂、表面活性剂以及为特殊目的而加入的其他助剂等，表 4-4 中列出了四类分散体的具体配方。必须指出，工业上所用的配方，按要求不同，在份量和所用材料的品种上有出入，组分也可以不同。

表 4-4　四类塑料分散体的配方

组分名称	材料品种	塑性溶胶/份		有机溶胶/份	塑性凝胶/份	有机凝胶/份
		(1)	(2)			
树脂	乳液聚合聚氯乙烯	100.0	100.0	100.0	100.0	100.0

组分名称	材料品种	塑性溶胶/份		有机溶胶/份	塑性凝胶/份	有机凝胶/份
		(1)	(2)			
分散剂						
增塑剂	DOP	80	50	40	40	40
	环氧酯	—	50	—	40	—
挥发性溶剂	二异丁酮	—	—	70	—	40
稀释剂	粗汽油(沸程 155～193℃)	—	—	70	—	10
稳定剂	二盐	3	3	3	3	3
填充剂	碳酸钙	—	20	—	—	—
色料	镉红	2	2	—	—	—
	二氧化钛					
	炭黑	—	—	—	0.9	0.9
胶凝剂	有机质膨润黏土	—	—	—	5.0	5.0

① 树脂　采用的树脂应具有一定的成糊性能。对其粒度要求是：用于塑性溶胶和塑性凝胶的，直径约 $0.20～2.0\mu m$；在其他两类中用的则为 $0.02～0.20\mu m$。颗粒太大时，容易在所配制的分散体中下沉，而且在加热处理后不易得到质量均匀的制品，反之，颗粒太小时，在室温下常会因过度的溶剂化而使分散体的黏度偏高，同时还不耐存放。但从成糊的难易程度来说，小颗粒是较易成糊的，由于有机溶胶和有机凝胶中液相物的黏度一般偏低，因此，为防止沉淀而选用颗粒偏小的树脂。在颗粒形状上常希望它呈球形，因为球形体的表面系数小，可以防止室温下过多溶剂化。溶剂化多时，分散体易成膨胀性液体的流动行为，反之，则易成假塑性流体的行为。最能符合上述要求的树脂是用乳液聚合法生产的。成糊性好的乳液聚合树脂又分为拌入型与磨入型两种。前者颗粒较大，而且较为疏松，更大的特点是树脂颗粒表面上沉积的表面活化剂较多，因而易于分散。后者则恰恰相反，但成本较低。此外，由于乳液聚合的树脂分子量高，因此它能适当地阻止溶剂化，还能为制品带来较为优良的物理力学性能。由于以往国产乳液树脂较少，有些工厂曾用部分（或全部）悬浮 PVC 树脂代替乳液 PVC 树脂，起到了一定的作用。

② 分散剂　分散剂包括增塑剂和挥发性溶剂两类，这两类物质都是极性的。增塑剂的黏度对分散体的黏度有直接的影响，即黏度高的，分散体的黏度也高。增塑剂的溶解能力大小常反映在配制分散体的存放时间上，溶解能力越大的，越不利于久放，因为存放时其黏度增长快。用邻苯二甲酸酯类作分散剂时，分散体的黏度较适中，存放时也比较稳定。一切辅助增塑剂的溶解能力相对来说很小，配用时对黏度的降低和存放都有利。挥发性溶剂的黏度和溶解能力对所制分散体的影响与增塑剂相同。常用的溶剂以酮类为多，如甲基异丁基甲酮和二异丁基甲酮等。所用溶剂的沸点应在 $100～200℃$。

③ 热稳定剂　在 PVC 塑料中必须加入热稳定剂才能加工。在糊塑料中，往往将热稳定剂制成浆料再加入；热稳定剂的用量在 3 份左右。

④ 稀释剂　使用稀释剂的目的在于降低分散体的黏度和削弱分散剂的溶剂化能力。作为稀释剂用的物质是烃类，它们的沸点也应在 $100～200℃$。但所用的稀释剂的沸点均应低于分散剂。应该指出，芳烃对 PVC 树脂是略具溶胀作用的，萘烃几乎没有，而脂肪烃则完全没有。

⑤ 胶凝剂（亦称凝胶剂）　胶凝剂的作用是使溶胶体变成凝胶体。当溶胶体中加有胶凝剂时，即能在静态下形成三维结构的凝胶体。这种三维结构是以物理力结合的，在外界应力大至一定程度时即被摧毁，以致胶凝体又重新变回液体的行为。而当应力解除后

又恢复其三维结构。常用的胶凝剂有金属皂类和有机质膨润土。胶凝剂的使用量约为树脂的 3%～5%。

注意：稀释剂和胶凝剂不可同时用于同一体系中！

⑥ 填充剂（通常也称为填料）　用作填充剂的物质有磨细或沉淀的碳酸钙、重晶石、煅烧白土、硅土和云母粉等。含水量高的物质，如纤维素与木粉等，一般不用作热塑性塑料的填充剂，而在热固性塑料中常用。填充剂颗粒的直径应为 5～10μm。颗粒大小和形状对填充剂的分布均匀性和制品的性能有一定的影响。对填充剂的吸油量应该引起重视，吸油量越大时所配制的分散体的黏度增加越大（显然，采用大量色料也会引起这种问题）。吸油量的大小与填充剂的种类和所用非水液体的类型有关，而用同一种填充剂时，如果其他情况不变，则颗粒大的吸油量偏小。所以，在填充剂用量高而要使所配制的分散体的黏度偏小时，可采用颗粒偏大的填充剂。填充剂的用量理论上一般不超过树脂的 20%，实际上有些厂家远远超过此数值。

⑦ 表面活性剂　这类物质是用来降低或稳定分散体的黏度的。常用的有三乙醇胺、羟乙基化脂肪酸类和各种高分子量的烷基磷酸钠等。表面活化剂的用量一般不超过树脂的 4%。在制造泡沫塑料时往往要加入表面活性剂，有时填充剂也用表面活性剂进行处理。

⑧ 其他助剂　其他类助剂是根据制品性能要求决定是否加入，如为增加制品表面黏性而加入的氧茚-茚树脂；为增加制品硬度而加入的各种热固性树脂单体和热固性树脂；为使分散体能够用作制造泡沫塑料而加入的发泡剂等。

3. 分散体的制备

制备分散体时，主要是将粉状固态物料很好地分散在液态物料中。常用的设备是球磨机。在用钢制球磨机时，须对树脂的稳定作用作出保证。

配制时，可以将树脂、分散剂和其他所有助剂一起加入球磨机中进行混合。当增塑剂用量较大时，为了充分利用球磨机的剪切效率和节省时间，增塑剂宜分步加入。在配制有机溶胶和有机凝胶时，宜将增塑剂一起加入，这样可以避免有机液体的挥发损耗以及因而引起的事故。为求得较好的效果，采用的色料、稳定剂和胶凝剂等宜先用少量增塑剂在三辊研磨混匀，制成浆料，然后再加于整个物料中。

由于增塑剂的挥发性小，所以配制塑性溶胶或凝胶时，可以采用行星搅拌型的立式混合机、捏合机或三辊磨。前者宜用于制造黏度较低的塑性溶胶或凝胶，尤其是采用拌入型树脂的时候。后者宜用于黏度较大的场合。为了提高塑性溶胶和凝胶的质量，即使不用三辊机研磨配制，最后也要将它在三辊磨磨一两次，这在配有色料和填充剂时尤其必要。

混合期间的温度应低于 30℃，否则会促使树脂的溶剂化，从而增大黏度。因此，混合设备最好带有冷却装置。同理，混合时的搅拌作用不应过强，还应注意不使较多的空气卷入。

混合时，混合料的黏度一般是先高后低，变至最低值后，如果再进行混合，则黏度又能回升。先高后低的原因是成团或成块的树脂逐渐被分散的结果，而以后由低而高的原因则是树脂溶剂化有了增加。配制成的分散体的黏度自几至几十帕秒不等，混合时间有快至 2～3h，也有高达 8～10h 甚至更长时间的。这些均依赖于混合料的配方、混合效果和所需要的分散度。

配制分散体时，难免会卷入一些空气。使用表面活性剂或物料的黏度较高时，这一现象就更严重。为保证成型品的质量，需要脱除气泡。脱除的方法有：①将配成的分散体，按薄层流动的方式，从斜板上泻下，以便气泡逸出；②抽真空使气泡脱除；③利用离心作用脱气；④综合式，即同时利用上述两种或两种以上作用的结合式。图 4-4 即为一种间歇操作的抽空脱泡装置。

　　混合过程的控制一般都靠细度的测定，而混合料的细度则常用测定油漆中固态颗粒的方法来检验，测定细度的仪器是一个在纵向上铣有两个斜槽的钢板，板宽约 7.5cm，长约 20cm。槽的一端深度为 0.1mm，而另一端为零。沿着槽长附有用微米表示深度的标度。检验时，放平钢板，并在槽深较大的一端放入少量的试样。然后用直边的刮板顺着钢板的长度方向，以均匀的速度，向另一端刮去，试样表面最先出现缺料处的标度即为试样细度的测定数据。

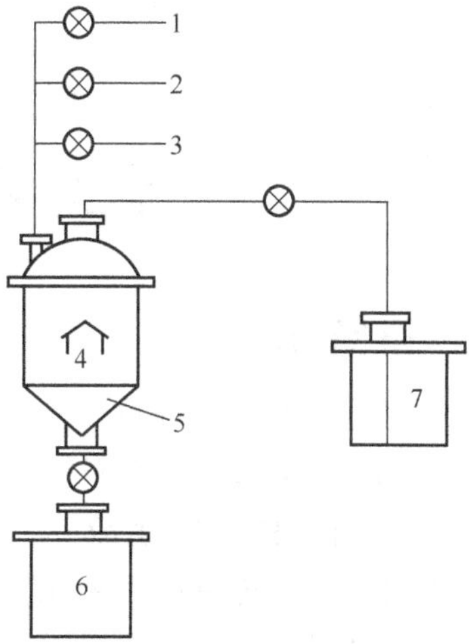

4. 分散体的黏度

　　分散体的黏度总是大于它的分散介质的黏度，而且随着固体粒子含量的增加而增大。这首先是以下两个原因造成的：①由于分散体中固体粒子间的碰撞而导致摩擦力的增加；②通过固体粒子间的液体发生了骚扰。

图 4-4　间歇式真空脱泡装置
1—真空阀；2—压缩空气阀；3—放空阀；
4—锥形分散器；5—脱泡器；
6—接收槽；7—供应槽

　　当剪切速率很低时，分散体的流动行为可能与牛顿液体一样，而在剪切速率较高时，则表现为假塑性液体；如果剪切速率继续升高，则又出现膨胀性液体的流动行为（此现象仅限于树脂浓度较大的分散体）。但也有表现为牛顿液体后直接表现为膨胀性液体的（如果所用分散剂的溶剂化能力是优良的）。加有胶凝剂的分散体还具有一定的屈服值，呈现宾汉性。

　　虽有公式计算分散体的黏度，但准确性较差，实际生产中往往用黏度计实测其黏度。

　　分散体在贮存期中，可能由于溶剂化作用的增加而使其黏度上升。如果配方与配制操作无误，黏度应不会有过大的变化。贮存期中温度不能超过 30℃；且不应与光以及铁、锌等接触。贮存的容器可以用锡、玻璃、铝或某些纤维板制成。

　　有机溶胶中的液相物有分散剂和稀释剂两种。配制时，如果分散剂用得太多，树脂颗粒常易发生过度的溶剂化，黏度会增大。反之，稀释剂用得太多，黏度也会变大，这是由于树脂颗粒发生絮凝作用的结果。因此，如果两种液体的比率能够取得平衡，则有机溶胶的黏度就会出现最低值（见图 4-5）。

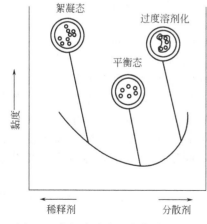

图 4-5　有机溶胶中，分散剂-稀释剂
比率对黏度的影响

　　就有机溶胶来说，分散剂与稀释剂是互溶的。但是分散剂的分子具有亲树脂基团，而稀释剂分子中则没有。所以将分散剂加入树脂与稀释剂的混合物中，分散剂就会被吸附在树脂颗粒的表面上，并从而消除絮凝作用。但是分散剂并不停止于吸附，它还能进一步渗入树脂内形成溶胀。如果此时溶胀不予限制，即稀释剂不够多，则有机溶胶黏度即会因溶胀程度的增加而上升。因此，分散剂与稀释剂的比率必须恰当才能使黏度最低。在生产中，为稳妥起见，分散剂的用量总是略高于黏度最低值的应有用量。这样，一方面可以抵偿在贮存中由树脂缓缓吸收的一部分分散剂，另一方面可减少热处理过程中出现的絮凝现象。

第二节
塑炼和混炼设备及工作原理

一、开炼机

开放式塑炼机（简称"开炼机"，也有人称为"炼塑机"）结构组成简单，操作方便，应用普遍，但开炼机也存在结构庞大、塑炼效率低和操作条件差等缺点。

1. 开炼机的结构组成

图 4-6 为开炼机的结构示意图。开炼机由电动机，减速箱，前、后辊筒，挡料板，机架，速比齿轮，紧急停车装置，调距装置等结构组成。

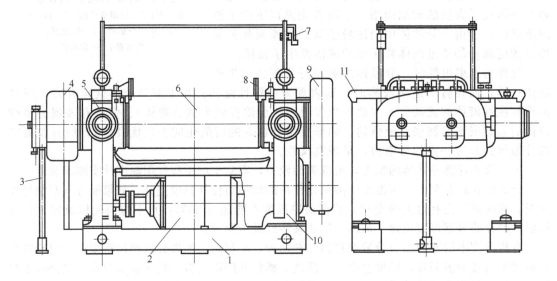

图 4-6　开炼机的结构

1—机座；2—电动机；3—蒸汽管；4—速比传动齿轮；5—调距装置；6—辊筒；

7—紧急停车开关；8—挡料板；9—减速齿轮罩；10—机架；11—横梁

电动机提供的转速经减速箱减速后，满足开炼机辊筒工作速度和扭矩的需要。前后两辊筒水平平行排列，工作时两辊筒相向转动，对投入辊筒间隙的物料实现滚压、剪切的作用。挡料板使辊筒间隙的物料不向两边延伸，两挡料板间的距离是开炼机辊筒的实际工作长度。生产中，挡料板的位置在一定范围内是可调的。机架支承辊筒及其工作部件，承受工作载荷。速比齿轮使两辊筒按各自所需的转速工作。紧急停车装置（也称刹车）是开炼机的安全装置之一。在开炼机工作时出现异常情况急需停车时，通过制动机构，使两辊筒紧急停止转动。调距装置用于调整辊筒之间辊隙的大小，适应不同炼塑效果的需要。

除上述结构组成外，开炼机的工作空间设有排风罩，用以改善工作环境，减小有害气体对操作人员健康的影响。

2. 开炼机的工作原理

开炼机工作时，两辊筒相向转动，物料不断进入辊隙反复滚压，实现挤压、剪切等混合炼塑作用。

（1）物料进入辊隙的分析　如图 4-7 所示，O_1、O_2 表示开炼机两辊筒的轴心，e 为辊隙。加入辊隙的物料受到辊筒表面对物料沿辊筒径向的正压力 T 和沿辊筒切向摩擦力 F 的作用，也称为径向力和切向力。为便于物料受力分析，将径向力 T 和切向力 F 沿直角坐标分解，得到 y 方向的合力为 $F_y - T_y$。

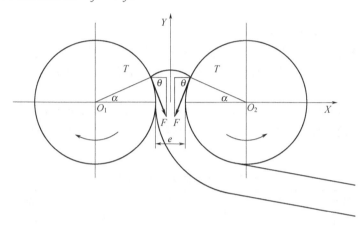

图 4-7　物料受力分析

可以看出，要使物料进入辊隙的力学关系如下：

$$F_y > T_y \tag{4-1}$$

式中　F——辊筒表面对物料沿辊筒切向摩擦力；

　　　T——辊筒表面对物料沿辊筒径向的正压力。

在 x 方向的合力是 $F_x + T_x$。

根据图 4-7 所示几何关系，可列出以下力学关系式：

$$F_y = F\cos\theta \tag{4-2}$$
$$T_y = T\sin\alpha \tag{4-3}$$
$$F = Tf \tag{4-4}$$

式中　f——物料与辊筒表面的摩擦系数，$f = \tan\theta$；$\tag{4-5}$

　　　θ——摩擦角；

　　　α——物料与辊筒表面的接触角，即物料在辊筒接触点至该辊筒中 O_1 的连线与 y 轴
　　　　　方向夹角。

将式(4-2)、式(4-3)、式(4-4)、式(4-5) 代入式(4-1) 得

$$F\cos\alpha \geqslant F\tan^{-1}\theta\sin\alpha \tag{4-6}$$

将式(4-6) 整理得：

$$\tan\theta \geqslant \tan\alpha \tag{4-7}$$

即

$$\theta \geqslant \alpha \tag{4-8}$$

式(4-8) 说明，物料与辊筒表面的摩擦角大于或等于物料与辊筒表面的接触角，是物料进入辊隙的先决条件。

在实际生产中，物料与加热辊筒接触后逐渐变软，接触面积增大，辊筒对物料的拖带作用增强，有利于物料进入辊隙。

（2）开炼机塑炼物料的工作原理　在物料进入辊隙的分析中，物料受到辊筒所作用的力分别是正压力与摩擦力，在直角坐标系中分解而得到的水平方向的分力之和为 T_x+F_x，该合力被称为挤压力。沿垂直方向的分力之和为 F_y-T_y，该合力被称为钳取力。挤压力使物料增密、压实；钳取力拖带物料进入辊隙。实际生产中，开炼机两辊筒保持一定速比关系，实现了物料各层的速度差，形成剪切、摩擦，在挤压力和钳取力的作用下，强化了塑炼效果。开炼机辊筒对物料反复辊压，使物料的各组分达到逐渐均化和塑炼均匀。此外，辊筒工作转速、辊筒的工作温度以及辊筒的辊隙大小，对物料的塑炼都有直接的影响。使用开炼机也可以进行混炼。

3. 开炼机的主要技术参数

（1）辊筒直径与长度　辊筒直径是指辊筒最大外圆的直径，用字母 D 表示，单位 mm。辊筒长度（也称工作长度）是指辊筒最大外圆表面沿轴线方向的距离，用字母 L 表示，单位 mm。

辊筒直径与长度是表征开炼机规格的主要参数，也是选用开炼机的重要依据。一般随开炼机辊径增大，辊筒工作长度加长，开炼机的塑炼能力提高。目前，我国开炼机规格已列入部颁标准，如表 4-5 所示。

表 4-5　开炼机规格部颁标准

型号	辊筒直径 /mm	工作长度 /mm	前辊线速 /(m/min)	速比 V_1/V_2	一次投料量 /kg	功率 /kW
SK-160	160	320	1.92～5.76	1～1.5	1～2	5.5
SK-230	230	630	11.3	1.3	5～10	10.8
SK-400	400	1000	18.6	1.27	30～35	40
SK-450	450	1100	30.4	1.27	50	75
SK-550	550	1500	27.5	1.28	50～60	95

（2）辊筒线速度与速比　辊筒线速度是指辊径上的切线速度，用字母 V 表示，单位用 m/min 表示。辊筒速比是指两辊筒的线速度之比，用字母 V_1/V_2 表示。

辊筒线速度的大小，与开炼机塑炼能力直接相关。一般辊筒线速度越大，塑炼能力也提高。目前，国内开炼机辊筒线速度最高约 32m/min。

辊筒速比一般是指后辊的线速度与前辊的线速度之比，该比值大于 1，通常在 1.2～1.3 范围内。两辊筒线速度有差别，可以增强辊隙中物料料层间的剪切作用，提高塑炼效果。

（3）生产能力　这是指开炼机在单位时间内塑炼物料的量，用字母 Q 表示，单位习惯用 kg/h。生产能力可用下式计算：

$$Q=(60q\rho/t)\alpha_0 \tag{4-9}$$

式中　Q——生产能力，kg/h；

$\quad\quad q$——开炼机一次投料量，L；

$\quad\quad \rho$——物料密度，g/cm^3；

$\quad\quad t$——一次塑炼物料的时间，min；

$\quad\quad \alpha_0$——设备利用系数，一般取值 $\alpha_0=0.85～0.9$。

生产能力直接反映开炼机塑炼物料能力，也是选用开炼机的主要依据参数。

（4）一次投料量　这是指开炼机一次投入所能塑炼物料的量，用字母 q 表示，单位常用 L（升）。

一次投料量是开炼机允许投料的合理容量。通常物料全部包覆前辊时，两辊间同时存有适量积料是合理的。

一次投料量是影响生产能力的主要因素。一次投料量过多时，物料不能及时进入辊隙，塑炼时间增长，生产能力降低；一次投料量过少时，辊隙间物料充不满，塑炼作用降低，也使塑炼时间增长，生产能力降低。

除一次投料量外，辊距大小、辊速快慢、辊温高低以及操作方法等因素对物料塑炼效果和生产能力也有一定的影响。对塑料来说，辊距小、辊速快、辊温高相对塑炼效果增强。

(5) 驱动功率　这是指驱动辊筒工作的电动机所应提供的功率，用字母 N 表示，单位 kW。

驱动功率是表征开炼机经济性能的指标。一般开炼机的生产能力随驱动功率不同，而大小有别。生产能力高，驱动功率要求也大。实际生产中，对某一设备而言，驱动功率已定，具体功率消耗的大小与下列因素有关，开炼机辊筒规格，辊距大小，辊筒转速及速比，物料的性质，加工温度等。开炼机辊筒规格尺寸大，工作辊距小，辊筒转速大及速比大，物料黏度大，加工温度低，这些都是使开炼机功率消耗增大的原因。

在选用开炼机时，应以开炼机生产能力为依据，在满足同等生产能力的条件下，驱动功率越小，经济性能越好。

二、密炼机

密闭式塑炼机（简称"密炼机"）与开炼机相比，密炼机具有物料塑炼密封性好，混炼条件优越，生产能力高等特点。密炼机主要用于混炼，也可用来塑炼。

1. 密炼机的结构与分类

(1) 密炼机的结构　密炼机的结构组成如图 4-8 所示。

压料装置主要由活塞缸及与活塞杆相连的上顶栓组成，作用是活塞缸提供动力，驱动上顶栓下压，从而增加塑炼物料的压力，强化塑炼效果。加料斗包括颈筒及加料门等结构，作用是连接加料装置与混炼室，形成加料空间。混炼室是组合结构，在混炼室空间内，完成物料混炼过程。转子是混炼室内炼塑物料的运动部件，物料的炼塑效果与转子的形式、转速等有着直接的关系。卸料装置由下顶栓与动力油缸等组成，当下顶栓与混炼室合为一体时，对炼塑物料起分割作用，当下顶栓在动力油缸的驱动下打开时，对已炼塑好的物料起卸料的作用。

此外，密炼机的结构组成还有密封装置、转子轴向调节装置、转子的动力驱动装置、电器控制装置、加热冷却装置和汽、液压传动装置等。

(2) 分类

① 按混炼室的结构分类　可分为上下组合型和前后组合型两种。

② 按转子转速分类　可分为低速（转子转速在 20r/min左右）、中速（转子转速在 30～40r/min）和高速（转子转速大于 60r/min）密炼机三种。

③ 按转子几何形状分　可分为椭圆形转子、圆筒形转

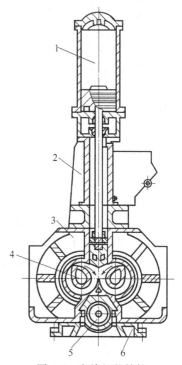

图 4-8　密炼机的结构
1—压料装置；2—加料斗；3—混炼室；
4—转子；5—卸料装置；6—机座

子和三角形转子三类。

2. 工作原理

密炼机塑炼物料是以转动的转子为主要工作部件，其他部件配合来实现的。转子的结构不同，塑炼效果也有差异。目前，实际应用椭圆形转子较广，效果较好。因此，着重分析椭圆形转子的塑炼作用。

（1）转子与混炼室壁间的捏炼作用　椭圆形转子回转半径随转子棱位置不同而发生变化，转子棱与混炼室壁之间的间隙也发生改变。当间隙为最小值时，间隙中物料受到剪切和挤压等作用，这与开炼机有相似之处，但较强烈，原因是：①转子棱与混炼室壁间速度差大，剪切强烈，约为开炼机4～5倍；②转子棱峰与混炼室壁相对间隙面积小，物料受到棱峰作用后，仍受转子其他面作用，减小了物料的相对静止而造成剪切过热或捏炼不均匀现象。

（2）两转子的折卷与往返切割作用

① 折卷作用　折卷作用如图4-9所示。物料由混炼室的一侧经转子棱的挤推作用，进入另一侧混炼室，经另一转子的捏炼后又部分挤推回来。物料在折卷作用下，随转子绕转子轴线运动。

② 轴向往返切割作用　转子转动时，转子棱对物料作用力如图4-10所示。沿转子棱表面法线方向作用于物料的力 p 可分解为轴向力 p_t 和切向力 p_r。由分析可知，力 p_t 使物料沿转子轴向受力，力 p_r 使物料绕转子轴线转动。

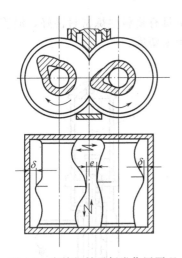

图4-9　密炼机转子折卷作用原理

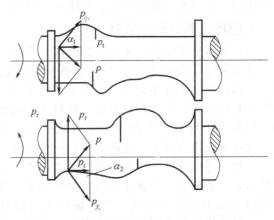

图4-10　密炼机转子轴向往返切割作用原理

（3）转子与上下顶栓的搅拌作用　上顶栓与下顶栓（卸料门）在两圆筒形混炼室之间形成尖端突起，由于上顶栓对物料的压实，可使混炼作用更强烈。下顶栓可使物料混炼在突起处分离，经两转子塑炼后汇合，然后重新分离，多次作用达到搅拌均匀，塑炼充分的目的。

3. 主要技术参数

（1）总容量和工作容量　总容量指密炼机混炼室的实际容积。工作容量指密炼机一次装料量（或称额定容量）。工作容量与总容量有如下关系：

$$V = \beta V_\alpha \tag{4-10}$$

式中　V——工作容积，L；

V_α——总容量，L；

β——填充系数，$\beta=55\%\sim75\%$。

填充系数的取值与转子的结构、混炼室的压力、转子转速等因素有关。总之，混炼能力强的密炼机，填充系数可取大值。反之，填充系数应取小值。应注意，填充系数过大时，一次投料量也过多，会造成物料塑炼不充分；而填充系数过小时，混炼室投料后，空间较大，物料运动阻力小，塑炼效果减弱。

工作容量的大小表示密炼机的塑炼能力的高低。在选择配套密炼机时，工作容量是一项主要参数。一般工作容量用来表示密炼机的规格。按我国密炼机系列标准规定，密炼机的规格表示法如下：

$$S(X)M\text{-}50/40$$

其中，S 表示塑料；X 表示橡胶；M 表示密炼机；50 表示密炼机的工作容量，L；40 表示转子转速，r/min。

（2）上顶栓对预混料的压力　这是强化混炼过程的主要手段之一。在一定范围内增加上顶栓压力可以使物料混炼作用增强，有利于缩短炼塑时间，相应提高密炼机的生产能力。

一般上顶栓压力为 0.1～0.6MPa，最高压力已发展到 0.7～1MPa。上顶栓压力的取值，可根据加工物料的软硬来选，一般硬料比软料取值大。

（3）生产能力　这是指单位时间内塑炼物料的重量，用字母 Q 表示，单位 kg/h。一般密炼机为间歇式生产，生产能力则以一次加料量和一次塑炼周期计算。

$$Q=(60V\gamma/t)\alpha \tag{4-11}$$

式中　Q——密炼机生产能力，kg/h；

　　　V——一次投料量，L；

　　　γ——塑料重度，kg/L；

　　　t——塑炼周期，min；

　　　α——设备利用系数，$\alpha=0.8\sim0.9$。

（4）功率消耗　密炼机驱动功率主要消耗在物料的塑炼过程中，其他环节功率消耗较小。如图 4-11 所示。

密炼机在一个混炼周期中，功率消耗变化较大。

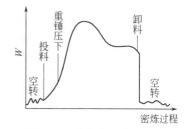

图 4-11　密炼机工作过程中各阶段的功率曲线

三、连续式塑炼设备

1. 单螺杆挤出机

单螺杆挤出机的结构及其原理将在第五章有简要介绍，但需要说明的是，塑炼用单螺杆挤出机的特点：直径较大（大多数在 90mm 以上），螺杆长径比较短（一般在 10 左右），螺槽较深，大多可用混炼型螺杆。

2. 双螺杆挤出机

在塑料加工业中，双螺杆挤出机主要是用来挤出造粒。用于塑炼的双螺杆挤出机往往用平行型同向旋转的双螺杆挤出机。现在有些厂家还生产混配料专用的双螺杆挤出机。在第五章还简述了双螺杆挤出的特点和双螺杆挤出机的结构特点。双螺杆挤出机的主要结构见有关专著如《塑料挤出设备》。

3. 行星螺杆挤出机

这种挤出机看起来和单螺杆挤出机类似，进料段与标准单螺杆挤出机相同，然而，挤出机的混合段则不太相同。在挤出机的行星辊段中，三个或更多的均匀分布的行星螺杆（亦称辊）环绕全螺杆（也称为太阳螺杆）的四周旋转。行星螺杆和太阳螺杆与料筒啮合。

当物料到达行星段时，要在此处充分塑化，物料处于由行星螺杆、太阳螺杆和料筒之间的辊压作用产生强烈的混合中。料筒太阳螺杆和行星螺杆的旋转设计表面积大。行星螺杆与配合表面之间的间隙小（大约为 1/4mm），能使混合料的薄层展开较大的面积，导致有效的排气、热交换和温度控制，因而能加工热敏性塑料，所以常用于成型 RPVC 和 SPVC 塑料。

4. 双阶配混料挤出造粒设备

为了解决混合时同一根螺杆上各功能区之间的相互影响，人们将两台挤出机串联组合起来，其中一台承担对物料熔融混合功能，另一台承担对物料的挤出造粒功能。该机组将混炼功能与挤出加工功能分开，填充分散混合能力更强，保证了制品的质量，尤其适用于高填充的聚烯烃母料与电缆料的混合造粒。

5. 双转子连续混炼机

双转子连续混炼机的外形很像双螺杆挤出机，而加料与出料方式不相同，其结构如图 4-12。

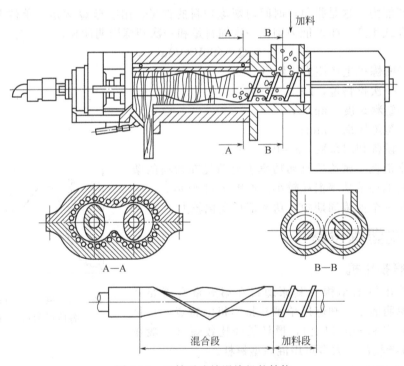

图 4-12　双转子连续混炼机的结构

该机主要由料筒、转子、卸料装置等部分组成。料筒上混炼腔为两个相互贯通的、横截面为圆形孔。料筒上还开有冷却水孔，并备有电加热器。转子由加料段、混炼段和出料段组成。转子的加料段如同两根非啮合型的双螺杆，由加料口加入的物料在转子混炼段螺纹的推动下，达到混炼段；转子的混炼段则更像一对密炼机的转子，其表面有两对旋转方向相反、螺旋角各不相同的螺纹，物料在此受到挤压、粉碎，从而被捏合、熔融、混合、塑化；出料段通常为圆柱体或为螺纹段。卸料装置由卸料门和调节装置所组成，通过卸料调节装置，可以控制卸料门的开启度，达到控制物料在混炼段的时间的目的。

第三节
塑料的混合与塑化工艺

一、塑料的初混合

1.原料的准备

原料的准备主要包括预处理、称量及输送。

由于聚合物的装运或其他原因，有可能混入一些机械杂质。为了生产安全、提高产品质量，最好进行过筛吸磁处理和除去杂质。在润性物料（有增塑剂等液体助剂的物料）的混合前，应对增塑剂进行预热，以加快其扩散速率，强化传热过程，加速聚合物溶胀，以提高混合效率。目前采用的某些稳定剂、填充剂以及一些色料等，其固体粒子多在 $0.5\mu m$ 左右，常易发生凝聚现象，为了有利于这些小剂量物料的均匀分散，事先最好把它们制成母料（对润性物料来说，一般制成浆料）后再投入到混合物中。母料系指事先配制成的含有高百分比助剂（如色料、填料等）的塑料混合物。在塑料配制时，可用适当的母料与聚合物（或聚合物与其他助剂的混合物）混合，以便能达到准确的最终浓度和均匀分散。

称量是保证物料中各种原料组成比率精确的步骤。袋装或桶装的原料，通常虽有规定的质量，但为保证准确性，有必要进行复称。配制时，所用称量设备的大小、种类、自动化程度及精度等，常随操作性质的不同，而有很多变化。

原料的输送，对液态原料（如各种增塑剂）常用泵通过管道输送到高位槽贮存，使用时再定量放出。对固体粉状原料（如树脂）则常用气流输送到高位的料仓，使用时再向下放出，进行称量。这对于生产的密闭化、连续化都是有利的。

2.原料的混合

混合是凭借设备的搅拌、振动、空气流态化、翻滚、研磨等作用完成的。目前，有些混合操作已采用连续化生产，具有分散均匀、效率高等优点。

混合工艺随工厂的具体情况有所变化，但大体上是一致的。对非润性物料（基本上不加液体助剂的物料，也称干性物料）的初混合，工艺程序一般是先按聚合物、稳定剂、加工助剂、冲击改性剂、色料、填料、润滑剂等的顺序将称量好的原料加入混合设备中，随即开始混合，如采用高速混合设备，则由于物料的摩擦、剪切等所做的机械功，使料温迅速上升，如用低速混合设备，则在一定时间后，通过设备的夹套中油或蒸汽使物料升至规定的温度，以期润滑剂等熔化及某些组分间的相互渗透而得到均匀的混合。热混合达到质量要求时即停止加热及混合过程，进行出料。为防止加料或出料时的粉尘飞扬，应用密闭装置及适当的抽风系统。混合好的物料应有相应的设备（如带有冷却夹套的螺带式混合机）一边混合，一边冷却，当温度降至可贮存温度以下时，即可出料备用。

润性物料初混合的工艺步骤如下。

（1）将聚合物加入设备内，同时开始混合加热，物料的温度应不超过 $100℃$。这种热混合进行十多分钟，其用意是驱出聚合物中的水分以便它更快地吸收增塑剂。当所用增塑剂数量较多时，则最好将填料的部分随同聚合物加入设备中。

（2）用喷射器将预先混合并加热至预定温度的混合增塑剂喷到翻动的聚合物中。

（3）加入由稳定剂、染料和增塑剂（所用的数量应计入规定的用量中）调制的浆料。

（4）加入颜料、填料以及其他助剂（其中润滑剂最好也用少量的增塑剂进行调制，所用数量也应并入规定用量内计算）。

（5）混合料达到质量要求时，即可停车出料。

所出的料即可作为成型用的粉料。对 PVC 塑料来说，由于它直接用于加工，因此，尽管其中加有增塑剂，仍然要求它在混合后能成为自由流动，互不黏结的粉状物。为此应注意：①选用的 PVC 应是易于吸收增塑剂的；②PVC 粒子间吸收的增塑剂应力求均匀；③最好选用剪切速率较大且能变速的混合设备；④混合后的物料应冷至 $40\sim60℃$ 始能存放。粉料的主要优点是：原料在配制中受热历程短，对所用设备的要求较低，生产周期短。它的主要缺点是对原料的要求较高，均匀度较差，不能用高含量的增塑剂和加工工艺性能较差。

对干性物料的混合，其过程大体上与上述润性物料相同。但目前一般都采用高速混合机。操作中主要应注意混合机的电流变化及料温的升高，出料温度可达 $110\sim130℃$，通常即到达此温度的时刻作为出料时间。混合时间的长短还决定于刚开始混合还是正常混合，混合机的起始温度并不一致。规定必须达到出料温度目的在于：在这一混合过程中，不仅能使各组分分散均匀，且能使某些添加剂（如润滑剂、某些加工助剂及冲击改性剂等）熔化而均匀包覆或渗入到已成高弹态的 PVC 粒子中。经过高速混合好的混合料，应进入冷混合机中迅速搅动冷却（有时在冷混合机的夹套中通入冷却水），通常到 $40℃$ 以下出料备用。

3. 初混合设备

用于初混合的设备类型较多，现举常用的几种如下。

（1）转鼓式混合机　这类混合机的形式很多，如图 4-13。其共同点是靠盛载混合物料的混合室的转动来完成混合的，混合作用较弱且只能用于非润性物料的混合。为了强化混合作用，混合室的内壁上也可加设曲线型的挡板。以便在混合室转动时引导物料自混合室的一端走向另一端，混合室一般用钢或不锈钢制成。目前只用于两种或以上树脂粒料并用时或粒料的着色等混合过程。

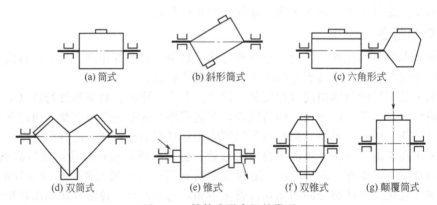

(a) 简式　　(b) 斜形简式　　(c) 六角形式

(d) 双简式　　(e) 锥式　　(f) 双锥式　　(g) 颠覆简式

图 4-13　转鼓式混合机的类型

（2）螺带式混合机　这种混合机（见图 4-14）混合室（简身）是固定的。混合室内有结构坚固、方向相反的螺带两根。当螺带转动时，两根螺带就各以一定方向将物料推动，以使物料各部分的位移不一，而达到混合的目的。混合室的外部装有夹套，可通入蒸汽或冷水进行加热或冷却。混合室的上下都有口，用以装卸物料。

为加强混合作用，螺带的根数也可以增加，便须分为正反方向的两套，此时同一方向螺带的直径常是不相同的。螺带式混合机的容量可自几十升至几千升不等。这类设备以往用于润性或非润性物料的混合，目前已很少使用，而多用在高速混合后物料的冷却过程，也称作

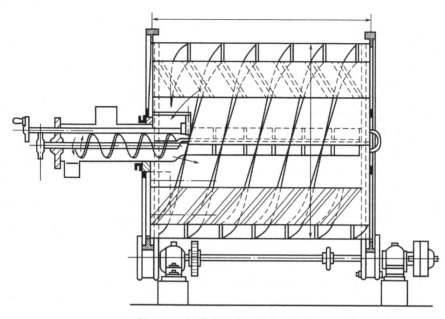

图 4-14 螺带式混合机的内部结构

冷混合机。

（3）捏合机 可兼用于润性与非润性物料的混合，其主要结构部分是一个带有鞍形底的混合室和一对搅拌器（见图 4-15）。搅拌器的形状变化很多，最普通的是 S 型和 Z 型。混合时，物料借搅拌器的转动（两个搅拌器的转动方向相反，速度也可以不同）沿混合室的侧壁上翻而在混合室的中间下落。这样物料受到重复折叠和撕捏作用并从而得到均匀的混合。捏合机除可用外附夹套进行加热和冷却外，还可在搅拌器的中心开设通道以便冷、热载体的流通。这样就可使温度的控制比较准确、及时。必要时，捏合机还可在真空或惰性气氛下工作。捏合机的卸料一般是靠混合室的倾斜来完成的，但也可在底部开设卸料孔来完成。捏合机的混合效率虽较螺带混合机提高，但仍存在混合时间长、均匀性差等缺点，目前已较多地被高速混合设备所代替。

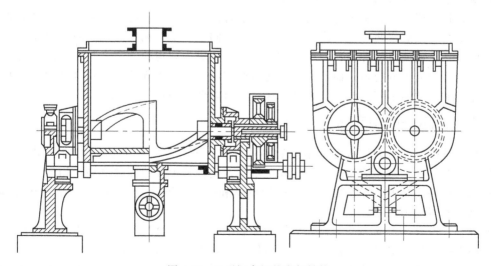

图 4-15 Z 型捏合机的内部结构

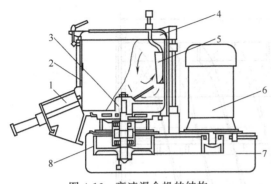

图 4-16　高速混合机的结构

1—排料装置；2—混合室；3—搅拌桨；4—盖；5—折
流板；6—电动机；7—机座；8—V 形皮带轮

（4）高速混合机　这种混合机不仅兼用于润性与非润性物料，而且更适宜于配制粉料。该机主要是由一个圆筒形的混合室和一个设在混合室内的搅拌装置组成（见图 4-16）。

搅拌装置包括位于混合室下部的快转叶轮和可能垂直调整高度的挡板。叶轮根据需要不同可有一组到三组，分别装置在同一转轴的不同高度上。每组叶轮的数目通常为两个。叶轮的转速一般有快慢两挡，两者之速比为 2∶1。快速约为 860r/min，但视具体情况不同也可以有变化。混合时物料受到高速搅拌。在离心力的作用下，由混合室底部沿侧壁上升，至一定高度时落下，然后再上升和落下，从而使物料颗粒之间产生较高的剪切作用。因此，除具有混合均匀的效果外，还可使塑料温度上升而部分塑化。挡板的作用是使物料运动呈流化状，更有利于分散均匀。高速混合机是否外加热，视具体情况而定。用外加热时，加热介质可采用油或蒸汽。油浴升温较慢，但温度较稳定，蒸汽则相反，如通冷却水，还可用作冷却混合料。冷却时，叶轮转速应减至 150r/min 左右。混合机的加料口在混合室顶部，进出料均由压缩空气操纵的启闭装置。加料应在开动搅拌后进行，以保证安全。

高速混合机的混合效率较高，所用时间远比捏合机短，在一般情况下只需 8～10min。实际生产中常以料温升到某一点（例如 RPVC 管材的混合料可为 120～130℃）时，作为混合过程的终点。因此，近年来有逐步取代捏合机的趋势，使用量增长很快。高速混合机的每次加料量为几十至几百千克。目前有的高速混合机已可全自动操作，加料时不需将盖打开，树脂和量大的添加剂，由配料室风送入混合机，其余添加剂由顶部加料口加入。混合时，先在低速下进行一短段时间（如 0.5～1.0min），然后自动进入高速混料。

近年来国内塑料行业还从其他工业部门引用管道式的连续混合机，可以提高生产率，同时更能保证混合料质量的均一，有利于实现生产的自动控制。

近年来还对静电混合法进行了研究。静电混合法就是使所需混合的两种粉料粒子带上相反的等量电荷，然后将两种粉料进行混合。由于不同粒子带有相反的电荷而互相吸引并中和掉所带电荷，从而使这两种粉料的粒子能够间隔排列成为理想的"完全"混合物。显然，这样的混合物可视为十分均匀，而不是像上述各种方法所作的无规分散，同时这种混合也保持了粒子原来的尺寸而不使其改变。这种方法今后可能会有一定的发展。

二、塑料的塑炼和混炼

塑料塑炼的目的是为了改变初混合物料的性状，使之在加热和剪切力的作用下，经熔融、剪切混合等作用达到适当的柔软度和可塑性，使各种组分的分散更趋于均匀，同时利用这些塑炼条件除去其中的挥发物（如残存的单体和催化剂残余物等），以利于输送和加工，保证制品的性能均匀一致。

初混合、捏合、塑炼都是塑料成型物料配制中常用的混合过程，三者很难区别开，也很难给它们下一确切的定义。通常把初混合看作是粉状固体物料之间的简单混合；捏合是指液体与粉状固体物料的浸渍及混合；塑炼是指塑性物料与液体或固体物料的进一步混合，也称混炼。因此，对于塑料材料来说，塑炼和混炼是无法分清的，也有人将塑炼和混炼统称为塑化；对橡胶加工行业来说，塑炼和混炼是分得很清楚的（详见第十章）。

初混合及捏合是在树脂熔融温度以下和较缓慢的机械剪切力作用下完成的，混匀后物料各组分的性质基本上没有变化。而塑炼和混炼是在树脂熔融温度以上和较高的剪切速率下进行的，塑炼后的物料中各组分在物理和化学性质上会有一定的变化。

混合的目的是使两种或两种以上的组分互相分散，以获得一个组成均匀的混合物。原料混合的均匀程度直接影响制品的质量，因此，加工物料的配制在塑料成型中占有重要地位。

从理论上讲，混合过程一般是靠扩散、对流、剪切三种作用来完成的。塑料的混合主要靠剪切作用实现。

剪切作用是利用机械的剪切力使物料组成达到均一，剪切作用可用图 4-17 加以说明。物料块［图 4-17(a)］上有一个力 F 作用于上平面而使其产生移动，由于下平面不动使物料块发生变形、偏转和拉长而成为图 4-17(b) 中的形状。在这个过程中物料本身的体积没有变化，只是截面变小向倾斜方向伸长，并使表面积增大，扩大了物料的分布区域，因而使其进入另外的物料块占有空间的机会加大，渗入别的物料块中的面积增大，因此达到了混合的目的。

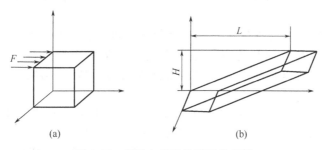

图 4-17　塑料在剪切作用下的变形

利用剪切力的作用进行混合，特别适用于黏性物料，因为黏性物料的黏度大，流动性差。用剪切作用混合时，由于两剪切力之间的距离一般很小，因此，物料在变形过程中，很均匀地分散在整个物料中。

剪切的混合效果与剪切力的大小和力的作用距离有关。剪切应力和剪切速率越大，混合效果就越好。在混合过程中，水平方向的力仅使物料在自身的平面层内流动。如果作用力与平面具有一定的角度，就会在垂直方向产生分力，造成物料层与层之间的流动，大大增强混合效果。故在生产中常使物料承受互相垂直的两个方向剪切力的交替作用，来提高混合效果。在开炼机上，通常在塑炼中是以变换物料的受力位置来改变剪切力方向，也就是通过机械或人工翻动的办法来不断改变物料的受力位置，从而达到混合和分散均匀的目的。

实际上在混合过程中，扩散、对流、剪切三种作用都是同时作用的，只是在一定条件下，其中的某种占优势而已。但不管是哪种作用，除了造成层内流动还应产生层间流动，才能达到最佳的混合效果。对于塑料加工物料的配制来说，初混合时许多原料多为粉状原料，混合主要靠对流来完成。在高速混合机及捏合机中进行的混合就是这种初混合。在塑炼过程中所用的密炼机、开炼机、挤出机等主要靠剪切作用来完成，使物料混合均匀。

聚合物在合成时可能由于局部的聚合条件或先后条件的差别，不管是球状、粉状或其他形状的聚合物中，总或多或少存在着胶凝粒子。此外，聚合物还可能含有杂质，如单体、催化剂残余体和水分等。初混物也常需借助塑炼来改变其性状并进一步分散均匀。塑炼的目的即在借助加热和剪切力使聚合物获得熔化、剪切、混合等作用而驱出其中的挥发物并进一步分散其中的不均匀组分。这样，使用塑炼后的物料就更有利于制得性能一致的制品。

初混物的塑炼既然是在聚合物流动温度以上和较大的剪切速率下进行的，这就可能造成聚合物分子的热降解、力降解、氧化降解（如果塑炼是在空气中进行的）以及分子定向等。显然，这些化学和物理作用都与聚合物分子结构和化学行为有关。其次，塑料中的助剂对上述化学和物理作用也有影响，而且助剂本身，如果塑炼条件不当，也会起一定的变化，因此，不同种类的塑料应各有其适宜的塑炼工艺参数。塑炼工艺参数主要靠实验来决定，这主要是指塑炼的温度和时间。此外，在用开炼机塑炼时，翻料的次数也应作为塑炼的一种工艺参数。

塑炼的终点虽可用撕力机测定塑炼料的撕力来判断，但在生产中一般是靠经验决定的。因为上述检定方法需要较长的时间，不能及时作出判断。常用的经验方法是，用刀切开塑炼料来观察其截面，如截面上不显毛粒，而且颜色和质量都很均匀，即可认为合格。

目前，塑料主要用开炼机、密炼机和挤出机等来塑炼，现分述如下。

1. 开炼机塑炼

在辊筒间的物料中存在有速度梯度，即产生了剪切力。这种剪切力即可对塑料起到混合塑炼作用。间隙愈小时，剪切作用愈显著，塑化效果愈好。但是减小辊筒间隙虽可增大剪切作用，对开炼机的生产能力则有所降低。生产中通常是采用两辊转速不等的办法以提高混合塑炼的效果。

由于塑料在开炼机上与空气接触的机会较多，因此会因冷却而使其黏度上升，从而增加剪切的效果，这在其他塑炼机上是少有的。但塑炼毕竟处在高温（由于塑料还能从内摩擦取得热量，所以物料温度有时比辊筒表面还要高），与空气接触多了就容易引起氧化降解。

在双辊上每一瞬间被剪切的料并不多，而且这些料也很少和其相邻的料发生混合。所以，开炼机对物料在大范围内的混匀是不利的。为了克服这一缺点，可在塑炼中用切割装置或料刮刀不断改变物料受剪切力的方向以提高混合的效果。这种操作在生产中常称作翻料或"打三角包"。塑炼时，辊筒的温度不能太高，如系在慢速辊上操作则其温度应调得高一些，以便物料能成片地包在慢速辊，而有利于划开工作的进行。如果填料和润滑剂的含量较高，则辊温不妨稍高。开炼机的特点是投资较低，但劳动强度大，劳动条件差，粉尘及排出的低分子物料污染大，因此，近年来使用有所减少。

2. 密炼机塑炼

密炼机的特点是能在较短的时间内给予物料以大量的剪切能，而且是在隔绝空气的情况下进行工作的，所以在劳动条件、塑炼效果和防止物料氧化等方面都比较好。

密炼机塑炼室的外部和转子的内部都开有循环加热或冷却载体的通道，以加热或冷却物料。由于内摩擦生热的关系，物料除在塑炼最初阶段外，其温度常比塑炼室的内壁高。当物料温度上升时，黏度随即下降，因此，所需剪切力亦减少。如果塑炼中转子是以恒速转动，而且所用电源的电压保持不变，则常可借电路中电流计的指引来控制生产操作。密炼后的物料一般呈团状，为了便于粉碎或粒化，还需用开炼机将它辊压成片状物。

3. 挤出机的塑化与造粒

挤出机的主要部件是螺杆和料筒。当初混物投入料斗后，物料即被转动的螺杆卷入料筒。一方面受筒壁的加热而逐渐升温与熔化，另一方面则绕着螺杆向前移动。物料各点的速度是不会相等的，所以一定有剪切作用的发生。挤出机内物料的塑炼就是在受热与受剪切的作用下完成的。显然，物料在挤出机中对物料在大范围内的混匀是不好的，所以挤出机一般都须用初混物作为进料。

除单螺杆挤出机外还可用多螺杆挤出机进行塑炼。它的优点是螺杆长径比较小，物料在机内塑化质量较好，受热时间短，因而产生降解作用较少。由挤出机塑炼成的物料一般可使其成为条状或片状，以便直接将其切断而得到粒料。与开炼机相比，挤出机是连续作业，在动力消耗、占地面积、劳动强度上都比较小。塑炼用的挤出机与加工用挤出机相比，前者常是较大型的，而且螺槽偏浅，以增大剪应力。剪应力的大小还可通过改变螺杆转速来调整。作为造粒用的挤出机，机头前方常带有转刀进行切粒。

用玻璃纤维增强的热塑性塑料造粒时，现在用长纤维的较多，其中一种方法就是用挤出机来制造。其方法与上述用挤出机塑炼很相近，只是将挤出机机头换成和挤出电线电缆结构相似的机头。生产时将经过脱浆和表面处理的成束的玻璃纤维从机头一端引进，这样，长玻璃纤维就会连续地和热塑性塑料被挤出机挤成条状物而向机外排出。条状物是玻璃纤维为塑料紧密充实和包裹的复合物，经切粒后即成为粒状的玻璃纤维增强塑料。近年来，在聚合物的共混改性及纤维增强热塑性塑料的制备过程中大量使用了各种类型的双螺杆挤出机。其螺杆的长径比可在 22～48 的范围内变动。作为聚烯烃与其他聚合物的共混改性及用作纤维增强塑料时，通常都用长径比较大的同向旋转双螺杆挤出机，其产量较大。

阅读材料

"目"的含义

目通常是用来表征粉状填料晶粒大小的量度，一般以颗粒的最大长度来表示。网目是表示标准筛的筛孔尺寸的大小，在泰勒标准筛中，所谓网目就是 2.54cm（1in）长度中的筛孔数目，并简称为目。目数越大，表示颗粒越细。

目数前加正负号则表示能否漏过该目数的网孔。负数表示能漏过该目数的网孔，即颗粒尺寸小于网孔尺寸；而正数表示不能漏过该目数的网孔，即颗粒尺寸大于网孔尺寸。例如，颗粒为一100～＋200目，即表示这些颗粒能从 100 目的网孔漏过而不能从 200 目的网孔漏过，在筛选这种目数的颗粒时，应将目数大（200）的放在目数小（100）的筛网下面，在目数大（200）的筛网中留下的即为一100～200目的颗粒。

一般来说，目数×孔径（微米数）＝12500。比如，400 目的筛网的孔径为 31μm 左右；500目的筛网的孔径是 25μm 左右。由于存在开孔率的问题，也就是因为编织网时用的丝的粗细的不同，不同的国家的标准也不一样，目前存在美国标准、英国标准和日本标准三种，其中英国和美国的相近，日本的差别较大。我国使用的是美国标准，也就是可用上面给出的公式计算。

附：目数与颗粒尺寸对照表

目数	颗粒尺寸/μm	目数	颗粒尺寸/μm	目数	颗粒尺寸/μm
12500	1.0	2000	6.3	400	31
8000	1.3	1250	10	325	39
6250	2.0	800	16	200	63
5000	2.6	625	20	100	125
2500	5.0	500	25	50	250

其实，用目数来衡量粉料颗粒大小并不恰当，正确的做法应该是用粒径（$D10$，$D50$，$D90$）来表示颗粒大小，用目数折算最大粒径，具体请参照日本关于磨料的标准，在此不赘述。

 习题

1.解释下列名词术语：

细度和均匀度　塑料的初混合　塑料的捏合　塑料的塑炼　母料

2.物料在配制和成型前为何要进行干燥？干燥的方法和设备分别有哪些？

3.研磨的目的是什么？研磨的方法和设备分别有哪些？

4.塑料分散体如何分类？分散体中各组分及其作用是什么？

5.如何制备塑料分散体？

6.开炼机主要由哪些主要部分组成？各部分作用分别是什么？

7.物料进入辊隙的条件是什么？

8.开炼机主要技术参数有哪些？如何选择？

9.对塑料塑炼来说，在开炼机上物料的炼塑效果与哪些因素有关？

10.密炼机的主要结构组成有哪几部分？各自作用是什么？

11.常见密炼机转子有哪几种形式？

12.密炼机主要技术参数有哪些？

13.塑料成型物料配制中混合及分散原理是什么？

14.对塑料来说，什么叫润性物料和非润性物料？

15.常用的混合设备有哪些？

16.塑料塑炼的目的是什么？主要有哪些塑炼设备？

第五章

塑料挤出成型

学习目标

1. 掌握挤出成型的特点和工艺过程。
2. 了解单螺杆挤出机的结构和主要部件的主要技术参数。
3. 了解高分子材料在单螺杆挤出机中的流动，掌握提高挤出量的生产措施。
4. 了解双螺杆挤出机的结构和主要部件的主要技术参数，掌握双螺杆挤出机的特性。
5. 掌握塑料材料挤出成型工艺原理和常用塑料制品的挤出工艺过程。

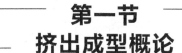

第一节
挤出成型概论

一、概述

挤出成型是在挤出成型机（简称"挤出机"）中通过加热、加压而使塑料以流动状态通过口模成型的方法。由此可知，一条挤出具体制品的生产线由两大部分组成：一是将塑料熔融并挤出的挤出机，习惯上称为主机。这种称为主机的挤出机具有通用性，即同样一台挤出机，可以生产不同的制品，这是挤出成型的前阶段。二是机头、口模、冷却系统、牵引系统和卷取系统或切割系统。这些装置是将熔融塑料进行定型、冷却、加工成具体制品的，这些装置只具有其个性，即某种辅机只能生产某一种产品，习惯上称为辅机。这是挤出成型的后阶段。

挤出成型所用的原料广泛，几乎所有的热塑性塑料都可以用于挤出成型，如PVC、PE、PP、ABS等；挤出成型所生产的产品也很广泛，从成品方面来说，有管材、薄膜、板材（或片材）、棒材、丝、异型材、电线电缆等；从半成品来说，既可以为压延成型提供塑化的塑料，也可以进行造粒或进行塑料改性。因此，挤出成型（与其他成型方法相比）具有如下优点：①设备制造容易，成本低，塑料加工厂的投资少；②可以连续化生产，因此生产效率高；③设备的自动化程度高，劳动强度低；④生产操作简单，工艺控制容易；⑤挤出产品均匀、密实，质量高；⑥原料的适应性强，不仅大多数的热塑性塑料都可以用于挤出成型，而且少数的热固性塑料也能适应；⑦所生产的产品广泛，可一机多用，同一台挤出机，只要更换辅机，就可以生产出不同的制品（包括半成品）；⑧生产线的占地面积小，且生产环境清洁。当然，挤出成型也有其缺点：①不能生产三维尺寸的制品；②制品往往需要二次加工。由于挤出成型的优点突出，因此，挤出成型在塑料加工行业中起着举足轻重的作用，挤出成型所生产的塑料制品大约占所有塑料制品的三分之一以上。

按挤出机的类型不同，挤出成型可分为螺杆式挤出机挤出和柱塞式挤出机挤出。在挤出成型中，绝大多数是用螺杆式挤出机。按塑料的塑化方式来分，挤出成型可分为干法和湿法。干法成型就是将塑料熔融塑化，然后冷却定型；而湿法则需要用溶剂将塑料溶化成液体，然后再将溶剂挥发掉的成型方法。在挤出成型中，绝大多数是干法成型。按塑料的加压方式来分，挤出成型可分为连续成型和间歇成型两种，在挤出成型中，绝大多数是连续成型。

挤出成型的发展很快，总趋势是向着大型化、高速化和自动化方向发展。

二、塑料工业中的单螺杆挤出机

普通单螺杆挤出机（在此只论述主机，辅机部分分配到各个制品中介绍）由三大系统组成：挤压系统、传动系统、加热冷却系统及控制系统，见图5-1。

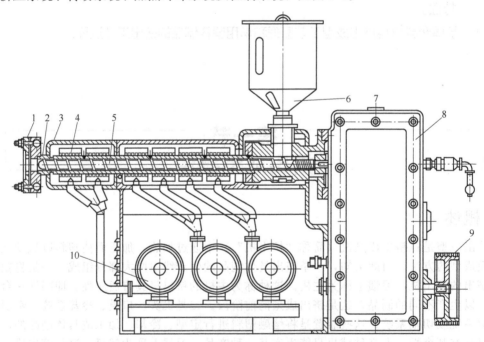

图 5-1　普通单螺杆挤出机的结构图

1—机头连接法兰；2—料筒；3—防护罩；4—加热器；5—螺杆；
6—料斗；7—减速箱；8—旋转接头；9—皮带轮；10—风机

传动系统是给挤出机传递动力的，一般由电动机和减速箱组成（也有采用油马达带动螺杆的）。生产过程要求传动系统能平稳地传递动力，要能实现无级调速；传动系统还应该设有良好的润滑装置、过载安全保护装置和迅速制动装置。对于一台性能良好的挤出机来讲，能量消耗指标应该比较小，即挤出单位重量的制品所消耗的能量要小；或者说，每消耗单位能量所能生产出的制品的量要多。

挤压系统（也称为塑化系统）包括：加料装置、料筒和螺杆。挤压系统的参数与塑料材料的具体性能密切相关。

加料装置包括：料斗和自动上料部分。现代化的工业生产要求挤出机实现自动上料。料斗应该密封，料斗应该有切断料流、标定料量和卸除余料的装置。有的挤出机的料斗上方还有干燥装置；有的还加设强制输送装置。

料筒（也称机筒）是挤出塑化塑料的重要部件之一。由于塑料在料筒内要承受高温、高压，所以，制造料筒所用的材料必须是强度高、坚固、耐磨、耐腐蚀的合金钢。料筒外部设有分段加热和冷却装置。在料筒的出料口要设置安放多孔板的位置。

螺杆是挤出机输送固体塑料、塑化塑料和输送熔体的最重要的部件，经常被称为挤出机的心脏。通过螺杆的转动，料筒内的塑料才能移动，得到增压和摩擦热。螺杆的几何参数与挤出成型机的特征关系极大，螺杆的有些几何参数，如螺杆直径和长径比（螺杆的长度与直径的比）作为挤出机型号的参数。螺杆设计的合理与否直接影响到挤出机的工作性能。由于塑料在加热条件下的性质各不相同，因此，在设计螺杆几何参数时，必须考虑各种因素，以适应不同塑料的特性。这就是说，在塑料工业中，不可能用一根"万能"螺杆满意地成型各种塑料。

（1）螺杆直径（D）　螺杆直径是螺杆的基本参数之一，通常是指螺纹的外径。增大螺杆直径，挤出机的生产能力也显著增加，当然，挤出机的功率消耗也要增加。螺杆直径是挤出机规格大小的表征。例如 SJ-45-25 则是表示该挤出机的螺杆直径是 45mm，螺杆的长径比为 25。我国挤出机的螺杆直径已经系列化，如 30、45、65、90、150、200。目前，工业生产中使用最广泛的螺杆直径是 65、90、150 这三种挤出机。

（2）螺杆的长径比（L/D）　长径比是指螺杆的有效长度和螺杆直径之比。这里所说的有效长度是指与塑料接触部分的长度，不包括键槽及和轴承接触部分的长度。这也是挤出机性能指标的主要参数之一，同时还是挤出机型号的表征之一。我国螺杆的长径比也标准化、系列化，如 L/D 为 20、25 等。随着塑料工业和机械工业的发展，螺杆长径比有增大的趋势。长径比较大的螺杆，能改善塑料的温度分布，有利于塑料的混合与塑化；并能减少漏流与逆流，提高挤出机的生产能力；也就是说，长径比大的螺杆，其适应性强，能用于多种塑料的挤出成型。但是，过大的长径比会使塑料受热时间长而降解；同时因螺杆自重增加，自由端挠曲下垂，容易引起料筒和螺杆之间的摩擦，这给机械制造业带来了困难，也增大了挤出机的功率消耗。

（3）螺杆的三段及其作用　设计者将螺杆人为地分为三段：加料段（L_1）、压缩段（L_2）和计量段（L_3），见图 5-2。

螺杆加料段的作用是压实塑料，并输送固体塑料。其长度大约为 $(2\sim10)D$。压缩段的作用是熔化固体塑料，因此，适当的几何压缩比是很重要的。

几何压缩比是指压缩段开始处的一个螺槽的容积与终止处一个螺槽的容积之比。不同的塑料适应不同的几何压缩比。压缩段的长度为螺杆有效长度的 45%～50%。计量段的作用是使熔体进一步塑化均匀，并使料流定量、定压地从机头流道均匀挤出，这段的长度约为 $(4\sim7)D$。螺杆这三段的长度与结构都应该结合所用塑料的特性和所挤出制品的类型来考虑。

螺杆头部的形状也是螺杆的参数之一，通常设计成锥形或半圆形。

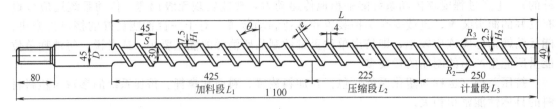

图 5-2　螺杆分段与螺杆重要参数示意图

H_1—加料段螺槽深度；H_2—计量段螺槽深度；D—螺杆直径；θ—螺旋升角；

L—螺杆有效长度；e—螺棱宽度；S—螺距

挤出机生产厂商可能在一台挤出机中配多根螺杆，以便生产厂家根据不同的塑料品种进行选择。

三、塑料在挤出机中的状态及流动

塑料进入料斗后，与螺杆接触的塑料被螺杆咬住，随着螺杆的旋转被螺纹强制地向机头方向推进。由于过滤网、多孔板、机头等方面的阻力，加之压缩段螺槽的容积逐渐减小，使塑料在前进过程中受到很大的压力，因此，塑料被压得极为密实，同时使粒料（或粉料）之间的气体不断地从加料口排出；接着就是这熔体从机头挤出，定型成为制品。

螺杆三段的职能不同，所需要的热量相差较大，所以，料筒外部的加热器应该分段控制。

由此可见，塑料塑化的均匀与快慢，是影响产品质量和产量的关键。塑料沿螺杆前移，经历了温度、压力、黏度甚至化学结构的变化。这种变化中螺杆的各段是不一样的，流动情况也比较复杂。

1. 固体输送

当塑料进入挤出机的螺槽和料筒内壁，塑料立即就被压实形成固体塞（也称为固体床），并以恒定的速度移动。固体塞的移动是受螺杆、料筒表面之间各摩擦力的控制的。如果塑料与螺杆之间摩擦力（f_s）小于塑料与料筒之间的摩擦力（f_b），则塑料沿螺棱方向前进，以其分量沿轴向前进；如果 $f_s \geqslant f_b$，则塑料就随着螺杆转动，不能沿轴向方向前进，也就是说挤出机不出料。塑料加工的先驱们以固体摩擦力的静平衡为基础，得出了固体输送速率（Q_1）的计算式：

$$Q_1 = \pi^2 D H_1 (D - H_1) N \frac{\tan\theta \tan\phi}{\tan\theta + \tan\phi} \tag{5-1}$$

式中　Q_1——固体输送速率（体积）；

　　　N——螺杆转速；

　　　D——螺杆直径；

　　　H_1——螺杆加料段螺槽深度；

　　　θ——螺杆的螺旋升角；

　　　ϕ——固体输送角，它是固体塞移动方向与螺杆轴垂直面的夹角。

由式(5-1)可知，固体输送速率不仅与 $DH_1(D-H_1)N$ 成正比，而且也与正切函数的集合项 $\dfrac{\tan\theta \tan\phi}{\tan\theta + \tan\phi}$ 成正比。为了提高固体输送速率，使 D、H_1、N 增大是不可取的，因为 D 增大必然使机器庞大，H_1 增大有可能使螺杆根部被扭断，N 增大有可能引起熔化段能力的下降；只能使 $\dfrac{\tan\theta \tan\phi}{\tan\theta + \tan\phi}$ 增大，从理论上可采取的措施有三：①降低 f_s，在实际生产中，一方面是提高螺杆表面的光洁度；另一方面，在成型过程中冷却螺杆的加料段，这是塑料加工厂完全能够做到的。②增大 f_b，塑料机械厂在制造挤出机时，经常在料筒内开设纵向沟槽。③可采用最佳螺旋升角，而实际中并不这样做。

2. 塑料的熔化

塑料在挤出机中，一方面，由料筒外部加热器传递的热量；另一方面，塑料与料筒之间的摩擦及塑料分子间的内摩擦产生了大量的热量。于是，塑料的温度不断地升高，此时，塑料的力-热学状态由玻璃态逐渐转变为高弹态，再由高弹态逐渐转变为黏流态。在这一阶段，螺杆中塑料的固体和熔体共存的区域称为熔化区，它与螺杆的压缩段并不相一致，见图 5-3。

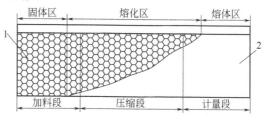

图 5-3　螺杆展开图
1—固体床；2—熔体池

由图 5-3 可知，螺杆的加料段、压缩段和计量段（也称为均化段）是人为设计的，而加工过程中螺杆的固体区、熔化区和熔体区三个职能区是客观存在的，螺杆的三段与三个职能区人们希望一致，实际上不可能完全一致。螺杆的这三个职能区是根据冷却实验得出来的。根据冷却实验，塑料的熔化过程是这样进行的：密实的固体床在前进中与已加热的料筒接触，熔化即从接触部分开始并在料筒的内表面形成一层熔体膜。由于料筒内表面对螺杆和固体床的相对运动，在料筒与固体塞之间所形成的熔体膜内产生速度分布；当熔体膜的厚度（δ_1）超过螺杆与料筒的间隙（δ）时，熔体就会被螺棱"刮下"，并将熔体送到螺棱的推进面而形成熔体池，在螺棱的后侧仍为固体床，见图 5-4。这样，固体床在沿螺槽向前移动的过程中，其宽度（X）逐渐减小，熔体池的宽度逐渐增大，最后，固体床完全消失，即塑料完全熔化。

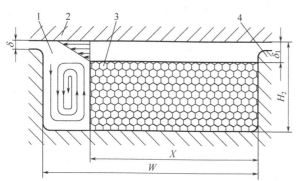

图 5-4　固体床熔化过程示意图
1—熔体池；2—料筒；3—固体床；4—螺棱；
X—固体床宽度；W—螺槽宽度；δ—料筒与螺杆间的间隙；
δ_1—熔膜的厚度；H_2—螺槽底到料筒壁的距离

3. 熔体输送速率

已经熔化了的塑料在熔体区的螺槽中，由复杂的流动状态分解成四种流动状态：正流、横流、逆流和漏流。正流（也称为拖曳流动）是指塑料沿着螺槽向机头方向的流动，是由塑料在螺槽中螺杆与料筒的摩擦作用而产生的；塑料的挤出就是靠这种流动。横流（也称为环流）是塑料在螺槽内不断地改变方向，作环形流动；这种流动对塑料的混合、热交换和塑化都起了积极的作用，但对挤出量不产生影响。逆流（也称为倒流或压力流动）它是由机头、口模、过滤网等对塑料反压引起的反向流动；这种流动的结果减少了挤出量。漏流也是由机头、口模、过滤网等对塑料反压引起的反向流动，这种流动不是在螺槽中，而是在料筒与螺杆的间隙中，这种流动的结果也使挤出量减少。塑料熔体的真实流动是以螺旋形的轨迹出现的，其形状与一根嵌在螺槽中的钢丝弹簧相仿。

由熔体的流动理论，可以推导出熔体输送速率（Q_3）的计算式：

$$Q_3 = \frac{\pi^2 D^2 H_3 N \cos\theta \sin\theta}{2} - \frac{\pi D H_3^3 \sin^2\theta \Delta p}{12\eta_1 L_3} - \frac{\pi^2 D^2 \delta^3 \tan\theta \Delta p}{10\eta_2 e L_3} \tag{5-2}$$

式中　Q_3——熔体输送速率（体积）；

　　　H_3——均化段螺槽深度；

　　　Δp——均匀化段料流的压力降；

　　　η_1——螺槽中塑料熔体的黏度；

　　　L_3——螺杆均化段长度；

　　　δ——螺杆与料筒的间隙；

　　　η_2——螺杆与料筒间隙中塑料熔体的黏度；

　　　e——螺杆螺棱的宽度。

D、N 和 θ 的意义同式(5-1)。

在此，生产厂家应该注意，漏流量和料筒与螺杆间隙（δ）的三次方成正比；新挤出机的料筒与螺杆的间隙是比较小的，随着使用时间的延长，螺杆和料筒的磨损，使料筒与螺杆的间隙增大，使漏流量急剧地增大。这就是用久了挤出机挤出量严重下降的重要原因。

很明显，实际挤出量（Q_3）等于正流量 $\left(\dfrac{\pi^2 D^2 H_3 N\cos\theta\sin\theta}{2}\right)$ 减去逆流量 $\left(\dfrac{\pi D H_3^3\sin^2\theta\Delta p}{12\eta_1 L_3}\right)$ 再减去漏流量 $\left(\dfrac{\pi^2 D^2\delta^3\tan\theta\Delta p}{10\eta_2 e L_3}\right)$。由于漏流量很小，在实际计算时往往略去，故式(5-2)就成为：

$$Q_3=\frac{\pi^2 D^2 H_3 N\cos\theta\sin\theta}{2}-\frac{\pi D H_3^3\sin^2\theta\Delta p}{12\eta_1 L_3}\qquad(5\text{-}3)$$

当所用螺杆选定后，式(5-3)右边第一项中 $\dfrac{\pi^2 D^2 H_3\cos\theta\sin\theta}{2}$ 是常数，用 A 表示；右边第二项中 $\dfrac{\pi D H_3^3\sin^2\theta}{12L_3}$ 也是常数，用 B 表示；将 Q_3 用 Q 表示；将 η_1 用 η 表示，因此，式(5-3)可简单表示为：

$$Q=AN-B\frac{\Delta p}{\eta}\qquad(5\text{-}4)$$

4. 螺杆特性曲线、口模特性曲线与挤出机的工作点

式(5-4)是螺杆特性方程。如将上式绘在 Q-Δp 坐标上，可得到一系列具有负斜率的平行线，这些直线称为螺杆特性曲线，见图5-5中的实线。如果换一根 H_3 比较大的螺杆，可得到另一组曲线，见图5-5中的一组虚线。

螺杆特性曲线说明了螺杆末端产生的压力（Δp）与螺杆转速（N）之间的关系。

由图5-5可知，H_3 比较小的螺杆，其曲线比较平坦，图5-5中的一组实线，人们习惯上称这种螺杆特性曲线比较硬，或更简单地说，这种螺杆比较硬，实质上就是说，熔体输送量随压力的变化而变化得相当小；H_3 比较大的螺杆，其特性曲线比较软，图5-5中的一组虚线，或更简单地说，这种螺杆比较软。这对塑料加工厂家如何选择螺杆很有参考价值。如果选用 H_3 比较大的螺杆，对于生产PVC一类的热敏性塑料来说，不会引起塑料的降解，但挤出量随压力的波动比较大，这一现象是生产厂家最头疼的事。对生产厂家来说，挤出量稍小一点关系不大，最要紧的是不能出现波动。如果选用 H_3 比较小的螺杆，挤出量随压力波动的问题解决了，但必须考虑到有可能引起塑料的降解。

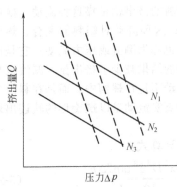

图 5-5　螺杆特性曲线

由于螺杆末端所产生的压力应与口模处熔料的压力相等，采用同一坐标而将 $Q=k\dfrac{\Delta p}{\eta}$ 的方程绘出，则得到一系列直线，这种直线称为口模特性曲线，见图 5-6 中的 D_1、D_2、D_3 线。

由图 5-6 可知，口模特性曲线的斜率取决于口模尺寸。口模特性曲线与螺杆特性曲线的交点就是挤出机的工作点，见图 5-6。当塑料熔体呈假塑性时，口模特性曲线与螺杆特性曲线都是曲线，曲线的交点仍是挤出机的工作点，见图 5-7。

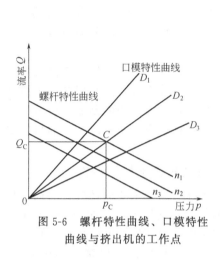

图 5-6　螺杆特性曲线、口模特性
曲线与挤出机的工作点

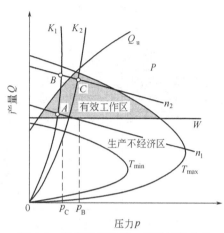

图 5-7　假塑性液体时，螺杆特性曲线
与口模特性曲线

为了获得对质量和其他因素产生最为有利的结果，调节操作条件就可移动图 5-7 中的工作点。

综上所述，螺杆的三段各有其职能。一根性能优良的螺杆，三段之间的配合应该很好，也就是说，加料段的固体输送量、压缩段的熔化塑料的量和计量段中所输送的熔体的量应该相等，如果哪一段的能力弱，则整个挤出机的产量也就弱。对于普通螺杆来说，加料段的固体输送效率是相当低的，实际输送量只有理论计算的 $20\%\sim40\%$；压缩段也不能熔化全部塑料；计量段在输送熔体时的波动也较大。在这样的情况下，各种新型的螺杆（如分离型螺杆、屏障型螺杆、分流型螺杆等）相继问世，使得单螺杆挤出机的功能有所改善。然而，不论是何种新型螺杆，塑料的输送都是靠摩擦进行的，都不能从根本上改善上述缺陷。在这样的背景下，双螺杆挤出机就出现了。

四、双螺杆挤出机

双螺杆挤出机是在单螺杆挤出机的基础上发展起来的。在双螺杆挤出机的机筒内，并排安放着两根螺杆，故称双螺杆挤出机。双螺杆挤出机组是由双螺杆挤出、机头和辅机三大部分组成，机头和辅机与单螺杆挤出机中所用的类似。

1.双螺杆挤出机的特点

从使用的角度，与单螺杆挤出机相比，双螺杆挤出机具有以下特点。

（1）加料容易　在单螺杆挤出机中，塑料的输送是靠摩擦完成，因此，如果塑料原料呈粉状，或在塑料原料中加入玻璃纤维等填料组成的混合料，这些物料在单螺杆挤出机中的输送效率相当低。而在双螺杆挤出机中，塑料原料的输送是靠正位移的原理进行的，不可能有压力回流，因此，无论何种物料，都容易输送。现在许多厂家采用双螺杆挤出机将 PVC 粉料直接生产为制品，从而省去了造粒工序。

(2) 原料停留时间短　对于那些停留时间较长就会固化、凝聚或分解的塑料，都能在双螺杆挤出机中进行挤出。

(3) 优异的混合、塑化效果　由于两根螺杆互相啮合，塑料在挤出过程中进行着较在单螺杆挤出机中远为复杂的运动，经受着纵、横向的剪切和混合所致。

(4) 优异的排气性能　由于双螺杆挤出机啮合部分的有效混合，排气部分的自洁功能使得塑料在排气段能有效地排出气体。

(5) 具有较低的比功率消耗　与相同产量的单螺杆挤出机相比，双螺杆挤出机的能耗可减少 50%。这是因为双螺杆挤出机的螺杆长径比小于单螺杆，塑料所需的热量大多数由外部输入。

(6) 容积效率高　单螺杆挤出机的流率对口模压力比较敏感，而双螺杆挤出机则不敏感，用来挤出大面积的制品比较有效，特别是在单螺杆挤出机中难以加工的材料更是如此。

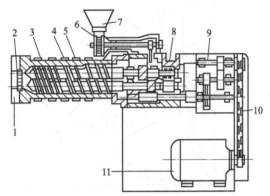

图 5-8　双螺杆挤出机结构示意图

1—机头连接器；2—多孔板；3—料筒；4—加热器；
5—螺杆；6—加料器；7—料斗；8—加料器传动
机构；9—止推轴承；10—减速箱；11—电动机

2. 双螺杆挤出机的结构

双螺杆挤出机主要由螺杆、料筒、加料装置和传动装置等组成，如图 5-8 所示，各部分的作用与单螺杆挤出机基本相似。

双螺杆挤出机按两根螺杆的相对位置，可以分为啮合型和非啮合型，见图 5-9。非啮合型双螺杆挤出机实际应用少，在此不作介绍。啮合型按其啮合的程度又可分为部分啮合和全啮合型（又称紧密啮合型），见图 5-9(b) 和图 5-9(c)。按螺杆旋转方向不同，可分为同向旋转和异向旋转两大类。异向（反向）旋转的双螺杆挤出又有向内和向外两种，见图 5-10。

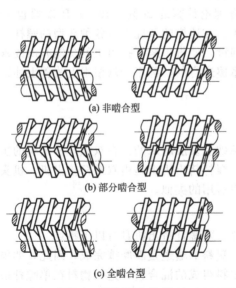

(a) 非啮合型

(b) 部分啮合型

(c) 全啮合型

图 5-9　螺杆啮合类型

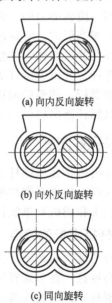

(a) 向内反向旋转

(b) 向外反向旋转

(c) 同向旋转

图 5-10　双螺杆的旋转方式

3. 双螺杆挤出机的工作原理

物料由料斗加入经过螺杆到达口模，在这一过程中，物料的输送情况和受到的混炼情况因螺杆是否啮合、是同向旋转还是异向旋转、以何种形式通过螺杆区段而各不相同。由此可见，双螺杆挤出机的工作原理不同于单螺杆挤出机。单螺杆挤出机中，塑料的输送是靠塑料与机筒产生的摩擦力，而双螺杆挤出机是正向输送，有强制性将料向前输送的作用，此外，双螺杆挤出机在两根螺杆的啮合处，还对物料产生剪切作用。

双螺杆挤出机具有强制输送的特点，不论其螺槽是否填满，输送速度基本保持不变，所以不易产生局部积料和堵塞排气孔现象。这对排气挤出机尤为重要。同时，螺杆啮合处对物料的剪切作用，使塑料的表层不断得到更新，增强了排气效果，因此，双螺杆排气挤出机的排气性能比单螺杆排气挤出机好。

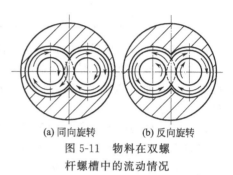

(a) 同向旋转　　(b) 反向旋转
图 5-11　物料在双螺杆螺槽中的流动情况

从物料在双螺杆螺槽中的流动情况（如图 5-11）可以看出，在螺杆作同向旋转时，由于同向旋转双螺杆在啮合处的转速方向相反，一根螺杆要把物料拉入啮合间隙，而另一根螺杆把物料从间隙中推出，结果使物料由一根螺杆转到另一根螺杆，呈"∞"形前进。由于螺杆继续转动而反复强迫物料转向，有助于物料的混合。另外，由于同向旋转的双螺杆啮合处剪切速率高，能刮去各种积料，因此，这种结构具有很好的自洁作用，常用于混料、造粒。

异向旋转时，由于两根螺杆旋转方向不同，一根螺杆上的物料螺旋前移的通路被另一根螺杆堵死，不能呈"∞"形运动。物料在螺纹推动下通过各部分间隙而作圆周运动，同时也向着口模方向运动。在物料经过两螺杆之间的径向间隙时，犹如物料通过两辊的辊隙，受到强烈的剪切搅拌，此外，在螺纹外径与料筒构成的间隙中有漏流产生，这种双螺杆自洁性差，但剪切作用强烈，塑化效果好。

4. 双螺杆挤出机的主要参数

双螺杆挤出机的主要参数如下。

（1）螺杆直径　指螺杆的外径。对锥形螺杆，它是一个变值，应注明那一端直径。双螺杆直径一般为 28～340mm。直径越大，表明挤出机的挤出量越大。

（2）螺杆的长径比　指螺杆的有效长度和外径之比。对整体式双螺杆，其长径比是个定值。对组合式双螺杆，其长径比是可变的。

（3）螺杆的转向　有同向转动和异向转动之分，同向转动的双螺杆挤出机多用于混料，异向转动的双螺杆挤出机多用于挤出制品。

（4）螺杆承受的扭矩　双螺杆挤出机所承受的扭矩载荷大。为保证机器安全运转，工作时不得超过所标出的螺杆所能承受的最大扭矩，单位牛·米（N·m）。

（5）螺杆的转速范围　从最低转数到最高转数，单位转/分（r/min）。

（6）驱动功率　指驱动螺杆的电机功率，单位千瓦（kW）。

（7）加热功率　单位千瓦（kW）。

（8）产量　单位千克/小时（kg/h）。

5. 双螺杆挤出机的选用

选用双螺杆挤出机时，首先要明确所加工塑料的特性；其次要明确选用的目的，是为了配料还是为了加工制品，以及是哪一类制品。双螺杆挤出机的类型及其适用情况见表 5-1。

表 5-1　双螺杆挤出机的类型及其适用情况

项目	类型	适用情况
啮合型同向旋转	单头螺纹深螺槽	加工 RPVC,不适用于普通树脂
	双头螺纹等深螺槽	最适用于混料,自洁性能和高速挤出性能优异,受热时间短,受热均匀,可自由选择塑料沿料筒所需的温度和压力分布,加料稳定,排气段表面更新效果好
	三头螺纹浅螺槽	
异向旋转	啮合型	剪切作用强,适用于加工 PVC,塑化均匀
	非啮合型	用于混料,无自洁作用,功能类似单螺杆挤出机,加料稳定性和排气段表面更新效果比单螺杆挤出机好,但不如啮合型双螺杆挤出机

　　锥形双螺杆挤出机是双螺杆挤出机的一种,它的最大特点在于有一对异向旋转的锥形双螺杆,能均匀塑化物料,精确控制物料的料流。采用锥形双螺杆,使 PVC 树脂不用造粒而直接加工,因而可以简化工艺过程,节约了生产成本,特别适用于加工板材、管材及异型材。

　　锥形双螺杆的压缩比不但由螺槽从深到浅而形成,同时,也由螺杆外径从大到小而形成,因而压缩比相当大,所以,物料在料筒中塑化得更充分、更均匀,保证了制品的质量。在此前提下,可以提高转速,从而提高挤出量。

　　锥形双螺杆挤出机的螺杆特性比较硬,比较易于调整沿料筒轴向温度轮廓的形状,以适应加工温度范围较窄的聚合物需要。对于 PVC,在加料段必须使加工温度低于黏流温度,而在以后各段又应有一个适当的温度梯度。锥形双螺杆则能实现理想的调节作用。

　　锥形双螺杆结构如图 5-12 所示。

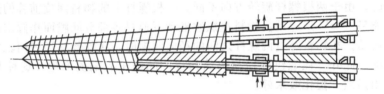

图 5-12　锥形双螺杆结构示意图

6.双螺杆挤出机的发展

　　随着塑料工业的快速发展,机械设计和研究的不断深入,双螺杆挤出机得到了长足的发展。与旧式双螺杆挤出机相比,现代双螺杆挤出机的挤出量和螺杆转速提高了,长径比、直径和螺杆所承受的扭矩加大了,并增加了真空排气装置、螺杆温控装置、定量加料装置、多功能可变型螺杆,采用高精度控制仪表等。

　　近年来,双螺杆挤出机的理论与实验的研究得到进一步发展和完善,并利用各种方法来研究其混炼性能及综合性能。采用模拟放大理论对双螺杆挤出机进行研究,可把优质挤出机的参数及结构进行放大或缩小,促进了双螺杆挤出机的系列化。

第二节
通用塑料制品挤出工艺简介

　　按塑料制品的用途可分为通用塑料制品和特种塑料制品;按塑料制品的材料可分为纯塑料制品和塑料复合制品（如耐压增强塑料管等）;按塑料制品截面的形状可分为圆管形、薄膜、板材和异型材等，现按此分类简要阐述几种通用塑料制品的挤出工艺，详细的内容见《塑料挤出成型》专著。

一、塑料管材的挤出成型

塑料管分为软管和硬管，工艺过程大体相同，只是在辅机部分稍有不同：硬管按定长度切断，而软管由收卷盘卷绕一定的量再切断。

1. 塑料管材挤出成型的工艺流程

在双螺杆挤出机上用粉料直接加工塑料硬管生产工艺流程见图 5-13。

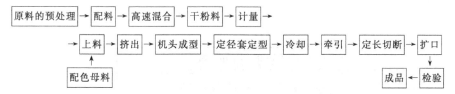

图 5-13　PVC 粉料用双螺杆挤出机直接挤出塑料管材生产工艺流程

工艺流程还因原料及设备的不同也略有所不同，如用 PVC 粉料生产管材与用 PVC 粒料时就有较大差别，但其本质是不变的：塑料在挤出机料筒内塑化均匀后，经料筒前端的机头环隙口模挤出，型坯离开口模进入定径套（采用加压或抽真空）冷却定型，使型坯的表层凝固，再进入冷却水槽进一步冷却，已充分冷却的管材由牵引装置引出，由切割装置定长切断。原则上，几乎所有的热塑性塑料都可以用来挤出生产管材，但常用塑料品种是 PVC、PE 和 PP。

2. 挤出成型塑料管材所用的设备

塑料管材生产线由挤出机、机头、定径装置、冷却装置、牵引装置、印商标装置、切割装置、扩口装置和堆放及转储装置等组成。

（1）挤出机的选择　单螺杆挤出成型机规格的选择：PVC 粒料用单螺杆挤出机挤出管材时，管材的横截面积与所选挤出机螺杆截面积之比大约为 0.25～0.40 即可。对于 PE、PP、SPVC 等流动性好的塑料，管材的横截面积与所选挤出机螺杆截面积之比可以大些，可取 0.35～0.40。对于 RPVC 这样流动性差的塑料，其系数可取 0.25～0.30。

（2）挤管机头及其选用　按结构可将挤管机头可为：普通管机头、口模和分流器从机体两端装入的管机头、真空定径管机头、组合式管机头、内径定径管机头、双管机头、微孔流道管机头、钢管复合机头、流道带转换阀的管机头、塑料金属弹簧管包覆机头等。按塑料的出口方向与螺杆的轴线方向来分，挤管机头可分为直通式、直角式和偏置式三种。

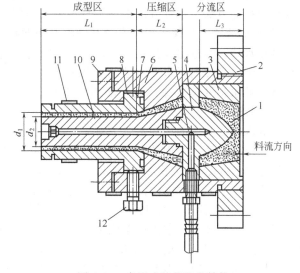

图 5-14　直通式挤管机头结构
1—料流；2—机头法兰；3—机头连接体；4—分流器及其支架；
5—压缩空气通气孔；6—模体；7—口模；8—口模垫圈；
9—口模锁紧块；10—芯模；11—电热圈；12—调节螺钉

直通式机头的结构见图5-14。直通式机头具有结构简单、制造容易、成本低，料流阻力小等优点，适用于生产中、小口径管材；且只能采用外径定径、芯模加热困难及定型段较长、由分流器支架产生的熔合纹较难消除。

（3）定型与冷却装置　定型方式可分为两大类，即外径定型和内径定型。我国塑料管材的生产绝大多数采用外径定型。冷却装置有水槽或喷淋水箱。

① 定型装置　定型装置（也称为定径装置）分为外定径和内定径两种；外定径中又有真空定径和内压定径等。

真空定径装置：真空法定径是指管外抽真空使管材外表面吸附在定型套内壁冷却定型的方法，其结构图见图5-15。

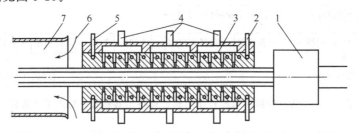

图 5-15　挤管用真空定径装置结构

1—机头；2—入水口；3—真空定型模；4—抽真空；5—出水口；6—冷却空气；7—空冷通道

内压定径法：内压定径法是指管内加压缩空气，管外加冷却定型套，使管材外表面贴附在定型套内表面而冷却定型的方法。这种定型方法在20世纪七八十年代常常使用，现在生产小口径管材时也有使用。

顶出法：顶出法是指不用牵引设备、直接将管材顶出成型的方法。芯模平直部分比口模长约10～50mm。该法一般用于生产小口径厚壁硬管，具有设备简单、投资少、成本低等优点；但也有出料慢、产量低、壁厚不均匀、强度较差等缺点。生产RPVC小口径管材，在强度要求不高的情况下，许多厂家均采用这种定型方法。

内径定型：这是一种在具有很小锥度的芯模延长轴内通冷却水，靠芯模延长轴的外径确定管材内径的方法。这种方法多用于直角机头和侧向式机头。此法国外用得较多。

② 冷却装置　冷却装置有水槽和喷淋水箱两种。

冷却水槽：经过定径套定型和初步冷却的管坯进入水槽继续冷却。管坯在通过水槽时完全浸在水中，管坯离开水槽时已经完全定型。对于厚壁管材如煤气输送管在通过水槽后还需要经过喷淋水箱继续冷却，或全部用喷淋水进行冷却。冷却水槽一般分为2～4段，长约2～6m。水槽中一般用自来水作冷却介质。

喷淋水箱：其中的冷却水管可有3～8根，喷淋冷却能提供强烈的冷却效果。

（4）牵引装置　常用的牵引机有滑轮式（也称滚轮式或称轧轮式）和履带式两种。

滑轮式牵引装置：它由2～5对上下牵引滑轮组成，下面的轮子为主动轮，上面的轮子为从动轮，可上下调节。管材由上、下滑轮夹持而被牵引。由于滑轮与管材之间是点或线接触，往往牵引力不足。一般用于牵引口径为100mm以下的管材。现已演化成三爪、四爪或六爪牵引机。

履带式牵引装置：它由两条或多条（三条、六条）单独可调的履带组成，均匀分布在管材四周。这种牵引装置的牵引力大，速度调节范围广，与管材的接触面积大，管材不易变形，不易打滑。这对牵引薄壁管材很有利。但履带式牵引装置结构复杂，维修困难，主要用于大口径和薄壁管材的牵引。

（5）切割装置　其主要作用是将挤出的管材切割成一定的长度。生产中要求管材的端口切割整齐。切割装置主要有两种：自动（或手动）圆锯切割机和行星式自动切割机。自动圆锯切割机是由行程开关控制管材夹持器和电动圆锯片。夹持器夹住管材，锯座在管材挤出推力或牵引力的作用下与管材同速前进，锯片开始切割，管材被切断后夹持器松开，锯片返回原处。自动圆锯切割机对于大口径的管材不适用。行星式自动切割机适用于大口径管材的切割；切割时，可由一个或几个锯片同时锯切，锯片不仅自转，而且还可围绕管材旋转。

（6）扩口装置　对于一条完整的管材生产线来说，扩口装置也是不可缺少的部分。因为RPVC管材的每一根管大约有6m（也有4m的）长。一根管的一端扩口以后，才能连接成管线。RPVC管的扩口在扩口机上进行。如果不扩口，只能用管件连接，组成管线。

3. 硬管机头的技术参数

直通式挤管机头中分流器及其支架的结构如图5-16所示。

分流器与多孔板之间的距离，一般经验数值为10～20mm，过大会使塑料在此处停留时间过长而引起分解；过小则物料的流速不够稳定。

分流器扩张角（α）的大小，可根据塑料的熔融黏度而定，一般为60°～90°，过大，势必增大料流阻力；过小，则会增加分流器的长度，使机头过于笨重。

分流器锥形部分的长度约为分流器与支架连接处直径的0.6～1.5倍（根据实际经验，一般原则是小管取大值，大管取小值），并稍带圆弧形。

口模与芯模的平直段是管材的定型部分。口模是成型管材外表面的部件，其结构如图5-17所示。

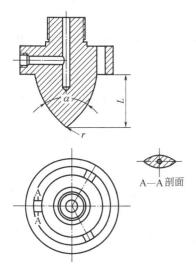

图 5-16　直通式挤管机头中
分流器及其支架的结构

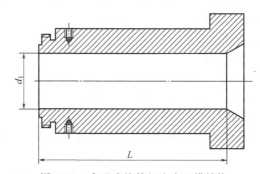

图 5-17　直通式挤管机头中口模结构

口模平直部分的长度 L，应能保证将分股的料流完全汇合。L 的长度约为管材直径的1.5～3.5倍；或为管材壁厚的20～40倍。在确定口模内径时要考虑这样两个因素：其一，当管坯离开口模时，压力突然降低，塑料会因弹性回复出现管径胀大；其二，管坯冷却过程中，管径又要收缩。胀大和收缩的程度取决于塑料的品种、机头结构参数、成型工艺条件等因素。口模内径只要用管材的外径除以经验系数，经验系数约为1.01～1.06。

芯模是成型外表面的部件，其结构及参数如图5-18所示。

芯模用螺纹与分流器连接而固定（小型的管机头，芯模是和分流器做成一个整体），加工时要保证芯模与分流器同心。芯模的收缩角（β）比分流器的扩张角（α）要小。β 角随塑

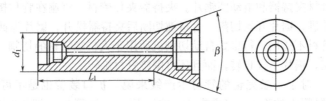

图 5-18　直通式挤管机头中芯模结构

料的熔体黏度而变化，RPVC 管的 β 角一般为 10°～30°。芯模直径的确定：先计算芯模与口模之间的间隙值，此值是用管材的壁厚除以经验系数，经验系数为 1.16～1.20。

4. 挤出管材成型工艺

（1）挤管操作规程

① 挤出设备的预热　开机时的料筒、机头和口模温度一般应比正常操作温度高 10～20℃，口模处的温度应略低，以利消除管材中的气泡，防止挤出时管材因自重而下垂，温度过低又将影响挤出速度及制品的光泽。

② 螺杆转速的调整　螺杆转速要慢，出料正常后可逐步调整到预定要求。加料量应由少到多，直至达到规定的量。

③ 校验同心度　管材挤出时，在引入真空定型套（或其他形式的定型套）及冷却器之前，应先校验其同心度；管材挤出口模后，若不平直而向某一方向偏斜，则易造成管壁厚薄不均，应及时校正。

④ 进入牵引机　由引管或靠人工将刚挤出的塑料管坯引入牵引机，牵引速度也应由慢到快，直至达到规定的速度。

⑤ 工艺参数的调节　在刚开车到正常生产前这一阶段，要不断调节工艺参数，直至管材符合要求为止。管材挤出时还应注意牵引速度的适中及冷却装置设置的合理性，并注意检验制品的外观质量、尺寸公差等。

⑥ 管材质量初步检验　操作人员必须能初步检验管材质量，如目测其圆度、表面光泽、颜色的均匀性等。

⑦ 注意生产过程中的问题　对于厚壁管材及某些易产生内应力的管材，冷却水槽中应装有浸水式电加热棒，保持一定的水温，避免快速冷却而使制品内部产生气泡或残余应力。

（2）工艺控制参数

① 温度控制　温度控制可分挤出机的温度控制、螺杆的温度控制和冷却的温度控制三个方面。

挤出机温度控制：RPVC 加工性能的显著特点是分解温度低，熔融塑料的流动性差，热导率小，因此，成型加工困难。RPVC 塑料管生产时，温度控制要求严格。生产中具体温度的确定应根据某种制品的具体配方、挤出机的型号、机头结构和螺杆转速而定；同时还应考虑温度计的误差，仪表温度与实际温度的误差，水银温度计测量点的位置与深度不同产生的误差等因素。

螺杆冷却：RPVC 的熔体黏度大、流动性差，为防止螺杆因摩擦热而升温过高，引起管材内壁毛糙，需要对螺杆进行冷却。适当降低螺杆温度可使塑料塑化良好，管材内壁的光洁度好；但螺杆温度过低，物料的反压力增加，产量会大幅度地降低，甚至会发生物料挤不出而造成螺杆、轴承损坏等事故。因此，螺杆冷却时，应控制出水温度不低于 70～80℃。

常州增强塑料厂是生产塑料管材的专业厂。用单螺杆挤出机生产小规格 RPVC 管材时，料筒分 3 段控温：加料段为 150℃±3℃，压缩段为 165℃±3℃，计量段为 180℃±3℃。机头温度为 185℃±3℃。

冷却水温度：在塑料管材挤出过程中，冷却水的温度控制对管材质量有直接的影响。如果水温较高时，可用过冷却水，以增强冷却效果。

② 速度控制　速度控制主要是挤出速度（即螺杆转速）和牵引速度的两方面。

螺杆转速：螺杆转速的选择直接影响管材的产量和质量。螺杆转速取决于挤出机的大小，如螺杆直径为 45mm 和 90mm，其转速一般为 20～40r/min 和 10～20r/min。提高螺杆转速虽可一定程度上提高产量，但单纯提高螺杆转速，则会造成塑料塑化不良，管材内壁毛糙，管材强度下降。

牵引速度：牵引的速度一般比挤出管材的速度（即线速度）稍快，可以通过牵引速度的调节微调管材的壁厚。

③ 扭矩　在现在挤出生产线控制中，都能显示螺杆扭矩的变化。如果扭矩变化太大，则说明生产中有不稳定的因素。

④ 机头压力　同样，在现在挤出生产线控制中，都能显示机头压力的变化。

⑤ 其他工艺参数　管坯刚被挤出口模时，还具有相当高的温度；为了使管材获得良好的光洁度、正确的尺寸和几何形状，管坯刚离开口模时必须立即定径同时冷却。用内压法定径时，管坯内的压缩气压约为 0.01～0.02MPa；用真空法定径时，真空度约为 0.035～0.070MPa。

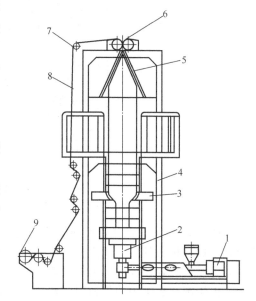

图 5-19　塑料薄膜平挤上吹法工艺流程
1—挤出机；2—机头；3—风环；4—工作架；
5—人字板；6—牵引辊；7—导辊；
8—薄膜；9—卷取装置

二、挤出吹塑薄膜成型工艺

虽然塑料薄膜的生产方法较多，但用得较多的还是挤出吹塑法。根据薄膜牵引方向不同，可将吹塑薄膜的生产形式分为平挤上引吹塑（简称平挤上吹）、平挤平牵吹塑（简称平挤平吹）和平挤下垂吹塑（简称平挤下吹）三种，其中平挤上吹最为常见。

1. 平挤上吹法工艺流程

平挤上吹的工艺过程见图 5-19。

塑料经挤出机塑化后进入机头，被机头环隙形口模挤成筒状型坯，型坯在上引的同时被经过机头的吹气管吹入压缩空气，进行横向扩张，又被上方的牵引辊纵向拉伸，形成管膜；此时冷却风环对管膜进行冷却定型，由收卷装置收卷。

2. 吹塑薄膜所用设备

（1）挤出机　吹塑薄膜一般采用单螺杆挤出机，为了提高混炼效率，有时在螺杆头部增加混炼装置。螺杆的长径比应较大，取 25 以上。螺杆直径与吹膜机头直径的关系见表 5-2。

表 5-2　螺杆直径与吹膜机头直径的关系

螺杆直径/mm	45	50	65	90	120	150
机头直径/mm	<100	75～120	100～150	150～200	200～300	300～500

为了清除杂质和未熔的固体颗粒，往往在料筒末端和机头之间设置过滤器。

（2）吹塑薄膜所用机头　其机头有许多种，现在常用的有：螺旋机头、旋转机头和复合机头，前两种都是中心进料机头；复合机头的不同类型中，有些料从侧面进入。直角中心供料螺旋式吹塑薄膜机头结构见图5-20。这种机头适宜加工PE、PE等热稳定性好的塑料。

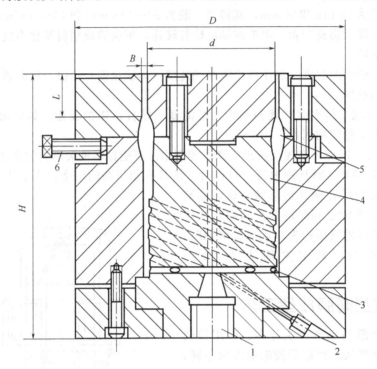

图 5-20　多螺纹吹塑薄膜机头的结构

1—熔体入口；2—进气口；3—芯模；4—流道；5—缓冲槽；6—调节螺钉

如图5-15所示，在料流旋转上升的过程中，熔料沿螺纹的间隙漫流，逐渐形成一层薄薄的膜。这种机头的主要优点是：①料流在机头内没有挤缝线；②由于机头压力较大，薄膜的物理力学性能好；③薄膜的厚度较均匀；④机头的安装和操作方便；⑤机头坚固、耐用。然而，由于料在机头中的停留时间较长，所以，也不能加工热敏性塑料。

旋转机头是近几年才广泛应用的一类机头。为了使薄膜的厚度公差均匀地分布在薄膜四周，在成型过程中，让机头的口模与芯模以相反方向同时旋转，尤其适用于宽幅薄膜。

（3）冷却装置、定径装置、牵引装置、卷取装置及辅助装置

① 冷却装置　其冷却装置应当满足生产能力高、制品质量好、生产过程稳定等项要求。该冷却装置必须有较高的冷却效率，冷却均匀且能对薄膜厚度不均匀性进行调整，挤出过程中保证管泡稳定、不抖动，生产出的薄膜具有良好的物理力学性能。吹塑薄膜常用的冷却装置有：风环、冷却水环、双风口减压风环和内冷装置。

风环　普通风环的结构见图5-21。

风环一般距离机头30～100mm的位置，薄膜直径增加时选大值。风环的内径比口模的内径大150～300mm，小口径时选小值，大口径时选大值。

普通风环的作用是将来自风机的冷风沿着薄膜圆周均匀、定量、定压、定速地按一定方向吹向管泡；普通风环由上下两个环组成，有2～4个进风口，压缩空气沿风环的切线（或径线）方向由进风口进入。在风环中设置了几层挡板，使进入的气流经过缓冲、稳压，以均匀的速度吹向管泡。出风量应当均匀，否则管泡的冷却快慢不一致，从而造成薄膜厚度不

均。风环出风口的间隙一般为1～4mm，可调节。实践证明，风从风环吹出的方向与水平面的夹角（一般称为吹出角）最好选择为40°～60°，如果该角度太小，大量的风近似垂直方向吹向管泡，会引起管泡周围空气的骚动。骚动的空气引起管泡飘动，使薄膜产生横向条纹，影响薄膜的厚薄的均匀性，有时甚至会将管泡卡断。角度太大，会影响薄膜的冷却效果。出风口和薄膜之间的径向距离应调整到能得到合适的风速。压缩空气的量一般为5～10m³/min。普通风环的冷却效果较差，如果管泡的牵引速度较快，可以用两个普通风环串联，同时对薄膜冷却。

　　水环　在平挤下吹的生产线中，熔体刚离开口模时先用风环冷却，使管泡稳定；然后立即用水环冷却，才能得到透明度较高的薄膜。冷却水环的结构如图5-22所示。

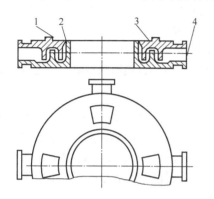

图 5-21　普通风环的结构
1—调节风量螺钉；2—出口缝隙；
3—风环盖；4—风环体

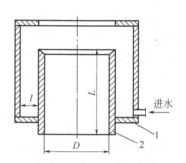

图 5-22　冷却水环结构图
1—冷却水槽；2—定型管

　　由图5-22可知，冷却水环是内径与膜管外径相吻合的夹套。夹套内通冷却水，冷却水从夹套上部的环形孔溢出，沿薄膜顺流而下。薄膜表面的水珠通过包布导辊的吸附而除去。

　　② 定径装置　带内冷却生产线需要定径装置，这种装置类似于篮孔式结构，膜泡的直径可通过灵敏接触式扫描装置来获得，通过调节阀保持内压恒定，通过压缩空气的变化可迅速改变膜泡的直径。利用定径和控制系统，可使膜宽保持在±1mm和±2mm范围内，通过改变膜泡内压力增加或减少内部空气体积来控制膜泡直径。没有内冷却系统的吹膜生产线也经常使用定径装置。

　　③ 牵引装置　牵引装置由人字板、牵引辊和牵引电机组成，能实现无级调速。

　　人字板　人字板能稳定管泡形状，使其逐渐压扁导入牵引装置。它由两块板状结构物组成，因呈人字形，俗称人字板。人字板的夹角可用调节螺钉调节，一般为10°～40°，有时也可以到50°，通常调整在15°～30°。夹角太大，薄膜有折皱；太小，辅机高度增加。如果是用金属辊排列所成的人字板，则辊筒内还可以通冷却水，进一步对薄膜进行冷却。当薄膜直径大于2m时，可不用人字板而用导向辊。将一系列导向辊排列成人字形。导向辊是直径约50mm的金属辊，表面镀铬。

　　牵引辊　牵引辊的作用是将人字板压扁的薄膜压紧并送至卷取装置，以防止管泡内空气泄漏，保证管泡的形状及尺寸稳定。牵引装置由一根钢辊和一根橡胶辊组成，钢辊为主动辊。牵引辊的缝隙要对准机头中心。用牵引速度的快慢可以调节薄膜的厚度，故牵引速度应能实现无级调速。

　　④ 卷取装置　薄膜从牵引辊出来后，经过导向辊而进入卷取装置。卷取时，薄膜应平整无皱纹，卷边应在一条直线上。薄膜在卷取轴上的松紧程度应该一致。卷取装置可分为：

表面卷取（亦称接触式卷取）和中心卷取。

表面卷取　表面卷取能与牵引速度保持同步；结构可靠，结构简单，卷取轴不易弯曲。但该装置易损伤薄膜，因此，目前应用不多，而应用得较多则中心卷取。

中心卷取　中心卷取能在很低张力的情况下将软质薄膜直接卷绕在转动的卷辊上。为了薄膜收卷时有恒定的线速度，保证薄膜在收卷时受到恒定的张力，过去，最简单的办法是利用摩擦离合器调节卷取辊的转速。现在大多数厂家都用力矩电机。

⑤ **辅助装置**　辅助装置在吹塑薄膜生产过程中必不可少。

横向切断装置　横向切断是用来切断上一料卷和下一料卷之间的薄膜。切断方式有两种：飞刀式切断和裁断刀。在设备简陋的情况下也可手工用剪刀切断。

纵切装置　纵切机可切断进入收卷机的两个卷的双层薄膜，如果需要，可将每个膜卷分成若干个小膜卷。现在使用的主要有两种：刮板式切断机和旋转式切断机。

电晕放电处理装置　经过放电处理过的薄膜给印刷或黏合增加方便。

边料处理装置　边料通过吹风机从卷取机中清除出来，或是直接回到挤出机中进行再生产。

3. 吹塑薄膜机头设计工艺参数

（1）**吹胀比**　吹塑薄膜的吹胀比（a）是指经吹胀后管泡的直径（D_p）与机头口模直径（D）之比。这是吹塑薄膜一个重要的工艺参数，它将薄膜的规格和机头的大小联系起来。吹胀比（a）通常为 $1.5 \sim 3.0$，对于超薄薄膜，最大可达 $5 \sim 6$。在生产过程中，压缩空气必须保持稳定，以保证有恒定的吹胀比。薄膜厚度的不均匀性随吹胀比的增大而增大；吹胀比太大，易造成管泡不稳定，薄膜易出现折皱现象。

（2）**牵引比**　吹塑薄膜的牵引比（b）是指牵引速度（V_D）与挤出速度（V_Q）之比。牵引速度（V_D）是指牵引辊的表面线速度；而挤出速度（V_Q）则是指熔体离开口模的线速度，这两种速度可用下式计算：

$$V_D = \frac{Q}{2W\delta\rho} \tag{5-5}$$

式中　V_D——牵引速度，cm/min；

$\quad\ Q$——挤出机的生产率，cm^3/min；

$\quad\ W$——薄膜的折径，$W = a\pi D/2$，cm；

$\quad\ \delta$——薄膜的厚度，cm；

$\quad\ \rho$——熔融塑料的密度，g/cm^3。

$$V_Q = \frac{Q}{\pi d B \rho} \tag{5-6}$$

式中　V_Q——挤出速度，cm/min；

$\quad\ Q$——挤出机的生产率，cm^3/min；

$\quad\ d$——机头口模直径（见图 5-20），cm；

$\quad\ B$——口模缝隙宽度（见图 5-20），cm；

$\quad\ \rho$——熔融塑料的密度，g/cm^3。

由牵引比（b）的概念可知：

$$b = \frac{\pi D B}{2W\delta} \tag{5-7}$$

（3）**口模缝隙宽度（B）**　由 a、b、δ 还可以推算出口模缝隙宽度：

$$B = ab\delta \tag{5-8}$$

口模缝隙宽度一般为 $0.4 \sim 1.2$mm。口模缝隙宽度过小，则料流阻力大，影响挤出产量；若口模缝隙宽度过大，如果要得到较小厚度薄膜时，就必须加大吹胀比和牵引比，然而，吹胀比和牵引比过大时，在生产中薄膜不稳定，容易起皱和折断，厚度也较难控制。因此，吹塑薄膜机头的口模缝隙宽度一般为 0.8～1.0mm；特殊情况下大于 1.0mm，例如用LLDPE 吹塑薄膜时的口模缝隙宽度就大于 1.2mm。

（4）定型部分的长度（L）　为了消除熔接缝，使物料压力稳定，物料能均匀地挤出，口模、芯模定型部分的长度 L（见图 5-20）通常为口模缝隙宽度的 15 倍以上。L 也不能过短，在通常的情况下，物料从分流的汇合点到模口的垂直距离应不小于分流处芯棒直径的 2 倍。

（5）调节螺钉　为了适应加工、安装等方面的误差，防止芯模出现"偏中"现象，无论何种形式的机头，口模四周都要设置调节螺钉，其数目不少于 6 个。

4. 吹塑薄膜工艺控制参数

（1）吹塑薄膜操作规程

① 加热　加热到规定的温度并保温一段时间。

② 加料及挤出　当挤出机和机头达到保温要求后，启动挤出机，向料斗加入少量的塑料（粉料或粒料），开始时螺杆以低速转动，当熔融料通过机头并吹胀成管泡后，逐渐提高螺杆转速，同时把料加满。

③ 提料　将通过机头的熔融物料汇集在一起，并将其提起，同时通入少量的空气，以防相互黏结。

④ 喂辊　将提起的管泡喂入压辊，通过夹辊将管泡压成折膜，再通过导辊送至卷取装置。

⑤ 充气　塑料管泡喂辊后，即可将空气吹入管泡，直达到要求的幅宽为止。由于管泡中的空气被夹辊所封闭，几乎不渗透出去，因此，管泡中压力保持恒定。

⑥ 调整　薄膜的厚薄公差可通过口模间隙、冷却风环的风量以及牵引速度的调整而得到纠正；薄膜的幅宽公差主要通过充气吹胀的大小来调节。

（2）工艺参数控制

① 温度控制　温度控制是吹塑薄膜工艺中的关键，直接影响着制品的质量。影响温度控制的因素很多，如配方、设备、操作条件的变化等。不论是何种塑料品种，即使同种塑料，相同型号的设备，只是机台不同，各部位的温度控制就有可能不同，以生产出合格的制品为基本原则。

温度变化的一般规律是：自机身加料段到口模，采用温度逐渐上升的方法较好；这种控温方法的优点是塑料在挤出机中所经历的高温时间较短，塑料不易分解，可减少拆机头的次数，提高生产能力。

② 薄膜冷却　吹塑薄膜的冷却很重要；冷却程度与制品质量的关系很大。管泡自口模到牵引的运行时间一般为 1min 多一些（最长不超过 2.5min），在这么短的时间内必须使管泡冷却定型；否则，管泡在牵引辊的压力作用下就会相互黏结，从而影响薄膜的质量。对于平挤上吹工艺来说，精心调整冷却风环的工艺参数，可以稳定管泡，控制冷冻线高度，提高薄膜的精度与生产速度。对于平挤下吹的工艺来说，精心调整风环和水环的工艺参数也十分重要。

③ 工艺参数举例　农用地面覆盖薄膜是用 MFR 为 4～7g/10min 的 LDPE（有时还加色母料）为原料用上吹法可加工成折径为 600～1000mm、厚度为 0.010～0.014mm 的薄膜。用 φ65×30（或 25）单螺杆挤出机、旋转机头吹塑时，温度控制与大棚薄膜接近，吹胀比为 3.0，牵引比为 8.0～10。PE 农用地面覆盖膜执行 GB 13735—92。

三、挤出流延薄膜加工工艺

流延薄膜加工工艺是树脂经挤出机熔融塑化，从机头通过狭缝型模口挤出，使熔料紧贴在冷却辊筒上，然后再经过拉伸、分切、卷取。流延法成型方式易于大型化、高速化和自动化，生产出来的薄膜透明度比吹塑薄膜好，厚薄精度有所提高，薄膜均匀性好，强度也高20%～30%，可用于自动包装，但所需设备投资较大。流延薄膜所用树脂主要有PP、PE和PA等，PS、PET主要是用于双向拉伸薄膜，在流延加工中有时也有使用。

1. 挤出流延薄膜工艺流程和生产线中主要装置

流延压纹透气膜工艺流程和生产线中主要装置见图5-23。

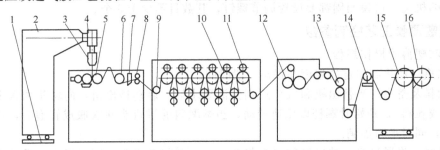

图 5-23　流延压纹透气膜生产线组成

1—导轨；2—挤出机；3—机头；4—换网装置；5—压辊；6—冷却辊；7—切边刀；8—牵引辊；9—导辊；

10—热辊；11—胶辊；12—压纹辊；13—牵引辊；14—吸边器；15—胶辊；16—收卷辊

（1）挤出机　挤出机的规格决定薄膜的产量，规格较大时也可用ϕ200mm的挤出机。由于流延薄膜的高速化生产，因此，挤出机规格至少选择ϕ65mm以上。螺杆结构多采用混炼结构。根据原料不同，加料段必须适应不同类型的树脂，螺杆的结构应能满足边角料回收的要求。螺杆的长径比为25～33，螺杆压缩比为4。

（2）机头　生产流延薄膜的机头为扁平机头，模口形状为狭缝式。这种机头设计的关键是要使物料在整个机头宽度上的流速相等，这样才能获得厚度均匀、表面平整的薄膜。这种机头对于挤出薄板或片材同样适用。

扁平机头有衣架式、支管式、分配螺杆式、鱼尾式等，目前，应用最广泛的是衣架式机头。

（3）流延生产线中的冷却装置　主要由冷却辊、剥离辊、制冷系统及气刀、辅助装置组成。

① 冷却辊　冷却辊是流延薄膜中的关键部件，其直径约400～500mm（有些资料的数据为400～1000mm），长度约比口模宽度稍大。冷却辊表面应镀硬铬，抛光至镜面光洁度。熔融树脂从机头狭缝唇口挤出浇注到冷却辊表面，迅速被冷却后形成薄膜，冷却辊还具有牵引作用。

② 气刀　气刀是吹压缩空气的窄缝喷嘴，是配合冷却辊来对薄膜进行冷却定型的装置，其宽度与冷却辊的长度相同。刀唇表面光洁，制造精度高。气刀的作用与吹塑薄膜的风环不同，通过气刀的气流是为了使薄膜紧贴冷却辊表面，从而提高冷却效果，产出较透明的薄膜。在整个宽度内，气流速度应均匀，否则，薄膜质量不好。

③ 测厚装置　在高速连续生产过程中，薄膜测厚必须实现非接触式跟踪自动检测。目前大多数采用放射性同位素如β射线或红外辐射测厚仪。检测器沿横向往复移动测量薄膜厚度，将目标值与真实值比较，在荧光屏显示出偏差、正负公差及平均值。测量所得的数据可自动反馈至计算机进行处理，处理后自动调整工艺条件。但目前还是以人工调整工艺参数

为主。

④ 张力的测控与振动　在流延薄膜生产过程中，由于传送和卷取，传动系统应能提供恒定的扭矩，使用可控硅整流直流电机可以实现这一要求。一种测薄膜张力的方法是测量与电机的拖动电流成正比关系的电机扭矩，由电枢电流可计算得扭矩，由电枢电压可计算得速度。

⑤ 纵切装置　挤出薄膜由于产生"瘦颈"（薄膜宽度小于机头宽度）现象，会使薄膜边部偏厚，故需切除薄膜边部，才能保证膜卷端部整齐、表面平整。

切边后的边料可以利用废边卷绕机卷成筒状，也可采用吸气方式吸出，此处的切边料是清洁料，可直接送粉碎机粉碎后回收利用。切边装置的位置必须可调。流延薄膜幅宽很宽，生产厂家必须根据用户的要求将薄膜切成一定的尺寸。

⑥ 电晕处理装置　薄膜经过电晕处理，可以提高薄膜表面张力，改善薄膜的印刷性及与其他材料的黏合力，从而增加薄膜的印刷牢度和复合材料的剥离强度。处理后的薄膜的表面张力要求达到 $32\sim58mN/m$，通常在 $38\sim44mN/m$ 之间。

⑦ 卷取装置　薄膜采用主动收卷（有轴中心卷取）形式，为了适应流延薄膜宽度大和生产线速度高的特点，收卷装置一般都为自动或半自动切割、换卷。以双工位自动换卷应用较多。

⑧ 其他辅助装置　流延成型设备，除去前面所述的装置以外，还有展平辊、导辊、压辊等装置。

展平辊是防止薄膜收卷时产生皱折。展平辊有人字型展平辊、弧形辊等。人字型展平辊其表面带有左右螺纹槽的辊筒。

弧形辊是轴线弯曲成弧形的辊筒，它在转动的过程中，弓起的一面始终向着薄膜，辊拱起的角度约在 $15°\sim30°$。

2. 流延 PP（CPP）薄膜工艺参数举例

（1）树脂的选用　一般选用挤出级 PP 树脂，MFR 在 $10\sim12g/10min$。树脂的型号根据薄膜的用途选定：例如，耐 140℃ 以上高温蒸煮杀菌级薄膜，应选用嵌段共聚 PP 树脂；普通包装级薄膜可选用均聚 PP 树脂。

（2）温度　机头宽 1.3m 用 $\phi120mm$ 的单螺杆挤出机组成的生产线中，挤出温度见表 5-3。

表 5-3　CPP 薄膜的挤出温度　　　　　　　　　　　单位：℃

部位	1	2	3	4	5	6	7
料筒	180～200	200～220	220～240	230～240	210～220	230～240	240～260
机头	连接器:240～260;过滤器:240～260;模唇:240～250						

表 5-3 中的第 5 段是排气抽真空段，所以温度偏低。适当地提高挤出温度，可提高透明度与强度。按表 5-3 的工艺参数执行，机头处的塑料温度可达 240℃ 左右。

冷却辊表面温度的高低直接影响铸片结晶度的大小。温度较低时结晶小，薄膜的透明度好，拉伸强度高；但温度太低会增加制冷费用，此温度一般控制在 $18\sim20℃$。

（3）速度　螺杆转速为 60r/min，牵引速度可达 $80\sim90m/min$。适当地提高牵引速度会增加薄膜纵向强度和挤出产量，但牵引速度太快会降低薄膜的透明度。

（4）气刀控制　气刀与冷却辊之间的距离应尽量小，整个机头宽度内，气刀与冷却辊之间的距离应相同，气刀风压应均匀。

(5) 收卷张力　收卷张力一般为100N。收卷张力不能太大，否则薄膜卷取太紧，不利于陈化与分切；张力太小，薄膜卷不紧，边缘不整齐。在生产过程中，卷取张力按设定的值自动由力矩电机控制，以保证卷取质量。

(6) 电晕处理　经过电晕处理的CPP薄膜，其表面张力可达40～120mN/m。表面张力也不能太大，否则薄膜会发脆，力学强度下降。应当注意：电晕处理后的薄膜，其表面张力随时间的增长而下降。

(7) CPP薄膜的品种　CPP品种较多，可分为蒸煮级和非蒸煮级两大类。蒸煮级CPP主要用作蒸煮袋内层材料。非蒸煮级薄膜主要用作各种包装膜。CPP薄膜目前尚无国标与部标，其力学性能可参考PP吹塑薄膜标准QB 1956—94。

四、挤出法塑料板材加工工艺

挤出板、片材所用的塑料品种有：RPVC、SPVC、PP、PE、ABS、PS、HIPS、PA、POM、PC等，目前在这许多品种中前6种常用。

同一种塑料挤出的板、片材的品种有单层和多层之分，有平面板波纹板、轧花板、发泡板和不发泡板之分。成品宽度一般为1.0～1.5m，世界上挤出最宽的板可达4m。

1. 工艺流程和生产线中的主要设备

挤板工艺流程见图5-24。

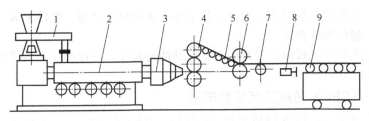

图 5-24　挤出板材生产线中的主要设备

1—定量加料机；2—双螺杆挤出机；3—机头；4—三辊压光机；5—托辊；
6—两辊牵引机；7—圆盘切边机；8—横向切断机；9—成品堆放车

(1) 挤出机　挤板用的主机一般是排气式单螺杆挤出机或双螺杆挤出机，如排气式单螺杆挤出机（螺杆直径为90～200mm，长径比为20～28）。螺杆直径为100mm的挤出机，挤出ABS板为2000t/a（吨/年）。用粉料直接挤出PVC板材时可选用锥形双螺杆挤出机。

(2) 机头　塑料挤板机头有管模机头和扁平机头两大类。

管模机头就是挤管机头，将挤出的管坯用刀割开，压平、冷却即为所得的板材。管模机头虽然有结构简单、物料流动均匀的优点，但由于板材易翘曲、熔接痕难以消除，故现在较少应用。

生产板材的扁平机头主要有：衣架式、支管式、分配螺杆式和鱼尾式，最常用的还是衣架式机头。挤板用衣架式机头与流延薄膜的衣架式机头在结构上相同，但具体参数不同，如开度比流延薄膜用的要大得多。

(3) 三辊压光机（简称压光机）　从扁平机头挤出的板坯的温度较高，由三辊压光机压光并逐渐冷却；同时还起一定的牵引作用，调整板坯各点速度一致，保证板材的平直。应当注意，三辊压光机不是压延机，其结构没有压延机牢固。板材厚度定型主要靠模唇间隙，绝不能靠压光机将厚的板坯压成薄的板材。压光机对板坯只能有轻微的压薄作用，否则，辊筒会变形损坏。

三辊压光机与机头的距离应尽可能地靠近，一般为 50～100mm；若距离太大，板坯易下垂发皱，光洁度不好，同时易散热冷却。

（4）冷却输送装置　在挤出较厚的片材（5mm 以上）时，三压光机并不能完全冷却片材。通常的实用方法是风扇或直接气流式中心鼓风机，使板材完全冷却。对于较厚的板材，板材移动速度通常较慢，通常用调节该装置的长度和鼓风机的效率使其有足够的时间进行冷却。对于较高线速度（包括薄片），用鼓风机装置同时增设喷淋水，以改善冷却速率。

在三辊压光机与牵引装置之间，有近 10～20 只直径约 50mm 的小圆辊，这组小圆辊称为冷却输送装置。较厚的板材在冷却输送辊上自然散热，缓慢冷却。该装置的总长取决于板材的厚度与塑料品种，一般为 3～6m（有些资料的数据为 8～11m）；对于非常薄的片材，也可以不设置冷却输送装置。

（5）牵引装置　由压光机压光后的板或片材在导辊的引导下进入牵引装置。牵引装置一般由一个 φ150mm 钢辊（主动辊，在下方）和表面包着橡胶的钢辊（被动辊，在上方）组成，两只辊筒靠弹簧压紧，这种牵引装置的结构类似于吹塑薄膜或流延薄膜的牵引装置。牵引装置的作用是将板或片材均匀地牵引到切割装置，防止在压光辊处积料，并将板或片材压平。其牵引速度要与压光辊基本同步，比压光辊稍快并能实现无级调速。上、下辊的间隙也应能调节。

（6）切边和切断装置　一般进行纵向切断。产品宽度应比口模最大宽度小 10～25mm，切去板材两端厚薄不均匀处。厚板用纵向圆锯片，板材离开牵引辊时即可切割；3mm 以下的 ABS 薄板可用刀片切边，在离开三辊压光机 1～2m 处即可切边。

经牵引辊送来的板、片材，可用自动切断装置切断到要求的长度。用于切断连续板材长度的装置是锯、剪和热丝熔断切割器。切断器适当类型的选择取决于板材的厚度和组成。

2. 挤出板材工艺参数控制

（1）温度控制

① 挤出温度　料筒温度的确定应根据原料而定。机头温度一般比料筒温度高 5～10℃（有些资料数据为 10～20℃）左右。因机头较宽，熔料要在相当宽的机头分布均匀，必须提高料温，以提高熔料的流动性。机头温度应该严格控制在规定范围之内，如果过低，则板材表面无光泽，易裂；若过高，则塑料易分解，制品有气孔。机头温度一般控制在中间低两边高。机头的温度波动不能超过 ±5℃，最好控制在 ±2℃ 之间，这是板材厚度较为均匀的措施之一。这是理论上考虑，实际生产中这样控制温度较为困难，而是通过模唇开度的配合来控制厚度均匀性。

② 三辊压光机的温度　三辊压光机的温度直接影响板、片材的表面光泽度和平整度。为了防止板材产生过大的内应力而翘曲，应使板材缓慢冷却。这样，压光辊筒有时要加热。

辊筒表面温度应高到足以使熔融塑料与辊筒表面完全贴合，使板、片表面上光或轧花。板、片材包辊一面光洁度很高，为使用面；未包辊一面光洁度较差。否则，制品下表面有斑纹；但温度又不能过高，温度过高会使板、片材难以脱辊，表面产生横向条纹，甚至将其拉坏。温度较低时，板、片材不能贴紧辊筒表面，板、片表面无光泽。生产 PVC、ABS 板、片时，辊筒温度不超过 100℃，用 PP 生产时，辊筒温度有时要超过 100℃。如果挤出的坯料从上辊和中辊间隙进入，贴紧中辊绕半圈，经过中辊和下辊的间隙，经过下辊半圈而导出；这时，中辊的温度最高，上辊的温度稍低，约比中辊低 10℃；下辊的温度最低，约比中辊低 10℃。例如，生产 RPVC 板材时，三个辊筒的温度依次为

70～80℃、80～90℃、60～70℃。

（2）其他工艺参数的控制

① 板材厚度、模唇开度、流道长度及三辊间距的关系　生产较厚的板材时，模唇开度一般等于或稍大于板材的厚度；生产 ABS 薄板时，模唇开度通常等于或略小于板材厚度；生产 ABS 单向拉伸薄片时，模唇开度远远大于片材的厚度。在口模的整个宽度范围内，一般来说，模唇开度中间的间隙较小，两边的间隙稍大。阻流调节块也是影响板、片材厚度的重要因素之一。阻流块开度较大时，机头内流入模唇的熔料较多。板材厚度相差太大时，应调节阻流块的位置；厚度相差不大时，微调时只要调模唇间隙即可。

模唇是板材质量的重要因素，其中模唇开度的调节方法是影响板材厚度的关键。模唇流道长度根据板材厚度的变化。

三辊压光机辊筒间距一般调节到等于或稍大于板材厚度。其中，上辊和中辊间隙的调节就显得十分重要。三辊间距沿板材宽度方向应调节一致。对于 PE、PP 板材，为了防止口模出料不均而出现缺料使制品产生大块斑，此辊距间隙应有一定量的存料；但存料量又不能过多，否则会使板材产生"排骨"状的条纹。

② 牵引速度　牵引速度与挤出的线速度基本相等。二辊牵引机应比三辊压光机快 5%～10%，将长达 5～6m 的冷却输送辊处的板、片张紧，在空气中缓慢自然冷却至室温。牵引辊的速度不能太快，以达到从三辊压光机出来的板、片，芯层温度可能接近高弹态温度为原则。

牵引机使板材保持一定的张力。若张力过大，板材芯层存在内应力，使用过程会发生翘曲或开裂，在二次加工加热时，也会产生较大收缩或开裂；若张力过小，板材会变形。

③ 波纹的设置　波纹板是在板材挤出机头后设置波纹加工装置而加工成各种波峰距的波纹板。

料筒分 5 段控温，机头横向分 5 段控温（1、5 是两边，3 是中心处），现将几种塑料板材挤出温度列于表 5-4。

表 5-4　几种塑料板材挤出温度　　　　　　　　　单位：℃

项　目		RPVC	SPVC	HDPE	LDPE	PP	ABS	PC	HIPS
机身温度	1	120～130	100～120	170～180	150～160	150～170	200～210	280～300	210～225
	2	130～140	135～145	180～190	160～170	180～190	210～220	290～310	200～210
	3	150～160	145～155	190～210	170～180	190～200	230～240	300～320	200～220
	4	160～180	150～160	210～220	180～190	200～205	250～260	280～300	200～210
	5	—	—	210～220	—	—	220～230	270～280	190～210
连接器		150～160	140～150	210～230	160～170	200～210	230～240	260～280	185～195
机头	1	175～180	165～170	210～225	190～200	200～210	210～220	265～275	175～190
	2	170～175	160～165	210～220	180～190	200～210	200～210	250～260	175～185
	3	155～165	145～155	200～210	170～180	190～200	200～210	250～260	170～180
	4	170～175	160～165	210～220	180～190	200～210	200～210	250～270	175～185
	5	175～180	165～170	220～225	190～220	200～210	210～220	265～275	175～190
压光机	上	70～80	60～70	95～110	85	70～90	85～100	160～180	90～100
	中	80～90	70～80	95～105	82	80～100	75～95	130～140	95～105
	下	60～70	50～60	70～80	50	70～80	60～70	110～120	75～85

五、塑料丝的加工工艺

塑料丝包括单丝和扁丝。捆扎绳是日常生活中不可少的，打包带尤其是机用打包带是包装业中重要的角色。这些都属于单向拉伸制品。

1. 塑料单丝的挤出加工工艺

塑料单丝（实际上是圆形截面的丝）是一束拉伸得到的具有拉伸特性的线性聚合物制品。这种单丝一般由熔融纺丝法生产。塑料单丝的加工设备由挤出机、机头、冷却水箱、牵伸设备、热处理设备及卷绕设备组成。PE 塑料单丝生产的典型工艺流程如图 5-25 所示。

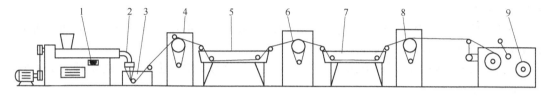

图 5-25　生产塑料单丝工艺流程图

1—挤出机；2—机头；3—冷却水箱；4—第一拉伸机；5—热拉伸水槽；
6—第二拉伸机；7—热处理水箱；8—第三拉伸机；9—卷取机

单丝的拉伸工艺分为一步法和二步法两种，而二步法里又可分为两种：水浴池中预拉伸-热烘道（也称为"热风炉"或称为"烘箱"）中二次拉伸；热烘道中预拉伸-热风炉中二次拉伸。在实际生产中，二步法用得较多。

通常选用拉丝级的 HDPE，分子量在 10 万左右，MFR 为 0.5～1.0g/10min，分子量分布应较窄，密度为 0.955g/cm³ 左右。树脂中必要时添加适量的色母料。

生产中的主要工艺参数有如下五个方面。

① 挤出机分 5 段控温，温度依次为：180℃、250℃、280℃、310℃、305℃。连接器温度为 300～310℃，口模温度为 295～305℃，实际温控波动范围为 ±2～±5℃。

② 冷却水槽中水温也要进行控制。一般将冷却水温控制在 25～35℃（有些资料的数据为 35～45℃）。

③ 水面距喷丝板的距离为 15～30mm（有些资料的数据为 30～50mm）。水面太低，单丝容易黏结，产生断头太多；水面太高，引丝操作困难。

④ 初生丝在沸水中加热后进行拉伸。

随单丝倍数的增加，其拉伸强度增加，断裂伸长率下降，结节强度也下降。综合考虑拉伸强度与结节强度，选定拉伸倍数为 9～10。如果拉伸倍数太高，由于断裂伸长率降低，单丝容易断头；另外，如果拉伸倍数在 10 倍以上，则操作的线速度非常之快，单丝易断，生产稳定性差，所以，实际采用 9.5 左右的拉伸倍数。以 ϕ65 挤出机为例，当螺杆转速为 25～30r/min 时，牵引辊的速度为：第一牵引辊的线速度 V_1 为 17～18m/min，第二牵引辊的线速度为 161～171m/min。实际操作线速度 V_2 达 170m/min，若有断头产生，很难将断头除去并牵引到卷取装置。所以，$V_2=160～165m/min$，计算 $V_1=16.8～17.3m/min$，这是实际生产线速度。

以上计算是一次拉伸时，牵引辊线速度的计算，若采用两次拉伸，可以降低生产过程中的断丝率。二次拉伸速度计算如下：若第一牵引辊的线速度为 $V_1=17.3m/min$，则第二牵引辊的线速度为 $V_2=121m/min$，第三牵引辊的线速度为 $V_3=165m/min$。这样，第一次拉伸倍数为 121/17.3=7 倍，第二次拉伸倍数为 165/121=1.36 倍，则总的拉伸倍数为 7×1.36=9.5 倍。用湿法拉伸时，HDPE 的拉伸温度为 100℃。

⑤ 热处理辊速度 热处理是在第二个水槽中进行的，热处理温度为 98～100℃，并使第三牵引辊的转速比第二牵引辊慢 2.0%～3.0%，即热处理辊的线速度为 160～162m/min。

2. 塑料扁丝的挤出加工工艺

扁丝的性能（特别是韧度、伸长率和热收缩量）取决于挤出的冷却方式、冷却程度与取向度。目前，塑料扁丝几乎完全取代了相关领域中的天然产品。

扁丝的生产原理与单丝相同，因此，工艺流程也有相类似之处。但扁丝生产时根据薄膜的制取方法不同可分为管膜法和平片法（有些资料称为流延法）。管膜法又可分为平挤上吹和平挤下吹两种。

平片法的工艺流程与单丝基本相同，不同之处只在于：平片成型后要经过分切，将平片分切成若干个塑料条，再进入加热装置，进行拉伸。

平挤上吹和平挤下吹两种方法的工艺流程前半部分与吹塑薄膜所对应的两种方法十分相似。不同之处在于：

① 在成型管膜的过程中，吹胀比为1，即不要设吹胀比，拉伸比要比吹塑薄膜大得多。

② 机头只要选用吹塑薄膜机头就行。

③ 形成扁平的管式膜后，不要设卷取装置，而是要增添分切装置，将扁平的管式膜分切成两层若干条塑料条，两边的各一条进入回收装置。

④ 两层塑料条分别进入双面弧形烘箱的上、下面进行加热，以后的拉伸过程与单丝的拉伸过程完全相同。

六、其他挤出制品加工工艺

1. 异型材的挤出加工工艺

异型材的挤出成型与塑料管材相似，只是有以下几个方面不同：

① 异型材断面形状的设计要根据制品的用途、使用要求、原材料的性能，并考虑到口模断面的设计和加工工艺等因素，要合理设计。

② 制品断面形状确定之后，口模是设计的关键。

③ 异型材的收缩与管材的收缩也是有区别的。管材只要正确地选择机头压缩比和收缩角就行了，而异型材还要考虑到在不同的方向应该有不同的收缩。

④ 定型模往往要采用多级定型。如，塑料窗框的异型材一般采用三级定型。

2. 塑料棒材挤出加工工艺

塑料棒材挤出和塑料管材挤出相似，不同点主要是：挤出速度慢，牵引速度比挤出速度还要慢。

3. 线缆的挤出包覆

将塑料挤出包覆在芯线上，作为绝缘层，其工艺流程见图 5-26。

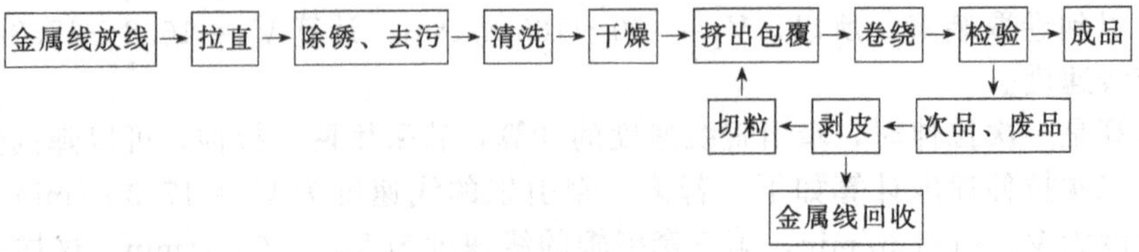

图 5-26 典型的线缆包覆生产线

阅读材料

塑料挤出成型新技术

挤出成型是一种重要的塑料制品加工方法，适用于几乎所有的热塑性塑料，其制品约占整个塑料制品的40%。近年来，人们对辅助挤出、自动换网、反应挤出、挤出发泡、共挤出、高速挤出、精密挤出和近熔点挤出等塑料挤出成型方法进行了大量研究和开发，取得了令人瞩目的成就。

1. 辅助挤出

（1）振动挤出　振动挤出是指在挤出成型的某个阶段或全过程施加振动力场，以改善塑料熔体流动性能和制品力学性能的一种辅助挤出技术。振动力场能够加速分子链的解缠，降低熔体黏度和挤出压力、减少挤出胀大，增加挤出产量；也能够促进分子链的有序排列，从而增强产品的力学性能。

（2）气辅挤出　气辅挤出是通过多孔金属管或缝隙将高压气体引入口模，在熔体与口模壁间形成气垫层。由于气垫层的润滑作用，口模壁对熔体流动的阻力大大减小，熔体在口模内的流动由剪切流动转变为柱塞状流动。气辅挤出能降低口模压降，消除挤出胀大和熔体破裂现象，有利于实现高速挤出和精密挤出，对于高熔体黏度塑料的挤出尤其有利。

2. 不停机换网

目前常见的不停机换网装置主要有循环式换网器、自动清洗换网器和熔压式自动换网器。其中循环式换网器由换网器本体、液压驱动系统和装有多块贴着滤网的分流板组成，可多工位循环切换，一般采用熔体自密封技术。

3. 反应挤出

反应挤出是把挤出机作为连续的反应器，使混合物在熔融挤出过程中同时完成指定的化学反应。反应挤出的主要特点：一是可连续生产；二是熔融共混、化学反应和成型加工可几乎同步完成。反应挤出目前已用于可控降解、动态硫化、接枝反应、反应增容和聚合反应等领域。

4. 挤出发泡

挤出发泡要求树脂要有良好的可发性，并且挤出机螺杆和机头要有较大的压缩比和较强的建压能力。聚苯乙烯（PS）、聚乙烯（PE）、PP、聚氯乙烯（PVC）等塑料均适用挤出发泡。

5. 精密挤出

精密挤出是一种通过对挤出过程要素的精确控制，实现制品几何尺寸高精密化和材料微观形态高均匀化的过程。精密挤出过程中工艺参数波动很小，挤出设备工作状态非常稳定，所以制品的几何精度比常规挤出成型要高50%以上。精密挤出技术已广泛用于双向拉伸薄膜、精密医用导管、音像基带、照相片基、通信级光导纤维和精密微发泡制品等的生产，精密挤出成型制品比常规挤出制品附加值要高出很多。

 习题

1. 解释下列名词术语：

挤出成型　几何压缩比　固体输送角　螺杆特性曲线　口模特性曲线　挤出机的工作点　塑料薄膜的挤出吹塑　塑料薄膜的流延

2. 挤出成型的特点是什么？挤出成型所用的主要塑料原料有哪些？

3. 单螺杆挤出机螺杆的主要工艺参数有哪些？与挤出机型号直接有关的参数对挤出过程有何影响？

4.普通螺杆中，各段的作用分别是什么？

5.试分析提高塑料固体输送率的诸影响因素。

6.高分子熔体在输送过程中存在哪几种流动形式？这些流动形式分别起什么作用？对熔体的某一质点来说，真实的流动形式是什么？

7.与单螺杆挤出机相比，从使用角度，双螺杆挤出机的特点有哪些？

8.双螺杆挤出机的结构特点有哪些？

9.试分别分析用挤出法生产塑料管材、吹塑薄膜、流延薄膜、塑料板材和塑料丝的工艺流程和工艺参数。

第六章

塑料注射成型

学习目标

1. 掌握热塑性注射成型工艺过程和基本工艺参数。
2. 了解塑料注射成型设备的主要技术参数。

第一节
塑料注射成型原理

一、塑料注射成型机的主要技术参数

注射机的主要性能参数有注射量、注射压力、注射速度、塑化能力、合模力、合模装置的基本尺寸及机器技术经济性能指标等。这些参数是设计、制造、购置和使用注射机的依据。

1. 注射量

注射量是指机器在对空注射（熔料不进入模具）条件下，注射螺杆或柱塞作一次最大注射行程时，注射装置所能达到的最大注射量。注射量是注射机的一个重要参数，它反映了注射机的加工能力，标志着机器所能生产的塑料制品的最大质量。

注射量一般有两种表示方法：一种是以 PS 为标准，用注射出熔料的质量单位（克）表示；另一种是用注射出熔料的体积（cm^3）表示。注射量常被用作表示机器规格的主要参数，根据我国注射机生产情况，对注射量（理论值）规定为 $16\sim40000cm^3$。

2. 注射压力

注射压力是指在注射时，螺杆或柱塞端面处作用于熔料单位面积上的力，其单位为 MPa。对于一台注射机来说，能达到的最高注射压力是一定的，而注射时的实际注射压力是由克服熔料流经喷嘴、浇道和模腔等处的阻力所决定的。因此，实际注射压力均小于所用注射机的最高注射压力（亦称额定注射压力）。

目前，注射机的注射压力为 70～250MPa。因为注射制品大量用于工程结构零件，且这类制品结构复杂，形状多样，精度要求较高，而所选用的塑料大多为中高黏度，所以，注射压力有提高的趋势。

根据塑料性能，目前对注射压力的使用情况大致可分为以下几类：

（1）注射压力＜70MPa，用于加工流动性好的塑料，且制品形状简单，壁厚较大。

（2）注射压力 70～100MPa，用于加工塑料黏度较低，形状、精度要求一般的制品。

（3）注射压力 100～140MPa，用于加工中、高黏度的塑料，且制品的形状、精度要求一般。

（4）注射压力 140～180MPa，用于加工较高黏度的塑料，且制品壁薄、流程长、厚度不均，精度要求较高。对于一些精密塑料制品的注射成型，注射压力用 230～250MPa。

3. 注射速度、注射速率和注射时间

注射时，熔料经喷嘴进入温度较低的模腔内，随着时间的延长，熔料的流动性就逐渐减弱，为确保熔料充满模腔，就必须缩短注射时间，也就是提高注射速度或注射速率。

注射速度是指注射时螺杆或柱塞移动速度；注射速率是指单位时间内熔料从喷嘴射出的理论容量；注射时间是指螺杆或柱塞作一次注射量所需的时间。它们可用下式表示：

$$U = \frac{s}{t} \quad V = \frac{Q}{t} \tag{6-1}$$

式中　U——注射速度，cm/s；

　　　s——注射行程，即螺杆或柱塞移动距离，cm；

　　　t——注射时间，s；

　　　V——注射速率，cm^3/s；

　　　Q——一次最大注射量，cm^3。

从式（6-1）中可知，这三者均是描述熔料流动速度的参数，它们之间是相关的，三者的选定很重要，直接影响到制品的质量和生产率。

实际上，注射过程中，注射速度是变化的，一般说来，注射速度应根据树脂性能，工艺条件，制品形状、壁厚，浇口及模具等情况来定。目前，常用的注射速度和注射时间见表 6-1。

表 6-1　常用注射速度、注射时间

注射量/cm^3	125	250	500	1000	2000	4000	6000	10000
注射速度/(cm^3/s)	125	200	333	570	890	1330	1600	2000
注射时间/s	1	1.25	1.5	1.75	2.25	3	3.75	5

4. 塑化能力

塑化能力是指注射机塑化装置在 1h 内所能塑化物料的质量（kg）（以 PS 为准），它是衡量注射机性能优劣的另一重要参数。注射机塑化装置应该在规定的时间内，保证能提供足够量的塑化均匀的物料。

如何测定注射机的塑化能力是制造厂和用户十分关注的问题。对其塑化能力的测定一些国家做出了规定，如 JB/T 7267—2004 规定，测定用的物料为 PS，喷嘴处加热温度为 216℃±6℃，预塑时注射喷嘴处于闭锁状态，螺杆为额定转速，转动与停止的时间为 1：1，用秒表记录塑化全行程 1/4～3/4 处的塑化时间，然后对空注射，则塑化能力的计算式如下：

$$W = 3.6Q/t \tag{6-2}$$

式中　W——塑化能力，kg/h；
　　　Q——注射量，g；
　　　t——循环时间，s。

5. 合模力

合模力（也称锁模力）是指注射机合模装置对模具所能施加的最大夹紧力。注射时熔料经料筒、喷嘴、模具浇注系统后进入模腔，则注射压力一部分损失在喷嘴、模具浇注系统，其余即为模腔内熔体压力（常称模腔压力）。要使模具不被模腔压力所产生的胀模力顶开，就必须施加足够的夹紧力，即合模力。

6. 合模装置的基本尺寸

合模装置的基本尺寸包括模板尺寸、拉杆间距、模板最大开距、动模板行程、模具最大厚度和最小厚度等。这些参数在一定程度上规定了所用模具的尺寸范围、定位要求、相对运动程度及其安装条件，也是衡量合模装置好坏的参数。

二、塑料注射工艺过程

1. 基本工艺流程

塑料注射循环周期如图 6-1 所示。

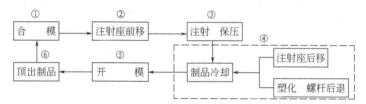

图 6-1　注射成型工作循环周期示意图

（1）注射成型过程　注射成型过程包括加料、加热塑化、合模、加压注射、保压、冷却定型、开模、取出制品等工序。如前所述，这是一个循环过程，一般以合模作为注射机工作过程的开始，当模具被锁紧后，注射座整体前移，必须保证喷嘴中心与模具主流道中心一致并完全吻合，随后由注射油缸推动螺杆向前移动，使料筒前端的熔融物料在螺杆的推挤作用下，以高压、高速注入模腔内，经一段时间的保压冷却后，模具开启，制品被顶出落下，然后又进行下一个周期的循环。

需要说明如下。

① 为缩短成型周期，聚合物在螺杆内的预塑化与制品在模具内的保压冷却不仅同时进行，而且预塑化时间应稍小于冷却时间，以使成型周期达到最短；

② 注射装置在注射后是否需要退回，一般根据所加工的塑料工艺性能而定。注射装置退回的原因主要是避免喷嘴与冷模壁长时间接触，导致喷嘴内料温过低，甚至产生局部冷凝物。虽然有些模具浇注系统具有冷料阱，但也会对下次注射制品质量有影响。对热流道模具（即流道有加热装置或绝热保温层），注射装置一般不退回。

（2）充模和冷却过程　这是注塑的核心步骤，决定着制品的质量。

充模与冷却过程是指塑料熔体从注入模腔开始，经型腔充满、熔体在控制条件下冷却定型，直到制品从模腔中脱出为止的过程。

塑料熔体进入模腔内的流动情况可分为充模、压实、倒流和浇口冻结后到脱模前继续冷却四个阶段。在这连续的四个阶段中，模腔中压力变化如图 6-2 所示。现以图 6-2 中 e 曲线进行分析。

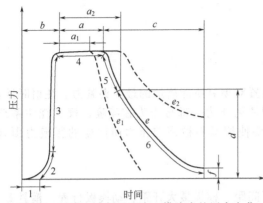

图 6-2 充模和冷却过程中，模腔内的压力变化

a—熔料在受压保持时间（保压时间）；a_1—保压时间太短时的压力曲线；a_2—保压时间太长时的压力曲线；b—螺杆行程向前的时间；c—在塑模中冷却保持时间；d—浇口中熔料凝封时的压力（封口压力）；e、e_1、e_2—压力曲线；f—开模时的残余压力；1—从螺杆推动到熔体填充模腔的时间；2—熔体填充模腔的时间；3—塑料被压实的时间；4—保压时间；5—熔体倒流时间；6—浇口凝固后到脱模前熔体继续冷却时间

（1）充模阶段 该阶段是从柱塞或螺杆预塑后的位置开始向前移动起，直至塑料熔体充满模腔为止。时间为 1、2、3 这三段时间之和，其时间范围为几秒到十几秒，也有不到 1s 的。

充模阶段开始时，模腔内没有压力（曲线 1）；随着物料不断充满，压力逐渐建立起来（曲线 2）；待模腔充满对塑料压实时，压力迅速上升而达到最大值（曲线 3）。

充模时，熔料的流动形式是铺展式向前流动，前沿呈圆弧形，两壁的交界处逐渐过渡到直线。呈现这种流动状态的原因是熔料在模内流动时是非等温流动，而且是不稳定流动，熔料前端的黏度很高。

（2）保压阶段 此阶段也称压实、补缩阶段，是从熔体充满模腔时起至柱塞或螺杆后退前为止。时间为曲线 4（a 或 a_1）阶段，其时间范围为几秒、几十秒甚至几分钟。

在这段时间内，塑料熔体因冷却而产生收缩，但由于塑料熔体仍处于柱塞或螺杆的稳压下，料筒内的熔料会继续向模腔内流入，以补充因收缩而留出的空隙。塑料工业中，把这段时间称为补料时间。

（3）倒流阶段 该阶段是从柱塞或螺杆后退时开始到浇口处熔料冻结为止。时间为曲线 5，其时间范围为 0 秒到几秒。

此时，模腔内的压力比流道压力高，因此会发生熔体倒流，从而使模腔内的压力迅速下降。如果柱塞或螺杆后退时，浇口处熔料已凝封或喷嘴中装有止逆阀，则倒流阶段就不会出现。实际工业生产中不希望出现倒流阶段，正常生产中也不会出倒流阶段（曲线 e_2）。因此，在注塑过程中，倒流阶段是可避免的。曲线 e_1 是倒流严重的情况。

（4）浇口冻结后到脱模前的继续冷却阶段 该阶段是从浇口凝封时起到制品从模腔中顶出时止（曲线 6）。其时间范围为几秒、几十秒甚至几分钟。

模内塑料在该阶段内主要是继续进行冷却，以使制品在脱模时具有足够的刚性而不致发生扭曲变形。在此阶段，可以不考虑分子取向问题。在冷却阶段必须注意模内压力和冷却速率。

模内冷却结束时间的客观标准有如下几条之一：

① 制品最厚部位断面中心层的温度冷却到该种塑料的热变形温度以下所需的时间；

② 制品断面的平均温度冷却到所要求某一温度以下所需的时间；

③ 某些较厚的制品，虽然断面中心层部分尚未固化，但也有一定厚度的壳层已经固化，此时取出制品已可不产生过大的变形，这段时间也可以定为制品的冷却时间；

④ 结晶型塑料制品的最厚部位断面的中心层温度冷却到熔点温度以下所需要的时间，或结晶度达到某一指定值所需要的时间。

2. 注塑生产过程

每当生产一种新制品时，第一，做好生产前的准备工作（检查原料，有时还要烘干）；

第二，将注塑机中原有的模具卸下来，涂上防锈油，保养好模具；第三，将生产该制品的模具装上；第四，再根据所用的原料等因素，调整模具和工艺参数，试模，直到有合格制品时；第五，转入正常生产；第六，制品的后处理（包括修削料把、飞边，产品的检验，有时还要进行热处理）。

模具的装卸和调试过程在有关培训教材中详述，本书着重阐述注塑工艺参数的设置。

第二节
注塑工艺参数的设置

一、预塑参数

1. 工艺注射量

注射量是指注塑机螺杆（或柱塞）在注射时，向模具内所注射的物料的熔体质量（g），这实际注射量又称工艺注射量，这与注射螺杆直径 D_s 和注射行程有关；螺杆所能推进的最大容积又称理论注射容积即注射机的额定注射量。

在工艺注射量选择时，一方面必须充分地满足制品及其浇注系统的总用料量，另一方面必须小于注塑机的理论注射量。所以，一般情况下，注塑机不可用来加工小于额定注射量10％或超过额定注射量70％的制品。

对已选定的注塑机来说，工艺注射量是由注射行程控制（即计量行程）的。

2. 预塑行程（或称计量行程）

每次注射程序终止后，螺杆是处在料筒的最前位置，当预塑程序到达时，螺杆开始旋转，物料被输送到螺杆头部，螺杆在物料的反压力作用下后退，直至碰到限位开关为止，该过程称预塑过程（或计量过程），螺杆后退的距离称为预塑行程（或称计量行程）。因此，物料在螺杆头部所占有的容积就是螺杆后退所形成的计量容积，即注射容积。

工艺注射量的大小与预塑行程的精度有关；如果预塑行程调节太小会造成注射量不足，反之则会使料筒每次注射后的余料太多，使熔体温度不均或过热分解；对于热稳定性好的塑料，预塑行程大也没有问题。预塑行程的重复精度会影响注射量的波动。

3. 余料量（缓冲垫）

螺杆注射完了之后，并不希望把螺杆头部的熔料全部注射出去，还希望留存一些，形成一定的余料。余料有两方面的作用：一方面可防止螺杆头部和喷嘴接触而发生机械碰撞事故，这时可将余料称为缓冲垫；另一方面可通过此余料垫来控制注射量的重复精度，及时向模具补充熔料，达到稳定注塑制品质量的目的。余料量过小，则达不到缓冲的目的；过大，会使余料过多，有可能引起熔料的热降解。

4. 防延量（松退、倒缩）

防延量是指螺杆预塑到位后，又直线地倒退一段距离，使计量室中熔体的比容增加，内压下降，防止熔体从计量室（即通过喷嘴或间隙）向外流出。这个后退动作称防流延，后退的距离称防延量或防流延行程。防流延还有另外一个目的：在喷嘴不退回进行预塑时，降低喷嘴流道系统的压力，减少内应力，并在开模时容易抽出料杆。防延量的设置要视塑料的黏度和制品的情况而定，过大的防延量会使计量室中的熔料夹杂气泡，严重影响制品质量，对黏度大的物料可不设防延量。防延量的大小与实际熔料的多少没有关系。

5. 螺杆转速

螺杆转速影响注塑物料在螺杆中输送和塑化的热历程和剪切效应，是影响塑化能力、塑化质量和成型周期等因素的重要参数。随螺杆转速的提高，塑化能力提高、熔体温度及熔体温度的均匀性提高；塑化作用有所下降。

对热敏性塑料（如 PVC、POM 等），应采用低螺杆转速，以防物料分解；对熔体黏度较高的塑料，也应采用低螺杆转速，以防动力过载。

二、合模参数

1. 合模力

合模力的调整将直接影响制品的表面质量和尺寸精度。如果合模力不足，会导致模具离缝，产生溢料；而合模力太大会使模具变形，能量也消耗增加。

注塑给定制品时所需的实际合模力简称工艺合模力。为保证可靠的锁模，工艺合模力必须小于注塑机的额定合模力，一般不超过额定合模力的 0.8。工艺合模力可根据模腔压力和制品投影面积来确定。

2. 顶出

当制品从模具上脱下时，需要一定的外力来克服制品与模具的附着力，该外力即为顶出力。顶出力太小，制品不能从模具上脱下；顶出力太大，会使制品产生翘曲变形，甚至会顶坏制品。

此外，顶出速度和顶出行程也同样影响顶出过程。顶出速度过快，制品易翘曲变形和损坏；顶出行程短，制品不易脱下。

三、温控参数

注塑过程中需要控制的温度有：料筒温度、喷嘴温度、模具温度和油温四个方面的参数。

1. 料筒温度

料筒温度是指料筒表面的加热温度。一般小型注塑机的料筒分三段加热，温度从料斗到喷嘴前依次由低到高，使塑料材料逐步熔融、塑化。第一段是靠近料斗处的固体输送段，温度要低一些，料斗座还需用冷却水冷却，以防止物料"架桥"并保证较高的固体输送效率；第二段为压缩段，是物料处于压缩状态并逐渐熔融，该段温度设定一般比所用塑料的熔点或黏流温度高出 10~20℃；第三段为计量段，物料在该段处于全熔融状态，在预塑终止后储存塑化好的物料，该段温度设定一般要比第二段高出 10~20℃，以保证物料处于熔融状态。

料筒温度的设定与所加工塑料的特性有关。

对于无定形塑料，料筒第三段温度应高于塑料的黏流温度 T_f；对于结晶型塑料，应高于塑料材料的熔点 T_m，但都必须低于塑料的分解温度 T_d。如 PVC 塑料，受热后易分解，因此料筒温度设定低一些；而 PS 塑料的 $T_f \sim T_d$ 范围较宽，料筒温度应可以相应设定得高些。

对热敏性塑料，如 PVC、POM 等，虽然料筒温度控制较低，但如果物料在高温下停留时间过长，同样会发生分解。因此，加工该类塑料时，除严格控制料筒的最高温度外，对塑料在料筒中的停留时间也应严格控制。

同一种塑料，由于生产厂家不同、牌号不一样，其流动温度及分解温度有差别。一般，平均分子量高、分子量分布窄的塑料，熔体的黏度都偏高，流动性也较差，加工时，料筒温度应适当提高；反之则降低。

塑料添加剂的存在，对成型温度也有影响。若添加剂为玻璃纤维或无机填料时，由于熔体流动性变差，因此，要随添加剂用量的增加，相应提高料筒温度；若添加剂为增塑剂或软化剂时，料筒温度可适当低些。

同种塑料选择不同类型的注塑机进行加工时，料筒温度设定也不同。一般，柱塞式注塑机的料筒温度比螺杆式的高 $10\sim20℃$。

由于薄壁制品的模腔较狭窄，熔体注入时阻力大、冷却快，因此，为保证能顺利充模，料筒温度应高些；而注射厚制品时，则可低一些。另外，形状复杂或带有金属嵌件的制品，由于充模流程曲折、充模时间较长，此时，料筒温度也应设定高些。

料筒温度的选择对制品的性能有直接影响：料筒温度提高后，制品的表面光洁度、冲击强度及成型时熔体的流动长度提高了，而注射压力降低，制品的收缩率、取向度及内应力减少。由此可见，提高料筒温度，有利改善制品质量。因此，在允许的情况下，可适当提高料筒温度。

2. 喷嘴温度

喷嘴具有加速熔体流动、调整熔体温度和使物料均化的作用。在注射过程中，喷嘴与模具直接接触，由于喷嘴本身热惯性很小，与冷的模具接触后，会使喷嘴温度很快下降，导致熔料在喷嘴处冷凝而堵塞喷嘴孔或模具的浇注系统，而且冷凝料注入模后也会影响制品的表面质量及性能，所以，喷嘴需要控制温度。

喷嘴温度通常要略低于料筒末端的最高温度，一般低 $10\sim20℃$。一方面，这是为了防止熔体产生"流延"现象；另一方面，由于塑料熔体在通过喷嘴时，产生的摩擦热使熔体的实际温度高于喷嘴温度，若喷嘴温度控制过高，还会使塑料发生分解，反而影响制品的质量。

料筒温度和喷嘴温度的设定还与注射成型中的其他工艺参数有关。如：当注射压力较低时，为保证物料的流动，应适当提高料筒和喷嘴的温度；反之，则应降低料筒和喷嘴温度。

3. 模具温度

模具温度是指与制品接触的模腔表面温度。它对制品的外观质量和内在性能影响很大。

模具温度通常是靠通入定温的冷却介质来控制的，有时也靠熔体注入模腔后，自然升温和散热达到平衡而保持一定的模温，特殊情况下，还可采用电热丝或电热棒对模具加热来控制模温。不管采用何种方法使模温恒定，对热塑性塑料熔体来说都是冷却过程，因为模具温度的恒定值低于塑料的 T_g 或低于热变形温度（工业上常用），只有这样，才能使塑料定型并有利于脱模。

模具温度的高低主要取决于塑料特性（是否结晶）、制品的结构与尺寸、制品的性能要求及其他工艺参数（如熔体的温度、注射压力、注射速率、成型周期等）。

模具温度的选择与设定对制品的性能有很大的影响：适当提高模具温度，可增加熔体流动长度，提高制品表面光洁度、结晶度和密度，减小内应力和充模压力；但由于冷却时间延长，生产效率降低，制品的收缩率增大。

现在，生产精密制品时，往往配置模温控制机。

4. 油温

油温是指液压系统的压力油温度。油温的变化影响注射工艺参数，如：注射压力、注射速率等的稳定性。

当油温升高时，液压油的黏度降低，增加了油的泄漏量，导致液压系统压力和流量的波动，使注射压力和注射速率降低，影响制品的质量和生产效率。因此，在调整注塑工艺参数时，应注意到油温的变化。正常的油温应保持在 30～50℃。

四、压力参数

1. 背压（塑化压力）

螺杆头部熔料在螺杆转动后退时所受到的压力称背压（或称塑化压力），其大小可通过液压系统中的溢流阀来调节。预塑时，只有螺杆头部的熔体压力，克服了螺杆后退时的系统阻力后，螺杆才能后退。

背压的大小与塑化质量、驱动功率、逆流和漏流以及塑化能力等有关。

背压对熔体温度影响是非常明显的：对不同物料，在一定工艺参数下，温升随背压的增加而提高。原因是背压增加使熔体内压力增加，加强了剪切效果，形成剪切热，使大分子热能增加，从而提高了熔体的温度。

背压提高有助于螺槽中物料的密实，驱赶走物料中的气体。背压的增加使系统阻力加大，螺杆退回速度减慢，延长了物料在螺杆中的热历程，塑化质量也得到改善。但是过大的背压会增加计量段螺杆熔体的逆流和漏流，降低了熔体输送能力，而且还增加功率消耗；过高背压会使剪切热过高或剪切应力过大，使物料发生降解而严重影响到制品质量。

注射热敏性塑料，如 PVC、POM 等，背压提高，熔体温度升高，制品表面质量较好，但有可能引起制品变色、性能变劣、造成降解；注射熔体黏度较高的塑料，如 PC、PSF、PPO 等，背压太高，易引起动力过载；注射熔体黏度特别低的塑料，如 PA 等，背压太高，一方面易流延，另一方面塑化能力大大下降。以上情况，背压选择都不宜太高。

一些热稳定性比较好，熔体黏度适中的塑料，如 PE、PP、PS 等，背压可选择高些。通常情况下，背压不超过 2MPa。

背压高低还与喷嘴种类、加料方式有关：选用直通式（即敞开式）喷嘴或后加料方式，背压应低，防止因背压提高而造成流延；自锁式喷嘴或前加料、固定加料方式，背压可稍稍提高。

2. 注射压力

注射压力的作用是克服塑料熔体从料筒流向模具型腔的流动阻力，给予熔体一定的充模速度及对熔体进行压实、补缩。这些作用不仅与制品的质量、产量有密切联系，而且还受塑料品种、注塑机类型、制品和模具的结构及其他工艺参数等的影响。

（1）流动阻力　注射时要克服的流动阻力，主要来自两方面：首先是流道。一般，流道长且几何形状复杂时，熔体流动阻力大，需要采用较高的注射压力才能保证熔体顺利充模。其次是塑料的摩擦系数和熔体的黏度。润滑性差的物料，摩擦系数高。熔体黏度高的熔料流动阻力也较大，同样需要较高的注射压力。如果各项条件都相同，柱塞式注塑机所用的注射压力比螺杆式的大，原因是塑料在柱塞式注塑机料筒内的压力损失大。

（2）充模速率　注射压力在一定程度上决定了塑料的充模速率。在充模阶段，当注射压力较低时，塑料熔体呈铺展流动，流速平稳、缓慢，但延长了注射时间，制品易产生熔接痕、密度不匀等缺陷；当注射压力较高，而浇口又偏小时，熔体为喷射式流动，这样易将空气带入制品中，形成气泡、银纹等缺陷，严重时还会灼伤制品。

适当提高充模阶段的注射压力，可提高充模速率、增加熔体的流动长度和制品的熔接痕强度，制品密实、收缩率下降，但制品易取向，内应力增加。

现代注射机的注射压力和注射速率都是分级设置的；如何分级，主要靠实际经验。

总之，注射压力的选择与设定，是因塑料品种、制品形状等的不同而异，还要服从于注塑机所能允许的压力。一般情况下，注射压力的选择范围见表 6-2。

表 6-2 注射压力选择范围参考数据

制品形状要求	注射压力/MPa	适用塑料品种
熔体黏度较低、精度一般、流动性好、形状简单	70～100	PE、PS 等
中等黏度、精度有要求、形状复杂	100～140	PP、ABS、PC 等
黏度高、薄壁长流程、精度高且形状复杂	140～180	聚砜、聚苯醚、PMMA 等
优质、精密、微型	180～250	工程塑料

3. 保压压力

保压是指在模腔充满后，对模内熔体进行压实、补缩的过程。处于该阶段的注射压力称为保压压力。

实际生产中，保压压力也是分级设定的，级数往往比注射压力的级数稍小；其大小可与注射压力相等，一般稍低于注射压力。当保压压力较高时，制品的收缩率减小，表面光洁度、密度增加，熔接痕强度提高，制品尺寸稳定。缺点是：脱模时制品中的残余应力较大，易产生溢边。

保压压力越高，浇口凝封压力也越高，塑料还在流动，温度逐渐下降，因此，分子定向程度大。这是注射制品大分子取向形成的主要阶段。

4. 注射压力与熔料温度的组合

在注塑过程中，注射压力与熔料温度实际上是相互制约。熔料温度高时，注射压力就能降低些。对于某种塑料来说，以熔料温度和注射压力分别为坐标，绘制的成型面积能正确地反映注塑适宜的工艺参数，见图 6-3。

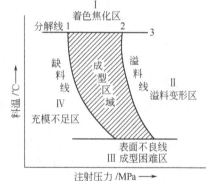

图 6-3 塑料原料注塑成型面积图

如图 6-3 所示，在成型区域中，适当的温度与压力的组合都能获得满意的结果；而在这区域以外的温度与压力的组合，都会给成型带来困难或给制品造成各种缺陷。

大型的、正规的原料生产厂家都提供原料的成型面积图。

五、成型周期

完成一次注射模塑过程所需要的时间称为成型周期。成型周期包括以下几部分：

$$成型周期\begin{cases}注射时间\begin{cases}充模时间——柱塞或螺杆前进的时间\\保压时间——柱塞或螺杆停留在前进位置的时间\end{cases}\\模内冷却时间\quad柱塞后撤或螺杆旋转后退的冷却时间\\其他时间\quad开模、脱模、喷涂脱模剂、安放嵌件和闭模等时间\end{cases}$$

（总冷却时间）

由于成型周期直接影响到劳动生产率和设备利用率，因此，生产中应在保证制品质量的前提下，尽量缩短成型周期中各有关时间。

在整个成型周期中，以注射时间和模内冷却时间的设定最重要，它们对制品的质量起决定性作用。

1. 充模时间

注射时间中的充模时间越短，则注射速率越快，此时，熔体的密度高、温差小，有利于提高制品的精度，但制品上易产生溢边、银纹、气泡等缺陷。通常，充模时间为 3～5s。对熔体黏度高、T_g 高、冷却速率快的大型、薄壁、精密制品，以及玻璃纤维增强制品，低发泡制品等，应采用快速注射。

充模时间与注射压力有关。充模时间长，即慢速充模，首先进入模内的熔体，受到较多的冷却而黏度增大，后面的熔体就要在较高的压力下才能入模，因此，模内物料受到的剪切应力大、分子定向程度高，当定向的分子被冻结后，会使制品产生各向异性，在使用过程中会出现裂纹。另外，充模时间长，制品的热稳定性也较低。充模时间短，即快速充模，塑料熔体通过喷嘴及浇注系统时，将产生较高的摩擦热而使料温升高，这样有利于减少分子定向程度，提高制品的熔接强度。但充模速度过快时，嵌件后部的熔接反而不好，使制品强度下降，另外，充模过快也容易裹入空气，使制品出现气泡或使热敏性塑料因料温高而发生分解。

2. 保压时间

保压时间就是对型腔内塑料的压实、补缩时间，在整个注射时间内所占的比例较大，一般为20～120s，特别厚的制品可高达3～5min；而形状简单的制品，保压时间也可很短，如几秒钟。在浇口处熔体冻结之前，保压时间的长短，对制品的质量有较大影响。若保压时间短，则制品的密度低、尺寸偏小、易出现缩孔；而保压时间长，则制品的内应力大、强度低、脱模困难。此外，保压时间还与料温、模温、主流道及浇口尺寸等有关。如果工艺参数正常、浇注系统设计合理，通常以制品的收缩率波动范围最小时的时间即为最佳保压时间。确定保压时间时要考虑的因素有：塑料的品种与性能；制品与模具等条件；与其他注塑工艺有关，如温度、背压、注射压力、注射速率、螺杆转速等工艺参数。

在现在的实际生产中，保压时间也是分级控制的。

3. 总的冷却时间

设定时主要取决于制品的厚度、塑料的热性能和结晶性以及模具温度等，以保证制品脱模时不变形为原则。一般，T_g 高及具有结晶性的塑料，冷却时间较短；反之，则应长些。如果冷却时间过长，不仅会降低生产效率，而且会使复杂制品脱模困难，强行脱模时将产生较大的脱模应力，严重时可能损坏制品。

浇口冻结后的冷却时间与螺杆后退后制品在模内的冷却时间从理论上讲应该一致，但从实际生产情况来看总是不一致的。一般说来，螺杆后退在浇口冻结后才开始，至于在浇口冻结后经过多长时间螺杆才开始后退，总的原则是这段时间越短越好。如果螺杆的后退是在浇口冻结之前，那将发生倒流，这在实际生产中是不允许的。浇口冻结后的冷却时间与制品性能的关系很大：如果时间过短，则制品易产生内应力，易发生变形；如果时间过长，则制品变脆。浇口冻结后的冷却时间与制品脱模的难易程度也有一定的关系：时间过短，则残余应力较大，脱模困难。

总的冷却时间理论上虽有计算式计算，但与实际情况偏差较大。

4. 其他时间

成型周期中的其他时间则与生产过程是否连续化和自动化、操作者的熟练程度等有关。

空循环时间是指在不加料的情况下，注塑机空转一个周期所需要最少的操作时间。这是注塑机在进行过程中灵敏程度的一个标志。

六、多级注塑

制品型腔较深而壁厚较小，使模具型腔形成长而窄的流道，熔体在流经该部位时必须快速通过，否则会冷却凝固，导致充填不足，故在此应设定高速注射。但高速注射会给熔体带来很大的动能，熔体流到底时会产生很大的惯性冲击，导致能量损失和溢边现象，这时必须使熔体减缓流速、降低充模压力、维持保压压力，使熔体在浇口凝封之前向模腔内补充熔体的收缩。因此，该制品的注塑过程必须采用多级注塑。

多级注塑是指在注射过程中，当螺杆向模腔内推进熔体时，不同位置采用不同的注射压力和注射速率。使用多级注塑有利提高制品质量。

多级注塑适合薄壁制品、长流程的大型制品、精密注射制品以及型腔配置不均衡或锁模不太紧密的制品生产。

在制订多级注塑工艺时，首先要根据制品的结构、重量、尺寸及几何形状，模具型腔结构及制品所用的塑料材料，选择好机型，确定好注塑工艺参数，制订多级注射压力和多级注射速率的设定图形，并依图进行调节、控制。多级注塑工艺特性见表 6-3。

表 6-3　多级注塑工艺特性

序号	功　能	多级注塑特性	注射速度与压力	措　施
1	缩短成型周期，入口处防止焦烧和溢边	$V\%$	低中高低 低低中高	熔体低速进浇口，防焦烧，降低注射速度，防溢边
2	用小闭模力成型大制品	$P\%$	低低中高	用低压补缩，防凹陷，并降低充模压力
3	克服多种不良现象	$V\%$	低低高中	防止各种不良现象，尺寸稳定性好，优良品率高
4	防止溢边	$P\%$	低低中高	确定好保压位置，在填充完后要正确控制黏度变化
5	对称注入口	$V\%$	低低高低	通过浇口后再高速充模
6	防止缩孔	$V\%$ $P\%$	低高低中 低低中高	易出现凹陷部位减慢速度，厚壁处降低注速，表层稳定
7	防止流纹	$V\%$ $P\%$	低高中低 低高低中	防止厚壁制品不规则流动
8	提高熔合缝强度	$V\%$	低低高中	先慢后快，提高熔合缝强度。注射速度位置的改变，熔合缝也发生位置改变
9	防止泛黄	$V\%$ 螺杆行程 s	低低中高	降低注射速度，气体易从出气口排除

续表

序号	功 能	多级注塑特性	注射速度与压力	措 施
10	防止熔体破裂和出现银纹	$V\%$	低低高低	降低注射速度,清除浇口处残渣,防止摩擦引起的降解
11	降低厚壁制品内应力,提高产品质量	$P\%$		防止进料过多,在冷却时降低保压压力
12	用小闭模力成型大制品	$P\%$ 螺杆行程 s		填充完了后,先降一次保压压力,当形成表皮后再提高二次保压压力,防凹陷

七、常用塑料的注射工艺参数汇总

用螺杆式注塑机注塑时,常用塑料的注塑工艺参数汇总表见表 6-4。

表 6-4　常用塑料的注塑工艺参数

参　数		PS	HIPS	ABS	电镀级 ABS	阻燃级 ABS	透明级 ABS
螺杆转速/(r/min)		范围较宽	30～60	30～60	20～60	20～50	30～60
喷嘴	型式	直通式	直通式	直通式	直通式	直通式	直通式
	温度/℃	200～210	160～170	180～190	190～210	180～190	190～200
料筒温度/℃	前	200～220	170～190	200～210	210～230	190～200	200～220
	中	170～190	160～180	200～220	230～250	200～220	220～240
	后	140～160	140～160	180～200	200～210	170～190	190～200
模具温度/℃		20～60	20～50	50～70	40～80	50～70	50～70
注射压力/MPa		60～100	60～100	70～90	70～120	60～100	70～100
保压压力/MPa		30～40	30～40	50～70	50～70	30～60	50～60
注射时间/s		1～3	1～3	3～5	1～4	3～5	1～4
保压时间/s		15～40	15～40	15～30	20～50	15～30	15～40
冷却时间/s		15～40	10～40	15～30	15～30	10～30	10～30
总周期/s		40～90	40～90	40～70	40～90	30～70	30～80
参　数		高抗冲 ABS	耐热级 ABC	PP	HDPE	POM	PC
螺杆转速/(r/min)		30～60	30～60	30～60	30～60	20～40	20～40
喷嘴	型式	直通式	直通式	直通式	直通式	直通式	直通式
	温度/℃	190～200	190～200	170～190	150～180	170～180	230～250
料筒温度/℃	前	200～210	200～220	180～200	180～190	170～190	240～280
	中	210～230	220～240	200～220	180～220	170～200	260～290
	后	180～200	190～200	160～170	140～160	170～190	240～270

参　数		高抗冲 ABS	耐热级 ABC	PP	HDPE	POM	PC
模具温度/℃		50～80	60～85	40～80	30～60	90～120	90～110
注射压力/MPa		70～120	85～120	70～120	70～100	80～130	80～130
保压压力/MPa		50～70	50～80	50～60	40～50	30～50	40～50
注射时间/s		3～5	3～5	1～5	1～5	2～5	1～5
保压时间/s		15～30	15～30	20～60	15～60	20～90	20～80
冷却时间/s		15～30	15～30	10～50	15～60	20～60	20～50
总周期/s		40～70	40～70	40～120	40～140	50～160	50～130

参　数		PA6	GFR-PA6	PA66	GFP-PA66	PA46	透明尼龙
螺杆转速/(r/min)		20～50	20～40	20～50	20～40	20～50	20～50
喷嘴	型式	自锁式	直通式	自锁式	直通式	自锁式	直通式
	温度/℃	200～210	200～210	250～260	250～260	280～290	220～240
料筒温度/℃	前	220～230	220～240	255～265	260～270	285～295	240～250
	中	230～240	230～250	260～280	280～290	290～310	250～270
	后	200～210	200～210	240～250	250～260	275～285	220～240
模具温度/℃		60～100	80～120	60～120	100～120	70～110	40～60
注射压力/MPa		80～110	90～130	80～130	80～130	80～125	80～130
保压压力/MPa		30～50	30～50	40～50	40～50	50～60	40～50
注射时间/s		1～4	2～5	1～5	3～5	1～5	1～5
保压时间/s		15～50	15～40	20～50	20～50	20～50	20～60
冷却时间/s		20～40	20～40	20～40	20～40	20～40	20～40
总周期/s		40～100	40～90	50～100	50～100	50～110	50～110

参　数		PMMA	PSU	改性 PSU	GFR-PSU	PBT	GFR-PBT
螺杆转速/(r/min)		20～30	20～30	20～30	20～30	20～40	20～40
喷嘴	型式	直通式	直通式	直通式	直通式	直通式	直通式
	温度/℃	180～200	280～290	250～260	280～300	200～220	210～230
料筒温度/℃	前	180～210	290～310	260～280	300～320	230～240	240～250
	中	190～230	300～330	280～300	310～330	240～250	250～260
	后	180～200	280～300	260～270	290～300	200～220	220～230
模具温度/℃		40～80	130～150	80～100	130～150	60～70	65～75
注射压力/MPa		80～120	100～140	100～140	100～140	60～90	80～100
保压压力/MPa		40～60	40～50	40～50	40～50	30～40	40～50
注射时间/s		1～5	1～5	1～5	2～7	1～3	2～5
保压时间/s		20～40	20～80	20～70	20～50	10～30	10～20
冷却时间/s		20～40	20～50	20～50	20～50	15～30	15～30
总周期/s		50～90	50～140	50～130	50～110	30～70	30～60

续表

参　数		PMMA	PSU	改性 PSU	GFR-PSU	PBT	GFR-PBT
螺杆转速/(r/min)		20～30	20～50	20～50	20～30	30～50	20～40
喷嘴	型式	直通式	直通式	直通式	直通式	直通式	直通式
	温度/℃	250～280	220～240	230～250	280～300	320～330	325～335
料筒温度/℃	前	260～280	230～250	240～260	300～310	330～350	340～360
	中	270～290	240～270	250～280	320～340	340～360	360～380
	后	230～240	230～240	230～240	270～290	290～310	300～320
模具温度/℃		90～110	60～80	90～100	100～110	110～130	100～120
注射压力/MPa		100～140	70～110	100～130	80～130	80～120	80～130
保压压力/MPa		50～70	40～60	50～60	40～50	40～50	50～60
注射时间/s		1～5	1～5	2～8	1～5	1～5	1～5
保压时间/s		30～70	30～70	15～40	10～30	15～40	15～40
冷却时间/s		20～60	20～50	15～40	20～50	20～50	20～50
总周期/s		60～140	60～130	40～90	40～90	40～100	40～100

第三节
特种注射成型工艺

一、精密注射成型

随着高分子材料的迅速发展，工程材料在工业生产中占据了一定的地位。因为它重量小、节省资源、节约能源，不少的工业产品构件已经被工程塑料零件所替代，如仪器仪表、电子电气、航空航天、通信、计算机、汽车、录像机、手表等工业产品中大量应用精密塑料制件。塑料制品要取代高精密度的金属零件，常规的注射成型是难以胜任的，因为对精密塑料制件的尺寸精度、工作稳定性、残余应力等方面都有更高的要求，于是就出现了精密注射成型的概念。

精密注射成型是与常规注射成型相对而言，指成型形状和尺寸精度很高、表面质量好、力学强度高的塑料制品，使用通用的注射机及常规注射工艺都难以达到要求的一种注射成型方法。

一般精密注射成型有两个指标：一是制品尺寸的重复误差；另一个是制品重量的重复误差。前者由于尺寸大小和制品厚薄不同难以比较，而后者代表了注射机的综合水平。一般精密注射成型制品的尺寸精度在 0.01～0.001mm 以内，制品质量标准差系数（变化率）小于 0.1%。重量误差低于 0.5% 为精密注射成型，低于 0.3% 为超精密注射成型。通用注射成型的重量误差在 1% 左右，较好的机器可达到 0.8%。

与普通注射成型类似，精密注射成型的工艺过程也包括：成型前的准备工作、注射成型过程及制品后处理三个方面。它的主要特点体现在成型工艺条件的选择和控制上，即注射压力高、注射速度快及温度控制精确。

（1）注射压力高　普通注射成型所需的注射压力，一般为 40～180MPa，而精密注射成型则要提高到 180～250MPa，有时甚至更高，达 400MPa。

（2）注射速度快　由于精密注射成型制品形状较复杂，尺寸精度高，因此必须采用高速注射。

（3）温度控制精确　温度包括料筒温度、喷嘴温度、模具温度、油温及环境温度。在精密注射成型过程中，如果温度控制得不精确，则塑料熔体的流动性、制品的成型性能及收缩率就不能稳定，因此也就无法保证制品的精度。

二、气体辅助注射成型

气体辅助注射成型，简称气辅注射（GAM），是一种新的注射成型工艺，20 世纪 80 年代中期应用于实际生产。气辅注射成型结合了结构发泡成型和注射成型的优点，既降低模具型腔内熔体的压力，又避免了结构发泡成型产生的粗糙表面，具有很高的实用价值。

气辅注射过程如图 6-4 所示。标准的气辅注射过程分为五个阶段。

（1）注射阶段　注射成型机将定量的塑料熔体注入模腔内。熔体注入量一般为充填量的 50%～80%，不能太少，否则气体易把熔体吹破。

（2）充气阶段　塑料熔体注入模腔后，即进行充气。所用的气体为惰性气体，通常是氮气。由于靠近模具表面部分的塑料温度低、表面张力高，而制品较厚部分的中心处，熔体的温度高、黏度低，气体易在制品较厚的部位（如加强筋等处）形成空腔，而被气体所取代的熔料则被推向模具的末端，形成所要成型的制品。

（3）气体保压阶段　当制品内部被气体充填后，气体压力就称为保压压力，该压力使塑料始终紧贴模具表面，大大降低制品的收缩和变形。同时，冷却也开始进行。

（4）气体回收及降压阶段　随着冷却的完成，回收气体，模内气体降至大气压力。

（5）脱模阶段　制品从模腔中顶出。

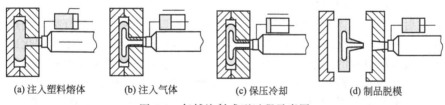

(a)注入塑料熔体　　(b)注入气体　　(c)保压冷却　　(d)制品脱模

图 6-4　气辅注射成型过程示意图

绝大多数用于普通注射成型的热塑性塑料，如聚乙烯、聚丙烯、聚苯乙烯、ABS、尼龙、聚碳酸酯、聚甲醛、聚对苯二甲酸丁二醇酯等，都适用于气辅注射。一般熔体黏度低的，所需的气体压力低，易控制；对于玻璃纤维增强材料，在采用气辅注射时，要考虑到材料对设备的磨损；对于阻燃材料，则要考虑到产生的腐蚀性气体对气体回收的影响等。

气辅注射的典型应用包括板形及柜形制品，如塑料家具、电器壳体等，采用气辅注射成型，可在保证制品强度的情况下，减小制品重量，防止收缩变形，提高制品表面质量；大型结构部件，如汽车仪表盘、底座等，在保证刚性、强度及表面质量前提下，减少制品翘曲受形及对注射成型机注射量和锁模力的要求；棒形、管形制品，如手柄、把手、方向盘、操纵杆、球拍等，可在保证强度的前提下，减少制品重量，缩短成型周期。

三、排气注射成型

排气注射成型是指借助于排气式注射成型机，对一些含低分子挥发物及水分的塑料，如聚碳酸酯、尼龙、ABS、有机玻璃、聚苯醚、聚砜等，不经预干燥处理而直接加工的一种注射成型方法。其优点为：减少工序，节约时间（因无须将吸湿性塑料进行预干燥）；可以去除挥发分到最低限度，提高制品的力学性能，改善外观质量，使材料容易加工，并得到表面光滑的制品；可加工回收的塑料废料以及在不良条件下存放的塑料原料。

排气式注射成型机与普通注射成型机的区别主要在于预塑过程及其塑化部件的不同。排气式注射成型装置组成及工作原理如图 6-5 所示。

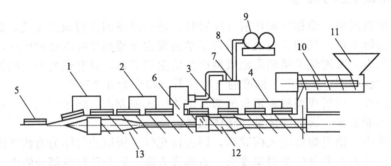

图 6-5 排气原理示意图

1～4—加热段；5—喷嘴加热；6—出气孔；7—净滤器；8—排气道；9—真空泵；
10—送料螺杆；11—料斗；12—第一级螺杆；13—第二级螺杆

在图 6-5 中，排气螺杆分成前后两级，共六个功能段。螺杆的第一级有加料段、压缩段和计量段；第二级有减压段、压缩段和计量段。物料在排气式注射成型机的料筒内所经历的基本过程是：塑料熔融、压缩增压→熔料减压→熔料内气体膨胀→气泡破裂并与熔体分离→排气→排气后熔体再度剪切均化。

排气式注射成型机具体的预塑过程为：物料从加料口进入第一级螺杆后，经过第一级加料段的输送、第一级压缩段的混合和熔融及第一级计量段的均化后，已基本塑化成熔体，然后通过在第一级末端设置的过渡剪切元件使熔体变薄，这时气体便附在熔料层的表面上。熔料进入第二级螺杆的减压段后，由于减压段的螺槽突然变深，容积增大，加上在减压段的料筒上设有排气孔（该孔常接入大气或接入真空泵贮罐），这样，在减压段螺槽中的熔体压力骤然降低至零或负压，塑料熔体中受到压缩的水汽和各种汽化的挥发物，在减压段搅拌和剪切作用下，气泡破裂，气体脱出熔体由排气口排出。因此，减压段又称排气段。脱除气体的熔体，再经第二级的压缩段混合塑化和第二级计量段的均化，存储在螺杆头部的注射室中。

排气注射成型工艺中最重要的参数是料筒温度，特别是减压段的温度。一般第一级螺杆加料段的温度要高些，以使物料尽早熔融。为减少负荷，减压段的温度在允许范围内要尽量低些。在操作过程中，应尽量避免生产中断，以防止物料由于长时间停滞而降解。如果生产中断后要重新开始时，需将料筒清洗几次；更换物料时，要清洗排气口；更换色料时，需将螺杆拆下清洗。

除料筒温度外，螺杆背压和转速的调节也与普通注射成型机不同。由于排气式螺杆的物料装填率比普通注射成型螺杆低，所以加注段常采用"饥饿加料"，这样可有效防止熔料从排气口溢出。此外，对注射量也有一定的要求，为注射成型机额定注射量的 $10\% \sim 75\%$。注射量太大会使加工不稳定，而注射量太低，同样会使加工工艺不稳定并造成能源浪费。

四、共注射成型

共注射成型是指用两个或两个以上注射单元的注射成型机，将不同品种或不同色泽的塑料，同时或先后注入模具内的成型方法。

通过共注射成型方法，可以生产出多种色彩或多种塑料的复合制品。典型的共注射成型有两种，即双色注射成型和双层注射成型。

1. 双色注射成型

双色注射成型是用两个料筒和一个公用的喷嘴所组成的注射成型机，通过液压系统调整两个推料柱塞注射熔料进入模具的先后次序，以取得所要求的、不同混色情况的双色塑料制品的成型方法。双色注射时成型还可采用两个注射装置、一个公用合模装置和两副模具，制得明显分色的塑料制品。双色注射成型机的结构如图6-6所示。此外，还有能生产三色、四色或五色制品的多色注射成型机。

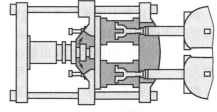

图6-6　双色注射成型机示意图

近年来，随着汽车部件和计算机部件对多色花纹制品需求量的增加，出现了新型的双色花纹注射成型机。该注射成型机具有两个沿轴向平行设置的注射单元，喷嘴回路中还装有启闭机构，调整启闭阀的换向时间，就能得到各种花纹的制品。

2. 双层注射成型

双层注射成型是指将两种不同的塑料或新旧不同的同种塑料相互叠加在一起的加工方法。双层注射成型的原理如图6-7所示。

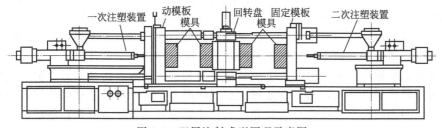

图6-7　双层注射成型原理示意图

由图6-7可知，注射成型开始时，可移动的回转盘处在中间位置，在两侧安装两个凸模——左边是一次成型的定模，右边是二次成型的动模。合模时右边的动模连同回转座一起向右移，使模具锁紧。在机架左边的台面上安装一次注射装置，在机架右边的台面上安装二次注射装置。当模具合紧后，两个注射装置的整体分别前进，然后分别将塑料注入模腔；再进行保压冷却。冷却时间到即开模，回转台左移到中间位置，动模板左移到原始位置。右边的二次模已经有了两次注射，得到了完整的双层制品，可由回转盘上的顶出机构顶落，而左边的制品只获得一层，还有待于二次注射，所以，这次只顶出料把。当检测装置确认制品落下，回转盘即可开始旋转，每完成一个周期，转盘转动180°。

双层注射成型机与双色注射成型机虽有相似之处，但双层式注射成型机有其特殊之处：具有组合注射成型机的特性，与其他工序可以同时进行；一次模具与二次模具装在同一轴线上，就不会因两个模具厚度存在尺寸偏差；回转盘以垂直轴为中心旋转，因此，模具的重量对回转轴没有弯曲作用；回转盘中液压马达驱动，可平稳地绕垂直轴转动，当停止时，由定位销校正型芯，以保证定位精度；直浇口和横浇口设有顶出装置，能随同制品的顶出装置一起顶出，可保证制品的顶出安全可靠；顶出二次材料的流道畅通，脱模时可施加较大的顶出力；小于拉杆内距离较大，模具安装盘的面积也大，可以成型大型制品。

五、流动注射成型

流动注射成型有两种类型：一种是用于加工热塑性塑料的熔体流动成型；另一种是用于加工热固性塑料的液体注射成型。虽然它们都属于流动注射成型，但成型机理完全不同，下面分别加以介绍。

1. 熔体流动成型

该法是采用普通的螺杆式注射成型机，在螺杆的快速转动下，将塑料物料不断塑化并挤入模腔，待模腔充满后螺杆停止转动，并用螺杆原有的轴向推力使模内熔料在压力下保持适当时间，经冷却定型后即可取出制品。其特点是塑化的熔料不是贮存在料筒内，而是不断挤入模腔中。因此，熔体流动注射成型是挤出和注射成型相结合的一种成型方法。

熔体流动成型的优点是制品的重量可超过注射成型机的最大注射量；熔料在料筒内的停留量少、停留时间短。比普通注射成型更适合加工热敏性塑料；制品的内应力小；成型压力低，模腔压力最高只有几个兆帕；物料的黏度低，流动性好。

由于塑料熔体的充模是靠螺杆的挤出，流动速度较慢，这对厚制品影响不大，而对薄壁长流程的制品则容易产生缺料。同时，为避免制品在模腔内过早凝固或产生表面缺陷，模具必须加热，并保持在适当的温度。

2. 液体注射成型 (L1M)

该法是将液体物料从贮存器中用泵抽入混合室内进行混合，然后由混合头的喷管注入模腔而固化成型。主要用于加工一些小型精密零件，所用的原料主要为环氧树脂和低强度的硅橡胶。

（1）成型设备 液体注射成型要用专用设备，典型的成型设备工作原理如图 6-8 所示。

液体注射成型设备主要由供料部分、定量及注射部分、混合及喷嘴部分组成。其中，供料部分由原料罐和原料加压筒等组成。在原料罐内装有加压板，在压缩空气或油泵作用下，向加压筒内的液体施压，使主料和固化剂经过入口阀门输送到定量注射装置。定量注射装置由两个往复式定量输出泵和注射油缸组成。当主料和固化剂进入定量泵后，就经过出口阀和单向阀进入预混合器装置内，然后在注射油缸的作用下，推动螺杆或柱塞将混合液加压，并经过预混器、静态混合器和喷嘴注入模腔。混合装置由料筒和静态混合器组成。

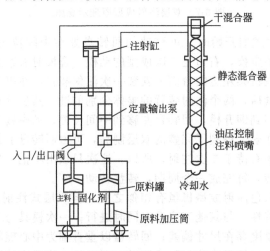

图 6-8 液体注射成型设备工作原理示意图

（2）常用原料及成型工艺　　液体注射成型常用的原料有环氧树脂、硅橡胶、聚氨酯橡胶和聚丁二烯橡胶等，以硅橡胶为主。下面以硅橡胶为例介绍成型工艺。

硅橡胶的黏度为 200～1200Pa·s，固化剂（树脂类）黏度为 200～1000Pa·s，两者混合比例常用 1:1。这两种原料一经混合便开始发生固化反应，其反应速率取决于温度。室温下，混合料可保持 24h 以上。随着温度的升高，固化时间缩短，当混合料的温度升至 110℃以上时，瞬间即可固化。如壁厚为 1mm 的制品，固化时间仅需 10s。由于硅橡胶的固化是加成反应，无副产物生成，故模具也无须排气。

例如，成型最大壁厚为 3mm，质量为 4.5g 的食品器具，其成型工艺条件如下：

每模制品数 4 个；注射压力 20MPa；模具温度上模为 150℃，下模为 155℃；成型周期 30s；模内固化时间 15s。

六、反应注射成型

反应注射成型（RIM）是指将两种能起反应的液体材料进行混合注射，并在模具中进行反应固化成型的一种加工成型方法。

适于 RIM 的树脂有聚氨酯、环氧树脂、聚酯、尼龙等，其中，最主要的是聚氨酯。RIM 制品主要用作汽车的内壁材料或地板材料、汽车的仪表板面、电视机及计算机的壳体以及家具、隔热材料等。

1. 成型过程

RIM 的工艺流程见图 6-9。

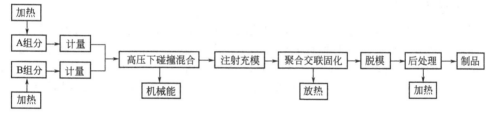

图 6-9　RIM 工艺流程

将贮罐中已配制恒温好的液态 A、B 两组分，经计量泵计量后，以一定的比例，由活塞泵以高压喷射入混合头，激烈撞击混合均匀后，再注入密封模具中，在模腔中进行快速聚合反应并交联同化，脱模后即得制品。

2. 成型设备

RIM 设备主要由蓄料系统、液压系统及混合系统三个系统组成，如图 6-10 所示。

（1）蓄料系统　　主要由蓄料槽和接通惰性气体的管路组成。

（2）液压系统　　由泵、阀、辅件及控制分配缸工作的油路系统组成。其目的是使 A、B 两组分物料能按准确的比例输送。

（3）混合系统　　使 A、B 两组分物料实现高速、均匀的混合，并加速使混合液

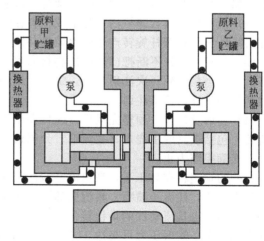

图 6-10　反应注射成型装置

从喷嘴注射到模具中。混合头必须保证物料在小混合室中得到均匀的混合和加速后，再送入模腔。混合头的设计应符合流体动力学原理，并具有自动清洗作用。混合头的活塞和混合阀芯在油压控制下的动作如图 6-11 所示。

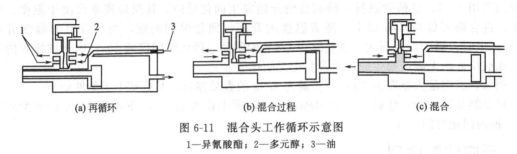

(a) 再循环　　　　　　　(b) 混合过程　　　　　　　(c) 混合

图 6-11　混合头工作循环示意图

1—异氰酸酯；2—多元醇；3—油

由图 6-11 可知，混合头的工作由三个阶段组成。

① 再循环　栓塞和混合阀芯在前端时，喷嘴被封闭，A、B 两种液料互不干扰，各自循环，如图 6-11(a) 所示。

② 混合过程　柱塞在油压作用下退至终点，喷嘴通道被打开，如图 6-11(b) 所示。

③ 混合　混合阀芯退至最终位置，两种液料被接通，开始按比例混合，混合后的液料从喷嘴高速射出，如图 6-11(c) 所示。

七、热固性塑料注射成型

1. 注射成型原理

热固性塑料的注射成型原理是：将热固性注射成型料加入料筒内，通过对料筒的外加热及螺杆旋转时产生的摩擦热，对物料进行加热，使之熔融而且具有流动性，在螺杆的强大压力下，将稠胶状的熔融料，通过喷嘴注入模具的浇口、流道，并充满型腔，在高温（170～180℃）和高压（120～240MPa）下进行化学反应，经一段时间的保压后，即固化成型。打开模具得到固化好的塑料制品。

2. 工艺流程

热固性塑料的注射成型工艺流程如下。

(1) 供料　料斗中的热固性注射成型料靠自重落入料筒中的螺槽内。热固性注射成型料一般为粉末状，容易在料斗中产生"架桥"现象，因此，最好使用颗粒状物料。

(2) 预塑化　落入螺槽内的注射成型料在螺杆旋转的同时向前推移，在推移过程中，物料在料筒外加热和螺杆旋转产生的摩擦热共同作用下，软化、熔融，达到预塑化目的。

(3) 计量　螺杆不断把已熔融的物料向喷嘴推移，同时在熔融物料反作用力的作用下，螺杆后退，当集聚到一次注射量时，螺杆后退触及限位开关而停止旋转，被推到料筒前端的熔融料暂停前进，等待注射。

(4) 注射及保压　预塑完成后，螺杆在压力作用下前进，使熔融料从喷嘴射出，经模具集流腔，包括模具的主浇口、主流道、分流道、分浇口，注入模具型腔，直到料筒内的预塑料全部充满模腔为止。

熔融的预塑料在高压下，高速流经截面很小的喷嘴、集流腔，其中部分压力通过阻力摩擦转化为热能，使流经喷嘴、集流腔的预塑料温度从 70～90℃迅速升至 130℃左右，达到临界固化状态，也是流动性的最佳转化点。此时，注射料的物理变化和化学反应同时进行，以物理变化为主。注射压力可高达 1120～240MPa，注射速度为 3～4.5m/s。

为防止模腔中的未及时固化的熔融料瞬间倒流出模腔（即从集流腔倒流入料筒），必须进行保压。

在注射过程中，注射速度应尽量快些，以便能从喷嘴、集流腔处获得更多的摩擦热。注射时间一般设为 3～10s。

（5）固化成型　130℃左右的熔融料高速进入模腔后，由于模具温度较高，为 170～180℃，化学反应迅速进行，使热固性树脂的分子间缩合、交联成体型结构。经一段时间（一般为 1～3min，迅速固化料为 0.5～2min）的保温、保压后即硬化定型。固化时间与制品厚度有关。若从制品的最大壁厚计算固化时间，则一般物料为 8～12s/mm，快速固化料为 5～7s/mm。

（6）取出制品　固化定型后，启动动模板，打开模具取出制品。利用固化反应和取制品的时间，螺杆旋转开始预塑，为下一模注射做准备。

阅读材料

塑料注射成型新工艺

1. 模具滑动注射成型

模具滑动注射成型法是由日本制钢所开发的一种两步注射成型法，主要用于中空制品的制造。与吹塑制品相比，该法成型制品具有表面精度好、尺寸精度高、壁厚均匀且设计自由度大等优点。

2. 熔芯注射成型

当注射成型结构上难以脱模的塑料件，如汽车输油管和进排气管等复杂形状的空心件时，一般是将它们分成两半成型，然后再拼合起来，致使塑料件的密封性较差。随着这类塑料件应用的日益广泛，人们将类似石蜡铸造的熔芯成型工艺引入注射成型，形成了所谓的熔芯注射成型方法。

3. 受控低压注射成型

受控低压注射成型与传统注射成型的主要差别在于：传统注射成型充填阶段控制的是注射速率，而低压注射成型充填阶段控制的是注塑压力，在低压注射过程中，型腔入口压力恒定，但注射速率是变化的，开始以很高的速率进行注射，随着注射时间的延长，注射速率逐渐降低，这样就可以大幅度消除塑料件内应力，保证塑料件的精度。

4. 注射-压缩成型

这种成型工艺是为了成型光学透镜而开发的。其成型过程为：模具首次合模，但动模、定模不完全闭合而保留一定的压缩间隙，随后向型腔内注射熔体；熔体注射完毕后，由专设的闭模活塞实施二次合模，在模具完全闭合的过程中，型腔中的熔体再一次流动并压实。

5. 剪切控制取向注射成型

剪切控制取向注射成型实质是通过浇口将动态的压力施加给熔体，使模腔内的聚合物熔体产生振动剪切流动，在其作用下不同熔体层中的分子链或纤维产生取向并冻结在制件中，从而控制制品的内部结构和微观形态，达到控制制品力学性能和外观质量的目的。将振动引入模腔的方法有螺杆加振和辅助装置加振两种。

6. 推-拉注射成型

德国 Klockner 公司开发的推-拉注射成型是另一种将振动引入注射成型的工艺，这种成型方法可消除塑料件中熔合缝、空隙、裂纹以及显微疏松等缺陷，并可控制增强纤维的排列。

7. 微孔发泡注射成型

在传统的结构发泡注射成型中，通常采用化学发泡剂，由于其产生的发泡压力较低，生产的制件在壁厚和形状方面受到限制。微孔发泡注射成型采用超临界的惰性气体（CO_2、N_2）作为物理发泡剂。与一般发泡成型相比，微孔发泡成型有许多优点。其一是它形成的气泡直径小，可以生产因一般泡沫塑料中微孔较大而难以生产的薄壁制品；其二是微孔发泡材料的气孔为闭孔结构，可用作阻隔性包装产品；其三是生产过程中采用 CO_2 或 N_2，因而没有环境污染问题。

 习题

1. 解释下列名词术语：
注射量　注射压力　注射速度　注射速率　注射时间　塑化能力　合模力　塑化压力　成型周期
2. 塑料注射成型机的主要技术参数有哪些？
3. 塑料注射的基本工艺流程是什么？
4. 注塑生产过程可分为哪几步？
5. 充模和冷却过程可分为哪几个阶段？
6. 注塑时为什么要保压？保压阶段时间的长短对制品质量有何影响？
7. 模内冷却结束时间客观标准有哪些？
8. 注射成型工艺参数主要有哪几类？
9. 实际生产中如何调节注射量？
10. 生产中为什么要设置余料量？
11. 生产中有时要设置防延量，为什么？
12. 预塑时对螺杆转速有何要求？
13. 什么叫背压？背压对塑化质量有何影响？
14. 什么叫注射压力？根据哪些因素设定注射压力？
15. 什么是注射速率？为什么要控制注射速率？
16. 合模参数包括哪些内容？各有何要求？
17. 什么叫工艺合模力？和额定合模的关系是什么？
18. 生产过程中对顶出的要求是什么？
19. 温控参数包括哪四项内容？
20. 简述塑料注射成型时的温度因素。
21. 简述塑料注射成型时的压力因素。
22. 什么叫塑料原料的注塑成型面积图？有何作用？
23. 塑料注射成型周期由哪些时间组成？其中与制品质量密切相关的时间有哪些？
24. 什么叫多级注塑？有何作用？主要控制因素有哪几项？

第七章

塑料压延成型

学习目标

1. 了解高分子材料在压延机中的流动状态和压延机的主要技术参数。
2. 掌握SPVC薄膜和RPVC片材压延成型基本工艺。

压延成型是物料通过专用压延设备对辊筒间隙的挤压，延展成具有一定规格、形状的塑料薄膜和片材的工艺过程。它可用于塑料薄膜的压延、塑料片材和人造革的压延成型。

第一节
压延成型概论

压延成型工艺的主要设备为压延机。压延机种类很多，为适应不同的工艺要求，工作辊筒有三个辊、四个辊、五个辊、六个辊、七个辊不等。两只辊筒称为开炼机，排列形式有立式和卧式；三辊有直立型、T型和三角型；四辊有T型、L型、Z型、斜Z型和S型等多种。辊筒数量及其排列形式对各种工艺操作的难易、压延半成品质量的高低都有很大的影响。

按工艺用途来分，主要有压片压延机、擦胶压延机、通用压延机、贴合压延机和钢丝压延机等。压片压延机用于压延胶片或纺织物贴胶。大多为三辊或四辊，各辊速度相等。

通用压延机，亦称万能压延机，兼有上述两种压延机的作用。通常为三辊或四辊，各辊间的速比可以改变。有两个、三个或四个辊筒，其中一个辊筒为带有花纹或沟槽的压型辊筒，并有专门便于更换的装置。贴合压延机用于人造革等的贴合，通用三辊压延机可作贴合用。

目前，我国应用较多的是通用三辊压延机、四辊压延机。在辊筒排列结构上，比较新的有Z型、斜Z型、倒L型四辊压延机。其辊筒排列式如图7-1所示。

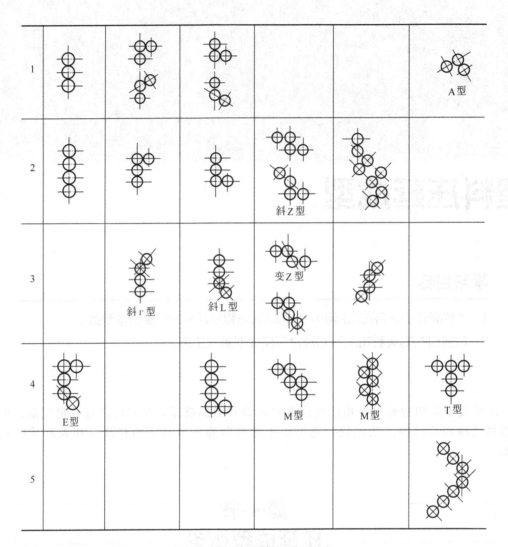

图 7-1　压延机辊筒的排列形式

1—三辊压延机辊筒的排列；2—四辊压延机辊筒的排列之一；3—四辊压延机辊筒的排列之二；
4—五辊压延机辊筒的排列；5—七辊压延机辊筒的排列

一、压延机主要技术参数

1. 压延机辊筒及其技术参数

压延机规格一般用辊筒外直径乘以辊筒工作部分长度来表示。如 610mm×1730mm 四辊 T 型压延机，其中 610 为辊筒直径，1730 为辊筒工作部分长度。我国压延机型号可表示为 XY-4T-1730，其中 XY 表示橡胶压延机，4T 表示四辊筒 T 型排列，1730 表示辊筒工作部分的长度（mm）。

（1）辊筒的基本要求

① 压延机辊筒应具有足够的刚度，以确保工作时强大负荷作用下，弯曲变形不超过许用值。

② 辊筒工作表面应具有足够的硬度，以抵抗长时间的工作磨损。

③ 辊筒应精细加工，以保证表面光洁程度。

④ 辊筒工作表面外径的加工应达到基轴制七级精度以上，以给辊筒留有使用后的修磨余量。

⑤ 辊筒材料应具有良好的导热性，辊筒工作表面部分壁厚均匀，内腔需经机械加工。

⑥ 辊筒的结构与几何形状应确保沿辊筒工作表面全长温度分布均匀一致，防止应力集中，使用可靠、经济合理。

（2）压延辊筒的主要技术参数　辊筒的直径 D（外径）和长度 L（有效长度）是压延机的重要的特征参数。辊筒长度越长，表示所加工的制品的宽度越大。平常所说的长度是指有效长度，并非实际长度。有效长度就是制品的最大幅宽。

随着辊筒长度增大，辊筒直径也要相应增加，以增大辊筒的刚性。压延机辊筒的长径比是指辊筒的有效长度与辊筒的直径之比；其值 L/D 为 2～2.7，一般不超过 3。

2. 其他部件

压延机的结构如图 7-2 所示。一般由工作辊筒、机座、传动装置、辊筒的加热和冷却装置、润滑系统和紧急停车装置等部分组成。随着现代科学技术和生产的发展，对压延半成品的厚度及其均匀的要求越来越高，因此，对压延机的精度、速度和自动化控制程度的要求越来越高。例如，为改善厚度的精确性，辊筒采用滚动轴承、辊筒轴端加预负荷装置等；为提高厚度的均匀性，在辊筒间采用轴交叉装置；为提高辊筒表面温度的均匀性，将辊筒该为圆周钻孔、过热水循环控制温度。此外，还采用 γ（β）射线测厚和自动调节控制装置以及辊筒速度、帘布张力和定中心等控制装置。

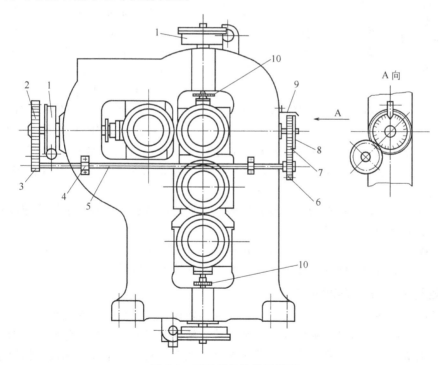

图 7-2　压延机的结构示意图

1—调距装置；2—大齿轮；3，6—小齿轮；4—支承；5—连杆；7—齿轮；8，10—刻度盘；9—指针

二、高分子材料在压延机辊筒间的流动状态

高分子材料压延时的塑性变形、压力和流速分布、横压力、应力松弛和收缩以及压延效

应等问题，是压延成型的基本问题。

1. 高分子材料压延时的塑性变形

（1）高分子材料进入辊筒间隙的条件　见第四章第二节。

（2）压延时高分子材料的延伸　高分子熔体的体积可压缩性非常小，可以认为是不可压缩的材料。就是说，压延前后材料的体积不会改变。因此，在厚度被压缩的同时，必然伴随着宽度和长度的相应延伸。积胶厚度越大，沿辊筒旋转方向（即与辊筒轴线垂直的方向）的延伸也就越大。

（3）辊筒间隙的压力分布和横压力　胶料在进入辊筒间隙后的流动、塑性变形均由辊筒间隙的压力分布所决定。这种压力可通过在辊筒上安装压力传感器进行实际测定。

将压力分布曲线进行积分，乘以辊筒工作部分长度，得到总的压力，一般称为横压力。影响横压力的主要因素有辊筒直径、辊筒线速度、辊筒工作部分长度、辊筒辊距、胶料黏度和辊筒的温度等。

一般来说，横压力随辊筒直径和工作部分长度的增加、塑料黏度的增大而增加。辊筒线速度增大，横压力开始增加。当线速度增大影响到塑料黏度下降较大时，横压力就增加不多，甚至可能不增加。在较小的辊距范围内，辊距减小，横压力增加。胶料和辊筒温度的增加，会引起塑料黏度下降，因而横压力也下降。

（4）高分子材料在辊筒间隙处的流速分布　在了解了宏观的塑性变形，分析了辊筒间的压力分布后，可以认识到，在等速旋转的两个辊筒之间的塑料，其流动不是等速前进，而是存在一个与压力分布相应的流动速度分布。在钳住区 x 轴方向不同的位置，其速度分布是不同的，见图7-3。

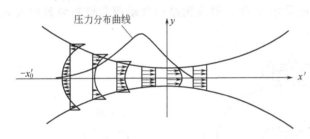

图 7-3　钳住区高分子材料的速度分布

如图7-3所示，在压力最大点处和终钳住点处的速度分布曲线为直线；从始钳住点到中心处的速度分布曲线呈凹型（在此区域内的曲线分三种情况：一种是较为平缓的凹型线，另一种是凹线的顶部为零，再一种是凹线的顶部为负值）；从中心线处到终钳住点处的速度分布曲线为凸型线。

压延机两辊筒间，如存在的堆积胶料较多，此处的胶料还存在有与辊筒线速度相反的流动。在加料处呈现翻转的现象。

当两辊筒速度不等，此流动速度分布规律基本不变。y 轴上各点胶料线速度不是相等的，而是存在一个等于两辊筒线速度差的速度梯度。总的速度梯度增加。

2. 压延时高分子材料的应力松弛

高分子熔体不是纯塑性物体，而是一种黏弹性物体，受力后，只有在生产塑性变形。有高弹性变形，必然伴随有较明显的应力松弛现象。塑性变形实际上是在弹性和高弹性变形恢复、应力松弛结束后，在总变形中剩余下来的永久变形。对压延半成品来说，保持半成品所要求的尺寸和形状是很重要的。也就是说，应力松弛、高弹变形恢复应在压延过程中尽快完成。

塑料通过压延后是否完全为塑性变形，取决于塑料通过辊距的时间是否足以使其应力松弛基本结束。否则，塑料压延后就会发生收缩。这样，片材就表现为厚度增加，而长度和宽度缩小。这种收缩在冷却过程中一直非常明显，直到塑料的温度与外界环境温度相近时（如室温），收缩才基本停止。所以，在压延后要充分冷却，才能使半成品的尺寸和形状保持稳定。另外，冷却后的塑料，还要经过一段时间的停放才能使用。

高分子材料压延后的收缩，除了由应力松弛现象产生的以外，还有由温度下降引起的冷却收缩。冷却收缩会引起塑料体积缩小。应力松弛产生的收缩，体积不变，而是变形方向的一种恢复，即某个方向收缩缩小，必有其他方向的膨胀增大。冷却收缩总是存在的，塑料温度的下降必然伴有冷却收缩。

为控制压延半成品的尺寸，应尽量减少塑料的收缩和膨胀，而这只能从减少应力松弛所产生的收缩来考虑。该收缩的大小与塑料的性质、可塑性的大小、压延温度的高低、压延线速度的大小以及设备的特征等有关。

塑料温度的影响很大。由于温度升高、黏度下降（可塑性增加），大分子的热运动加快，松弛速度也加快，因而制品收缩率减小。

设备特征对收缩也有很大影响。塑料如能在压延机上多通过一次辊筒间隙，则可大大加长塑料的应力松弛时间，有利于收缩的进行。若用相同的线速度压延同一厚度的胶片，则片材通过小辊筒的时间小于通过大辊筒的时间，因而，大辊筒的松弛时间较充分，收缩率也相应较小。

对同一种塑料来说，压延速度大的，收缩率也大。压延速度大，塑料通过同样的辊筒间隙的时间小，而剪切速率增加，总变形的部分增加，收缩也就增大。

总的说来，减少塑料收缩的主要措施是增加塑料的应力松弛速度或延长压延时间。

3. 压延效应

压延片材的纵向（沿压延方向）拉伸强度大于横向拉伸强度，而横向伸长大于纵向伸长；在胶片的停放中，纵向收缩比横向收缩大。压延塑料在物理力学性能上的这种各向异性现象称为压延效应。这种效应是塑料中的大分子和针状、片状等配合剂，在压延过程中沿压延方向取向的结果。这种效应的大小与塑料的组成、压延温度、速度、速比等有关。

对于要求各向同性的制品来说，压延效应尽可能地予以消除和减少；对于需要纵横方向性能不一致的制品，则应注意压延的方向，用其所长，尽量发挥它的作用。

总的来说，凡有助于促进大分子运动的因素，有助于减少剪切速率的因素，都能减少压延效应。

第二节
塑料压延成型

PVC价格低廉、使用范围广，制品厚度可从 0.03~0.75mm 范围内可调，软硬度在很大范围内可调。PVC为极性物质，其具有良好的印刷性，因此，可用来印刷各种美丽的图案，国外甚至已有用PVC薄膜生产玩具图书的实例。有些PVC制品的透明性也很好，当然，PVC塑料也存在一些问题。

一、SPVC 塑料薄膜的压延工艺

1. SPVC 压延薄膜的配方组成与作用

SPVC压延薄膜的配方组成见表 7-1。

表 7-1 SPVC 压延薄膜的配方

名　　称	配比/份	作　用	特　　性
PVC(SG-3)	100	主原料	
DOP	31	增塑剂	SPVC薄膜的增塑剂在40～50份之间
TCP	15	增塑剂	
环氧酯	5	增塑剂	具有更好的低温柔性
CaCO$_3$	10	填料	
液体 Ba-Cd	2	热稳定剂	
硬脂酸钡-镉	1	热稳定剂	
H-St	0.3	润滑剂	
硅石粉	0.5	开口剂	

压延 PVC 配方中热稳定剂选择得正确与否对辊筒表面是否带有蜡状物关系极大。正电性强的热稳定剂和金属的亲和力强，容易从物料内迁移到辊筒表面，形成蜡状物。辊筒表面带有蜡状物时，对加工时的传热不利；并且还给制品表面质量带来不良影响。防止与消除辊筒表面产生蜡状物的措施有：一是少用正电强的热稳定剂；二是掺入吸附这类金属皂的填料，如氢氧化铝等；三是加入酸性润滑剂，如硬脂酸等。

热稳定剂生成蜡状物难易程度比较如下：

最易生成蜡状物是正电性强的硬脂酸金属皂类，如 Ca、Ba、Mg、Sr 等皂类；正电性弱的金属皂不易生成蜡状物，如 Zn、Cd、Pb 等皂类；脂肪酸的皂类比芳香酸的皂类生成蜡状物要更为严重些；分子链长的脂肪酸皂类比短链的皂类生成蜡状物要更为严重些。

2. 工艺流程与工艺参数

PVC 塑料薄膜压延生产线组成如图 7-4 所示。

图 7-4　PVC 塑料薄膜压延生产线组成

（1）准备阶段　如果一只配方有几种增塑剂，则有必要进行增塑剂预混合。在准确计量的基础上，将表 7-1 中三种增塑剂混合均匀。软质 PVC 塑料的助剂以浆料的形式加入更为有利，故加工前配制好稳定浆和色浆。

（2）计量装置　目前国内不少厂家采用人工称量，这不仅带来计量偏差，且原料易受污染，于产品质量控制上带来困难。目前比较先进的是用密闭式计量方式，其精度误差可控制在 0.5% 以内。

（3）高速混合　高速搅拌机（也称为高速混合机，简称"高混机"）不仅是一个让原料混合均匀的设备，而且可促进增塑剂的吸收。因此，也有人称此阶段为"捏合"工序。所谓捏合就是指用捏合机或高速搅拌机，将 PVC 树脂和各种添加剂混合均匀，对于软制品来说，通过捏合让增塑料剂有更多的机会渗进 PVC 树脂中，使树脂溶胀，为进一步塑化作准备。

参考工艺参数：料温 80℃左右，桶体温度 110℃，外观判断增塑剂完全吸收，蓬松有干燥感即可。捏合工艺参数见表 7-2。

表 7-2　软质 PVC 塑料捏合工艺参数实例

项　　目		设　　备		
		500L Z 型捏合机	500L 高速搅拌机	200L 高速搅拌机
捏合速度/(r/min)		主轴承 40	430	550
加料量/kg		不大于 250	不大于 200	不大于 100
加热蒸汽压力/MPa		3～4	3～4	3～4
捏合时间/min	不加增塑剂	40～50	5～7	—
	48～50 份增塑剂	30～40	6～8	5～7
出料温度/℃		90～110	90～100	90～100

（4）密炼　密炼就是用密闭式塑炼机把配好的塑料加压塑炼并使之塑化的过程。密炼机是将 PVC 原料进行塑化的设备，同时将块状原料进行分散。用于压延 SPVC 薄膜的塑料，密炼工艺条件实例见表 7-3。

（5）开炼　开炼（也称"混炼"或"塑炼"）是指在开炼机上，主要通过辊筒的表面加热和辊筒间的强大剪切作用，使 PVC 塑料熔融塑化的过程。确切地讲，混炼与塑炼应该包括开炼、密炼在内。

表 7-3　压延 SPVC 薄膜的塑料密炼工艺条件实例

工 艺 参 数	直接投粉料	投 捏 合 料
投料量/kg	75	85
空气压力/MPa	130～140	130～140
密炼室温度/℃	140～145	—
密炼时间/min	4～8	3～5
出料时的温度/℃	160～165	160～165
出料状态	团状塑化半硬料	团状塑化半硬料

开炼机是将经初步塑化的物料进一步塑化、混合，达到均一的程度。通常有两台开炼机进行串联作业，以达到更加均匀混料的目的。

开炼工艺参数对塑料质量的影响见表 7-4、表 7-5。

表 7-4　开炼温度与未塑化粒子数的关系

混炼工艺条件	辊筒间隙 0.2mm，时间 10min				
混炼温度/℃	140	150	160	170	180
未塑化的粒子数	65000	840	350	60	—

表 7-5　开炼时间与未塑化粒子数的关系

混炼工艺条件	辊筒间隙 0.2mm，温度 165℃			
混炼时间/min	5	10	15	20
未塑化的粒子数	80000	1500	940	170

（6）挤出喂料　挤出喂料实质上起到了过滤作用，用挤出机，但螺杆的长径比要比普通生产制品的挤出机小得多。因此，挤出喂料机也称为"过滤机"。

过滤机螺杆一般通冷却水冷却，但在做较硬的产品时，过滤机要适当升温，以使物料顺利通过过滤网，起到防止分解的作用。一般的工艺参数为：1区，125～140℃；2区，140～160℃；3区，150～170℃；模头，160～180℃。

（7）压延工艺参数1（即辊温与辊速）　压延时所需要热的来源有两方面：一是从辊筒外部所传导的热量；另一是摩擦与剪切所产生热量。

倒"L"型压延机有四只辊筒，其形成三个间隙。为便于说明，定义如下。

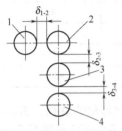

图7-5　倒"L"型压延机的四只辊筒

如图7-5所示，δ_{1-2}、δ_{2-3}、δ_{3-4}分别为第一间隙、第二间隙、第三间隙。以"1""2""3""4"分别表示"第一""第二""第三"与"第四"只辊筒。倒数第二只辊筒为主辊。

辊温分布的一般规律为：$T_1 < T_2 < T_3 < T_4$，T_3与T_4接近相等或$T_3 = T_4$。每个辊筒相差5～10℃；其原因是塑料自动黏附在高温高速的辊筒上，为了使塑料能顺利地转移，故辊筒温度需这样设置。

PVC在90℃时即开始软化，且同时开始分解。随着PVC配方之进步，PVC可加工范围越来越大，最高加工温度可达220℃以上。PVC塑化温度与增塑剂含量及分子量分布有关，增塑剂含量上升，塑化温度下降；分子量低，塑化温度下降。有40份增塑剂的塑料，其温度约为150～170℃之间。工艺参数见表7-6和表7-7。

表7-6　PVC压延时四只辊筒的实际温度　　　　　　　　　　　　　　　　单位：℃

辊筒	1	2	3	4
温度	165～170	170～175	175～180	180～185

表7-7　主辊及其他辊筒线速度数据

压延物的情况	1辊	2辊	3辊	4辊
压延软PVC薄膜时的辊速/(m/min)	42	53	60	50
压延硬PVC薄片时的辊速/(m/min)	18	24	26	23

（8）压延工艺参数2（即各辊筒的速比）　压延机相邻两辊筒线速度之比称为辊筒的速比。由于压延机辊筒的直径大致相等，所以，辊筒的速比实质上是转速之比。

产生速比的目的为了使压延塑料依次贴辊，更好地塑化。

辊速在压延成型中是关键工艺之一。一般情况，下一只辊筒的速度明显快于上一只辊筒，其速比在（1.1：1）～（1.5：1）之间。

压延速度是以压延机的主辊的线速度为标准，其他压延机的各个辊筒的线速度都要低些。

速比的调节原则是塑料既不能不吸辊，也不能黏辊。如果速比太大，塑料就黏辊，难以剥离；如果太小就不能吸辊。速比的大小与薄膜的厚薄有关，具体数据见表7-8。

表7-8　薄膜厚度、主辊速度及其速比经验数据

薄膜厚度/mm		0.10	0.23	0.14	0.50
主辊速度/(m/min)		45	35	50	18～24
速比	V_2/V_1	1.19～1.20	1.21～1.22	1.20～1.26	1.16～1.23
	V_3/V_2	1.18～1.19	1.16～1.18	1.14～1.16	1.20～1.23
	V_3/V_4	1.20～1.22	1.20～1.22	1.16～1.21	1.24～1.26

引离辊、压花辊、卷取辊的线速度都要依次增高，都要大于主辊。

（9）压延工艺参数 3（即辊距与辊隙存料）　辊距是指辊筒表面的最短距离。辊隙存料（也称为"积料"）是指在开炼、压延等过程中，两辊间堆积的塑料。

辊距的变化规律（以四辊压延机为例）如下：$\delta_{1-2} > \delta_{2-3} > \delta_{3-4}$，其中 δ_{3-4} 稍小于制品的厚度。其原因是使辊隙间有一定的存料，起储料、补足、塑化完备等作用。调节辊距的目的是适应制品厚度的要求；调节辊隙的存料量。辊隙存料的要求（以 $\phi700 \times 1800$ 斜 Z 型四辊压延机为例）见表 7-9。

表 7-9　薄膜厚度、辊隙存料及旋转状态

薄 膜 厚 度	δ_{2-3}	δ_{3-4}
0.10mm 农业薄膜	直径 7～10mm，呈铅笔旋转状	直径 5～8mm，流动性好，呈旋转状
0.23mm 普通薄膜	直径 12～16mm，呈铅笔旋转状	直径 10～14mm，旋转时向两边流动
0.45mm 普通薄膜	直径 12～15mm，呈折叠旋转状	直径 13～15mm，旋转时向两边流动
0.50mm 普通薄膜	直径为 20mm，呈折叠旋转状	直径 10～20mm，缓慢旋转状

（10）压延效应　压延效应是指热塑性塑料在压延过程中受到剪切力，使高分子材料顺着薄膜前进的方向发生取向作用，从而使压延制品在物理力学性能上出现各向异性。

压延效应对薄膜性能的影响一般为顺着取向方向的力学性能增加，而与取向垂直的方向上，其力学性能下降。影响压延效应的因素很多：如前所述的辊筒的线速度、辊筒的速比、辊隙间的存料量、塑料的表观黏度、辊温、辊距与压延时间等因素；以及后面即将要简述的引离辊、冷却辊、卷取辊的表面线速度等方面的因素。

（11）引离辊　引离辊的转速（以线速度为准）比压延机的主辊快速 25%～35%；引离辊的转速不能太快，否则制品的内应力太大，如果太慢的话，则引离效果不好。引离辊距离最后一只辊筒大约有 75～150mm；位置是低于压延机的最后一只辊筒，否则塑料的包辊面太大。

引离辊温度对薄膜而言，其重要性不亚于压延机，虽然它只是一个保温过程，但由于薄膜的拉伸应力要在引出部分消除，因此，引离辊的温度是产品品质的重要组成部分。由于引离辊不受挤压，因此温度应略高于第 4 辊温度，参考数据是高 1～5℃。

（12）轧花辊　轧花辊（也称为"压花辊"）由一只花辊（即钢辊）与一只橡胶辊（肖氏硬度 50～60）组成。如果压延的是半成品，则不需要轧花。

（13）冷却装置　要求将制品冷却到大约 20～25℃。冷却辊筒的数目为 4～8 只。冷却辊筒的转速比轧花辊快 20%～30%。冷却程度对制品质量有很大的影响：如果冷却不足，则薄膜发黏，成卷后起皱和摊不平，收缩率大；如果冷却过度，则辊筒表面有冷凝水。

近代的压延机组在大冷却辊筒之前还配有小冷却辊筒（一般为 7 只）。

（14）后处理　利用橡胶传送带传送，可以消除因层层牵引所造成的内应力。薄膜处于放松和自然收缩状态。

往往在引离之前，在压延机的辊筒就地切边，切下的边角料及时送往压延机。

由于薄膜成型过程中将产生静电，这不仅会对操作者产生生理上的刺激，而且影响产品的卷取及撒粉。因此，卷取前最好对静电进行消除。

撒粉主要是为了解决薄膜发黏问题。卷取时注意松紧度适宜。

3. 压延薄膜横向厚度因素分析

压延制品普遍存在的问题是在横截面有"三高两低"现象，如图 7-6。

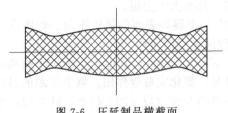

图 7-6　压延制品横截面
"三高两低"现象

出现中间高的现象的原因是辊筒的弹性变形引起的，使得使薄膜中间变厚。

解决这一问题，主要是从设备上着手，有以下几条措施。

压延机辊筒的长径比（L/D）要适当。一般说来，压延机辊筒的长径比不能很大，当辊筒工作面长度一定时，其辊筒直径一般很大。

制造辊筒的材料要有一定的刚性。

① 中高度法　由于辊筒在挤压时会出现弯曲，导致薄膜中间厚。因此在第 3 辊筒上磨成中间部位高，以消减这一偏差。一般中高度在 0.05～0.10mm 之间（也有资料认为在 0.02～0.06mm 之间）。

② 轴交叉法　通过第 3 辊筒转动一个角度，使两端的厚度变厚，削减中高，使厚度更均匀，转动的角度一般为 1°～2°。

③ 预应力法　在第 4 辊筒两端加上一个预应力，使辊筒产生一个预弯曲，同样消减中高。这种方法的缺点是预应力要很大，就使得辊筒的轴承要承受极大的负荷，轴承的寿命变短。故此法现在一般都不采用。

辊筒表面轴向温度波动引起薄膜两边高的现象。

由于两边温度较低（其原因是两端轴承润滑油带走一部分热量；辊的热量不断地向两边机架传递），使两边塑料的黏度较高。据有关资料介绍，当温度差为 2℃时，对 50 份增塑剂的 PVC 塑料，其薄膜的横向厚度差可达 0.005mm。

解决的方法是：用红外线向辊筒两端的塑料进补偿加热，或是向中间部位吹冷风。

二、硬 PVC 片材的压延成型

由于 RPVC 片材的要求不同，其工艺路线也不尽相同。即使相同的制品，由于各厂家的生产条件不同，其工艺路线也不相同。

某厂生产压制用 RPVC 片材的压延工艺路线见图 7-7。

原料的预处理 → 配料 → 高速混合 → 密炼 → 开炼 1 → 开炼 2 → 压延 → 冷却 → 切割

图 7-7　压制 RPVC 片材工艺路线

1. 配料及混合

在配料中，一般说来，树脂是自动称量外，其余的料均为手工称量。混合是在 200L 的高速混合机中进行，其混合工艺参数实例见表 7-10。

表 7-10　高速混合工艺参数

加料量/kg	搅拌速度/(r/min)	搅拌时间/min	加热温度/℃	出料温度/℃
85～90	430	5～7	稍许加热	80～100

2. 塑化

该工序通常由一台密炼机和两台开炼机串联作业。后一台开炼机既是塑炼机，又是供料机，给压延机喂料。也有厂家用挤出机喂料，特别是生产透明片时是如此。密炼和开炼的工艺参数分别见表 7-11 和表 7-12。

表 7-11　SM50/70 型密炼机密炼工艺参数实例

加料量/kg	加热温度/℃	密炼时间/min	出料温度/℃	出料状态
85～90	165～170	3～4	165～170	松散块状

表 7-12　SK550 型开炼机开炼工艺参数实例

项　目	辊筒温度/℃	辊距/mm	翻炼次数	出料卷重量/kg
第一台	175～180	3～4	2～3	20～30
第二台	180～185	2～3	1～2	成条状连续输送

3. 压延成型

压延是 RPVC 片材生产的最后一道工序，通常用大型四辊压延机和三辊压延机来生产，也有用小四辊压延机生产的。这三种压延机生产时的工艺参数设置见表 7-13～表 7-15。

从压延机出来的片材经冷却后即得到成品。

表 7-13　$\phi600\times1200$ 三辊压延机压延 $(0.5\sim0.7)$mm$\times$910mm$\times$1850mm 片材时工艺参数

辊筒号	上辊	中辊	下辊
温度/℃	180	185	190～195

表 7-14　$\phi650\times1800$ 三辊压延机压延 $(0.5\sim0.7)$mm$\times$930mm$\times$1810mm 片材时工艺参数

项目 \ 辊筒	1	2	3	4	引离辊	冷却辊	运输带
转速/(r/min)	18	24	26	23	0	36	32
辊温/℃	175	185	175	185	—	—	—

表 7-15　$\phi230\times610$ 小四辊压延机压延 $(0.2\sim0.5)$mm$\times$450mm$\times$500mm 片材时工艺参数

辊筒号	上辊	中辊	下辊	侧辊
温度/℃	205	200	195	195

三、压延机的调试、操作、维护和保养

制造、安装大而精密的压延机，已付出相当高的代价，因此，精心维护和操作至关重要。

四辊压延机安装完毕后，要经过调试运转。先在不加热、无负载情况下运转 2～3d，以观察各传动、啮合、润滑处的运转正常与否。然后缓慢升温，由常温升至 200℃应在 8h 内完成。不可太快，要按一定的升温曲线，即在 20～100℃阶段，每分钟升温 1℃，在 100～200℃阶段，每分钟升温 0.5℃，达到加工温度后，保持一段时间，便可投料运转。先应试投软料，无异常后，方可试投硬性的物料。

投料前，解脱辊应预先加热。每次开车前，要检查紧急开关是否可靠，金属检测器是否正常，喂料运输带和辊间是否有异物。如有异物，应排除后方可开车；如果金属检测器或紧急开关不正常，在未修好以前，不得开车。

在未开车以前，要预先对润滑油加热，一般需加热到 80～100℃左右，并预先润滑，待见到回油以后，方可开车。

启动时开低速，加料待每个辊筒间隙都存有相当物料之后，才可调至工作转速。为了保

护辊筒表面，在未加料的情况下辊间至少相距 1mm。

在运行过程中，要随时注意回油温度，轴承温度，电机功率以及辊筒温度，并及时调整。

当辊筒两端制品厚度出现不等时，应先调小的一端，然后两端同时调小，不可单独调间隙大的一端，否则辊筒颈部将因受力过大而遭损伤。

要特别注意的是，辊筒必须在运转中进行加热或冷却，否则将引起辊筒的变形。停止加料后，辊筒要继续回转。并把辊距松开到 2～3mm。待辊筒冷却到 80℃以下时，才能停转。

如果需要使用紧急停车，必须马上调开辊距，以免碰伤辊面。正常停车，不得使用紧急停车开关。待辊筒停转以后，才可停止润滑油的循环。

四辊压延机的操作人员不得带钢笔、手表等金属物品上岗，以免不慎掉入辊间，使辊筒招致损坏。不得用金属物划伤辊筒表面或花辊表面。

此外，辊筒不得露天存放，一则防止风沙污损辊面，二来冬季时，防止辊筒积水冻结，造成损坏，一般至少应在 5℃以上环境中存放。存放中要特别防止辊面锈蚀。

阅读材料

国内压延机的发展趋势

1. 压延薄膜制品宽度的变化趋势

随着我国经济的飞速发展和人民生活水平的提高，压延薄膜的生产逐渐向大型化、规模化方向发展。20 世纪 70 年代，压延膜主要以台布膜、雨衣膜、包装膜为主，薄膜宽度一般为 1.2～1.7m。到了 80 年代，由于大棚膜、灯箱广告膜、充气玩具膜、防渗土工膜、粮食熏蒸膜、包装膜等各种精度要求较高的大型软膜类的广泛使用，压延膜幅宽已生产到 2m，双向拉伸膜幅宽已生产到 3.5m。而进入 90 年代，双向拉伸膜幅宽已生产到 4.5m。到了 2000 年后，压延膜幅宽已达到 3.5m，双向拉伸膜幅宽已达到 6m。

2. 辊筒的变化趋势

(1) 辊筒结构的变化趋势　过去的压延机由于加工制造技术的限制，大多数都采用中空式辊筒。中空式辊筒由于壁厚大，温度分布不均匀，有死角，使压延制品精度受到影响，必须采用比制品宽得多的辊筒或借助辅助加热来减小误差。由于壁厚大，辊筒与物料间的摩擦热不易排除，因而也限制了压延机速度的提高。钻孔式辊筒传热面积一般为中空式辊筒的 2～2.5 倍，辊筒壁厚均匀，加热介质距辊面距离近，因此辊面温度反应灵敏，温差小（在 ±1℃以下），无死角。

(2) 辊面长度变化趋势　随着压延薄膜向大型化、规模化方向发展，压延机的规格也逐步向大型化、高精密化、高效化方向发展，辊面长度从 20 世纪 70 年代的 1.2m、1.7m 增长到 80 年代的 2.3m、2.5m，90 年代的 3.2m，到 2000 年辊面长度已达到 4m。

(3) 辊筒长径比的变化趋势　在 20 世纪 90 年代以前，压延机长径比变化不大，基本围绕 2.5～3.2 之间变化。近十几年来由于大棚膜、灯箱广告膜、充气玩具膜、防渗土工膜、粮食熏蒸膜、包装膜等大型软膜的广泛使用，使得压延机和双向拉伸设备得到空前发展，压延机长径比有逐渐增大的趋势。如生产幅宽 4.5m 拉伸膜的压延机规格为 ϕ660mm×2300mm，长径比为 3.5；而能生产幅宽 6m 拉伸膜的压延机的规格为 ϕ860mm×4000mm，长径比更是达到 4.7。

3. 压延机温度控制系统变化趋势

早先的压延机都是采用蒸汽给设备加热，当使用温度达到 180℃时，系统压力将达到 1274kPa（13kgf/cm²）以上。这种加热方式系统压力高，热能浪费大，温度控制精确度低，对系统腐蚀严重。新型的压延机都采用导热油炉加热，这种加热方式节能降耗，系统压力低（只承受油泵压力），温度控制精确，便于实现自动化控制。

4.压延机传动及控制系统变化趋势

较早的压延机，辊间采用齿轮传动，辊筒速度较慢，采用三相异步整流子电机传动，这种电机存在调速范围小（一般为1∶3）、体积较大、故障率高的问题。随着薄膜精度要求越来越高，品种越来越多，对设备之间的速度配比及自动化程度要求也越来越高，对速度调节范围要求也越来越大，这样直流电机就被越来越多地采用。直流电机体积小，调速范围大（最大可达1∶20），运转精度高，配合直流控制器，可精确控制各设备速度，并实现自动化控制。

5.供料系统的变化趋势

传统压延机的供料系统一般用一台密炼机、两台开炼机混炼后将物料压成片状送入挤出过滤机，经过滤后再用摇摆输送机给压延机供料。这种供料方法存在供料不均和使物料在进料区局部堆积的现象，这就给薄膜的表观质量和厚薄精度带来不良影响。为了克服这种供料方法的缺点，在新设计的压延生产线特别是大型压延双向拉伸线上采用了连续混炼机并配置宽幅片材机头来进行定量供料，使用连续混炼机具有占地面积小、劳动强度低、混炼能力大、混炼质量好，能严格地定量连续供料，供料量调节范围大，自动化程度高，操作管理方便的特点。

 习题

1.解释下列名词术语：

压延成型　压延效应　压延机辊筒的速比　压延机辊筒的辊距　压延机辊筒的辊隙存料

2.压延的特点是什么？压延过程可分为哪几个阶段？

3.压延机辊筒排列有哪几种方法？

4.压延机的主要技术参数有哪些？

5.试简述高分子材料在压延过程中，在钳住区范围内速度分布。

6.试简述高分子材料在压延过程中的应力松弛。

7.试简述 SPVC 薄膜压延工艺。

8.压延 SPVC 薄膜时，辊筒表面有时会出现蜡状物。原因何在？如何防止和消除？

9.试简述 RPVC 片材压延工艺。

10.试分析压延制品横向厚度均匀性。

第八章

泡沫塑料加工工艺

学习目标

1. 根据塑料品种选择适当的交联剂和发泡剂，为此，必须掌握塑料交联剂和发泡剂的工艺特性。
2. 根据用途决定了泡沫塑料的密度，而其密度又取决于发泡剂的用量，因此，对泡沫塑料制品的配方必须有深刻的理解。
3. 泡沫塑料的性能不仅与制品的密度有关，而且还取决于泡孔的均匀性，因此，适宜的工艺参数是保证泡沫塑料制品质量的一个必要条件；而适宜的工艺参数又决定于交联剂和发泡剂的工艺特性。

第一节
气泡形成原理和发泡方法

一、概述

泡沫塑料具有质轻、比强度高、热导率低、吸湿性低（指闭孔型）、回弹性好、绝热、隔音等优点，广泛用作要求消音、隔热、防冻、保温、缓冲、防震以及质轻场合的结构材料。

泡沫塑料是整体内含有无数微孔的塑料。所含泡孔绝大多数是相互连通的泡沫塑料称为开孔泡沫塑料。所含泡孔绝大多数是互不连通的泡沫塑料称为闭孔泡沫塑料。在塑料中混入气体可使塑料制品具有独特的性能，而且以低廉的气态填充物（气体）取代部分树脂可大大降低成本。

按软硬程度不同，泡沫塑料可分三类：一类是软质泡沫塑料，即富有柔韧性、压缩硬度很小、应力解除后能恢复原状、残余变形较小的泡沫塑料；另一类为硬质泡沫塑料，即无柔韧性、压缩硬度大，应力达到一定值方产生变形，解除应力后不能恢复原状的泡沫塑料；再一类为半硬质泡沫塑料，其性质介于两者之间。

按发泡的程度来分类：可分为低发泡（制品密度大于 $0.4g/cm^3$）、中发泡（制品密度在 $0.1 \sim 0.4g/cm^3$ 之间）和高发泡（制品密度小于 $0.1g/cm^3$）泡沫塑料。

用于制造泡沫塑料的原料通常有：PU、PS、PE 及 PVC，有时也用 UF 树脂、PF 树脂、EP 树脂、有机硅树脂等。

二、泡沫塑料气泡形成原理

将气体溶解在液态聚合物中或将聚合物加热到熔融态同时产生气体并形成饱和溶液；当体系中的气体超过其溶解度时，气体就逸出形成无数的微小气泡（称为泡核），泡核增长而形成气泡。气泡稳定后保留在塑料，就形成了泡沫塑料。这种泡沫塑料又称为气发性泡沫塑料。

气发性泡沫塑料中气泡的形成过程可分为三个阶段：气泡核的形成、气泡的增长和气泡的稳定。

1. 气泡核的形成

把发泡剂（或气体）加入到熔融塑料或液体混合物中，经过一段时间就会形成气-液溶液，随着气体量的增加，溶液呈饱和状态进而进入超饱和状态，这时，气体就会从溶液中逸出形成小气泡，这种小气泡称为气泡核。气-液溶液中形成气泡核的过程称为成核作用。成核有均相成核和异相成核之分。气泡核和泡体是同一种物质的，叫作均相成核；如果体系中有其他物质（称为成核剂），能起到气泡核的作用，称为异相成核。实际生产中常加入成核剂，使成核作用能在较低的气体浓度下发生，这样形成的气泡细小而均匀。如果不加入成核剂就可能形成粗大而不均匀的泡孔。

2. 气泡的增长

气泡形成后，随着溶解气体的增加、温度的升高、气体的受热膨胀以及气泡的合并，促使气泡不断地增长，同时成核作用大大增加了气泡的数量，再加上气泡膨胀，使气泡的孔径不断扩大。

在气泡增长过程中，表面张力和溶液的黏度是影响气泡增长的主要因素。在发泡过程中，由于温度升高致使塑料的熔融黏度降低，从而形成局部区域过热（一般称为热点）；或由于某种作用使得局部区域的表面张力降低导致泡孔壁膜减薄，甚至造成泡沫塑料的崩塌。这种现象实际生产中要尽力避免。

3. 气泡的稳定

在泡沫形成过程中，由于气泡的不断生成和增长，形成了无数的气泡，使得泡沫体系的体积和表面积增大，气泡壁的厚度变薄，致使泡沫体系不稳定。要生产泡沫塑料，就必须使气泡稳定在树脂中。实际生产中稳定气泡一般采用以下两种方法：其一，配方中加入表面活性剂以利于形成微小的气泡，从而减少气体的扩散作用来促使气泡的稳定；其二，提高聚合物的熔体黏度，防止气泡壁进一步减薄以稳定气泡。也有通过对物料的冷却或增加聚合物的交联作用来提高聚合物的熔体黏度，以达到稳定气泡的目的。

三、泡沫塑料的发泡方法

泡沫塑料的发泡方法可分为物理发泡法、化学发泡法和机械发泡法三种。目前工业生产中常用的是前两种方法。

1. 物理发泡法

物理发泡法是指利用物理变化形成气泡的方法。包括以下三种方法。

① 用低沸点液体蒸发汽化而形成气泡。作为发泡使用的液体，一般要求该液体的沸点低于 60℃，最好能使用常温常压下呈气态的低沸点液体。

② 在加压条件下把惰性气体压入熔融塑料或糊塑料中，然后降低压力，升高温度，使溶解气体释放、膨胀而形成气泡。常用的惰性气体有 N_2、CO_2 等。

③ 在塑料中加入中空微球后固化而制成泡沫塑料。这种泡沫塑料又称为组合泡沫塑料（不属于气发性泡沫塑料）。

物理发泡法的优点是：①操作中毒性较小；②用作发泡剂的原料成本低；③发泡后没有发泡剂的残余物，因此，对泡沫塑料的性能几乎没有影响。

在注入塑料熔体时呈液态，这样，便于发泡剂与塑料熔体混合均匀。然后，通过减压，使其在熔体中汽化，气体聚集而形成气泡。

将这种发泡剂在常温或低温下渗透到塑料颗粒内部，然后加热，使其迅速蒸发，在塑料颗粒中形成微孔，再经过二次发泡（有时只经过一次发泡）形成制品。PS 泡沫塑料大多数采用这种方法。常用性能优良的低沸点液体发泡剂见表 8-1。

表 8-1　常用性能优良作为发泡剂的低沸点液体

发泡剂名称	分子量	密度(25℃)/(g/cm³)	沸点/℃	蒸发热/(J/g)
戊烷	72.15	0.616	30～38	360
异戊烷	72.15	0.613	9.5	—
己烷	86.17	0.658	65～70	—
异己烷	86.17	0.655	55～62	—
丙烷	44	0.531	−42.5	—
丁烷	58	0.599	−0.5	—
二氯甲烷	84.94	1.325	40	—

表 8-1 中前六种价格不贵，毒性低，特别是戊烷具有很高的发泡效率，其主要缺点是易燃。二氯甲烷有毒，但具有阻燃性，多用于 PS 和 EP 等泡沫塑料发泡成型。中空微球填料有粉煤灰等。粉煤灰大量填充于是塑料中，既保护了环境，又极大地降低了成本，但对塑料的力学性能降低许多，只能用于低负荷的场合。

2. 化学发泡法

化学发泡法是指发泡气体由混合原料中的某些组分的分解或两组分相互之间的化学作用而产生气体的方法。包括以下两种类型。

发泡气体由加入的热分解型发泡剂受热分解而产生的。这种发泡剂称为化学发泡剂。化学发泡剂分为有机化学发泡剂（简称有机发泡剂）和无机化学发泡剂（简称无机发泡剂）。

无机发泡剂主要是碱金属的碳酸盐和碳酸氢盐类。例如：碳酸铵和碳酸氢钠等。无机发泡剂具有价廉和不会降低塑料的耐热性的优点。但又存在与塑料的相容性不好的局限性。

有机发泡剂主要是偶氮类、酰肼类或胺类的有机物。这类有机物受热分解，产生大量的气体。

常用性能优良的有机发泡剂见表 8-2。

表 8-2　常用性能优良的有机发泡剂

化　学　名　称	缩写代号	分解温度/℃	发气量/(mL/g)	分解产生的气体
偶氮二甲酰胺	ABFA,AC	220	220	N_2,CO_2,CO,NH_3
4,4'-氧代二苯基磺酰肼	OBSH	140～160①	125	N_2
对甲苯磺酰氨基脲	TSSC	193	140	N_2,CO,CO_2,NH_3
5-苯基四唑		232	200	N_2
三肼基三嗪	THT	265～290	175	N_2,NH_3
N,N'-二亚硝基五亚甲基四胺	H	130～190①	260～270	N_2,CO_2,CO

① 表示在塑料中的分解温度。

必须注意：大多数有机发泡剂是易燃或可能发生爆炸的物质，有些发泡剂还具有一定的毒性，使用时要有良好的劳动防护措施。

另一种化学发泡法是利用两组分之间的相互作用产生的气体进行发泡。工业用这种方法主要生产 PU 泡沫塑料，发泡所需的气体是由异氰酸酯和水反应而生成的 CO_2 气体。

3. 机械发泡法

机械发泡法是采用强烈的机械搅拌，使空气卷入树脂乳液、悬浮液或溶液中成为均匀的泡沫体，然后再经过物理或化学变化，使之凝胶、固化而成为泡沫塑料的方法（此法在泡沫塑料刚开始的时期使用过，目前较少使用，故本书不介绍此法）。

四、发泡助剂

1. 成核剂

各种情况下，可加入成核剂以获得均匀的泡孔尺寸。典型的成核剂如滑石粉及超细活性碳酸钙等，它们可作为局部气泡核的起点。在这些区域，溶解的发泡气体可从溶液中逸出，并吸附在这种细微的颗粒上。气泡核形成的机理与结晶时晶核形成的机理相似，成核剂的用量在 1% 左右。

2. 交联剂

为了使某种塑料（如 PE、PP）在发泡前能够交联的物质。

3. 助交联剂

在 PP 的交联过程中必须加入助交联剂才能进行。

4. 发泡剂的活化剂

在 PVC 塑料中各种稳定剂大多数是 AC 发泡剂的活化剂。

第二节
物理发泡法

一、PS 泡沫塑料

多数 PS 泡沫塑料是利用低沸点液体作为发泡剂的。PS 泡沫塑料属闭孔型泡沫塑料，具有吸水率小、介电性能优良、力学强度高等特性。

PS 泡沫塑料有两种生产形式：一种是可发性聚苯乙烯（EPS）泡沫塑料，即 EPS 珠粒经过预发泡，再经过熟化后，最后成型。这种方法一般是用悬浮聚合珠状 PS 树脂生产的。对于该类泡沫塑料，当密度为 $0.015\sim0.020g/cm^3$ 时，可作为包装材料；当密度为 $0.02\sim0.05g/cm^3$ 时，可作为防水隔热材料；当密度为 $0.03\sim0.10g/cm^3$ 时，可作为救生圈芯材及浮标。另一种是高分子量的聚苯乙烯泡沫塑料。这种方法是用乳液聚合的粉状 PS 树脂生产的。对于该类泡沫塑料，当密度为 $0.06\sim0.20g/cm^3$ 时，冲击强度等物理力学性能好，泡孔均匀、细小，介电性能良好，表面没有珠粒黏结的痕迹，主要用于电讯工业。本书只讨论第一种生产方式。

(一) EPS 泡沫塑料的物理发泡

1. EPS 珠粒的制备方法

可发性 PS 珠粒有三种制备方法。

① 一步法　该树脂在树脂生产厂家生产，其方法是将苯乙烯、引发剂和发泡剂一起加入反应釜中聚合而成。用一步法生产的 EPS 珠粒所制造的泡沫塑料具有泡孔均匀细小、制品弹性好以及操作工序减少等优点。但由于发泡剂具有阻聚作用，EPS 珠粒的分子量较低（约 $40000\sim50000$），因此，泡沫塑料的力学强度较低。

② 一步半法　该法是将苯乙烯单体聚合到已形成弹性珠粒时（即聚合一半）加入发泡剂再继续聚合。该法所得的 EPS 珠粒的分子量比一步法稍高（可达 $50000\sim60000$），其他情况与一步法基本相同。

③ 二步法　先采用悬浮聚合法将苯乙烯聚合成 PS 珠粒，在加温加压的条件下（也可用常温常压），将低沸点液体物理发泡剂渗透到 PS 珠粒中，使其溶胀，经冷却后留在珠粒中。该法所得的 EPS 珠粒的分子量高，颗粒度均匀，但操作工序增多，发泡剂的渗透时间较长。塑料加工厂一般多用此法。

2. EPS 珠粒的制备

① 制备 EPS 珠粒时所用原料的规格及配方　制备 EPS 珠粒时所用原料的规格及配方实例见表 8-3。

表 8-3　制备 EPS 珠粒时原料的规格及配方实例

原　料	规　格	配比/份	作　用
PS 珠粒	分子量 55000,挥发物<0.5%	100	主原料
丁烷	工业级	10	发泡剂
水	自来水	160	溶剂
肥皂粉	工业级	5	表面活性剂
DCP	工业级	0.8	交联剂
264	工业级	0.3	抗氧剂
二苯甲酮	工业级	0.2	紫外线吸收剂
四溴乙烷	相对密度 2.7~2.9	1.5	阻燃性发泡剂

② 浸渍工艺参数　体系内的压力不超过 0.98MPa；料温约为 $80\sim90℃$，恒温 $4\sim12h$（由颗粒的大小决定），降温至 40℃ 以下出料，冷却后用自来水清洗、吹干（注意：千万不能烘干）。设备简陋的厂家可采用常温常压浸泡法，但所需时间较长，发泡剂的挥发量较大。

③ EPS 珠粒的要求　发泡剂的含量在 $5.5\%\sim7.5\%$；表观密度为 $0.68g/cm^3$；珠粒直径为 $0.25\sim2.0mm$；外观均匀一致。

3. 预发泡

预发泡是指加热使 EPS 珠粒膨胀到一定程度，以使制品的密度更小。预发泡方式有间歇法和连续法两种。当制品的密度小于 $0.1g/cm^3$ 的高发泡制品，必须要预发泡。当制品的密度为大于 $0.1g/cm^3$ 的发泡制品，没有必要预发泡。

预发泡的加热方法有水蒸气、热水、热空气和红外线 4 种方式，其中以水蒸气加热方式应用最为广泛。

预发泡原理是：当温度低于 80℃时，EPS 珠粒并不膨胀；只有加热到 80℃时，EPS 珠粒才开始软化，颗粒呈弹性状态，此时的强度足以平衡颗粒内气泡的压力。

在预发泡时，发泡剂汽化，使得 EPS 珠粒膨胀，形成互不连通的气孔，同时水蒸气也大量渗透到泡孔中，增加了泡孔的总压力。此时，发泡剂汽化的气体也要从泡孔中逸出一部分。两方面综合平衡的结果：水蒸气渗透到泡孔内的速度远远大于发泡剂汽化的气体从泡孔内向外逃逸的速度。这样，使得 EPS 珠粒实际生产中的发泡倍数（50 倍）比理论发泡倍数（26 倍）要大得多。

蒸汽预发泡时预胀物的性能如下：表观密度为 $0.012g/cm^3$（即 12～16g/L）；泡孔直径为 80～150μm；泡孔频数为 55 个/cm^3。当密度低于 $0.012g/cm^3$ 时，泡孔就可能破裂。

热水法预发泡适于小批量的生产，但密度不可能很小（约为 $0.08g/cm^3$），生产过程麻烦而且热量的利用也不经济。因此，现在应用并不广泛。

4. EPS 珠粒预胀物的熟化

EPS 珠粒预胀物的熟化是指经预发泡后膨胀的珠粒于空气中在一定温度条件下暴露一段时间。熟化的目的是让空气渗透到预胀物中去，以便加工时能进一步膨胀。当制品的密度小于 $0.065g/cm^3$ 时，预胀物珠粒必须熟化，当制品的密度大于 $0.065g/cm^3$，预胀物珠粒可以不熟化。

熟化原理如下：当温度降低时，蒸汽凝结成水；发泡剂汽化的气体也凝结成液体发泡剂，泡孔内形成很大的真空度，因此，空气向泡孔内渗透，直至泡孔内外压力平衡。

熟化工艺如下：温度为 20～25℃或 32～38℃，比所选发泡剂的沸点温度要低一些；时间为 24h 或几天；压力为常压。

严格控制熟化温度与时间的原因：当温度高于所用液体发泡剂的沸点时，发泡剂汽化的气体不能凝结成液体发泡剂，这样，泡孔内的真空度较小；当温度低于 PS 塑料脆化温度时，泡孔发脆，易破裂，空气进入泡孔内的速率低。当时间很长时，液体发泡剂向泡孔外渗透较多；当时间很短时，则空气进入泡孔的量较少。

（二）EPS 泡沫塑料模压发泡工艺

模具的结构特点如下。

模具型腔壁要有通气孔，平面上每隔 20～30mm 钻 ϕ1.5mm 左右的通气孔；模框要保温；模具的气箱要设有进气口和出气口。

模压时的工艺流程图见图 8-1。

EPS 泡沫塑料模压时的技术参数如下。

A：蒸汽压力为 0.1～0.2MPa（表压），时间为 30s；B：蒸汽压力 0.1～0.2MPa（表压），时间为 10～30s；C：温度为 50～60℃，时间为 24h。

开启出气口　通冷却水
↓　　　　↓
模具预热→加料→加热→冷却→脱模→烘干
　　　　　A　　 B　　　 C

图 8-1 EPS 泡沫塑料模压成型工艺流程

EPS 泡沫塑料板材模压成型时的操作技术参数如下。

加热蒸汽压力为 0.1MPa；加热时间为 35～40s；流水冷却时间为 420～480s。制品密度 ρ 为 0.020～0.025g/cm^3。模压成型时，使用的蒸汽压力最好偏高一些，约为 294kPa（温度约110~135℃），如果压力不足，会造成制品表面和中心层的密度不一的缺陷。

（三）EPS泡沫塑料纸的挤出吹塑

将EPS珠粒和成核剂挤出吹塑成泡沫塑料纸。该纸的具有如下特性：极细的泡沫微孔，带有光泽，轻而柔软，具有良好的隔热性和防水性。

ϕ65挤出机时的操作技术参数如下。

加料预热段为100~120℃；塑化熔融段为130~160℃；均化挤出段为110~130℃；机头温度为90~110℃；吹胀比为6。

二、溶解惰性气体发泡法成型SPVC泡沫塑料

1. 间歇式溶解气体发泡法成型SPVC泡沫塑料

间歇式溶解气体发泡法成型SPVC泡沫塑料的工艺流程见图8-2。

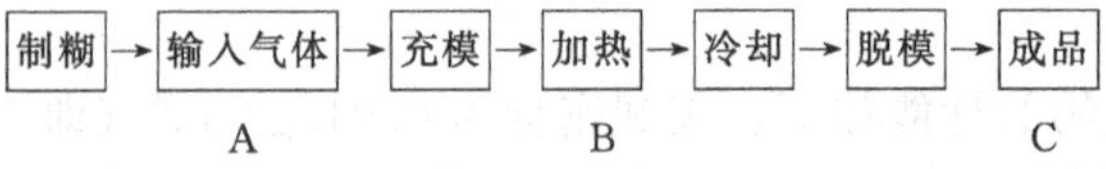

$$\boxed{制糊} \rightarrow \boxed{输入气体} \rightarrow \boxed{充模} \rightarrow \boxed{加热} \rightarrow \boxed{冷却} \rightarrow \boxed{脱模} \rightarrow \boxed{成品}$$

图 8-2　间歇式溶解气体发泡法成型SPVC泡沫塑料的工艺流程

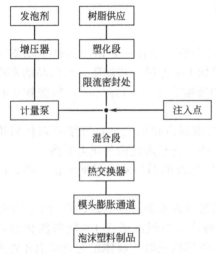

图 8-3　注入气体（或低沸点液体）挤出发泡工艺流程图

工艺参数如下：A处输入CO_2气体，压力为2~3MPa；B处的加热温度为150~175℃，时间在4min~4h之间不等；C处所获取的制品有两种，一种是开孔型的，其密度为0.08~0.11g/cm^3，另一种是闭孔型的，其密度为0.19~0.29g/cm^3。

2. 连续式（即挤出）溶解气体发泡法成型SPVC泡沫塑料

连续式（即挤出）溶解气体发泡法成型SPVC泡沫塑料成型的工艺流程见图8-3。

这种方法所用发泡剂必须在一定压力下于特定位置泵送入挤出机。另外，发泡剂的加入所起的增塑作用从而使熔体黏度大幅度降低。

图8-4是两台挤出机串联排列的工艺流程。第一台挤出机用于物料的塑化。挤出的熔体通过输送管进入第二台挤出机。第二台挤出机螺杆直径较大，相当于一台熔体泵。在塑化挤出机的最后一段，将发泡剂泵送进料筒并与塑料混合，塑化挤出机的螺杆配备有混料段。

主要工艺参数：输入气体时的最高气压可达69MPa；熔化温度为150~170℃之间。

三、PE的低沸点液体物理发泡法的挤出成型

1. 影响挤出泡沫塑料制品质量主要工艺参数

每立方厘米的平均泡孔数（N_c）是表示发泡成型效率和发泡制品质量的有效参数之一。由以下主要挤出工艺参数决定了N_c：挤出压力、挤出温度、滞留时间和口模轴向压力分布。

2. 低沸点液体发泡剂挤出制品的密度

使用低沸点液体发泡剂的一个最主要的原因是：采用这种技术获得很低密度的塑料制

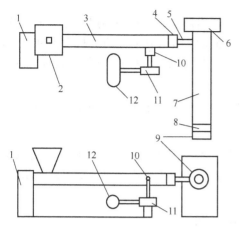

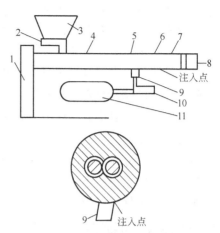

图 8-4　低沸点液体型发泡剂双阶挤出
发泡机组排列结构

1，6—传动系统；2—料斗；3—小型塑化用挤出机；4—过渡
接头；5—熔体连接器；7—大型热交换挤出机；
8—机头过渡接头；9—口模；10—止逆阀；
11—计量泵；12—发泡剂储槽

图 8-5　低沸点液体型泡沫塑料
专用双螺杆挤出机

1—传动系统；2—喂料器；3—料斗；4—塑化段；
5—阻流段；6—混合段；7—冷却段；8—口模；
9—止回阀；10—计量泵；
11—发泡剂储罐

品，泡沫塑料的密度通常可达 $0.2g/cm^3$，PS 泡沫塑料的密度可低至 $0.015g/cm^3$。

3. 挤出发泡设备

低沸点液体型泡沫塑料的挤出生产设备比较复杂。发泡剂须在一定压力下于特定位置泵送进挤出机，并使之与熔融树脂均匀分散。这是一方面的问题。另一方面，随着发泡剂的加入，发泡剂又能起到增塑作用从而使熔体黏度大幅度降低。因此，低沸点液体型泡沫塑料的挤出生产设备不能使用普通单螺杆挤出机或普通双螺杆挤出机，必须使用专用设备。

发泡专用双螺杆挤出机是具有低剪切特性的双螺杆挤出机，可用于挤出生产泡沫塑料。专用双螺杆挤出机示意图见图 8-5。

图 8-5 标示了发泡剂注入点的位置。为了塑化与冷却的充分进行，挤出机螺杆长径比（L/D）大约为 20 甚至更高。双螺杆挤出机螺杆中应有一排气段。

第三节
化学发泡法

一、化学发泡剂的特性与选择

1. 分解温度

从分解温度的角度分，可将发泡剂分为低温型和高温型两种。

2. 分解速率

有机发泡剂分解速率较快，无机发泡剂的分解速率较慢。

3. 反应热

有机发泡剂分解时是放热反应，无机发泡剂分解时是吸热反应。在发泡工艺过程中必须掌握反应热的量，以便采取相应的工艺参数。

从发泡的反应热来考虑，尤其是厚度较大的泡沫塑料制品，如果中心层的热量不能及时地散发出去，则中心处就会变黄甚至烧焦。解决这类问题主要方法就是将有机发泡剂与无机发泡剂配合使用。因为有机发泡剂分解时放出的热正好与无机发泡剂分解所需的热量抵消。

4. 发泡剂分解的促进和抑制

有机发泡剂一般都有其促进剂和抑制剂，不同的发泡剂，其促进剂和抑制剂不同。

5. 发泡效率

单位重量的发泡剂能产生多少体积的气体，该量用来表示发泡效率。因此，作者认为：发泡剂的价格应该用产生单位体积气体的价格来计算，而不应以发泡剂单位重量的价格来计算，作者将这种价格称为发泡剂的“相对价格”。

二、化学发泡模压法生产 SPVC 泡沫拖鞋

SPVC 泡沫拖鞋中，增塑剂的含量为 50～60 份，发泡剂的用量为 1.2 份。工艺流程和工艺条件如下。

化学发泡 SPVC 泡沫塑料鞋底模压法生产工艺流程见图 8-6。

原材料的预处理
配制
捏合
塑炼
称量
剪片
模压发泡
热处理
停放
A
B
C
D
E
冲切
打眼
装襻
检验
包装

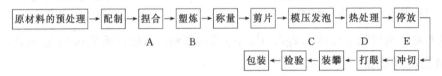

图 8-6 化学发泡 SPVC 泡沫塑料鞋底模压工艺流程

工艺参数如下：

A 处温度为 100～105℃，时间为 4～6min；B 处温度为 150℃，时间为 4～8min，辊距为 0.5mm，翻炼为 2～3 次；C 处温度为 160～165℃，时间为 30～45min，压力为 6MPa；D 处温度为 90～100℃，时间为 15～20min；E 处一般为在常温常压放 7 天时间；鞋底的密度为 0.25～0.40g/cm^3，制品的气孔是闭孔型的。

三、化学发泡注射法生产 SPVC 泡沫塑料拖鞋

注射发泡具有工艺简单、生产效率高的特点，主要用于生产低发泡制品，其密度可达到 0.6～0.8g/cm^3，增塑剂用量高，可达到 75～78 份，多用直角转盘式注塑机，制品表面存在不发泡的硬层。工艺流程与工艺条件如下。

注射法生产 SPVC 泡沫塑料拖鞋工艺流程见图 8-7。

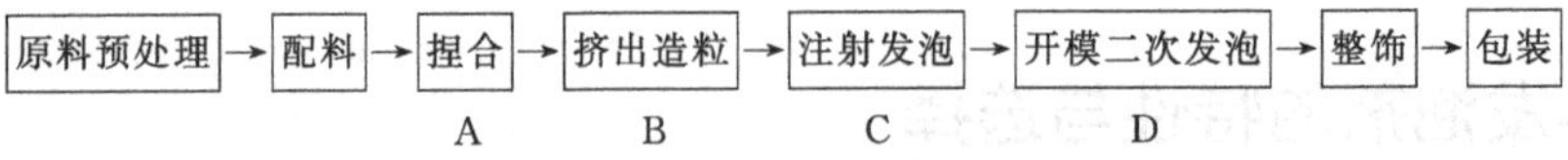

原料预处理
配料
捏合
挤出造粒
注射发泡
开模二次发泡
整饰
包装
A
B
C
D

图 8-7 注射法生产 SPVC 泡沫塑料拖鞋工艺流程

工艺参数如下：

A 处温度为 100～105℃，时间为 4～6min；B 处用直径为 65mm、长径比为 20、螺杆几何压缩比为 1.3～4 的单螺杆挤出机，料筒温度为 130～140℃，螺杆转速为 80～150r/min；C 处料筒温度为 165～175℃，注射压力为 30～50MPa，螺杆转速为 55～75r/min，保压时间为 2～45s，塑化压力为 0.7～1.0MPa，模具温度为 50～70℃，制品是闭孔型，密度为 0.6～0.8g/cm^3。

四、化学发泡法低发泡挤出 RPVC 异型材

RPVC 低发泡制品的密度约为 $0.5\sim0.8g/cm^3$，气孔是密闭型的，表面则是连续而光滑的。它具有适当的结构强度，力学性能一般，其长期承载性不如木材，因此主要用以制造装饰件、家具、包层、栅栏、窗框等。

挤出工艺参数条件如下：

熔体温度为 $160\sim190℃$；熔体压力为 $71.8kPa$；制品密度为 $0.8\sim0.9g/cm^3$。采用模套定型，定型装置设在离模唇出口约 $25\sim300mm$ 处，然后用冷却水槽或真空冷却水槽冷却定型，水槽长度约 $3\sim8m$，水温是室温或为 $5\sim10℃$ 的低温，型材在水槽中冷却 $1min$ 左右。

五、PE 塑料的交联发泡

1. 常压下发泡前对 PE 进行交联的必要性

在常压下，PE 塑料在发泡前必须交联的原因有三：第一，从适宜发泡的黏度所对应的温度范围如图 8-8 所示，在未交联前，适宜发泡的黏度所对应的温差的范围相当小（ΔT_1），小到工业生产中很难控制；而交联后，适宜发泡的黏度所对应的温差的范围比较大（ΔT_2），使工业生产中能控制。第二，PE 熔体转为玻璃态时，有相转变的过程，在这个过程中要放出大量的热量。那么多的热量从制品中散发出去所需要的时间较长，对于未交联的 PE 来说，在这样长的时间内由发泡剂分解所得来的气体所形成的气泡不易保持。第三，未交联 PE 对气体的透过率较快，而交联的 PE 对气体的透过率则较慢。气泡中气体在降温过程这段时间内能否最大限度地保留住，对能否成功地发泡形成 PE 泡沫塑料影响极大。

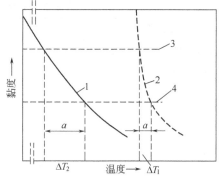

图 8-8　PE 适宜发泡的黏度
所对应的温度范围

a—加工范围；1—交联 PE；2—未交联 PE；
3—挤出流动上限；4—泡孔增长下限

从以上三个方面来看，PE 在常温下发泡前必须交联。

2. 交联方法

对 PE 进行交联的方法有化学交联法和辐射交联。化学交联法使用化学交联剂（简称交联剂）进行交联，这是一种最常用的交联方法。

选择交联剂必须遵守两个原则：交联剂的分解温度必须低于发泡剂的分解温度；满足塑料发泡所需要的交联度。性能优良的常用化学交联剂见表 8-4。

表 8-4　常用性能优良的化学交联剂

化 学 名 称	缩 写 代 号	分解温度/℃	
		$t_{1/2}$ 为 1min 时	$t_{1/2}$ 为 10h 时
过氧化二异丙苯	交联剂 DCP	179	117
过氧化二叔丁烷	引发剂 A	193	126
2,5-二甲基-2,5-二叔丁基过氧化己烷	交联剂 AD	179	118
过氧化苯甲酰	交联剂 BPO	133	—
1,3-二叔丁基过氧化二异丙苯	—	182	—

辐射交联是用 γ 射线或电子辐射进行交联，两者主要的区别在于交联速率和透入塑料材料的深度不同。剂量为 0.1～20Mrad 的 ^{60}Co 射线可处理较厚的片材，但交联速率较慢；而电子辐射的处理速率很快，但只处理较薄的片材。

辐射交联的主要优点为塑料无须熔融即可进行交联，速度快，效率高；但也有设备投资大的局限。因此，在工业生产中还没有广泛应用。目前，工业生产中主要还是以化学交联为主（交联机理和交联剂的特性见第九章）。

PE 交联度的测试是通过这样一条原理：交联聚合物只能溶胀不能溶解的特性，选用 PE 的良溶剂（如甲苯、二甲苯、四氢萘等），用回流装置使部分交联的聚合物溶解，再用布氏抽滤装置进行过滤，留在滤纸上的是交联聚合物，被过滤掉的是未交联的聚合物；干燥后称量留在滤纸上的重量占总重量的分数。用此法所测得的交联度实质上是 PE 凝胶物质百分数。

3. 化学发泡法模压 PE 泡沫塑料

模压法生产 PE 泡沫塑料制品是普遍采用的方法。PE 泡沫塑料鞋底模压成型配方实例见表 8-5。

表 8-5　PE 泡沫塑料鞋底模压成型配方实例

原　料　名　称	配比/份	作　　用
LDPE(MFR：1.5～2.0g/10min)	58	主原料
EVA(VA 20%)	42	改善发泡黏度与制品耐磨性
DCP	0.3～0.8	交联剂
Pb-St	0.6～1.0	润滑剂
ZnO	1～3	AC 的活性剂
AC	2～3	发泡剂
填料	0～100	降低成本
着色剂		着色

表 8-5 的配方仅仅是理想的配方，实际生产中一般厂家都不加 EVA。因 EVA 的价格高，而且生产中还要加入 PE 泡沫塑料的边角料。配方中加入 1 份左右的超细活性填料（如碳酸钙），在此只起到成核剂的作用。工艺流程与工艺条件如下。

PE 泡沫塑料鞋底模压成型工艺流程见图 8-9。

图 8-9　PE 泡沫塑料鞋底模压成型工艺流程

工艺参数：A 处的温度为 140～145℃，时间为 4～8min；B 处为 0.5～0.7MPa 蒸汽压力，时间为 10～15min。

确定工艺条件的原则：开炼时，温度必须保持在发泡剂的分解温度以下，尽量保持在交联剂较短半衰期（如 30min）所对应的温度以下。用中等温度交联，用高温度发泡。故在模压时的温度应该分两个阶段进行：第一阶段，交联温度为 170～180℃，时间为 4～7min；第二阶段，发泡温度为 190～200℃，时间为 6～8min。

4. 化学发泡法 PE 泡沫塑料的挤出成型

挤出成型分为"直接挤出发泡"和"挤出后常压交联发泡"。

直接挤出发泡是无交联发泡，多用于低发泡 PE 泡沫塑料制品。所用的发泡剂有

$NaHCO_3$ 和 AC，必要时加入 ZnO 或 Zn-St 作为 AC 发泡剂的活性剂。选用的挤出机的螺杆的长径比为（20～28）：1，几何压缩比为 2.0～2.5。发泡方法有：自由发泡和可控发泡。

挤出后常压交联发泡工艺流程与模压成型类似，只是不要开炼塑化物料，挤出机塑化的物料可直接发泡成型。

5. 化学发泡 PE 泡沫塑料注射工艺

PE 泡沫塑料的注射成型可使用化学发泡剂和物理发泡剂。

注射成型泡沫塑料制品结构为发泡的芯层和不发泡的表层的结合体，密度为 0.2～0.7g/cm^3，该制品可部分地代替金属和木材。

注射成型工艺的共同特点是在注射设备上加设贮料器或贮压器，采用多浇口、多模具和双联注射机。因注射发泡的合模力较小，故模具可用铝合金制造。

工艺要点是：采用较大背压，选用自锁式喷嘴，喷嘴的孔径应该较大，注射压力要小些，注射速度要快，成型周期短，合模力小，模内设有排气孔。可分低压法和高压法两种。

（1）低压法　料不充满模腔，贮料器内的压力为 34～20MPa，厚度为 6.4mm 的制品其表层厚度在 0.38～1.02mm 之间。

（2）高压法　料充满模腔，第一次开模发泡，第二次开模发泡，制品表面纹理细微，密度较低，生产周期短，模具结构和合模装置比较特殊。

第四节
聚氨酯泡沫塑料及其成型

主链链节含有氨基甲酸酯的聚合物称为"聚氨酯"。聚氨酯泡沫塑料是把含有羟基的聚醚树脂或聚酯树脂与异氰酸酯反应构成聚氨酯主体，并由异氰酸酯与水反应生成二氧化碳发泡，和/或用低沸点氟碳化物为发泡剂制成的泡沫塑料。

聚氨酯泡沫塑料按所用的原料不同可分为聚酯型和聚醚型两种；按制品的性质来分可分为软质、半硬质和硬质三种；按生产方法来分可分为一步法和两步法两种。

用一步法生产聚氨酯泡沫塑料的优点有：原料组分黏度小，输送与处理方便；反应放热比较集中，生产周期也较短；生产设备比二步法少。其缺点是：生产过程较难控制；生产过程中有较多的有毒的异氰酸酯气体逸出。二步法的优缺点正好与一步法相反。

一、聚氨酯泡沫塑料所用的原料和助剂

1. 二异氰酸酯类

用于所作聚氨酯泡沫塑料的二异氰酸酯，不仅要求具有相当大的活性，而且在室温下是液体，常用的有甲苯二异氰酸酯（TDI）、4,4-二苯基甲烷二异氰酸酯（MDI）、亚苯二甲基二异氰酸酯（XDI）和六亚甲基二异氰酸酯（HDI）等。

（1）TDI　TDI 有 2,4 与 2,6 两种异构体，见图 8-10。通常使用的 TDI 是这两种异构体的混合物。例如，甲苯二异氰酸酯 80：20（简称 TDI 80/20，生产厂家简单表示为 TDI-80）表示 2,4 与 2,6 两种异构体的混合比，称为异构比。TDI-80 比 TDI-100 便宜，TDI-65 目前几乎不再生产。

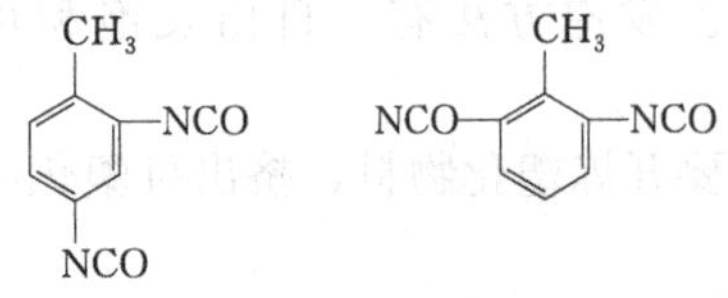

(a) 2,4-TDI   (b) 2,6-TDI

图 8-10   TDI 的异构体

2,4-TDI 的反应活性高，因为它的空间位阻效应小。在 40℃以下，4-位上的 NCO 的反应速率要比 6-位上的快 5～10 倍；当温度升高到 100℃ 左右时，两者的反应活性几乎没有区别。实际生产中，用异构比高的 TDI，泡沫的凝胶和发泡反应进行得就快，塑料制品的泡孔结构趋向于闭孔型；异构比越低，则反应活性越低，泡孔结构趋向于开孔型。因此，常用 TDI-80 生产软质聚醚型聚氨酯泡沫塑料；采用 TDI-65 生产软质聚酯型聚氨酯泡沫塑料。

（2）MDI 和 PAPI   4,4-二苯基甲烷二异氰酸酯（MDI）也有 2,4-MDI 和 2,2-MDI 两种异构体。MDI 的结构见图 8-11，是白、黄色结晶。MDI 包括一系列产品，常用的有纯 MDI 和多亚甲基多苯基多异氰酸酯（PAPI）。应当注意，PAPI 一般含有 50% 左右的 MDI，其余是三官能度和多官能度的异氰酸酯。PAPI 是棕色液体。

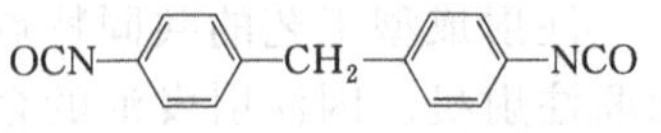

图 8-11   MDI 的结构

现在，常用改性的 MDI 和液化的 MDI。纯 MDI 主要用于生产聚氨酯弹性体、合成革、微孔鞋底等材料；PAPI 主要用于生产硬质泡沫塑料。

2. 多元醇

凡是有机化合物分子内含有两个以上羟基（—OH）的化合物均称为有机多元醇。这是生产聚氨酯泡沫塑料的又一主原料。工业生产上使用的多元醇有聚醚多元醇和聚酯多元醇两大类。

聚醚多元醇是以低分子多元醇为起始剂，在碱性催化剂作用下，由氧化烯烃（环氧乙烷、环氧丙烷等）开环聚合而得到的末端带有羟基的多元醇。常用的起始剂有乙二醇、丙二醇、季戊四醇、山梨糖醇和蔗糖等。

聚酯多元醇是由二元羧酸和多元醇经缩聚反应制得的末端带羟基的多元醇。二元羧酸有己二酸、癸二酸、苯二甲酸等；多元醇有乙二醇、丙二醇、己三醇等。通常，用于制造软质 PU 泡沫塑料的聚醚或聚酯都是线性的或稍带支链的长链分子；每个大分子带有 2～3 个羟基，分子量为 2000～4000。用于制造硬质 PU 泡沫塑料的多元醇的分子量较小，并且具有支链结构，其官能度在 3～8 之间。

聚酯型 PU 泡沫塑料的性能优良，但价格较高，用于特殊场合。由于聚醚多元醇的原料来源广泛、价廉、加工性能好、泡沫塑料性能良好，因此，目前多采用聚醚多元醇生产 PU 泡沫塑料。

3. 催化剂

为了加快聚氨酯的生成反应和发泡反应，需要加入催化剂。生产中所用的催化剂有两类：胺类和有机锡类。胺类催化剂对异氰酸酯-羟基、异氰酸酯-水反应都有较强的催化作用，如三乙胺、三乙二胺等。有机锡类催化剂对异氰酸酯-羟基反应的催化作用特别有效，如二桂酸二丁基锡等。

4. 发泡剂

由异氰酸酯与水反应形成的 CO_2 是 PU 泡沫塑料发泡的主要气体，所以，通常又将水称为内发泡剂。在生产中必须严格控制水的用量。水量过多或过少，对生产都极为不利。如果水量过多，则使 PU 的分子链具有较多的聚脲结构，以致使泡沫塑料发脆；同时，如果水量过多，要产生大量的反应热，又由于泡沫塑料的热导率很低，反应热不能及时地散发出去，从而使泡沫塑料的中心变色、烧焦，甚至使泡沫塑料着火。如果水量过少，则难以得到低密度的泡沫塑料。水量一般为 2 份左右。

在生产硬质 PU 泡沫塑料时，常加入氟里昂或二氯甲烷作为外发泡剂，而这些外发泡剂在发泡过程中是吸热反应。工业生产中常用的氟里昂有 F-11（一氟三氯甲烷）、F-12（二氟二氯甲烷）和 F-114（二氯四氟乙烷）。考虑到保护大气层中臭氧层，所以，氟里昂禁止使用。现在，往往使用含氯、含溴的烷烃作为外发泡剂。

5. 表面活性剂

表面活性剂在 PU 泡沫塑料的生产中有以下三种作用。

① 起乳化剂的作用，使各发泡组分混合均匀，以保证泡沫形成的各种反应均衡进行到完全。

② 降低发泡体系的表面张力，有利于气泡的稳定与均匀。

③ 在气泡形成的过程中起成核作用，使气泡能在较低的气体浓度下形成。常用的表面活性剂有：水溶性硅油、磺化脂肪醇、磺化脂肪酸及非离子型表面活性剂。

6. 其他助剂

根据制品的性能要求而定，如阻燃剂、防老剂等。根据制品的要求决定是否加入。

二、成型过程中的基本化学反应与成型方法

1. 基本化学反应

① 异氰酸酯的异氰酸酯与多元醇的羟基反应生成氨基甲酸酯基团（简称为"链生成反应"）：

$$\sim\sim\sim R-NCO + HO-R\sim\sim \longrightarrow \sim\sim R-NH-\overset{\overset{\textstyle O}{\|}}{C}-O-R\sim\sim$$

反应温度一般控制在 $60\sim80\,^{\circ}\!C$，最高不超过 $120\,^{\circ}\!C$，根据反应的具体情况调节。二元醇和二异氰酸酯反应时，当醇过量，生成的 PU 是羟基封端的，贮存稳定性好；当异氰酸酯过量时，在一定条件下会生成—NCO 基团封端的 PU；当—NCO 和 HO—接近 1：1 时，体系黏度增大，为使反应完全，反应后期要升温至 $100\sim120\,^{\circ}\!C$，可加入催化剂以提高反应速率。

② 异氰酸酯与水反应，经过中间化合物生成胺和 CO_2（简称为"发泡反应 1"）：

注意，只有生产 PU 泡沫塑料时，水作为发泡剂使用，在其他场合水都是有害的。

$$\sim\sim\sim R-NCO + H_2O \longrightarrow \sim\sim R-NH_2 + CO_2\uparrow$$

③ 生成的胺很快地与过量的异氰酸酯反应生成脲（简称为"链增长反应"）：

$$\sim\sim\sim R-NH_2 + \sim\sim R-NCO \longrightarrow \sim\sim R-NH-\overset{\overset{\textstyle O}{\|}}{C}-NH-R\sim\sim$$

④ 异氰酸酯与氨基甲酸酯中氮原子的氢反应生成脲基甲酸酯，使生成的线性聚合物形成支化结构（简称为"支化反应"）：

$$\sim\sim R-NCO + \sim\sim R-NH-\overset{\overset{\textstyle O}{\|}}{C}-O-R\sim\sim \longrightarrow \sim\sim R-\underset{\underset{\textstyle NH-R}{\underset{\textstyle \|}{\underset{\textstyle C=O}{|}}}}{N}-\overset{\overset{\textstyle O}{\|}}{C}-O-R\sim\sim$$

⑤ 异氰酸酯与脲反应生成缩二脲，也能使线性聚合物形成支化和交联结构（简称为"交联反应"）：

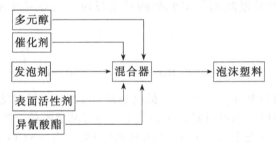

⑥ 异氰酸酯与多元醇中的残余羧基反应生成 CO_2（简称为"发泡反应 2"）：

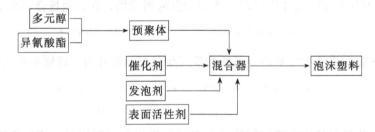

以上六种反应是 PU 泡沫塑料的基本反应，异氰酸酯还会发生自聚反应（包括二聚和三聚）。芳香族二异氰酸酯可以自聚，生成二聚体，但在加热时是可进行逆反应（即生成原来的物质）。在加热和催化剂的条件下，芳香族和脂肪族的异氰酸酯能生成三聚体，三聚体的反应是不可逆的。为了防止贮存和运输过程中自聚和自交联，常加入苯酚、酮肟等将活性的—NCO 基团封起来，使用时加热到 120℃时开始解封。

2. 加工方法

① 一步法的工艺流程如下：

```
多元醇 ─────┐
催化剂 ─────┤
发泡剂 ─────┼──→ 混合器 ──→ 泡沫塑料
表面活性剂 ──┤
异氰酸酯 ────┘
```

② 二步法有预聚体法和半预聚体法两种。
预聚体法的工艺流程如下：

```
多元醇 ──┐
        ├──→ 预聚体 ──┐
异氰酸酯 ─┘            │
催化剂 ──────────────┼──→ 混合器 ──→ 泡沫塑料
发泡剂 ──────────────┤
表面活性剂 ──────────┘
```

预聚法是先将多元醇和异氰酸酯反应生成含有一定量游离异氰酸酯基团的预聚体，然后再与其他添加剂一起发泡，生成泡沫塑料。

③ 半预聚体法的工艺流程与预聚体一样，所不同的是异氰酸酯和多元醇的比例不同。

半预聚体法是先将配方中的部分多元醇与全部异氰酸酯反应生成游离异氰酸基含量较高的半预聚体，然后再与剩余的多元醇及其他助剂混合发泡制得泡沫塑料。该法多用于硬质和半硬质 PU 泡沫塑料。

三、聚氨酯泡沫塑料生产工艺

1. 聚醚型喷涂法 PU 泡沫塑料

聚醚型喷涂法 PU 泡沫塑料原材料规格及配方见表 8-6。

表 8-6　聚醚型喷涂法 PU 泡沫塑料原材料规格及配方

原　料	规　　格	配比/份	作　用	制品主要性能指标
含磷聚醚树脂	羟值/(mgKOH/g)　350 酸值/(mgKOH/g)　<5	65	主原料	表观密度/(g/cm³) 　0.046～0.052
甘油聚醚树脂	羟值/(mgKOH/g)　600±30 含水量/%　<0.1	20	主原料	压缩强度/MPa 　0.25～0.45
乙二醇聚醚树脂	羟值/(mgKOH/g)　780±50 含水量/%　<0.2	15	主原料	拉伸强度/MPa 　0.18～0.23
β-三氯乙基磷酸酯	工业级	10	阻燃剂	伸长率/%　7～15 热导率/[W/(m·℃)]
水溶性硅油	工业品	2	表面活性剂	0.026
F-11	沸点　23.8℃	35～45	发泡剂	自熄性:离开火焰后2s内自熄 吸水率/(kg/m²)
三亚乙基二胺	纯度/%　≥98	3～5	催化剂	≤2.0
DBTL	含锡量/%　17～19	0.5～1.0	催化剂	使用温度/℃
PAPI	纯度/%　85～90	160	主原料	-90～120

2. 聚酯型喷涂法 PU 泡沫塑料

聚酯型喷涂法 PU 泡沫塑料配方（分为预聚体配方和发泡配方）分别见表 8-7 和表 8-8。

表 8-7　预聚体配方

原　料	规　　格	配比/份	作　用	预聚体的性能指标
TDI	纯度/%　99 异构比　65:35	100	主原料	游离异氰基/% 　27±0.5
一缩二乙二醇	纯度/%　98 含水量/%　0.25	15	主原料	

表 8-8　发泡配方

原　料	规　　格	配比/份	作　用	制品主要性能指标
聚酯 树脂	羟值/(mgKOH/g) 　530～550 酸值/(mgKOH/g)　<5	100	主原料	表观密度/(g/cm³) 　0.32～0.422
预聚体	游离异氰基/% 　27±0.5	157	主原料	压缩强度/MPa 　6.0～8.5
聚氧化乙烯	羟值/(mgKOH/g) 　68～85	1.5	催化剂	拉伸强度/MPa 　4.0～6.0
山梨糖醇甘油酸酯	皂化值　45～65 密度(25℃)/(g/cm³) 　1.077	适量	主原料 活性剂 乳化剂	冲击强度/(J/cm²) 　0.0196～0.0392

续表

原　料	规　格	配比/份	作　用	制品主要性能指标
二乙基乙醇胺	纯度/% ≥95 密度(20℃)/(g/cm³) 0.886	0.5～1.0	催化剂	
蒸馏水		0.05～1.00	发泡剂	

3. 工艺要点

① 原料配比　生产 PU 泡沫塑料主要原料是聚酯或聚醚树脂、水和异氰酸酯,三者之间的用量理论上应满足如下关系:

水的物质的量＋聚酯或聚醚树脂物质的量＝异氰酸酯物质的量

实践证明,异氰酸酯的用量最好是理论值的 1.01～1.05 倍。过多,会使制品发硬脆;过少,制品容易发生老化。因此,必须严格控制原料的用量。

制品密度随着水(发泡剂)的增加而降低。其密度对制品物理力学性能有重要的影响。

② 温度　PU 泡沫塑料生产过程中所发生的化学反应较多,温度稍有波动,各种反应之间的比例就会失调,直接影响反应速率和发泡质量。因此,为了保证制品质量,必须严格控制温度。一般在 20～25℃。

③ 搅拌速度与时间　这对泡沫塑料的结构有重要影响。当泡沫塑料的气孔大小有一定要求时,搅拌速率和时间往往都有一固定的范围。搅拌速率和时间反映混合时加入能量的多少,加入能量过少,泡孔粗糙;过多泡孔又会开裂。

④ 熟化　PU 泡沫塑料的最后熟化是指随着聚合物分子量的增加和剩余异氰酸酯基的消失而达到所期望的力学的过程。高温熟化有良好的效果,可提高胺类化合物和异氰酸酯基的反应速率常数,加速剩余异氰酸酯基的消失及多催化剂的挥发。熟化温度一般控制在 40～60℃。

⑤ 计量泵　误差在 2% 以内。

阅读材料

"我的房子是泡沫塑料的"

据统计,目前全世界面临着住房缺乏的危机。为此,美国工程人员开始琢磨:怎样才能在住房问题上废物利用?那些常常被人们丢弃的废物,比如说,喝咖啡用的纸杯、便餐泡沫塑料饭盒等,能否对解决全球的"房荒"助一臂之力?

美国建筑师邦杜兰特就为自己建造起了这样一座泡沫塑料房屋。

从外表看起来,他的这座独特的房子和街道上的其他房屋似乎没有什么区别。邦杜兰特把自己的房子油漆成了天蓝色,在大片倾斜式的屋顶下,镶嵌着很大的窗户,使得房子视野开阔,风景美妙。走进房子里,则是更有一番洞天,只见天花板很高,地上铺着漂亮的硬木地板,还有一个现代化气氛浓郁的厨房,整个房间宽敞舒适,令人一见倾心。

邦杜兰特很自豪地介绍说:"在这所房子里,我还建造了一间阳光明媚的日光室。此外,房子的屋顶、墙壁和地板全都是由经过改造的绝缘泡沫塑料板制成的,是真正意义上的废物利用。"

邦杜兰特并不是单枪匹马建造起这座特别的泡沫塑料房屋的，他是与设在美国亚拉巴马州的热能节约住宅建筑公司进行合作，共同完成了这一杰作。该公司创办人哈道克表示，人们喝咖啡时最常用的那种纸杯，实际上是用聚苯乙烯泡沫塑料制造的，这种塑料是很好的绝缘体，用做饮料或者食物的容器，可以起到保冷和保温的绝佳效果。更为特别的是，聚苯乙烯泡沫塑料还可以用来建造房屋。

哈道克道出了他们建造泡沫塑料房屋的"玄机"。

他说，建造这种房屋，最大的诀窍是用水泥板夹塑料板。具体方法是将泡沫塑料板切成适当的尺寸，然后用两块水泥板把塑料板夹在当中。这种塑料板的厚度可以根据具体需要来决定。它的作用跟胶合夹板相同，连接的时候，只要在顶端和下端每隔 1.25m 的距离钉上一个锁扣就行了，而不必像木造房屋那样，每隔半米就要使用一排钉子。

哈道克同时介绍了泡沫塑料房屋的三大好处：

第一，施工迅速。建造一座泡沫塑料房屋，就好像竖立一块巨大的猜谜图。最大的塑料板可以有 3.5m 高，每块塑料板上都标有号码，连接时，依照一定的次序安放在正确位置后，再用一种特别的锁扣连接在一起。竖立一座泡沫塑料房屋的外墙，大约只需一周左右，而使用标准木材建造清水墙，却需要至少两倍的时间。

第二，耐风雨，能吸热。凡是可能受到风吹雨打的部分，不论是地板、屋顶或者是墙壁，均采用泡沫塑料板建造，这样做是为了充分利用泡沫塑料板的绝缘功能。白天，晒在太阳光下的塑料板能够吸收热量，到了晚上，房屋里面就因为有了这种热量而变得温暖，屋里的温度可以保持不变。

第三，牢固抗震。哈道克说："1984 年，我在阿拉斯加建造了第一座泡沫塑料房屋，至今为止，我的女儿还住在那里。阿拉斯加是发生地震次数最多的地区，比加利福尼亚州还多，同时还是美国风力最强的地区，当然，那里的积雪也是最厚的。但是，我的塑料房屋完全没有受到影响，20 年来情况依旧非常良好。"

哈道克关于"泡沫塑料房屋坚固抗震"的说法，现在已经有了科学依据。今年年初，美国科学家联合会房屋建筑技术测试计划组对此做了一个试验。当时，工程人员对一座两层楼的热能节约房屋进行了所谓震动平台测验，方法是把房屋安放在一座平台上，然后模拟发生地震的情况，使平台不断抖动，结果，泡沫塑料房屋成功地通过了抗震测试。参加试验的专家认为，有关试验结果表明，泡沫塑料非常适合用于在容易发生地震的区域建造房屋，而从南美洲的安第斯一直到阿富汗，都属于地震多发区域。

美国科学家联合会房屋建筑技术测试计划组负责人贾高达称，泡沫塑料房屋的抗震性其实远胜于土坯房。在一些地震多发地区，人们几千年来大多是用土坯建造房屋的，这非常不安全。如果能用泡沫塑料板来建造房屋，再加上一层灰泥粉刷，那么，不论内外，看起来都和土坯房很相像，但抗震能力要远超过土坯房。

专家认为，现在必须设法使人们相信，泡沫塑料房屋绝不会突然倒塌。如果他们能够推销出这一理念，那么毫无疑问，泡沫塑料房屋在这些地震多发地区就会有极大的市场。

习题

1. 解释下列名词术语：

泡沫塑料　开孔（或闭孔）泡沫塑料　机械发泡　物理发泡　化学发泡　聚氨酯泡沫塑料　聚氨酯树脂　异构比　聚酯型多元醇　聚醚型多元醇

2. 按泡沫塑料的密度来分，应如何分类？泡沫塑料的共性体现在哪几方面？

3. 在泡沫塑料的生产过程中，其发泡方法可分为哪几种？

4. 试简述气泡形成原理。（提示：分三个步骤）

5. 什么是 EPS 泡沫塑料？

6. EPS 珠粒有哪几种制备方法？各有何特点？

7. 什么是 EPS 的预发泡？工艺参数为几何？

8. 什么是 EPS 预胀物的熟化？工艺参数为几何？在熟化过程中为什么必须严格控制温度与时间？

9. 试简述 EPS 预胀物的模压工艺。

10. 用溶解惰性气体法生产软质 PVC 泡沫塑料时有哪两种方式？

11. 化学发泡剂的工艺特性有哪些？

12. 使用化学发泡剂生产 PVC 泡沫塑料的成型方法有哪两种？

13. 用常用模压法生产 PE 泡沫塑料时，在发泡前为什么必须要交联？（提示：必要时可用图表示）

14. PE 泡沫塑料在常压条件下模压发泡时常用的交联剂有哪些？常用的发泡剂有哪些？（提示：至少要各掌握其中一种助剂的化学名称、缩写符号、结构式及其基本特性）

15. 聚氨酯泡沫塑料有何特性？可分为哪几类？

16. 试用化学反应式写 PU 泡沫塑料成型原理。（提示：要标明 6 个反应式的名称）

17. PU 泡沫塑料的生产方法有哪几种？各有何特点？

18. 用 PAPI 生产 PU 泡沫塑料（与 MDI 或 TDI 相比）有何优缺点？

19. 在 PU 泡沫塑料的生产过程中，为什么大多数采用聚醚型的多元醇而很少采用聚酯型的多元醇？

20. 在 PU 泡沫塑料的生产过程中，为什么要使用催化剂？所用的催化剂有哪几类（各举一例）？

21. 在 PU 泡沫塑料的生产中，已经有水与异氰酸反应生成气体进行发泡，为什么还要加入低沸点液体发泡剂？常用的低沸点发泡剂的品种有哪些？

第九章

塑料模压成型

学习目标

1. 掌握模压成型工艺特点和工艺过程。
2. 掌握塑料模压主要工艺参数。
3. 初步学会调节模压工艺参数及其对制品性能的关系。
4. 掌握塑料在加工过程的交联反应。

第一节
塑料模压成型

模压成型（又称压制加工或压缩模塑）是先将粉状、粒状或纤维状的塑料放入加工温度下的模具型腔中，然后闭模加压而使其定型并固化的作业。模压工艺可兼用于热固性塑料和热塑性塑料。模压热固性塑料时，塑料一直是处于高温的，置于型腔中的热固性塑料在压力作用下，先由固体变为高黏度的熔体，并在这种状态下流满型腔而取得型腔所赋予的形状，随着交联反应的深化，高黏度的熔体的黏度逐渐增加以至变为固体，最后脱模成为制品。热塑性塑料的模压，在前一阶段的情况与热固性塑料相同，但是由于没有交联反应，所以在流满型腔后，须将模具冷却使其固化才能脱模成为制品。由于模压时模具需要交替地加热与冷却，生产周期长，因此，塑料制品的加工以注塑法更为经济，但有时模压法又不可少。如模压较大平面的塑料制品时只能采用模压工艺。

模压工艺的主要优点：可模压较大平面的制品和利用多槽模进行大量生产；设备投资少，工艺成熟，生产成本低；不仅可以加工热固性塑料，也可以加工流动性很差的热塑性塑料。其主要缺点：生产周期长，效率低；较难实现自动化，劳动强度大；不能加工形状复杂、厚壁的制品；制品的尺寸准确性低，不能模压要求尺寸准确性较高的制品。

改革模压工艺的目标主要集中在如下几个方面：降低制品加工压力；降低制品加工温

度；缩短固化时间；采用廉价的模具和压机；改善作业环境；使生产过程连续化、自动化；提高制品的质量和性能等。

常用于模压工艺的塑料有：PF 塑料、氨基塑料、UP 塑料、PI 和 PTFE 等，其中以 PF 塑料、氨基塑料的使用最为广泛。模压的塑料制品主要用于机械零部件、电器绝缘件、交通运输和日常生活等方面。

一、模压成型原理

热固性塑料在模压成型过程中所表现出的状态变化，要比热塑性塑料复杂，在整个加工过程中始终伴随有化学反应发生，加热初期由于分子量低而呈黏流态，流动性好，随着官能团的相互反应，大分子链发生部分交联，此时物料流动性变小，并开始产生一定的弹性，此时物料处于所谓的胶凝状态，再继续加热，大分子链交联反应更趋于加深，交联度增大，树脂由胶凝状态变为固态，此时树脂呈体型结构，加工过程也告完成。

从成型工艺角度讲，成型过程主要包括流动段、胶凝段和硬化段三个过程。

在流动段时树脂分子呈线型或带有支链的分子结构，树脂流动主要属于整个大分子位移，流动性的难易与分子链的长短有关，控制树脂的流动性的关键即为控制树脂的分子量和分子结构。树脂在胶凝段的分子结构是支链密度较大的结构或部分交联的网状结构，因而它的流动较困难，但仍保持一定的流动性，直观上的表现是树脂的黏度明显增大。硬化阶段时，树脂就变成不熔不溶状态，并完全丧失流动性，此时树脂分子呈体型结构。

从工业生产的角度来讲，加工可分为甲阶段（A 阶段）、乙阶段（B 阶段）和丙阶段（C 阶段）。

① 甲阶段　某些热固性树脂制备的早期阶段。该阶段中，树脂加热能熔融，可溶解于某些溶剂（如乙醇，丙酮等）中。此阶段的特性可用四个字概括：可熔可溶。

② 乙阶段　某些热固性树脂反应的中间阶段。该阶段中，树脂与某些溶剂（如乙醇、丙酮等）接触能溶胀但不能溶解；加热时可以软化但不能完全熔化。此阶段的特性可用六个字概括：部分可熔可溶。

③ 丙阶段　某些热固性树脂在熟化反应中的最后阶段。该阶段中，树脂在溶剂中既不溶胀；加热时也不软化。不过，严格地讲，丙阶段树脂中仍有少量可以溶解的物质被"笼格"在树脂内部。此阶段的特性可用四个字概括：不熔不溶。

当然上述三过程，必须要有一定的外界条件，如温度、压力和时间才能完成。对热固性塑料来说，温度是尤为敏感的因素。

二、热固性塑料模压成型工艺

完整的模压工艺是由物料的准备、模压和制品的后处理三个过程组成的，其中物料的准备又分为预压和预热两个部分。预压一般只用于热固性塑料，而预热也可用于热塑性塑料。模压热固性塑料时，预压和预热两个部分可以全用，也可以只用预热一种。预压和预热不但可以提高模压效率，而且对制品的质量也起到积极的作用。如果制品不大，同时对它的质量要求又不很高时，则预处理过程也可省去。

(一) 预处理

1. 预压

将松散的粉状或纤维状的热固性塑料预先用冷压法（即模具不加热）压成质量一定、形状规整的密实体的作业称为预压，所压的物体称为预压物，也称为压片、压锭或型坯。

预压物的形状并无严格的限制，一般以能用整数而又能十分紧凑地配入模具中为最好。

模压时，用预压物比用松散的压塑粉具有以下优点。

① 加料快，准确而简单，从而避免加料过多或不足时造成的废次品。

② 降低塑料的压缩率，从而可以减小模具的装料室，简化了模具的结构。

③ 避免压缩粉的飞扬，改善了劳动条件。

④ 预压物中的空气含量少，使传热加快，因而缩短了预热和固化的时间，并能避免制品出现较多的气泡，有利于提高制品的质量。

⑤ 便于运转。

⑥ 改进预热规程。预压物的预热温度可以比压塑粉高，因为粉料在高温下加热会出现表面烧焦，如一般酚醛压塑粉只能在 100～120℃下预热，而其预压物则可高至 170～190℃下预热。预热温度越高，预热时间和固化时间就越短，生产效率就能提高。

⑦ 便于模压较大或带有精细嵌件的制品。

虽然采用预压物有以上的优点，但是也有它的局限性。一是需要增加相应的设备和人力，如不能从预压后生产率提高上取得补偿，则制品成本就会提高。二是松散度特大的长纤维状塑料预压困难，需用大型复杂的设备。三是模压结构复杂或混色斑纹制品不如用粉料的好。

2. 预热

为了提高制品质量和便于模压的进行，有时须在模压前将塑料进行加热。如果加热的目的只在去除水分和其他挥发物，则这种加热应为干燥。如果目的是在提供热料以便于模压，则应称为预热。在很多情况下，预热的同时兼有干燥作用。

热塑性塑料成型前的加热主要是起到干燥的作用，其温度应以不使塑料熔结成团状或饼状为原则。同时还应考虑塑料在加热过程中是否会发生降解和氧化。如有，则应改在较低温度和真空下进行。

热固性塑料在模压前的加热通常都兼具预热和干燥双重意义，但主要是预热。采用预热的热固性塑料进行模压有以下优点。

① 缩短了固化时间和加快固化速率，即缩短了成型周期。

② 增进制品固化的均匀性，从而提高制品的物理力学性能。

③ 提高塑料的流动性，从而降低塑模损耗和制品的废品率；同时还可减小制品的收缩率和内应力，提高制品的尺寸稳定性和表面光泽。

④ 可以用较低的模压压力进行成型。

3. 预热规程

不同类型和不同牌号的塑料均有不同的预热规程，最好的预热规程通常都是获得最大流动性的规程。确定预热规程的方法是，在既定的预热温度下找出预热时间与流动性的关系曲线，然后可根据曲线定出预热规程。图 9-1 为某一 PF 塑料预压物在预热温度为 180℃±10℃下所测得的流动曲线，由图 9-1 可知，在 0～4min 期间，曲线一直上升，表征着流动性继续增加；4～8min 期间，曲线变化不大，表征着水分与挥发物的逐出过程；8min 以后，曲线急剧下降，表征着塑料中树脂的

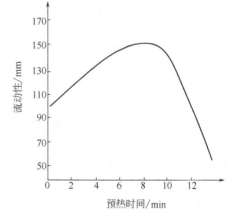

图 9-1　流动性与预热时间的曲线

化学反应加深，从而使其黏度增大，流动性降低，达到最大流动性的时间为 5～7min。所以，这种塑料的预热规程可定为 180℃±10℃和 5～7min。

常用热固性塑料的预热温度范围列于表 9-1 中。

表 9-1   常用热固性塑料的预热温度范围

塑 料 类 型	预热温度范围/℃
PF 塑料	低温:80～120,高温:180～200
脲-三聚氰胺-甲醛塑料	80～100
MF 塑料	105～120
聚酯塑料	只有增强塑料才预热,预热温度为 55～60

4. 预热方法

预热和干燥的方法常用的有:热板加热、烘箱加热、红外线加热、高频电热等。

(1) 热板加热   所用设备是一个用电、煤气或蒸汽加热到规定温度而又能作水平转动的金属板,它经常是放在压机旁边的,使用时,将各次所用的预压物分成小堆,连续而又分次地放在热板上,并盖上一层布片。预压物必须按次序翻动,以期双面受热。取用已预热的预压物后,即转动金属板并放上新料。

工厂中还有一种简便的预热法,即在模压第一个制品的固化过程中,用料铲或小盘将第二个制品的用料装好并放在压机下压板的空处预热,预热时也可以翻动。此法的预热温度不易控制,也不够均匀,但很方便。

(2) 烘箱加热   烘箱内设有强制空气循环和正确控制温度的装置。这种设备既可用作干燥也可用作预热。热源有用电和蒸汽两种,但一般为电热。烘箱的温度应能在 40～230℃ 范围内调节,并用风扇使空气循环。

把塑料铺在盘里送至烘箱内加热。料层厚度如不超过 2.5cm 可不翻动。盘中塑料的装卸应定时定序,使塑料有固定的受热时间。

干燥热塑性塑料时,烘箱温度约为 95～110℃,时间可在 1～3h 或更长,有些物料需在真空较低温度下干燥。烘干后的塑料如不立即模压,应放在密封的容器内冷却保存。

预热热固性塑料的温度一般为 50～120℃,少数也有高达 200℃,如酚醛塑料。准确的预热温度最好结合具体情况由实验来决定。

(3) 红外线加热   塑料也可用红外线来预热或干燥。所用设备是装有相应热源的箱体,箱的内壁涂有白漆或者镀铬,壁外应保温。

多数塑料都无透过红外线的能力,尤其是粉料与粒料。因此,用红外线加热时,先是表面得到辐射热量,温度也就随之增高,而后再通过热传导将热传至内部。由于热量是由辐射传递的,所以,红外线的加热效率要比用对流传热的热气循环法高。加热时应防止塑料表面过热而造成分解或烧伤。控制温度的因素有加热器的功率和数量、塑料表面与加热器的距离以及照射的时间等。

用红外线预热或干燥塑料有连续法和间歇法两种方式。连续法是将塑料放在输送带上使其通过红外线灯的烘箱。调节输送带的速度就可控制塑料受热的时间。塑料层的厚度最好不超过 6mm。间歇法则是将塑料用盘放在装有红外灯烘箱的格架中,并应定时装卸与翻动。烘箱中也可加设送风设备,以带走水分和挥发物。

红外线预热的优点是:使用方便,设备简单,成本低,温度控制比较灵活等。缺点是受热不均和易于烧伤表面。

近来,远红外线已逐渐用于塑料的预热,效果良好,可克服红外线预热的缺点。

(4) 高频电热   任何极性物质,在高频电场作用下,分子的取向就会不断改变,因而使分子间发生强烈的摩擦,以致生热而导致温度上升。所以,凡属极性分子的塑料都可用高频电流加热。高频电热只用于预热而不用于干燥,因为,在水分未驱尽之前,塑料就有局部被烧伤的可能。

用高频电预热时，热量不是从塑料外部传到内部，而是在全部塑料的各点上自行产生的。因此，预热时，塑料各部分的温度是同时上升的，各部位温度均匀，预热时间也短。这是用高频电流预热的最大优点。不过事实上各质点的温度还略有差别，因为塑料外层的部分热量可能被电极导走或向空中散失。此外，塑料组分和密度的不均也会造成差别。

高频电热的优点是：①塑料受热均匀，因此，用这种方法预热可以使同一种塑料的流动性比用其他方法预热好；②容易调节温度，且能自动化；③显著地缩短了预热时间，如通常的热固性塑料预热只需30s至3min，而用其他方法时则需6～9min；④缩短了模压时的固化时间，所需的时间只是用其他常用预热方法的1/10～1/2，特别是对模压厚的制品更为有利。高频电热的缺点是：①由于高频振荡器本身要消耗50%的电能，故总的电热效率不高；②由于升温较快，塑料中的水分不易驱尽；加以预热后塑料固化又快，容易将水汽封在制品内，所以制品的电性能不如用烘箱预热的好。

(二) 模压工艺过程

模压过程主要包括加料、闭模、排气、固化、脱模和清理模具等。当制品有嵌件时需要在模压时封入制品的，应在加料前将嵌件安放在模腔内相应位置。

(1) 加料　向模具型腔内加入一次模压所需要的塑料量称为加料。

① 加料方式　加料方式有重量法、容量法和计数法三种。重量法原料计量准确，但较麻烦，多用在制品尺寸要求准确和难以用容量法加料的塑料如碎屑状、纤维状塑料；容量法不如重量法准确，一般适宜颗粒均匀、压缩率小的粉料计量，操作方便；计数法加料是指预压物加料，按制件重量所需的个数放入型腔，加料准确、迅速、方便。

② 加料操作　加料前应仔细检查型腔内是否有油污、飞边、碎屑和异物，加料时应根据型腔的形状进行操作，对流动阻力大的部位应多加些料，对嵌件周围应预先压紧粉料，防止塑料受压流动时冲击嵌件。加料量直接影响制品的密度与尺寸，料量多制品易产生毛边，厚度尺寸不准确，难以脱模，甚至损坏模具。料量少制品不紧密，光泽性差，造成缺料，产生废品等。

(2) 闭模　闭模指加料完后阳模和阴模相闭合过程。合模时先用快速，待阴阳模快接触时变为慢速，先快后慢的操作有利于缩短生产周期，防止模具擦伤，避免模槽中原料因过快合模而被空气带出，甚至移动嵌件，使成型杆或模腔遭到破坏。闭模所需的时间由几秒至数十秒。待模具闭合后即可增大油压，对原料加热加压。

(3) 排气　排气是指热固性塑料模压时，发生化学交联反应，常有水分和低分子物放出，待化学交联反应进行适当时间应短暂时间卸压松模，排除水分、低分子物和挥发物等的过程。排气操作除排放上述反应中的气体外，也排除型腔深处的空气，有利于缩短固化时间，防止制件内部出现分层、裂纹和气泡，提高制品的物理力学性能。对压制形状简单的制件，或塑料通过预热除去挥发分的则不需要排气这一工艺过程，而排气在成型过程中是存在的。

(4) 固化 (也称硬化)　固化是指热固性塑料在模压温度下保持一段时间，树脂的缩聚反应达到一定的交联程度，使制品具有所要求的物理力学性能的过程。硬化速率不高的塑料，为提高设备的利用率，在制品能够完整地脱模时暂时结束固化，再通过后处理来完成固化全过程。通常模内固化时间即保温保压时间，一般由30s至数分钟不等，大多数不超过30min。固化时间取决于塑料的种类、制品的厚度、预热情况、模压温度和模压压力等。固化时间直接影响成型周期和交联度，也影响制品的性能。

(5) 脱模　固化后使制品与模具分离的工序称为脱模。通常脱模是靠顶出杆来完成的，带有成型杆或嵌件的制品，应先用特种工具将成型杆取出，再行脱模。

制件脱模后要认真清理模具，通常用压缩空气吹洗模腔和模面，模具上的附着物，可用铜刀或铜刷清理。

热固性塑料制品脱模后常需要进行后处理，其目的是使制品固化完全，减少制品的水分和挥发物等；有利于提高制品的电性能，减少或消除制品的内应力。一般后处理是在烘箱内进行。后处理的温度和时间取决于制品的形状、塑料的种类及成型条件等。

（三）模压工艺控制因素分析

热固性塑料在模压成型中有物理变化和复杂的化学变化，模腔内的物料从粉末状经加热和加压熔融，发生化学交联反应固化成密实的制件或制品，塑料的体积随着温度和压力发生变化。不溢式模具和带有支承面的半溢式模具的结构分别见图9-2和图9-3。

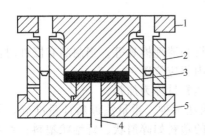

图9-2　不溢式模具的结构
1—阳模；2—阴模；3—制品；
4—脱模杆；5—定位下模板

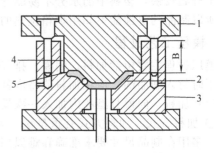

图9-3　有支承面的半溢式模具的结构
1—阳模；2—制品；3—阴模；
4—溢料槽；5—支承面；B段为装料室

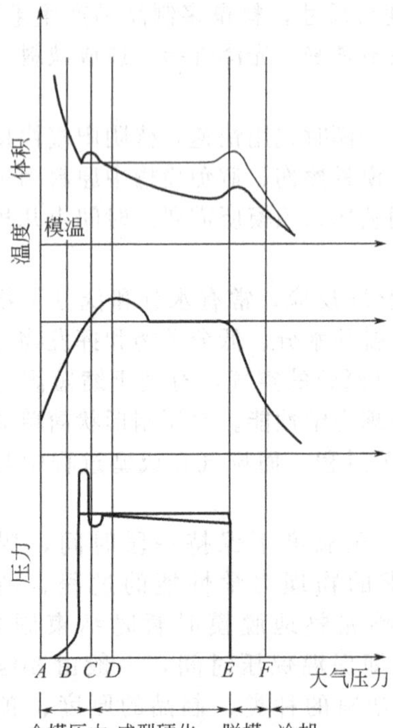

用不溢式模具和带有支承面的半溢式模具时，模压过程中体积、温度、压力与时间的关系如图9-4所示。

图9-4中 A 点表示所加物料的体积和温度的关系，B 点表示对模具施加压力后，物料受压缩而体积（厚度）逐渐减小（如实线所示），当模腔压力达最大时，体积也压缩到相应的数值。但物料吸热后膨胀，在模腔压力保持不变的情况下体积胀大，如 C 点所示对应的曲线。交联反应开始后，因反应放热，物料温度上升甚至会高于模温，当放出低分子物的过程体积会减小。完成模压后于 E 点卸压，模内压力迅速降至大气压力，开模后成型物因弹性回复体积又会增大。制品在大气压力下逐渐冷却至室温，体积也逐渐减小到与室温相对应的数值。

在带有支承面的半溢式模具中，物料的体积-温度-压力关系则稍有不同，在这种模具中，模腔的容积不变，多余的物料能通过阳模上的缝隙和分型面而溢流，所以模压过程中模腔容积不变，其特点是物料体积不变。由于物料在高压下溢流，所以初期（B 点以后）模压压力上升到最大值后很快下降，后因物料吸热但无法膨胀，导致压力有所回升。在交联反应脱除低分子过程中，因阳模不能下移物料体积变化小，模内压力则逐渐下降。

体积

温度

模温

压力

A B C D　E F　大气压力

合模压力　成型硬化　脱模　冷却

图9-4　用不溢式模具和带有支承面
的半溢式模具时，模压过程中体积、
温度、压力与时间的关系

实际的模压过程，模内物料的体积、温度和压力的变化不能单独发生，是相互影响同时进行的。如在 C 点物料的吸热膨胀和 D 点因化学反应而收缩的情况可能同时进行，因此，图 9-4 所示的曲线表示了模压过程物料体积、温度、压力变化的一般规律。

（1）模压压力　模压压力是指模压时，模具对塑料所施加的压力。其作用是使塑料在模具中加速流动，充满型腔；增加塑料的密实度；克服物料在固化反应中放出低分子物及挥发分所产生的压力，防止制件出现肿胀、起泡、脱层等缺陷；保持固定的尺寸和形状；防止制品在冷却时发生形变。

模压压力的大小取决于塑料及填料种类、模具温度、预热温度、制品形状等因素。对某种物料来说，流动性越小、硬化速率越快、物料的压缩率大、壁薄和面积大时所需要的模压压力也越大。压制布片、石棉纤维填料的酚醛塑料制件较压制含木粉填料的酚醛制件模压压力大 2～3 倍。

一般增大模压压力，除增大物料的流动性外，使制品结合得更紧密，制品成型收缩率降低，性能提高。但是模压压力过大影响模具的使用寿命，并增加设备的功率消耗；而过小在制品内部易形成气泡，制品质量下降。

在一定的范围内提高模具温度，物料的流动性增大，可以适当降低模压压力，但是提高模具温度要适当，防止局部过热使制品性能变坏。

经过预热的物料流动性较好，所需的模压压力可低些。模压压力与预热温度的关系如图 9-5 所示。

由图 9-5 可见，随预热温度增大，模压压力（指使物料充满模腔所需要的压力）逐渐下降，降到最低点后又上升，上升的原因是预热温度已发生交联反应使熔体黏度上升的结果。

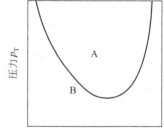

图 9-5　模压压力与预热
温度的关系
A—可以充满的区域；
B—不能充满的区域

实际操作中常用分步加压法。先低压快速合模，防止塑料受热时间太长，过早硬化而降低流动性，当阳模触料时，改慢速低压，使物料熔融塑化，进入充模阶段升高压力，使熔料充满型腔，保压，固化。这样分步操作可防止冲击嵌件和型芯，避免产生折断和弯曲，有利于充分排除型腔内的空气。

由上述可见，模压压力所涉及的因素是较复杂的。常用的热固性塑料模压压力范围列于表 9-2 中，作为参考。

表 9-2　热固性塑料的模压温度与模压压力数据

塑　料　类　型	模压温度/℃	模压压力/MPa
PF 塑料	145～180	7～42
三聚氰胺甲醛塑料	140～180	14～56
脲甲醛塑料	135～155	14～56
聚酯	85～150	0.35～3.5
邻苯二甲酸二丙烯酯	120～160	3.5～14
环氧树脂	145～200	0.7～14
有机硅	150～190	7～56

（2）模压温度　模压热固性塑料时，模具温度是影响物料塑化流动及固化成型的主要因素，它决定模压过程中交联反应的速度，并影响物料的充模过程及制品的最终性能。

物料受到温度的作用，其黏度和流动性均会发生很大的变化，温度对流动性的影响如图 9-6 所示。

由图 9-6 可见，在较低温度内，物料的流动性随温度的上升而增加，因黏度随温度的升高而降低。在较高的温度范围内（即 $T_{\max,f}$ 以上），化学交联反应起主导作用，随温度的升高，交联反应迅速加快，熔体的流动性迅速降低。温度对固化的影响如图 9-7 所示。

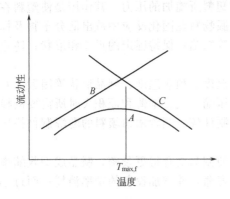

图 9-6　温度与树脂流动性的关系
A—实际流动曲线；B—温度增大时流动性
增加的趋势曲线；C—温度超过 $T_{\max,f}$ 后，
随温度上升流动性下降趋势曲线

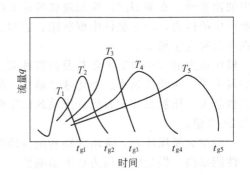

图 9-7　不同温度下的流动-固化曲线
温度：$T_1 > T_2 > T_3 > T_4 > T_5$；
固化时间：$t_{g1} < t_{g2} < t_{g3} < t_{g4} < t_{g5}$

由图 9-7 可见，温度升高能加速物料在模腔中的硬化速度，缩短固化时间。但过高的温度会使硬化速度太快，塑料流动性迅速降低，导致充模不满，特别是对模压形状复杂、壁薄、深度大的制品，这种弊病尤为明显。温度过高，还可能引起色料变色，制品表面颜色暗淡，同时在高温下外层硬化要比内层快得多，使内层的挥发物难以排除，从而降低制品的力学性能，在模具开启时制品会发生膨胀、开裂、变形或翘曲等，甚至引起有机填料的分解。

模压厚度较大的制品时，宜降低模压温度，延长模压时间。因为塑料是热的不良导体，厚壁制品的内层很可能未达到固化完全，升高模压温度虽可加快传热速率，在较短的时间内完成内层的固化，但又容易使制品表面发生过热现象，所以，采取较低的模温，延长模压时间为宜。

一般经过预热的物料进行模压时，由于内外层温度较均匀，流动性较好，故模压温度可提高些。

各种塑料有不同的模压温度，常用热固性塑料的模压温度范围列入表 9-2。压制薄壁制品取上限温度，厚壁制品取下限温度，同一制件有厚薄断面分布的取温度的下限或中间值，以防薄壁处过热。

（3）模压时间　模压时间是指从闭模加压起，物料在模具中升温到固化脱模为止的这段时间。它直接影响塑料模压周期和固化度。为提高生产率，希望缩短模压时间。模压时间与塑料的种类、制品的形状、厚度、模具结构、模压压力、温度及操作（是否排气、预压、预热）等有关。

模压温度与成型周期的关系如图 9-8 所示。

由图 9-8 可知，随模压温度升高，塑料固化速度加快，固化时间减少，因而成型周期随模压温度提高而缩短。由于物料经预热缩短升温时间，并增加了流动性，固化时间短，也缩短成型周期。通常模压时间随制品的厚度增加而增加。

模压时间的长短对制品的性能影响很大。模压

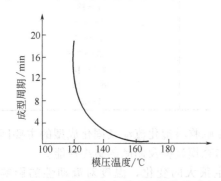

图 9-8　模压温度与成型周期的关系

时间短，物料固化不完全（"欠熟"），制品物理力学性能较差，外观无光泽，制品脱模后易出现翘曲、变形等现象。过分延长模压时间，会使物料"过熟"，不仅延长成型周期，降低生产率，多消耗能量，且交联过度会使制品收缩率增加，引起树脂与填料间产生内应力，制品表面失光，从而使制品性能降低，严重时会使制品破裂，因此，要适当控制模压时间，使制品坚硬、光亮，收缩率小。

第二节
塑料交联反应

一、热固性塑料的交联作用

1. 热固性塑料的交联

尚未成型的热固性塑料，其主要组成物是线型聚合物。这些线型聚合物分子与热塑性塑料分子链的不同点在于：热固性塑料在分子链中都带有反应基团（如羟甲基等）或活点（如不饱和键等）。成型时，这些分子通过自带的反应基团的作用或自带反应活点与交联剂的作用而交联。由交联生成的聚合物称为交联聚合物。能使聚合物在分子主链间生成化学键的物质称为交联剂。已经发生作用的基团或活点对原有反应基团或活点的比值称为交联度。

交联反应是很难完全的，也是不必要完全的。很难完全的原因有两：其一，交联反应是热固树脂分子向三维发展并逐渐形成体型网状结构的过程。随着交联过程的进行，未发生作用的反应基团之间或反应活点与交联剂之间的接触机会就会越来越少，以致变得不可能。其二，有时反应系统中包含着气体反应生成物（如水汽、氨等），因此阻止了反应的继续进行。这就是热固性塑料交联也没有必要完全的原因。

在工业生产中，热固性塑料的交联常用硬化、熟化等术语代替。熟化（也称为固化）是指通过热、光、辐射或化学添加剂等的作用，使热固性树脂或塑料交联的过程。工业生产中熟化完全或熟化得好并不意味着交联作用的完全，而是指交联作用发生到一种适宜的程度，以致制品的物理力学性能等达到最佳的状态。在热固性树脂或塑料熟化过程中，由于熟化时间和（或）温度不足等原因未能达到必需的交联度而引起制品性能不良的一种现象称为欠熟化。在热固性树脂或塑料熟化过程中，由于时间过长和（或）温度过高等原因而引起制品性能下降的现象称为过熟化。

熟化时间对熟化作用起决定性的作用。使热固性树脂（或塑料）熟化时，从加热、辐射或加入熟化剂、引发剂、促进剂等开始直至达到规定熟化程度的一段时间称熟化时间。欠熟化的热固性塑料制品，其中常存有比较多的可熔性低分子物，而且由于分子结合得不够强（指交联作用不够），以致制品所希望的性能较差。例如，力学强度、耐热性、耐化学腐蚀性、电绝缘性等性能下降；热膨胀、后收缩、内应力、受力时的蠕变量等指标增加；表面缺少光泽，容易发生翘曲等。过熟化的热固性塑料制品在性能也会出现很多的缺点。例如，力学强度不高、发脆、变色、表面出密集的小泡等现象。必须注意：欠熟化和过熟化现象也会发生在同一制品上，出现的主要原因可能是模塑温度过高，上下模的温度不一，制品过大或过厚等。

检验熟化程度的方法很多。用化学方法检验熟化程度虽然从理论上讲是可行的，然而实际效果难以令人满意。因为已经熟化的制品尽管熟化程度不足，可是能溶解的物质被"笼格"在制品内部而不能测得。所以，最好用物理方法检验熟化程度。常用的方法有：热硬度法、沸水试验法、密度法、导电度等方法。现代测试还有红外线辐射和超声波法，其中以超声波法为最好。

2. 常见热固性塑料的熟化反应

（1）酚醛（PF）塑料的熟化反应　酚醛塑料有两大类：线型 PF 和体型 PF。前者是用酸作催化剂，苯酚与甲醛的摩尔比为 1：0.8 时的缩聚产物；后者是用碱（NaOH、氨水等）作催化剂，苯酚与甲醛的摩尔比为 0.8：1 时的缩聚产物。在此只阐述体型 PF 塑料熟化反应。

在甲阶段，PF 树脂是这样一种结构（＊表示树脂中可反应的活点）：

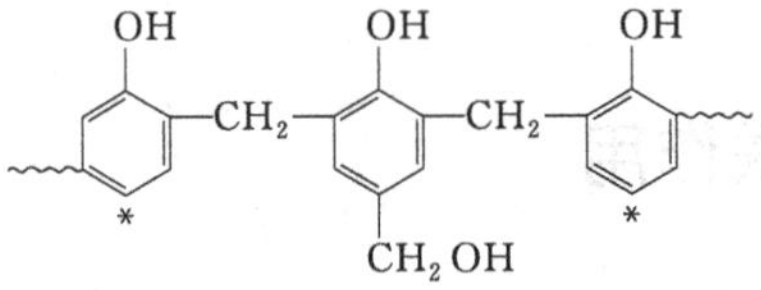

在乙阶段，通过加热甲阶树脂与六亚甲基四胺（交联剂）可使甲阶树脂分子间产生部分交联键和形成支链。乙阶树脂的可溶可熔性降低，但尚有良好的流动性和可塑性。在乙阶段，PF 树脂结构如下：

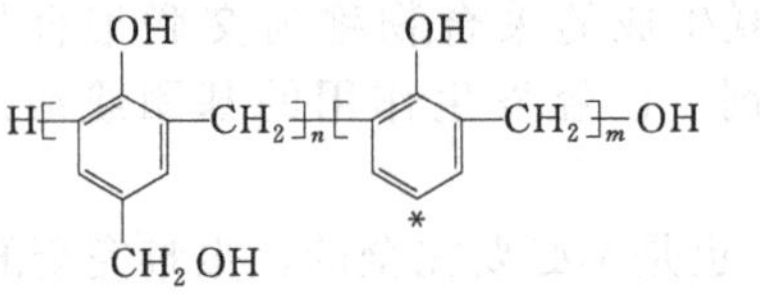

$$(m>5，m+n>10)$$

在丙阶段，乙阶树脂在更高的温度下加热，进一步进行缩聚反应转化为不溶不熔的深度交联的具有网状结构的整体大分子。聚合物具有以下结构：

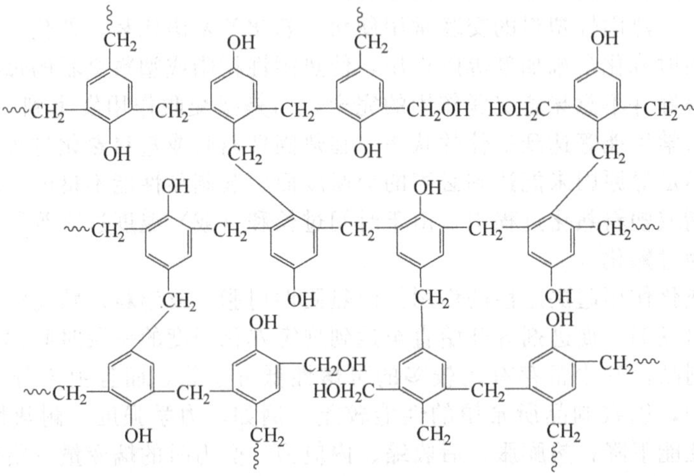

（2）环氧（EP）树脂的交联反应　环氧端基易与伯胺、仲胺、羧基、羟基等基团反应，如 EP 与胺反应：

生成的羟基进一步与环氧基反应而醚化：

羧基与环氧基反应：

还有，酸酐类的物质也可作为 EP 树脂的固化剂。

3. 不饱和聚酯的固化反应

二、热塑性塑料的交联

在热塑性塑料的某些成型工艺中，必须对分子链进行交联才能制得性能符合要求的制品。例如，PE 泡沫塑料制品的加工就是典型一例。

1. 热塑性塑料所用交联剂及其特性

热塑性塑料尤其是聚烯烃的交联通常是由加入的交联剂和助交联剂由化学作用而实现的。交联剂的化学结构通式为 ROOH 或 ROOR。交联剂的分解难易和反应活性随取代基的化学结构而变化。选择时应注意以下的特性值。

（1）活性氧含量　活性氧含量是表示交联剂分解时产生的自由基数量，通常用下式计算：

$$理论活性氧的含量（\%）=\frac{—O—O—的数目×16}{分子量}×100\%　　　　（9\text{-}1）$$

（2）半衰期　当交联剂在一定温度下加热分解时，其浓度降至原来的一半所需的时间称为半衰期（$t_{1/2}$）。通常都以半衰期的 10～12 倍的加热时间作为交联剂分解近于完全的时间。在工业生产中，常以半衰期的 8～10 倍时间作为交联时间。

（3）活化能　使交联剂分解产生自由基，必须给以分子活化所需要的能量称为活化能。活化能大的过氧化物对温度的依赖性比活化能小的要大。

（4）分解温度　过氧化物在一定的时间内分解量达一半时的温度称为分解温度。通常是半衰期为 10h 的分解温度或半衰期为 1min 的分解温度。

2. 交联反应原理

现以 PE 为例说明其交联反应原理。在一定温度（树脂熔点以上）时，化学交联剂分解成化学活性很高的自由基，夺取 PE 分子链中的氢原子，使主链的某些碳原子转变为活性自由基，两个大分子链上的活性自由基相互结合而产生交联。现以 DCP 为例，其交联过程如下：

值得注意的是，DCP 在酸性条件分解并不产生自由基。

然而，聚烯烃塑料的交联并不都是以上述反应进行的。当大分子链有侧基存在时，有些聚烯烃如 PP 在形成自由基的过程中还要发生分子链的断链反应。

为了防止这类高分子材料在交联过程中的断链，使用助交联剂非常必要。为了抑制大分子链发生自由断裂的副反应，提高交联效果，改善交联高分子材料性能的化学物质称为助交联剂。

助交联剂可以迅速地与大分子自由基反应，使其稳定并形成一个新的稳定自由基，该自由基再参与反应，使交联效率大提高。

阅读材料

模压成型的发展简史

许多世纪前，人们就已采用各种初始的模压成型方法。几千年前，中国人已采用一种早期的模压工艺造纸。中世纪，模压成型技术被用来压制各种天然树脂。18 世纪，美国人采用动物的角或龟壳模压成制品。19 世纪初期至中期，人们采用模压方法压制橡胶零件，由杜仲胶压制刀柄及其他用品，由虫胶塑料、木质纤维等压制照片框架等。

1653 年，帕斯卡（Pascal）发现了液压机工作的基本原理。正是液压机的发明奠定了现代模压成型方法的基础。不过，直至 1839 年，Goodyear 发现了硫化橡胶的加工方法后，液压机才在商业模塑中得到应用，从而揭开了现代模压成型技术的序幕。

1907 年，Baekeland 开发成功第一种合成热固性树脂——可模压成型的酚醛树脂。1910 年左右，酚醛树脂的出现刺激了模压机产量的提高，也导致了早期半自动模压机的诞生。大约在 1915 年，Burroughs 研制成半自动模压机，这是模压成型技术的一个重要进展。

20 世纪初期，多采用热模压工艺成型热固性塑料制品。1900 年左右，欧洲人开发成功冷模压成型法。然而，冷模压成型方法从没有像热模压成型那样普及。

20 世纪 30 年代，模压成型领域的两个重要进展分别是由离心泵带动的自给式模压成型用液压机已经普遍采用以及全自动模压机的诞生。40 年代，被模压成型领域采用的最重要的发明为介电或高频预热器。1949 年，由于模压机和预热设备的改进，模压技术向较大型制品的成型方向发展。是年，2000t 的模压机投入使用。

20 世纪 70 年代，模压成型领域重要的进展包括闭环控制的模压机，螺杆喂料系统和无流道注射模压成型（RIC）。80 年代初期，汽车工业对模压成型增强塑料汽车面板的产量有更高的需求，这导致了新的、快速、短行程的 SMC（片状模塑料）用模压机的出现，这种模压机带有程序可控的力/速度控制（PFVC）系统和模板调平装置。80 年代末期，SMC 和 GMT（玻璃纤维毡片增强热塑性塑料）用模压机的微机控制至少与注塑或其他塑料加工方法那样先进，采用了远程诊断系统，快速合模速度可达 1m/s。

　　20世纪90年代，由于节能、环保和安全等的要求，汽车工业等继续推动着模压成型技术的发展，这主要表现在三个方面。首先，SMC在汽车工业中的使用量在增加，且推出了一些新的模压料，尤其是SMC（如低压SMC、高模量SMC、软质SMC和易于加工的SMC）、BMC（团状模塑料）以及GMT等，因为汽车工业是SMC、BMC和GMT的最大用户。其次，模压成型机械进一步往高度自动化、高速和高精度方向发展。最后，不断提高模压成型制品的表观性能，可不采用模内涂覆即可生产A级表面的汽车配件。

　　总的来说，20世纪的前50年，由于酚醛树脂的出现并被大量采用，模压成型是加工塑料的主要方法。至40年代，因热塑性塑料的出现并可采用挤出和注射方法来成型，情况开始发生变化。模压成型初期加工的塑料约占塑料总量的70%（质量分数），但至50年代，该比例降至25%以下，目前约为3%。这种变化并不意味着模压成型是一种没有发展前景的方法，只不过是模压成型生产热塑性塑料制品时成本过高。20世纪初期，95%（质量分数）的树脂为热固性的，至40年代中期，该比例降至约40%，而目前仅约为3%。不过模压成型仍是一种重要的塑料成型方法，尤其在成型某些低成本、耐热制品时。随着新的树脂基热塑性和热固性模压料的出现，以及汽车工业等的发展，模压成型正焕发出新的活力。

 习题

　　1.解释下列名词术语：

　　模压成型　预压　预热　加料　闭模　排气　固化　脱模　模压压力　模压时间　塑料的交联　交联聚合物　交联剂与交联度　完全熟化、欠熟化与过熟化　熟化时间

　　塑料交联剂中：活性氧含量、半衰期、活化能和分解温度　助交联剂

　　2.模压成型的特点是什么？

　　3.热固性塑料在模压过程中经历了哪三个阶段？各个阶段的特点是什么？

　　4.模压前对物料进行预压和预热有何意义？预热的方式有哪些？

　　5.简述模压工艺过程。

　　6.简述用不溢式和有支承面的半溢式模具模压热固性塑料时的体积-温度-压力的关系。

　　7.简述模压压力的作用和影响因素。

　　8.简述模压温度与模压压力的关系。

　　9.如何减少模压时间？

　　10.热固性塑料的熟化可分为哪几个阶段？这几个阶段各有何特点？

　　11.热固性塑料的交联为什么很难完全？工业生产中为什么不要求交联反应完全进行？

　　12.以PE为例，用DCP作交联剂时，交联作用机理是什么？（必须用化学方程式表示）

第十章

橡胶加工工艺

学习目标

1. 生胶是橡胶制品的主原料，生胶的结构和特性决定了橡胶制品的性能，必须掌握生胶结构和性能之间的关系。
2. 塑炼和混炼是橡胶加工前期阶段，必须了解生胶塑炼和混炼的基本原理和生产工艺，为成型提供合格的胶料。
3. 橡胶的加工有模压成型、挤出成型、注射成型和压延成型等各种方法，使学生了解这些常用方法的工艺流程和工艺参数。
4. 硫化是橡胶制品生产的最后一道工序，这也是决定制品性能的重要工序，必须掌握硫化工艺方法和工艺参数。

第一节
橡胶原辅材料

天然橡胶是橡胶工业中不可缺少的重要原料，有许多宝贵的性质。然而，自然资源有限，满足不了人们的需要，因此，各种合成橡胶相继问世。

合成橡胶是指由各种单体经聚合反应而制成的高弹性高聚物。合成橡胶的分类，目前则趋于按其性能和用途来划分为通用合成橡胶和特种合成橡胶两大类。然而，这种分类方法并不严格，例如，氯丁橡胶有人将其划分在通用合成橡胶的一类，但也有人将其划分在特种合成橡胶的一类。

一、合成橡胶

凡其性能与 NR 相近，加工性能较好，能广泛用于轮胎和其他一般橡胶制品的称为通用合成橡胶。

1. 异戊橡胶与天然橡胶

异戊橡胶（IR）是聚异戊二烯橡胶的简称，是由异戊二烯单体经特殊方法聚合而成的有规立构的橡胶，其分子结构与 NR 相同，性能也相似。

天然橡胶（NR）是一种从天然植物中采集出来的高弹性材料。尽管含橡胶成分的植物很多，但最有经济价值的只有三叶橡胶树、杜仲树和橡胶草。在这三种植物中，以三叶橡胶树的产胶最大，质量最好。因此，工业上应用的天然橡胶的主要来源是三叶橡胶树。

（1）天然橡胶的成分　　NR 的主要成分为橡胶烃，此外，还含有少量的其他物质如蛋白质、脂肪酸等（这些物质统称为非橡胶成分）。橡胶烃和非橡胶成分的含量随各种 NR 的品种不同而不同。

① 橡胶烃　　橡胶烃是 NR 的主要成分，其含量为 91%～94%，橡胶烃含量少的生胶，其杂质较多，质量较差。橡胶烃由异戊二烯基组成，分子量约为 70 万。天然橡胶分子量分布较宽，这是 NR 既有良好的物理力学性能，又有良好的加工性能的原因。

异戊二烯基按其结合方式，可生成顺式 1,4-结合 [图 10-1(a)]；反式 1,4-结合 [图 10-1(b)]；1,2-结合；3,4-结合等不同的聚合体。

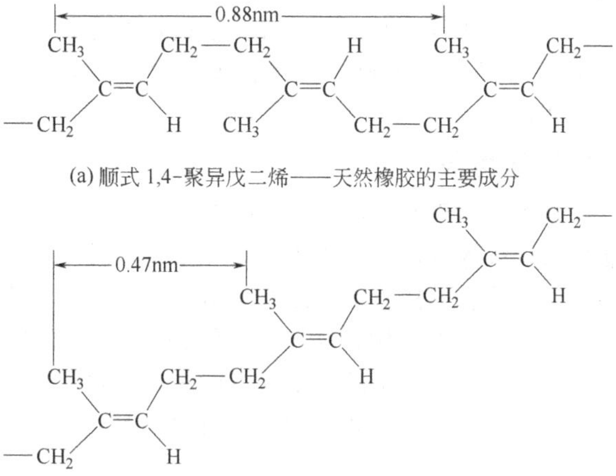

(a) 顺式 1,4-聚异戊二烯——天然橡胶的主要成分

(b) 反式 1,4-聚异戊二烯——古塔波胶的主要成分

图 10-1　NR 和古塔波胶的结构式

一般 NR（三叶橡胶）的橡胶烃是由含 98% 以上的顺式 1,4-聚异戊二烯所组成（不到 2% 的 3,4-结合体）。这种聚合体分子链柔性大，具有良好的弹性和其他物理力学性能。如杜仲胶、巴拉胶、古塔波胶等一类的 NR，其橡胶烃是由反式 1,4-聚异戊二烯所组成，这种聚合体分子链柔性小，弹性差，在室温下呈皮革状。

② 蛋白质　　蛋白质存在于胶乳中橡胶粒子的表面，起着稳定橡胶粒子分散于水介质中的作用。但当胶乳凝固后，它便与橡胶粒子凝聚在一起，而成为 NR 的成分之一。在 NR 中，蛋白质的含量一般在 3% 以下（胶清可达 8%～20%），含蛋白质多的胶料其吸水性大，绝缘性差；蛋白质加热时分解成氨基酸，会加速橡胶的硫化，容易使制品产生气孔，含蛋白质多的胶料其硫化胶的硬度大，生热性大。

③ 丙酮抽出物　　这类组分主要是某些高级脂肪酸、水溶性脂肪酸、甾醇类等物质。这类物质能对橡胶起增塑作用，以及活化硫化和抗老化的作用。因此，丙酮抽出物多的生胶，其可塑性较大，硫化速度较快，不易老化。

④ 水分　　NR 经干燥后，一般都含有 1% 以下的水分。若含水量过多，则容易引起生胶发霉，硫化时易起泡，绝缘性下降。

⑤ 水溶物　　NR 中的水溶物主要是一些糖类和一些水溶性盐类。这些组分含量大时，胶料吸水性大，绝缘性差。

⑥ 灰分　　NR 中的灰分主要为一些无机物质，其中包括钾、镁、钙、钠等氧化物，碳酸盐和磷酸盐等物质以及含铜、铁、锰等微量元素。其中的铜、铁、锰等元素能促进橡胶的老化。

（2）天然橡胶的主要特性　　天然橡胶的主要特性如下。

① 为不饱和橡胶，化学性质活泼，能进行加成反应和环化反应，能与硫黄硫化和与氧

反应，硫化反应速率较快。因此，硫化特性、加工性能、黏着性和并用性好。

② 为非极性橡胶，易与烃类油及溶剂作用，不耐油。耐老化性和耐溶剂性差。这是 NR 的主要缺点。

③ 在室温呈无定形态，具有高弹性。在低温下或伸长时能出现结晶，属于结晶型橡胶，具有自补强性，在 $-72℃$ 时为玻璃态。弹性温度范围宽，$-55\sim130℃$，耐寒性好。

④ 具有良好的综合性能，尤其是力学强度好，仅次聚氨酯橡胶（PUR），且加工性好。优异的耐屈挠特性（滞后损失小，多次形变生热低）。

⑤ 具有良好的耐透气性和电绝缘性。

NR 广泛用于制造各类轮胎、胶管、胶带、胶鞋、工业制品及医疗卫生制品。

IR 合成橡胶中非橡胶成分少，耐水性和介电性较 NR 好。IR 含凝胶和杂质量较少，质地较纯净，生胶门尼黏度较低，一般可不用塑炼。由于 IR 不含有 NR 中的有机物（如脂肪酸、蛋白质），所以，IR 的硫化速度通常比 NR 慢，定伸强度和硬度稍低，伸长率稍大。但因门尼焦烧时间长，操作安全性好。由于 IR 和 NR 的性能最接近，所以 IR 的用途与 NR 相同。

2. 丁苯橡胶

丁苯橡胶（SBR）是合成橡胶中应用量最大的橡胶品种（占合成橡胶的 55%），也是最早工业化的合成橡胶，是单体丁二烯和苯乙烯按一定的配比（70：30），在一定的温度条件下共聚而得，其聚合方法有乳液法和溶液法。乳液法所得的为普通 SBR，在共聚反应中，丁二烯单元可能以顺式 1,4-结构、反式 1,4-结构和 1,2-结构等方式与苯乙烯单元进行连接（见图 10-2）。另外，丁二烯单元和苯乙烯单元可能是以交替间隔有规的方式进行排列；也可能是以不交替的无规方式进行排列。因此，共聚后所得的 SBR，其分子结构情况如何，取决于聚合条件。

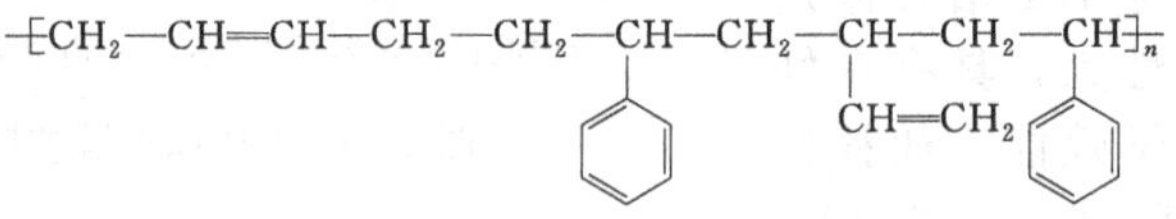

$$-[CH_2-CH=CH-CH_2-CH_2-CH-CH_2-CH-CH_2-CH]_n-$$

图 10-2　SBR 的结构式

SBR 的特性如下。

① 为非极性橡胶，能溶于烃类溶剂中，不耐油。

② 属于不饱和橡胶，可用硫黄硫化，但化学活性较 NR 低，硫化速度较慢，耐热耐老化性较好。

③ 链的规整性很差，为非结晶橡胶，没有自补强性，所以，纯胶强度较低，需用炭黑补强。

④ 有良好的耐磨性和耐透气性。耐油、耐热与耐老化比 NR 好。有较高硬度。

⑤ 其弹性、耐寒性、自黏性较差，生热大，在加工中收缩性大。纯胶硫化胶强度低；滞后损失大，耐屈挠龟裂稍差，硫化速度较慢。

SBR 主要用途是制造轮胎胎面，此外，也用于制造胶管、胶带、胶鞋大底等制品。使用时，常将 SBR 与 NR 并用。

3. 顺丁橡胶

顺丁橡胶（BR）是顺式 1,4-聚丁二烯橡胶的简称。溶聚丁二烯橡胶是丁二烯单体在有机溶剂中，在催化剂作用下通过溶液聚合制得的有规立构橡胶；乳聚丁二烯橡胶是丁二烯单体在水介质中，由乳化剂分散或呈悬浮液状聚合所得的产物。BR 的分子量为 30 万～40 万。在聚合反应中，丁二烯可能生成顺式 1,4-、反式 1,4-（见图 10-3）以及 1,2-三种结构形式的高聚物，顺式 1,4-结构含量大于 90%。

BR 通常是根据其顺式结构含量多少来分类的。当顺式结构含量为 97%～99% 者称为高顺式 BR；当顺式结构含量为 90%～95% 者称为中顺式 BR；当顺式结构含量为 32%～40% 者称为低顺式 BR。高顺式 BR 弹性较高，在 -40℃ 仍能保持弹性。BR 的弹性是目前合成橡胶中最好的品种。BR 生热小，T_g 为 -105℃，工艺性能较好。目前，工业上常用的品种大多为高顺式 BR，简称 BR。

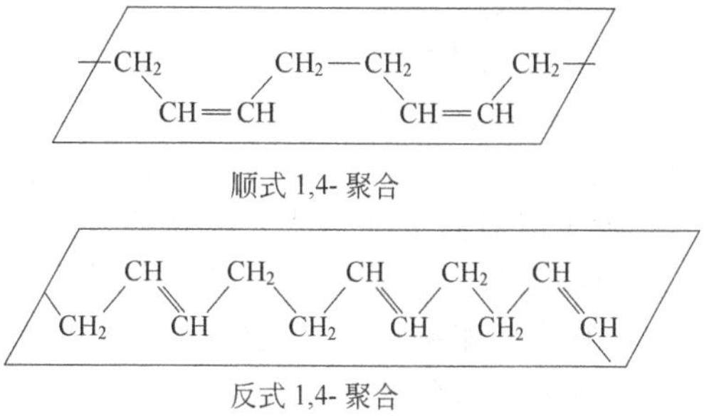

图 10-3　BR 的结构式

BR 的主要特性如下。

① 属于不饱和橡胶，可用硫黄硫化，但其化学活性较 NR 差，硫化速度较慢，耐老化性较好。

② 为非极性橡胶，不耐油。

③ 为结晶性橡胶，但其纯胶强度低，需用炭黑补强。BR 在室温下稍有结晶，只有拉伸到 300%～400% 或冷却到 -30℃ 以下，才有明显结晶。

④ 具有良好的弹性、耐寒性、耐磨性和动态性能。

⑤ 耐屈挠性能优异，表现为制品的耐动态裂口生成性能好。

⑥ 湿润能力强，填充性好。与 NBR 及 SBR 相比，可填充更多的油和补强填料，有利于降低胶料的成本。

BR 的主要缺点是：加工性能差，黏着性、抗撕裂和抗湿滑性不佳；生胶冷流性大；耐老化性和耐溶剂性差。

BR 主要用途是制造轮胎胎面，也可用于胶管、胶带、鞋类及耐寒制品。常与 NR 或 SBR 并用。

4. 氯丁橡胶

氯丁橡胶（CR）是由 2-氯-1,3-丁二烯乳液聚合而成，能生成 1,4-结构、1,2-结构及 3,4-结构，见图 10-4；此外，还可能生成环形 1,4-结构。CR 分子链的空间立体结构主要为反式 1,4-结构（占 85%～86%），故分子链规整，分子链由碳链所组成，但分子链中含有电负性强的侧基（氯原子），因而使之带有较强的极性。CR 分为通用型（其中包括硫黄调节型、非硫黄调节型）和专用型。

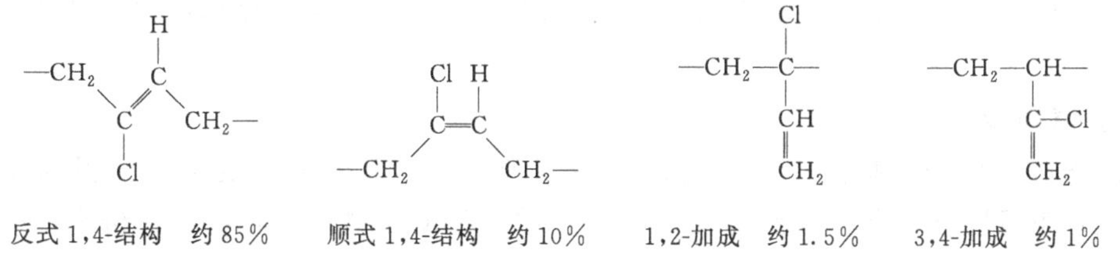

图 10-4　CR 的结构式

CR 的主要特性如下。

① 为有规立构橡胶，是结晶性橡胶，具有自补强性，其纯胶强度较高，可不加炭黑补强，其他物理力学性能也很好，但耐寒性差。

② 为极性橡胶，具有良好的耐油性和气密性。

③ 耐天候老化，具有良好的化学稳定性，耐氧化、耐臭氧化和耐化学腐蚀。

④ 耐燃性好。

⑤ 1,2-加成结构（约 1.5%）化学活性高（主要的交联中心）；利用烯丙基氯的化学活性，采用氧化锌、氧化镁作硫化体系。

⑥ 气密性好，仅次于 IIR（丁基橡胶）。

⑦ 加工时对温度敏感性大，容易出现粘辊现象。

⑧ 具有良好的黏着性，容易与金属、纤维、皮革进行黏合。

主要缺点：耐寒性差；电绝缘性不好；耐屈挠龟裂性较低；动态生热性较大；在贮存时会逐渐变硬而失去弹性。

CR 主要用于制造胶管、胶带、化工设备衬里、电线电缆、耐油胶鞋、胶黏剂等。

5. 丁基橡胶

丁基橡胶（IIR）是由异丁烯和少量异戊二烯单体在低温下（约−100℃）共聚而成，结构式如图 10-5。IIR 是以异丁烯为主体和少量异戊二烯首-尾结合的线型聚合物，分子量为 40 万～70 万。由于聚合物只含少量异戊二烯，因此，其性质主要是由异丁烯决定的，基本上属于饱和橡胶。在 IIR 橡胶的结构中，虽然含有许多甲基侧基，但由于丁基橡胶的分子链是呈螺旋形的空间结构，这使得每个异丁烯链节上的相邻甲基不在一个平面上，因而，分子链仍具有良好的柔性（比 NR 稍差），所以是普通橡胶中气密性最好的橡胶品种。

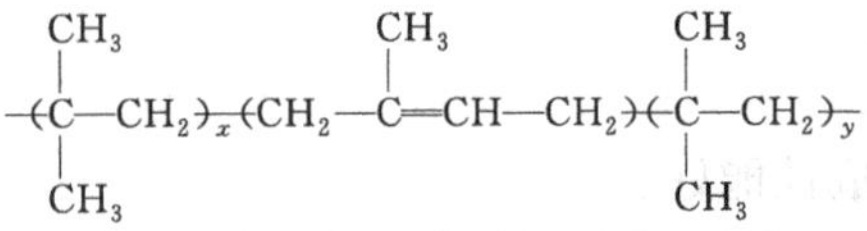

图 10-5　IIR 的结构式

IIR 的主要特性如下。

① 属于饱和橡胶，具有优良的耐热、耐臭氧和耐化学腐蚀等性能。

② 是非极性橡胶，能溶于烃类溶剂，不耐油。

③ 分子链含有少量的双键，可用硫黄硫化，但硫化速度较慢。

④ 有良好的弹性和较高的伸长率，伸长时能结晶，故纯胶配合的硫化胶亦有较高的强度。

⑤ 具有优异的气密性。

⑥ 具有优良的吸收冲击性能，其回弹率较低。

⑦ 吸水性小，绝缘性好。

IIR 的主要缺点如下：硫化速度慢，采用超速促进剂、高温、长时间；加工性能差，主要表现为自黏及互黏性差，结合力不强；常温下弹性低，永久变形大，滞后损失大，生热高；耐油性差；与炭黑等补强剂的湿润性差；与 NR 及其他合成橡胶的相容性差，共硫化性差，难与其他不饱和橡胶并用。

IIR 主要用于制造内胎，减震制品，防辐射制品、耐热、耐老化和耐化学腐蚀制品，电线电缆等。

6. 丁腈橡胶

丁腈橡胶（NBR）是由丁二烯与丙烯腈两种单体经乳液或溶液聚合而得的无规共聚物——无定形橡胶（非自补强性），工业上所用的 NBR 大都是由乳液聚合得来的；其中的丁二烯链节可能以 1,4-结构或 1,2-结构的方式与丙烯腈结合，而且丁二烯和丙烯腈的排列通常是无规的，见图 10-6。丁二烯链节以反式 1,4-结构为主：反式 1,4-结构约占 77.6%，顺式 1,4-结构占 12.4%，1,2-结构 10%。分子量在 70 万左右。

图 10-6　NBR 的结构式

按丙烯腈含量分为五个等级：极高丙烯腈含量（43％～46％）、高丙烯腈含量（36％～42％）、中高丙烯腈含量（31％～35％）、中丙烯腈含量（25％～30％）和低丙烯腈含量（18％～24％）。国产 NBR 则分为高、中、低三级。

NBR 通常包括通用型和特种型两大类。通用型 NBR 包括热聚 NBR、冷聚 NBR 及软 NBR 等。特种型 NBR 包括羧基 NBR、部分交联 NBR、丁腈和 PVC 共混 NBR 胶、氢化 NBR 及液体 NBR 等。

NBR 分子链的结构特点如下：

① 分子结构不规整，非结晶橡胶；

② 引入强极性氰基，分子间作用力较大，分子链柔顺性较差，是极性橡胶；

③ 因分子链上含有双键，因此为不饱和橡胶，但双键的数量随丙烯腈含量的增大而降低；

④ 分子量分布窄。

NBR 的主要特性如下。

① 为非结晶性、不饱和的极性橡胶，可用硫黄硫化，但硫化速度较慢，无自补强性，其纯胶强度较低，需加炭黑补强。

② 具有优异的耐油性，其耐油性随丙烯腈含量的增加而增大，是普通橡胶中耐油性最好的橡胶。

③ 具有良好的耐热性、耐老化性、气密性和耐磨性。

NBR 的主要缺点：其弹性、耐寒性较差，耐屈挠性和耐撕裂性差。绝缘性较差，具有半导电性。耐臭氧龟裂性差，加工性较差。价格较高。

NBR 主要用于制造耐油制品、化工衬里、胶辊、导电橡胶等。

为了扩大 NBR 的使用温度范围，提高耐油、耐燃料、耐老化性能，已出现了不少 NBR 的改性品种，有高饱和型、防老剂结合型、羧基型等。

7. 乙丙橡胶

乙丙橡胶是以乙烯、丙烯为主要单体原料，在有机金属催化剂作用下，共聚而成的共聚物。通常分为二元共聚物和三元共聚物（均包括充油和非充油）、改性乙丙橡胶和热塑性乙丙橡胶四大类（见图 10-7）。

二元乙丙橡胶（EPM）是由乙烯和丙烯（含量为 30％～50％）共聚而成。二元乙丙橡胶在分子链中不含双键，属完全饱和橡胶，它具有优异的耐老化性能，但不用硫黄硫化，而要用过氧化物硫化。

三元乙丙橡胶（EPDM）是在乙烯、丙烯共聚中加入非共轭二烯类作为不饱和的第三单体共聚而成。常用的第三单体为亚乙基降冰片烯（ENB，简称 E 型）、双环戊二烯（DCPD，简称 D 型）、1,4-己二烯（1,4-HD，简称 H 型）等几种。EPDM 由于引进了少量不饱和基团，因而能采用硫黄硫化，但又因其双键是处于侧链上，因此，它基本上仍是一种饱和性橡胶。在性质上与二元乙丙橡胶无大差异。

乙丙橡胶的主要优点：优异的耐氧化与臭氧老化性、耐候性和耐热老化性（通用橡胶中最好）；高的耐水、耐化学腐蚀性和优良的电绝缘性（优于 IIR、接近 PE）；耐寒性和回弹性好（仅次于 NR）。

乙丙橡胶的主要缺点：硫化性能较差，硫化速度慢；纯胶硫化胶强度低。

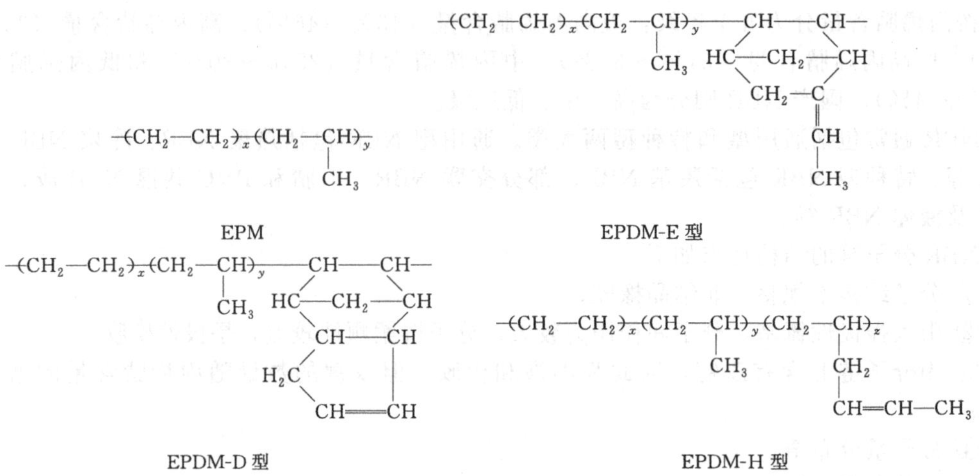

$+(CH_2-CH_2)_x(CH_2-CH)_y$
$\qquad\qquad\qquad CH_3$

EPM

$+(CH_2-CH_2)_x(CH_2-CH)_y$
$\qquad\qquad\qquad\ CH_3$

EPDM-D 型

EPDM-E 型

EPDM-H 型

图 10-7　乙丙橡胶的结构式

8. 硅橡胶（Q）

硅橡胶是由各种硅氧烷缩聚而成。主链由硅和氧两种原子组成，但因所用的硅氧烷单体的组成不同，可得到不同品种的硅橡胶，结构通式见图 10-8。

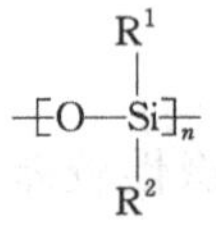

$$-[O-Si]_n-$$

图 10-8　硅橡胶的
结构通式
R^1、R^2：甲基、乙烯
基、苯基、三氟丙基

按硅橡胶的硫化机理不同，可把硅橡胶分为三大类：有机过氧化物引发自由基交联型、缩聚反应型（室温硫化型）和加成反应型。

硅橡胶的主要特性如下。

① 因分子量不同，可呈固体、半流体或液体状态。

② 具有优异的耐热性，能长时间耐高温（300℃）。

③ 弹性和低温回弹性好，T_g 低，耐寒性和电绝缘性优异。

④ 是结晶性橡胶，但结晶温度很低，而且分子间的相互作用力较小，在室温下难生成晶体，所以其纯胶的强度低，需用白炭黑补强。

⑤ 有优异的耐热、耐氧、耐臭氧、耐天气老化，耐化学腐蚀性，也具有一定的耐油性。

⑥ 无味、无毒，具有完全的生理惰性，对人体无不良影响。

⑦ 是饱和橡胶，不能用硫黄硫化，而需用过氧化物硫化。

⑧ 透气性很高。N_2 为 NR 的 30 倍，O_2 为 NR 的 20 倍。

硅橡胶的主要缺点：强度低；不耐酸碱；价格昂贵。

硅橡胶主要用于制造航空和工业用的耐高温、耐臭氧、耐油等密封制品和防震制品，也可用作绝缘制品、医疗制品、人造器官等。

9. 聚氨酯橡胶

聚氨酯橡胶（PUR）是聚氨基甲酸酯橡胶的简称。它是由聚酯（或聚醚）与二异氰酸酯类化合物缩聚而成。聚氨酯橡胶的主链是一种由 C、O、N 等元素以单键组成的杂链，主要有亚甲基、醚键、酯基，因此，其主链具有很好的柔顺性。但在分子链中含有"—NH—CO—O—"和"—O—"以及在交联后形成的"—NH—CO—NH—"等基团，低分子二醇（二胺）与二异氰酸酯形成的刚性链段（极性强，并形成氢键网络，内聚能很高）。这些基团又赋予其分子链很好的刚性，再加之存在的氢键的作用，这就使得聚氨酯橡胶具有很高的强度和一系列宝贵的性能。PUR 由于制造时所用原料及制造条件不同，可得很多品种。从化学结构上可分为聚酯型和聚醚型两类；从加工方法上则可分为浇注型、混炼型和热塑型。

PUR 聚氨酯橡胶的主要特性如下。

① 具有很高的拉伸强度（一般为 27.5～41.2MPa）和耐磨性，但其强度随温度的升高而降低。其力学强度是所有橡胶中最高的。

② 具有很好的耐油性（大于 NBR）、耐氧化、耐臭氧化性能。

③ 既可以有高硬度，又同时富有高弹性（任何其他橡胶或塑料都不具备）。

④ 耐寒性也很好；气密性优良，仅次于 IIR。

PUR 聚氨酯橡胶的主要缺点：容易被水分解，也不耐酸、碱。耐热性低，动态性能不好，生热大，难于与其他橡胶黏合。

PUR 聚氨酯橡胶主要用于制造要求高强度、高耐磨和耐油的制品；也用于制造宇航和原子能工业用的防护用品；也可制造泡沫橡胶，作绝热、隔音、防震材料等。

其他特种橡胶有氟橡胶、氯磺化聚乙烯、氯醚橡胶、聚硫橡胶、丙烯酸橡胶等，各自都有独特的性能。工业生产中还用到液体橡胶、粉末橡胶、硫化胶粉和再生胶等。

二、橡胶用配合剂

橡胶配合剂可分为硫化剂、防老剂、软化剂、补强剂和其他配合剂五大类。

1. 硫化配合剂

一个完整的硫化体系由三大部分组成：硫化剂、促进剂和活化剂（又称为活性剂）。在橡胶硫化过程中，硫化体系中的三种组分都参与硫化过程中的许多反应，而且部分促进剂还能通过有关反应进入到硫化胶的网状结构中去。

硫化是橡胶制品生产的最后一道工序。从工艺的角度（即生产的角度）讲，硫化是指将具有塑性的混炼胶经过适当加工（如压延、挤出成型等）而成的半成品，在一定的外部条件下通过化学因素（如硫化体系）或物理因素（如 γ 射线）的作用，重新转化为弹性橡胶或硬质橡胶，从而获得使用性能的工艺过程。从微观结构角度讲，橡胶的硫化是指通过化学反应，使线型（包括轻度支链型）分子交联成空间网状结构的分子。橡胶硫化的现代概念则包含了更广泛的含义。

硫化的实质是橡胶的微观结构发生了质的变化，即通过交联反应，使线型的橡胶分子转化为空间网状结构（软质硫化胶）或体型结构（硬质硫化胶），见图 10-9。

促使这个转化作用的外部条件，就是硫化所必需的工艺条件：温度、时间和压力。因此，硫化工艺条件的合理确定和严格控制，是决定橡胶制品质量的关键一环。在硫化过程中，能使橡胶大分子间形成交联键的物质称为硫化剂。最早使用的硫化剂是硫黄。

（1）硫黄及其他硫化剂　天然硫黄分子是由八个硫原子组成的环状结构，空间结构为冠型配位；硫黄是淡黄色或黄色固体物质，不溶于水，易溶于二硫化碳（CS_2），熔点为 113℃，在 159℃时硫黄的八元环可断裂。当硫黄受橡胶双键极化的影响下，在 140℃下即可开环。

图 10-9 硫化胶的微观结构

实际生产中所用的硫黄有：粉末硫黄、不溶性硫黄、胶体硫黄、沉淀硫黄、升华硫黄、脱酸硫黄、不结晶硫黄和表面处理硫黄。

硫黄能溶解于橡胶中但溶解度不大，随着温度的升高，溶解度增大，但胶料冷却时则下降，超出了饱和量的硫黄易析出至胶料的表面，并呈细微结晶，这种现象称为硫喷现象。硫喷破坏了硫黄在胶料中分散均匀性。

硒和碲也可作为橡胶的硫化剂使用。除了硫、硒、碲作为硫化剂以外，还有含硫化合物、过氧化物、金属氧化物和树脂也可作为硫化剂。

(2) 硫化促进剂　在橡胶工业中，橡胶硫化使用硫化促进剂（简称促进剂）的优点如下：大大缩短硫化时间；减少硫黄用量；降低硫化温度；橡胶的工艺性能和物理力学性能也有较大的改善。因此，硫化促进剂的使用是橡胶工业技术的重大进步。

促进剂是指能加快硫化反应速率、缩短硫化时间、降低硫化反应温度、减少硫化剂用量、改善硫化胶的物理力学性能和提高化学稳定性的物质。

促进剂按化学结构可分为：噻唑类、秋兰姆类、次磺酰胺类、胍类、二硫代氨基甲酸盐类、醛胺类、黄原酸盐类和硫胺类。

由于每种促进剂都具有各自的特点，如果并用恰当，可起到取长补短的作用，以改善硫化工艺性能，控制和调整焦烧时间、硫化速度、硫化平坦期等性能，以提高硫化胶的物理力学性能。

(3) 硫化活性剂——助促进剂　工业生产中使用硫化活性剂（简称活性剂，亦称活化剂）的优点如下：吸收游离的 H_2S，改善了操作环境；增加了单硫交联剂，使橡胶的强度提高；防止橡胶的臭氧老化，提高橡胶的使用寿命；改变了硫化机理和硫化过程，降低了硫化温度。

活性剂又称助促进剂，其作用是加入到橡胶中，参与硫化反应过程，提高促进剂的活性，使促进剂进一步充分发挥作用。实际上，几乎所有的促进剂都必须在活性剂存在的条件下才能充分发挥其促进效能。另外，活性剂的存在还可以提高硫化交联程度和影响生成的交联键的类型。

按化学性质，活性剂可分为无机活性剂和有机活性剂两种。无机活性剂主要是氧化锌。有机活性剂主要是硬脂酸。

(4) 防焦剂　橡胶在加工过程中，要经受混炼、压延（或挤出，或注射等）工艺操作，胶料或半成品要经受不同温度-时间的作用，都有可能产生早期硫化，导致塑性降低，从而使其后的操作难以进行，这种现象称为焦烧。防焦剂能防止或迟缓胶料在硫化胶的加工操作和贮存期间发生的早期硫化，同时，一般又不妨碍硫化温度下的促进作用正常进行。

防焦剂的主要品种分为：有机酸类防焦剂（如水杨酸——邻羟基苯甲酸、邻苯二甲酸、邻苯二甲酸酐等）和亚硝基类防焦剂，如防焦剂 NA（N-亚硝基二苯胺）。

2. 橡胶老化

橡胶的老化是指生胶或橡胶制品在加工、贮存和使用过程中，由于受氧、臭氧、变价金属离子及其他化学物质的作用，加之受机械力、光、热、高能辐射等因素的影响，会逐渐变软发黏或变硬发脆、龟裂、物性降低的现象。

橡胶老化的原因是长期受热、氧、光、机械力、辐射、化学介质、空气中的臭氧等外部因素的作用，使其分子链的结构发生变化，从而导致橡胶性能变劣。橡胶老化的类型有：热氧老化、光氧老化、臭氧老化、疲劳老化、天候老化。

3. 橡胶老化的防护

橡胶老化的防护分为热氧老化的防护、臭氧老化的防护和疲劳老化的防护三大类型。

(1) 热氧老化的防护　影响橡胶热氧老化的因素有四个方面：橡胶的种类；氧的影响；温度的影响和硫化的影响。

橡胶热氧老化的防老剂可分为胺类、酚类及有机硫化合物等。

胺类防老剂还可分为萘胺类、醛胺类、酮胺类、二苯胺类、对苯二胺类等类型。

（2）臭氧老化的防护　影响橡胶臭氧老化的因素有四类：橡胶的种类（主要表现为双键的含量和双键碳原子上取代基的影响）；臭氧浓度的影响；应力及应变；温度的影响。

防止臭氧老化的方法有两种：物理方法和化学方法。物理方法具体内容有：在橡胶中加入蜡，覆盖或涂覆橡胶表面，在橡胶中加入耐臭氧的聚合物。常用的方法是加入蜡，典型品种有合成地蜡和微晶蜡等。化学方法就是加入抗臭氧剂，典型品种有防老剂 AW、防老剂 DBDP、防老剂 4010、防老剂 4010NA、防老剂 4020（N-1,3-二甲基-N'-苯基-对苯二胺）、防老剂 4030、防老剂 H（N,N'-二苯基-对苯二胺）等。

（3）疲劳老化的防护　疲劳的防治方法主要有：加入活性小的填料；采用硫黄硫化体系；加入屈挠-龟裂抑制剂：酮和芳胺的缩合物，对苯二胺类。

4. 橡胶的补强剂

合成材料中的填充剂可分为两类：活性的和非活性的，活性的填充剂又称为补强剂。能显著提高硫化胶的耐磨性、拉伸强度、定伸应力、撕裂强度等性能的填充剂，称为补强剂。橡胶中用得最多的补强剂是炭黑，其次是白炭黑。目前，炭黑的消耗量约为生胶消耗量的 50％左右；橡胶工业中用炭黑的量约占炭黑总产量的 90％以上。

炭黑对于 NR、CR 等结晶型橡胶，补强倍数可达到 1.6～1.8 倍；对于 SBR、NBR 等非结晶型橡胶，补强倍数可达到 4～12 倍。由此可见，炭黑对非结晶橡胶的增强效果十分明显。炭黑成为橡胶工业最好的、最主要的补强剂。

（1）炭黑　炭黑是含碳物质不完全燃烧的产物，是具有高度分散性的黑色粉末。我国是世界上生产炭黑最早的国家，如用松木燃烧。现在主要以天然气为原料制备炭黑。炭黑的分类如下。

按用途分类：橡胶用炭黑、色素炭黑和导电炭黑。按制造方法分类：接触法炭黑、炉法炭黑和热解法炭黑。

接触法炭黑的种类有：槽法炭黑、滚筒法炭黑和圆盘法炭黑。而槽法炭黑是橡胶工业广泛应用的炭黑。炉法炭黑的种类有：气炉法炭黑、油炉法炭黑和气油炉法炭黑三种。热解法炭黑的种类有：热裂法炭黑和乙炔法炭黑。

橡胶用炭黑按补强效果可分为硬质、半硬质和软质炭黑三种。

硬质炭黑：补强性高，也称为补强型炭黑。这种炭黑与橡胶作用的活性高，粒径细，比表面大；硫化胶的耐磨性好，强度高。半硬质炭黑：有中等的补强性，粒径比较大，硫化胶的弹性好，较柔软，生热量低。软质炭黑：补强性很弱，粒径粗，活性差，硫化胶的硬度低，耐磨性差，强度低。在橡胶中可大量填充，作为优质填充剂使用。

橡胶用炭黑按用途分类，可分为超耐磨炉黑（SAF）、中超耐磨炉黑（ISAF）、高耐磨炉黑（HAF）、易混槽黑（EPC）、可混槽黑（MPC）、细粒子炉黑（FF）、快压出炉黑（FEF）、高定伸炉黑（HMF）、通用炉黑（GPF）、半补强炉黑（SRF）、细粒子热裂黑（FT）、中粒子热裂黑（MT）等。

炭黑的基本属性包括三个方面：粒径、结构性和表面性质。

炭黑中除"碳"外还有"氢、氧、硫"等元素，还有灰分。不同制法的炭黑，这些元素的含量不同，槽法炭黑：含氢 1％，含氧 3％～5％，呈酸性；炉法炭黑：含氢 0.3％～0.6％，含氧 0.1％～1.0％，呈碱性。

各种系列的炭黑性能上的差别较大，因此，应用场合也不一样。炭黑的选用原则如下：①根据制品的特性要求进行选择；②根据使用胶种及制品的工艺操作要求进行选择；③根据并用的要求来选择，这包括三个方面的内容：多方面的性能要求；便于工艺操作；降低成本。

（2）白炭黑　白炭黑专指粒子极细的硅酸、硅酸盐等白色补强剂，主要成分是二氧化硅。白炭黑的粒子细，比表面积大，具有多孔性；补强效果仅次于炭黑，而优于其他任何白色补强剂。主要用于白色或浅色橡胶制品。

白炭黑按生产方法可分为：沉淀法（湿法）白炭黑和气相法（干法或燃烧法）白炭黑。

沉淀法白炭黑含有结晶水，又称水合二氧化硅（$SiO_2 \cdot nH_2O$），由可溶性硅酸盐用酸分解，制得不溶性的二氧化硅，反应式如下：

$$Na_2SiO_3 + HCl + nH_2O \longrightarrow SiO_2 \cdot nH_2O \downarrow + NaCl$$

气相法二氧化硅又称无水二氧化硅，由四氯化硅、氢、氧为原料在高温下合成，反应式如下：

$$SiCl_4 + H_2 + O_2 \longrightarrow SiO_2 \cdot nH_2O + HCl$$

白炭黑的性能　白色无定形粉状物，质轻而松散，无毒，不溶于水及一般的酸，溶于氢氧化钠和氢氟酸，高温不分解，绝缘性好，有吸湿性。

白炭黑的主要品种有沉淀法白炭黑和气相法白炭黑。

（3）其他填料　硅酸盐类的无机填料有：陶土、云母粉、滑石粉、长石粉、石棉等。碳酸盐类的无机填料有：重质碳酸钙、轻质碳酸钙、活性碳酸钙、轻质碳酸镁、白云母粉等。硫酸盐类的无机填料主要有硫酸钡和锌钡白。其他无机填料主要有磁粉和硅藻土。

有机类及碳素填料主要有：短纤维、木粉、细煤粉、定形石墨等。

为了改善矿质填料在橡胶中分散性和补强作用，有效方法是用表面处理剂或偶联剂处理填料粒子，以提高粒子的表面活性。处理工艺见有关专著。

5. 橡胶的软化增塑

软化剂是在橡胶加工过程中使用的一种旨在改善橡胶加工性能的操作配合剂。软化剂和增塑剂的作用相类似，所以，有时软化剂也称为增塑剂。

软化剂的作用：增加胶料的可塑性和黏着性；使生胶易于浸润各种配合剂；降低混炼过程中胶料的生热现象，减少消耗的电能和混炼时间；对硫化促进剂有活化作用；能改善硫化胶的物性。

软化剂的要求：化学稳定性好；与橡胶相容性好；在使用温度范围内，挥发性低，不易喷出在半成品和成品表面；不加速硫化胶的老化速度。

软化剂的分类：石油系软化剂；煤焦油系软化剂；植物油系软化剂；合成有机化合物。

（1）石油系软化剂　石油系软化剂是石油炼制的副产物，使用最多，软化效果好，来源丰富，成本低廉。主要品种：石油操作油、机油、石蜡、凡士林、沥青、石油树脂。

（2）煤焦油系列增塑剂（软化剂）　煤焦油是煤经干馏时得到的油状副产物，可作为软化剂或再生胶的软化剂。煤焦油易于混入胶料中，能溶解硫黄，故有防止喷硫作用。煤焦油因含有少量酚类物质和含有羟基，所以能使胶料具有良好的耐老化性和自黏性。但污染大，不适于浅色橡胶制品。

古马隆树脂　古马隆树脂既是软化剂，又是一种良好的增黏剂，特别适用于合成橡胶。当合成橡胶中加入该树脂后，可使胶料的可塑性、黏性增加，并改善填充剂的分散性。

（3）松油系列增塑剂　这是植物油系软化剂，主要品种有松焦油、松香等。

松焦油为深褐色或黑色稠液体，有特殊气味。它是由干馏松树得到松明节油后剩余物制得的。松焦油的成分很复杂，是溶剂型的软化剂，软化力强。作为天然橡胶的软化剂可增加胶料的黏性，改善炭黑等填充剂的分散性。

松香是外观为黄色至褐色固体，透明坚硬而脆，是松脂蒸馏出松节油之后而制得的。它是一种不饱和化合物，能促进胶料的老化，一般不宜多用；但可经氢化加工成饱和松香（氢化松香）克服这一缺点。松香有很好的黏着性，所以多用于胶浆和布料黏合的胶料中。

（4）合成酯类增塑剂 PVC 塑料中所用的增塑剂，也用作橡胶的软化剂。

① 邻苯二甲酸酯类

DBP（邻苯二甲酸二丁酯） 挥发性低，与 NBR 等极性橡胶有较好的相容性，且可改善加工性能。

DOP（邻苯二甲酸二辛酯） 对极性橡胶有优异的增塑效果，可使胶料黏度降低，提高耐寒性、耐屈挠性和黏性。

② 脂肪族二元酸类增塑剂 主要品种有：DOS（癸二酸二辛酯）、DBS（癸二酸二丁酯）和 DOA（己二酸二辛酯）。这三种增塑剂加入到橡胶中，使橡胶的耐寒性增加，有优异的电绝缘性和低挥发性；但耐油性差。

③ 磷酸酯类增塑剂 TOP（磷酸三辛酯）使橡胶制品有良好的耐寒性、低挥发性和较好耐菌性，但迁移性大，耐油性差。

（5）作软化剂用的液体聚合物 液体聚合物及树脂对橡胶具有优越的增塑作用。如用液体丁腈橡胶对 NBR 具有优异的增塑作用，它与 NBR 有理想的相容性，不易从橡胶中抽出，高温也不易挥发。

其他树脂对橡胶也有一定的增塑效果，如醇酸树脂、酚醛树脂等。

6.橡胶用其他配合剂

（1）骨架材料 橡胶制品对骨架材料的要求：强度高，伸长率适当，尺寸稳定性好，耐屈挠疲劳性和耐热性好，吸湿性小，和橡胶的黏合性好，耐腐蚀性和耐燃性好，价格低廉，相对密度小等。

骨架材料在橡胶制品中不仅用量大（如雨衣用的纤维材料占总质量的 80%～90%，运输带约占 65%），而且对制品的性能和结构影响很大。橡胶中用的骨架材料主要是纤维材料和金属材料。

① 帘布 主要品种有棉帘布、黏胶帘布、锦纶帘布、涤纶帘布和维纶帘布。

② 帆布 帆布的结构和普通布一样，只是线比较粗。国内橡胶工业所用的帆布以棉帆布为主。

③ 金属材料 橡胶工业使用的金属材料有两类：橡胶制品的结构配件，如胶辊铁芯等；橡胶制品的结构材料，如钢丝帘布等。作为骨架材料的钢丝有粗钢丝和细钢丝。粗钢丝用来做胎圈。细钢丝主要用于钢丝帘布。

钢丝帘线的特性：强度高、导热性和耐热性极好，变形小。主要用于轮胎中。

橡胶制品中有时也用钢丝与钢丝绳作为骨架材料。

（2）塑解剂 塑解剂是指通过化学作用来增强生胶的塑炼效果、缩短塑炼时间的物质。塑解剂还可作为废橡胶的再生活化剂。

塑解剂的主要品种有：2-萘硫酚、二甲苯基硫酚和五氯硫酚。

（3）其他配合剂

① 着色剂 加入到胶料中，改变制品的颜色。

② 发泡剂 制造泡沫橡胶时加入的配合剂。

③ 阻燃剂 对制品有阻燃要求时加入。

第二节
橡胶塑炼工艺

橡胶在使用时最宝贵的性能就是高弹性，然而生胶的这一宝贵性能却给制品的加工生产带来了极大的困难。如果不首先降低生胶的弹性，在加工过程中，大部分机械能都被消耗在弹性变形上，且不能获得人们所需的各种形状。为此，需将生胶经过机械加工、热处理或加入某些化学助剂，使其由强韧的弹性状态转变为柔软而便于加工的塑性状态。这种借助机械功或热能使橡胶软化为具有一定可塑性的均匀物的工艺过程称之为塑炼。经塑炼而得到的具有一定可塑性的生胶称为塑炼胶。

生胶塑炼具有重要的意义。该工艺是后续工艺过程的基础。塑炼的目的如下。

（1）使生胶的可塑性增大，以利混炼时配合剂的混入和均匀分散。

（2）改善胶料的流动性，便于压延、挤出操作，使胶坯形状和尺寸稳定。

（3）增大胶料黏着性，方便成型操作。

（4）提高胶料在溶剂中的溶解性，便于制造胶浆，并降低胶浆黏度，使之易于渗入纤维孔眼，增加附着力。

（5）改善胶料的充模性，使模型制品的花纹饱满清晰。

一、橡胶的塑炼机理

生胶分子量与可塑性有着密切的关系。分子量越小，橡胶的黏度越低，可塑性也就越大。生胶经过塑炼后，分子量降低，黏度下降，可塑性增大。由此可见，生胶可塑性的提高是通过分子量的降低来实现的。因此，塑炼过程实质上就是使橡胶的大分子量的分子链断裂，大分子链由长变短的过程。

近代的研究结果认为，促使大分子链断裂的因素有机械破坏作用和热氧化降解作用两种。机械破坏是指在机械作用下使大分子链断裂；热氧化降解是指氧对橡胶分子的化学降解作用。在机械塑炼过程中，这两种作用同时存在。根据所采用的塑炼方法和工艺条件不同，它们各自所起作用的程度不同，所表现的塑炼效果也不一样。下面以 NR 为例，讨论橡胶机械塑炼的机理。

NR 生胶在开放式和密闭式炼胶机等机械作用下，可以获得一定的可塑性。这是因为橡胶大分子链在塑炼过程中，受机械的剧烈摩擦、挤压和剪切作用，使卷曲缠结的大分子链互相牵扯，容易使机械应力局部集中，造成大分子链（C—C）断裂，分子量降低，因而获得可塑性。但是，单纯机械应力的作用是不够的，还必须有氧的作用。实践证明，在惰性气体（如 N_2）中，虽经长时间塑炼，而生胶的可塑性几乎没有变化，而在氧气中塑炼时，生胶黏度变迅速下降（见图 10-10）。由此可见，氧是塑炼过程中必不可少的重要因素。没有氧的存在，塑炼就不可能获得预定的效果。

生胶塑炼以后，不饱和度下降，而且随着塑炼时间的增长，橡胶的丙酮抽出物含量不断增加（表 10-1），而丙酮抽出物中就含有氧化合物。这说明氧在塑炼过程

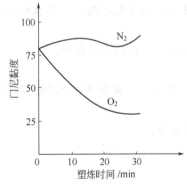

图 10-10 橡胶在不同介质中
塑炼时门尼黏度的变化

中，确实参与了橡胶的化学反应。

表 10-1　橡胶的丙酮抽出物含量与塑炼时间的关系

塑炼时间/min	丙酮抽出物/%
20	2.19
40	2.33
60	2.36
100	2.38
150	2.47
200	2.53
300	4.61

实践证明，生胶结合 0.03% 的氧就能使其分子量降低 50%；结合 0.5% 的氧，分子量就会从 10 万降低到 5 千。可见在塑炼过程中，氧的氧化作用对橡胶大分子链断裂的影响是很大的。

实际塑炼过程中，橡胶大分子在机械断裂时生成的是化学性质极为活泼的自由基。这些大分子自由基必然会引起各种化学变化。如果没有稳定剂作为自由基的受容体而使其活性消失，这些活性自由基又会重新互相结合而产生结构化反应。但是，在一般的塑炼条件下，橡胶都与周围空气中的氧接触，氧既可以直接与橡胶大分子发生氧化作用，使大分子氧化降解，又可以作为活性自由基的稳定剂使自由基转变为稳定的分子。在生胶的塑炼过程中，氧起着极为重要的双重作用。

在塑炼过程中，机械应力的作用不仅可以直接使橡胶大分子断裂，还可以使大分子处于应力伸张状态，从而活化了橡胶分子，促进氧化反应的进行。另一方面，温度对橡胶的氧化过程有很大影响，热活化作用可以大大加剧橡胶分子的氧化裂解过程。NR 在空气中塑炼时，塑炼效果与塑炼温度之间的依赖关系如图 10-11 所示。

从图 10-11 中可以看出，这是一种近乎 U 形的曲线函数关系。随着塑炼温度的升高，开始塑炼效果是下降的，在 110℃ 左右达到最低值。温度继续升高，塑炼效果开始不断增大。

这表明：总过程的相应曲线可以视为由两个不同曲线所组成，它们分别代表两个独立的过程，在最低值附近相交。其中 A 线是"冷"塑炼；B 线是"热"塑炼。在低温塑炼的情况下，由于橡胶较硬，受到的机械破坏作用较剧烈，大分子容易为机械应力所扯断。但此时氧的化学活泼性很小，故氧的直接引发氧化作用很小。也就是说，低温时，主要是靠机械破坏作用引起橡胶大分子链断裂，从而获得塑炼效果。随着塑炼温度的逐渐升高，橡胶变得越来越柔软，大分子链比较容易产生滑动而难于被扯断，因而塑炼效果不断降低。在 100℃ 附近达到最低值。这时由于氧直接引发的氧化破坏

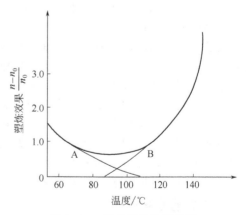

图 10-11　天然橡胶塑炼效果
与塑炼温度的关系

n_0—塑炼前的分子数；n—塑炼
30min 后的分子数

作用也很小。但是当温度超过100℃以上再继续升高时，虽然机械破坏作用进一步降低，但由于热氧的自动催化氧化破坏作用随着温度的升高而急剧增大，橡胶大分子的氧化降解速度大大加快，塑炼效果也迅速增大。由此可见，低温塑炼与高温塑炼机理不同。

按照现代对生胶塑炼过程的研究认为，生胶的机械塑炼过程，既非纯粹的机械作用过程，又非单纯的化学过程，而是一个十分复杂的物理和化学的综合过程。它包括机械断裂过程、热氧化降解过程和解聚过程。只是由于塑炼温度的不同，各自所起的程度不同而已。

二、橡胶塑炼工艺

生胶的可塑性并非越大越好，而是在满足工艺加工要求的前提下，以具有最小的可塑性为宜。不同的橡胶加工工艺对生胶的可塑度要求也不一样。制备各种混炼胶用的塑炼胶相应的可塑度见表10-2。

表10-2   常用塑炼胶的可塑度

塑炼胶种类	威廉氏可塑度	塑炼胶种类	威廉氏可塑度
胎面胶用塑炼胶	0.22～0.24	海绵胶料用塑炼胶	0.50～0.60
胎侧胶用塑炼胶	0.35左右	胶管内层胶用塑炼胶	0.25～0.30
内胎胶用塑炼胶	0.42左右	三角带线绳浸渍用塑炼胶	0.5左右
胶管外层胶用塑炼胶	0.30～0.35	薄膜压延胶料用塑炼胶	
运输带覆盖胶用塑炼胶	0.30左右	膜厚0.1mm以上	0.35～0.45
胶鞋大底胶用塑炼胶	0.35～0.41	膜厚0.1mm以下	0.47～0.56
胶鞋大底胶（模压）用塑炼胶	0.38～0.44	胶布胶浆用塑炼胶	
胶传动带布层擦胶用塑炼胶	0.49～0.55	含胶率45%以上	0.52～0.56
缓冲层帘布胶用塑炼胶	0.50左右	含胶率45%以下	0.56～0.60

供涂胶、浸胶、刮胶、擦胶和制造海绵等用的胶料要求有较高的可塑度；对要求物理机械性能高、半成品挺性好及模压用胶料，可塑度宜低些；用于压出胶料的可塑性介于上述二者之间。如混炼工艺一般需要生胶的门尼黏度在60左右，擦胶工艺要求胶料的门尼黏度在40左右，否则将无法顺利进行操作。有些生胶很硬，黏度很高，缺乏良好的可塑性，如绝大多数品种的NR必须塑炼。软SBR、NBR、恒黏度和低黏度NR等，已在制造过程中控制了生胶的初始可塑度，一般门尼黏度在60以下的均可不经塑炼而直接混炼。若混炼胶可塑度要求较高时，也可进行塑炼，以进一步提高可塑度。

塑炼主要是通过开放式炼胶机、密闭式炼胶机和螺杆塑炼机等的机械破坏作用，降低生胶的弹性，获得一定的可塑性；化学塑炼法是借助某些化学药品的化学作用，使生胶达到塑炼的目的。通常在机械塑炼过程中加入塑解剂提高塑炼效果，就是属于化学塑炼法。

目前，橡胶工业中广泛采用的塑炼方法包括开炼机、密炼机和螺杆式塑炼机进行塑炼。其中以开炼机、密炼机塑炼为主。为了便于生胶进行塑炼加工，生胶在塑炼之前需要预先经过烘胶、切胶、选胶和破胶等处理，然后才能进行塑炼。这些又称为塑炼前的准备加工。

1. 塑炼前的准备

(1) 烘胶   生胶在常温条件下黏度很高，难于切割和进一步加工；在冬季，生胶常常会硬化或结晶。所以，在切胶和塑炼之前，往往都要在专门的烘胶设备中预先对胶包进行加温，这就是烘胶。烘胶不仅可使生胶软化，便于切割，还能解除结晶。否则会增加塑炼时间，消耗大量电能，甚至会导致机械设备损坏。

大规模的工业生产烘胶一般是在专门的烘胶房中进行。烘胶房的下面和侧面安装有蒸汽加热器。生胶在烘胶房中按一定顺序堆放，为避免过热变质，不应与加热器接触。NR的烘胶温度为 50～60℃，加热时间在春、夏、秋季一般为 24～48h，冬季一般为 36～72h；CR 的烘胶温度为 50～60℃，时间为 150～180min，或烘胶温度为 24～40℃，时间为 4～6h。烘胶温度不宜过高，否则会降低橡胶的物理力学性能。

（2）切胶　生胶加温以后从烘胶房取出用切胶机切成小块。NR 生胶一般切成 10～20kg 左右的小块，CR 一般每块不超过 10kg，其他合成橡胶一般每块 10～15kg。开炼机塑炼时切胶胶块最好呈三角棱形，以便破胶时顺利进入辊缝。

切胶以前应先清除表面的杂质。如果胶包内部有发霉现象，切胶时应加以挑选，并按质量等级分别存放。

（3）破胶　NR 和 CR 的切胶胶块，在塑炼前须用破胶机进行破胶，以提高塑炼效率。合成橡胶切胶胶块，一般无须破胶而直接进行塑炼（或混炼）。破胶机的辊筒粗而短，表面有沟纹，两辊速比较大，辊距一般为 2～3mm，辊温控制在 45℃ 以下。破胶容量应适当，以免损坏设备。破胶以后卷成 25kg 左右的胶卷，以备塑炼。破胶时要连续投料，不宜中断，以防胶料弹出伤人。

在夏季高温季节，胶包比较柔软，有时也可以不经破胶而直接塑炼，但这时塑炼操作应特别小心，以保证设备安全。塑炼时间亦应相应加长。

目前生产中常将破胶和塑炼一起用开炼机连续进行，而不专门用破胶机破胶。用开炼机破胶时，应将挡胶板适当调窄，并在靠大牙轮一端操作，以防损伤设备。辊距可用 1.5～2mm，辊温控制在 45～55℃。

2.用开炼机时的塑炼工艺

开炼机的主要工作部分是两个速度不等相对回转的空心辊筒。当胶料加到两个相对回转辊筒上面时，在胶料与辊筒表面之间摩擦力的作用下，胶料被带入两辊的间隙中。

在炼胶过程中，两辊筒的上面应有适量的堆积胶存在。积胶不断地被转动的辊筒带入辊缝中，同时新的积胶又不断形成。这样有利于提高炼胶效果，特别是有利于混炼过程中提高径向混合作用。但是，辊筒上面的积胶不能过多，否则会有一部分积胶只能在辊距上面抖动或回转，而不能及时地进入辊缝，从而降低炼胶的效果。

（1）开炼机塑炼方法　开炼机塑炼通常有薄通塑炼、一次塑炼、分段塑炼及添加化学塑解剂塑炼等方法。

① 薄通塑炼法　这是将生胶在辊距 0.5～1mm 下通过辊缝，不包辊薄通落盘，重复薄通至规定次数或时间，直至获得所需的可塑性为止。

薄通塑炼方法塑炼效果大，获得的可塑度大而均匀，胶料质量高。同时，对各种橡胶特别是用机械塑炼效果差的一些合成橡胶也都适用，所以这是目前国内实际生产中经常采用的一种机械塑炼方法。

② 一次塑炼法　也称包辊塑炼法，是将生胶在较大辊距（5～10mm）下包辊后连续过辊进行塑炼，直至所规定的时间为止。在塑炼过程中不经过停放，且多次割刀以利于散热及获得均匀的可塑性。此法适用于并用胶的掺和及易包辊的合成橡胶。这种方法的塑炼时间较短、操作方便、劳动强度低，但塑炼效果不够理想，表现在可塑性增加幅度小，塑炼胶可塑性不够均匀等。

③ 分段塑炼法　这是当塑炼胶可塑性要求较高，用一次塑炼或薄通塑炼达不到目的时而采用的一种有效方法。先将生胶塑炼一定时间（约 15min），然后下片冷却并停放 4～8h，再进行第二次塑炼，这样反复塑炼数次，直至达到可塑度要求为止。根据不同的可塑性要求，一般可分为两段塑炼或三段塑炼。对 NR 一段塑炼胶威廉氏可塑度可达 0.3 左右，二段塑炼胶可达 0.45 左右，三段塑炼胶可达 0.55 左右。这种塑炼方法的生产效率高，塑炼胶可塑性高且均匀，因而生产中应用较为广泛。但生产管理较麻烦，占地面积大，不适合连续化

生产。

④ 化学塑解剂塑炼法　这是在上述的薄通塑炼和一次塑炼法的基础上，添加化学塑解剂进行塑炼的方法。它能够提高塑炼效率，缩短塑炼时间（如 NR 用 0.5 份促进剂 M，塑炼时间可缩短 50％左右），降低塑炼胶弹性复原和收缩。一般塑解剂的用量为生胶量的 0.5％～1.0％，塑炼温度为 70～75℃。为避免塑解剂飞扬损失和提高分散效果，通常先将塑解剂制成母炼胶，然后在塑炼开始时加入。塑炼胶威氏可塑度要求 0.5 以内时，一般不需要分段塑炼。

(2) 影响开炼机塑炼的工艺条件　开炼机塑炼就是要在低温下利用机械力将橡胶分子链扯断以获得可塑性，因此，降低炼胶温度和增加机械作用力是提高开炼机塑炼效果的关键。与温度及机械作用力有关的设备特性和工艺条件都是影响塑炼效果的重要因素。

① 辊温和塑炼时间　开炼机塑炼属于低温机械塑炼，塑炼温度一般在 55℃以下。温度愈低，塑炼效果愈大（见图 10-12）。所以在塑炼过程中必须尽可能加强对辊筒的冷却，使辊筒温度天然橡胶一般控制在 45～55℃以下，合成橡胶一般控制在 30～45℃以下。采用薄通塑炼和分段塑炼的目的之一也是为了降低胶料温度。

实验表明，在 100℃以下的温度范围进行塑炼时，塑炼胶的可塑性与辊温的平方根成反比，即

$$\frac{P_1}{P_2} = \left(\frac{T_2}{T_1}\right)^{0.5} \tag{10-1}$$

式中　P_1——温度为 T_1 时的可塑性；
　　　P_2——温度为 T_2 时的可塑性。

开炼机塑炼在开始的最初 10～15min 时间内，胶料可塑度迅速增大（见图 10-13），随后趋于平稳。这是由于随着塑炼时间的延长，摩擦生热使胶料温度升高，这时橡胶分子链容易滑移，不易被机械作用力破坏，从而机械塑炼效果下降。为了提高机械塑炼效果，当胶料塑炼一定时间以后，必须使胶料经过下片冷却停放一定时间，然后再重新塑炼才能充分发挥设备的塑炼作用，获得更大的可塑度。这就是分段塑炼的根本目的。

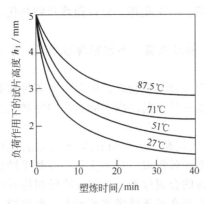

图 10-12　塑炼温度对生胶可塑度的影响

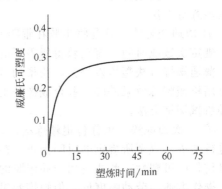

图 10-13　NR 可塑度与塑炼时间的关系

② 辊距和速比　当辊筒的速比一定时，辊距愈小，胶料在辊筒之间受到的摩擦剪切作用愈大，同时由于胶片较薄易于冷却，又进一步加强了机械塑炼作用，因而塑炼效果也越大。辊距和塑炼效果的关系如图 10-14 所示。

辊筒之间的速比越大，胶料通过辊缝时所受到的剪切作用也越大，塑炼效果就越大，反之则相反。所以开炼机辊筒速比一般控制在 (1：1.25)～(1：1.35) 之间。如 XK-160 开炼机速比为 (1：1.25)～(1：1.35)；XK-550 开炼机速比为 1：(1.15～1.25) 之间。速比不

能太大，因为过分激烈的摩擦作用反倒会使胶料生热量太大，温度急剧上升，反而降低机械塑炼效果，而且增加电能消耗。所以，必须合理地选择速比。

③ 装胶量　开炼机装胶容量大小依机台规格大小及胶种而定，一般凭经验公式来确定。为提高产量，可适当增加装胶量。但装胶量过大会使辊筒上面的积胶过多而难以进入辊缝，胶料热量亦难散发，从而降低机械塑炼效果，并会使劳动强度增大。实际生产中的装胶容量，如 XK-450 开炼机的一次装胶量为 40～50kg；XK-550 一次

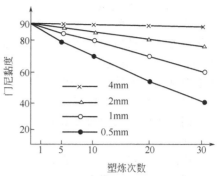

图 10-14　辊距对 NR 塑炼的影响

装胶量为 50～60kg。合成橡胶塑炼时生热性大，装胶容量应比天然橡胶少 20%～25%。

④ 化学塑解剂　使用化学塑解剂塑炼能提高塑炼效果，缩短塑炼时间，减少弹性复原现象。但塑炼温度应适当提高，如用促进剂 M 作塑解剂时，炼胶温度一般以 70～75℃ 为宜。

3. 用密炼机时的塑炼工艺

密炼室是在密闭条件下工作的，散热困难，使得密炼机的工作温度比开炼机高得多，通常达到 140℃，其排胶温度通常在 120℃ 以上，必须加强冷却，因此，密炼机炼胶过程中的冷却水耗量比开炼机大。

目前，密炼机是我国橡胶制品大规模生产的主要塑炼设备。密炼机塑炼表现出的优点：密炼机转速高，生产能力大；转子转速的断面结构复杂，转子表面各点与轴心距离不等，促使生胶受到强烈的剪切、摩擦、撕裂和搅拌作用。因此可得到较高的塑炼；转子的短突棱具有一定导角（一般为 45°角），能使胶料作轴向移动和转动，起到开炼机手工翻胶作用，使生胶塑炼均匀；密炼室的温度较高（一般为 140℃ 左右），因此，能使生胶受到剧烈的氧化裂解作用，使胶料能在短时间内获得较大的可塑性。

(1) 塑炼方法　密炼机塑炼的方法通常有一段塑炼、分段塑炼和添加化学塑解剂塑炼。

① 一段塑炼　这是将生胶一次加入密炼室内，在一定的温度和压力条件下塑炼一定时间，直至达到所要求的可塑度为止。

② 分段塑炼　这是用于制备较高可塑性塑炼胶的一种工艺方法。如实际生产中制备轮胎帘布胶时，常用分段塑炼法塑炼。

分段塑炼通常分两段进行。先将生胶置于密炼机中在某一转速下塑炼一定时间（当转速为 20r/min 时的塑炼时间为 10～15min），然后排胶、捣合、压片、下片、停放 4～8h，再进行第二段塑炼（时间为 10～15min），以满足可塑性要求，两段塑炼胶可塑度可达 0.35～0.50（威氏）。生产中常将第二段塑炼与混炼工艺一并进行，以减少塑炼胶储备量，节省占地面积。如果塑炼胶可塑度要求 0.5 以上时，也可进行三段塑炼。

③ 化学塑解剂塑炼法　由于密炼机塑炼温度比较高，采用塑解剂塑炼效果要比开炼机低温下的增塑效果大。塑炼温度可以比不加化学塑解剂塑炼温度适当降低。如使用促进剂 M 进行塑炼时，排胶温度可以从纯胶增塑的 170℃ 左右降低到 140℃ 左右，而且塑炼时间可以比纯胶塑炼缩短 30%～50%。

(2) 密炼机塑炼效果的主要影响因素　高温下塑炼胶料质量较难控制，容易产生过炼而使橡胶的物理力学性能下降，因此，必须严格控制塑炼工艺条件，才能确保胶料质量。在密炼机塑炼过程中，影响塑炼效果的因素主要有塑炼温度和时间、化学塑解剂、转子速度、装胶量及上顶栓压力等。

　　① 塑炼温度和时间　在密炼机塑炼过程中，由于生胶受到激烈的摩擦剪切作用所产生大量的热不能及时散失，所以，塑炼温度迅速上升，而且总是保持在较高的温度范围。温度的变化对塑炼效果的影响很大。随着塑炼温度的升高，胶料可塑度几乎按比例地迅速增大（见图 10-15）。但温度过高，会导致生胶的过度氧化裂解，使物理力学性能降低。因此，必须严格控制温度条件。NR 塑炼温度一般在 140～160℃为宜，SBR 塑炼温度应控制在 140℃以下，温度过高，会导致发生支化、交联等反应，反而使可塑性降低。但是温度也不能太低，否则达不到预期的塑炼效果，降低生产效率。总之，密炼机塑炼的关键问题是必须严格控制塑炼温度。

　　塑炼温度一定时，塑炼胶料可塑性的变化与塑炼时间的关系如图 10-16 所示。在塑炼过程的初期，可塑性随塑炼时间的延长而直线上升。但经过一定时间以后，可塑性的增长速度减缓。因此，随着塑炼过程的进行，可塑性的增长速度逐渐变缓。

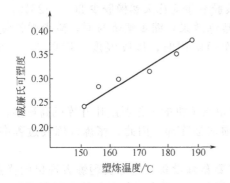

图 10-15　密炼机塑炼 NR 时，塑炼
温度与可塑度的关系

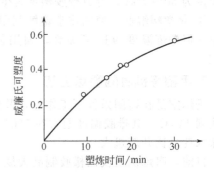

图 10-16　密炼机塑炼 NR 时，塑炼
时间与可塑度的关系

　　② 化学塑解剂　密炼机采用塑解剂塑炼，增塑效果比在开炼机低温塑炼时大，密炼机塑炼温度也可比纯胶塑炼温度适当降低。

　　③ 转子速度　转子旋转的速度对密炼机塑炼效果影响很大。在一定的温度下，转子速度越快，胶料达到同样可塑度所需的塑炼时间越短。所以，提高转子速度可以大大提高生产效率。表 10-3 是用实验室密炼机测定的结果。

表 10-3　转子转速对密炼机塑炼效果的影响

转速 /(r/min)	时间 /min	威廉氏可塑度试验压缩后的高度 h_1/mm					
		30℃	50℃	65℃	94℃	121℃	150℃
25	30	3.27	3.43	4.30	4.51	4.00	2.90
50	15	3.73	3.77	4.41	4.09	3.45	2.60
75	10	3.91	4.02	4.27	3.79	3.17	2.50

　　④ 装胶容量和上顶栓压力　实验证明，密炼机塑炼时，装胶容量为密炼室容量的 55%～75%（即填充系数为 0.55～0.75）。当装胶容量在不大的范围内变动时，对塑炼效果影响不大。但若装胶容量过小时，胶料塑炼效果降低；反之，装胶容量过大会使胶料塑炼不均匀，且会使排胶温度上升，并会使设备超负荷运转而易于损坏。

　　在密炼机塑炼过程中，上顶栓必须对胶料加压，以保证获得良好的塑炼效果。当压力不足时，上顶栓被塑炼胶推动产生上、下浮动，不能使胶料压紧，减小对胶料的剪切力作用。但压力太大，上顶栓对胶料阻力增大，使设备负荷增大。通常，20r/min 密炼机上顶栓压力控制在 0.5～0.6MPa，40～60r/min 密炼机上顶栓压力控制在 0.6～0.8MPa，在一定的范围内，塑炼效果随上顶栓压力增加而增大。

第三节
橡胶混炼工艺

将各种配合剂混入生胶中制成质量均匀的混炼胶的过程叫混炼。混炼胶的质量对半成品的加工性能和成品质量具有决定性的影响。混炼不好会出现配合剂分散不均匀、胶料可塑度过低或过高、焦烧、喷霜等现象，这不仅会使压延、压出、滤胶、硫化等后序加工难以正常进行，而且会导致成品性能下降。所以，混炼过程就是制造出符合性能要求的混炼胶。

对混炼胶的质量要求主要有两个方面：一是胶料能保证制品具有良好的物理力学性能；二是胶料本身要具有良好的工艺加工性能。为此，在混炼过程中必须使各种配合剂完全而均匀地分散于生胶中，保证胶料的组成和性能均匀一致。还应使胶料具有一定的可塑度，以保证各项加工操作能顺利进行。混炼工艺应力求速度快，生产效率高，消耗电能少。

不符合技术要求的配合剂，在混炼之前都必须预先进行加工。加工主要包括固体配合剂的粉碎，粉状配合剂的干燥和筛选，软化剂的预热熔化和过滤，液体配合剂的脱水和过滤，母炼胶和膏剂的制备，原材料的称量与配合等。

混炼加工过程中采用的混炼方法分间歇混炼和连续混炼两类。用开炼机和密炼机混炼都属于间歇混炼；利用专门的连续混炼机混炼则属于连续混炼。间歇混炼方法应用最早，至今在生产中仍广泛使用。下面着重讨论开炼机和密炼机混炼工艺。

一、开炼机混炼工艺

开炼机混炼是橡胶工业中最古老的混炼方法，目前已不多用。但在小型橡胶工厂中使用开炼机混炼仍占有一定比重。

1. 工艺方法

对含胶率高或 NR 与少量合成橡胶并用且炭黑用量较少的胶料，一般采用一段混炼法。

开炼机混炼可分为包辊、吃粉和翻炼三个阶段。包辊是开炼机混炼的前提。橡胶包辊后，为使配合剂尽快混入橡胶中，在辊缝上端应保留有一定的堆积胶。当加入配合剂时，由于堆积胶的不断翻转和更替，以便把配合剂带进堆积胶的皱纹沟中并进而带入辊缝。将配合剂混入胶料的这个过程称为吃粉阶段。混炼的第三个阶段为翻炼。由于橡胶的黏度大，混炼时胶料只沿着开炼机辊筒转动方向产生周向流动，而没有轴向流动，而且沿周向流动的橡胶也仅为层流，因此大约在胶片厚度约 1/3 处的紧贴前辊筒表面的胶层不能产生流动而成为"死层"或"呆滞层"。此外，辊缝上部的堆积胶还会形成部分楔形"回流区"。以上原因都使胶料中的配合剂分散不均。因此，必须经多次翻炼、左右割刀、打卷或三角包、薄通等，才能破坏死层和回流区，使混炼均匀，确保质地均一。

开炼机混炼一般是先沿大牙轮一侧加入生胶、母胶或并用胶，然后依据配方规定加入各种配合剂进行混炼。混炼加料方法依配方含胶率多少分两种：生胶含量高者，配合剂在辊筒中间加入，并采用抽胶加药方法；生胶含量较少者，配合剂在筒一端加入，采用换胶加料法。用量较少的配合剂和容易飞扬的炭黑，通常以母胶或膏剂形式加入。当全部配合剂加完后，接着进行翻炼，以近一步混炼均匀。通常的翻炼有手工割刀方法和机械割刀方法。翻炼完毕后放宽辊距（为 4～5mm），再用切落法补充翻炼 2～3 次，辊温宜控制在 45℃ 左右。

对天然胶并用较多合成橡胶且炭黑用量较多的胶料，可采用二段混合方法，以使橡胶与配合剂混合得更均匀。胶料一段混炼完后，至少应该停放 8h 以上，再进行第二段混炼。

2. 混炼的工艺条件及影响因素

开炼机混炼依胶料种类、用途和性能要求不同，工艺条件也各有差别。但对整个混炼过程来说，需注意掌握的工艺条件和影响因素，主要有以下几个方面。

(1) 辊筒的转速和速比　辊筒的转速越快，配合剂在胶料中分散的速度也越快，混炼时间越短，生产效率越高。反之，则相反。但转速越高，则操作不安全。一般来说，规格较小的炼胶机，辊筒转速较小。辊筒转速一般控制在 16～18r/min。

用开炼机混炼时的速比比塑炼时小。合成橡胶胶料混炼时的速比应比 NR 料小。用于混炼的开炼机速比一般在 1：(1.1～1.2) 之间。

(2) 辊距　在容量比较合理的情况下，辊距一般为 4～8mm。辊距不能太小，否则会使辊筒上面的堆积胶过多，胶料不能及时进入辊缝，反而降低混炼效果。为使堆积胶保持适当，在配合剂不断加入、胶料总容积不断递增的情况下，辊距应不断放大，以求相适应。

(3) 辊温和混炼时间　混炼过程中胶料因摩擦产生了大量的热，如不及时散出，会使辊筒表面温度及胶料温度急剧升高，导致胶料软化而降低机械剪切作用，降低混炼效果，并且容易引起胶料焦烧和使某些低熔点配合剂熔化结团，无法分散，对混炼过程极为不利，对操作也不安全。所以，必须不断通入冷却水冷却，使辊筒表面温度保持在 50～60℃之间。合成胶混炼辊温要适当低些，一般在 40℃以下。

混炼时间依辊筒转速、容量大小及配方特点而定。在保持混炼均匀的前提下，可适当缩短混炼时间，以提高生产效率。时间过短则容易混炼不均匀，而混炼时间过长不仅会降低生产效率，而且容易产生胶料过炼现象，降低胶料物理力学性能。NR 胶料混炼时间在 20～30min，合成橡胶胶料混炼时间则要适当延长。

(4) 装胶量与堆积胶　合理的装胶容量是根据胶料全部包覆前辊筒以后，并在两辊筒的上面存有一定数量的积胶。生产中可根据实际情况适当增加和降低。

若没有堆积胶，胶料通过辊缝时所受的力，只产生周向混合作用，而在胶片厚度方向（或者说径向）混合作用甚微。有堆积胶时，则产生一定的径向混合作用。

(5) 配合剂添加量　实验证明，混炼过程中的吃粉速度总是先快后慢，因为粉状配合剂主要靠堆积胶作用而混入胶料中去。当堆积胶表面被粉状配合剂全部覆盖时，其混入速度是不变的。随着混炼过程的进行，配合剂不断减少，当其不能全部覆盖住堆积胶表面时，其混入速度便开始降低。所以，为提高混炼效果，一开始就应当把配合剂加足，可相应缩短混炼时间。

(6) 加料顺序　加料顺序是影响混炼过程的重要的因素之一。加料顺序不当，轻则影响配合剂分散的均匀性，重则导致胶料发生焦烧、脱辊或过炼等现象，使操作难以进行，胶料性能下降。加料顺序的先后，取决于配合剂在胶料中所起的作用以及它们的混炼特性和用量多少。一般来说，配合量较少而且难以分散的先加；用量多而容易分散的后加；硫黄和促进剂分开加，硫黄最后加入。用开炼机混炼常用的加料顺序如下：塑炼胶（包括并用胶、母胶、再生胶）→固体软化剂→（不包括超速促进剂和超超速促进剂）促进剂、活性剂、防老剂→补强填充剂→液体软化剂→硫黄及超速促进剂。液体软化剂一般待粉状配合剂吃尽以后再加，以免粉剂结团和胶料软化打滑，使混炼不均匀。若补强填充剂和液体软化剂的用量较多时，可分批交替加入，以提高混炼速度。最后加入硫化剂、超促进剂，以防止焦烧。以上为一般的加料顺序。对于某些特殊加料，则另有特殊加料顺序。

二、密炼机混炼工艺

密炼机混炼是在高温和加压条件下进行的。与开炼机比较，密炼机混炼容量大，混炼时间短，效率高；排料、混炼和投料操作易于机械化、自动化，劳动强度低，操作安全，配合剂飞扬损失少，胶料质量和环境卫生条件好。这是目前橡胶混炼的主要工艺。但密炼机混炼室散热困难，混炼温度很高且难以控制，用于对温度敏感的胶料混炼受到限制，不适于浅色胶料和品种变化频繁的胶料混炼。另外，密炼机的排料不规则，必须配备相应的补充加工设备。

1. 工艺方法

密炼机混炼可采用一段混炼和分段混炼两种方法。

（1）一段混炼法 一段混炼法是从加料于密炼室中开始到混炼完毕一次完成混炼，然后排料至压片机下片冷却，停放备用。

一段混炼操作中常采用分批逐步加料方法，对于用量多的填料有时还得分若干次加入。密炼机一段混炼方法分批逐步加料的顺序通常为：生胶（生胶、塑炼胶、再生胶）→固体软化剂（石蜡、硬脂酸等）→小料（促进剂、活化剂、防老剂）→补强填充剂（炭黑、碳酸钙等）→液体软化剂→压片机加硫黄。

一段混炼为避免胶料升温过快，一般采用慢速密炼机，也可采用双速密炼机。在混炼过程前期采用快速、短时完成除硫黄和超速促进剂以外的母胶混炼，接着改用慢速使胶料降温后再加入硫黄，然后排料至压片机下片、冷却、停放。此外，一段混炼还可采用引料法和逆混法。

（2）分段混炼法 随着合成橡胶用量的增大及大量高补强性炭黑的应用，对生胶的互容性以及炭黑在橡胶中的分散性要求更为严格。因此，当合成橡胶用量超过50％时，为改进并用胶的掺和和炭黑的分散，应采用两段混炼法。

两段混炼是先在密炼机上进行除硫黄和超速促进剂以外的母炼胶混炼、压片（或造粒）、冷却停放一定时间（一般在8h以上），然后再重新投入密炼机中进行补充加工、加入硫黄和超速促进剂。两段混炼，不仅其胶料分散均匀性好，硫化胶物理力学性能显著提高，而且胶料的工艺性能良好，减轻焦烧现象。但胶料制备周期长、胶料的储备量及占地面积大。故生产中通常用于高级制品胶料（如轮胎胶料）的制备。

停放的温度和时间对两段混炼的质量有着十分重要的意义。在较低温度下橡胶的分子在混炼中产生的剩余应力可使其重新松弛，胶料中结合胶的含量逐渐增加，胶料变硬，这就必须使它在第二段混炼时再次受到激烈的机械作用，从而将一段混炼不可能混炼均匀的炭黑粒子搓开。因此，两段混炼胶料断面光亮细致，可塑性增加。假若不把胶料充分冷透，两段混炼也就失去了意义。通常，一段排胶温度在140℃以下，两段排胶温度不高于120℃。

2. 影响密炼机混炼的主要因素

加料顺序、装胶量、转子速度和上顶栓对胶料的压力、混炼温度和混炼时间是密炼机混炼过程的主要影响因素。

① 加料顺序 与开炼机混炼时有相似之处。

② 装胶容量 密炼机装胶量大小依密炼室总容积和填充系数来计算，填充系数一般在0.48～0.75之间。

③ 上顶栓压力 目前提高密炼机生产效率的主要措施之一就是提高上顶栓对胶料的压力。

④ 转子的转速和混炼时间 胶料的切变速度随转子转速加快而增大。所以，提高转子转速可以成比例地加大胶料的切变速度，缩短混炼时间。这是提高密炼机效率的主要措施。目前，密炼机的转速已普遍提高，由原来的20r/min提高到40r/min、60r/min，有的甚至

达到 80r/min 以上，从而使混炼周期缩短到 1～1.5min。

⑤ 混炼温度 密炼机混炼温度难以控制。由于混炼过程中摩擦剪切作用极为剧烈，又在密闭条件下操作，生热量大而且散热又比较困难，所以，胶料温度升高很快，胶料温度较高。密炼机混炼的温度与胶料性质有关，以 NR 为主的胶料，混炼温度一般掌握在 100～130℃。慢速密炼机混炼排胶温度一般控制在 120～130℃，快速密炼机排胶温度一般在 160℃以上。

为了便于停放、运输和贮存，胶料混炼后都要压成胶片或经过造粒，并立即加以强制冷却，使其温度降至 30～35℃以下，以免胶料产生焦烧和喷霜现象。同时胶片或胶粒表面涂隔离剂，然后经冷风吹干，防止胶片或胶粒在停放、运输或贮存过程中互相黏结。冷却方法一般将胶片浸入隔离剂溶液中，或向胶粒喷洒隔离剂液，然后经冷风吹干。

生产上对每个混炼胶料都要进行快速检验。检验项目有可塑度、硬度、密度等。检验后将其结果与标准值进行比较，看它们是否符合要求。如发现混炼胶的某项指标不符合要求，可通过分析找出原因并及时予以加工补救。

三、胶料的流动性

混炼胶在特定的硫化温度和硫化压力的作用下充满整个模具型腔的能力称为流动性，它是橡胶加工的重要工艺性能之一。

1. 混炼胶流动性的测试方法

混炼胶的流动性通常有威廉氏、门尼黏度法、华莱氏和压出法四种方法。实际生产中常用的是前两种。

① 威廉氏法（Williams） 威廉氏法的测试原理是在定温、定负荷下，用试样经过一定时间的高度变化来评定可塑度。测定时是将直径为 16mm、高 10mm 的圆柱形试样在 70℃±1℃温度下，先预热 3min，然后在此温度下，于两平行板间加 49N 负荷，压缩 3min 后除去负荷，取出试片，置于室温下恢复 3min，再根据试样高度的压缩变形量及除掉负荷后的变形恢复量，来计算试样的可塑度。

$$P = (h_0 - h_2)/(h_0 + h_1) \tag{10-2}$$

式中 P——试样的可塑度；

$\quad h_0$——试样原高，mm；

$\quad h_1$——试样压缩 3min 后的高度，mm；

$\quad h_2$——去掉负荷恢复 3min 后的试样的高度，mm。

如果混炼胶为绝对流动体，则有 $h_2 = h_1 = 0$，$P = 1$；如果混炼胶为绝对弹性体，则有 $h_2 = h_0$，$P = 0$；由于橡胶是黏弹性物质，故应用此式计算出的可塑度在 0～1 之间，数值越大表示可塑性越大。

② 门尼（Mooney）黏度法 门尼黏度计的测试原理是根据试样在一定温度、时间和压力下，在活动面（转子）和固定面（上、下模腔）之间变形时所受到的扭力来确定橡胶的可塑性的。测量结果以门尼黏度来表示。门尼黏度值因测试条件不同而异，所以要注明测试条件。通常以 ML_{1+4} 100℃表示，其中 M 表示门尼，L_{1+4} 100℃表示用大转子（直径为 38.1mm）在 100℃下预热 1min、转动 4min 时所测得的扭力值（一般用百分表指示）。门尼黏度法测定值范围为 0～200，数值越大表示黏度越大，即可塑性越小。

门尼黏度反映了胶料在特定条件下的黏度，可直接用作衡量胶料流变性质的指标。但因其测量时速度较慢（转子转速为 2r/min），切变速率较小（最大为 1.57s^{-1}），因此它只能反映胶料在低切变速率下的流变性质。门尼黏度法测试胶料可塑性迅速简便，且表示的动态流动性接近于工艺实际情况。此外，它还可以简便地测出胶料的焦烧时间，能及时了解胶料的加工安全性，因此，本法在科研及生产上的应用也较为普遍。

③ 华莱氏（Wallace）快速可塑性测定法 本法基本原理与威廉氏法相同，以定温、定负荷、定时间下塑炼胶试样厚度的变化来表示可塑性。测定时将厚约 3mm 的胶片，冲裁出直径约 13mm、体积恒定为 $0.4cm^3 \pm 0.04cm^3$ 的试样后，放置快速测定仪内，试验温度为 $100℃ \pm 1℃$。然后迅速闭合压盘，将试样预压至 1mm，进行预热 15s 后，施加 49N 负荷，至第二个 15s，测厚计指示的读数即为塑炼胶的可塑度，整个操作时间仅为 30s。规定 0.01mm 表示 1 个可塑度单位，如测厚计测出试样厚度为 0.46mm，即表示华莱式可塑度为 46。华莱式数值越大，则表示可塑性越小。

④ 压出法 本法的测试原理是在一定温度、压力和一定规格形状的口型下，于一定时间内测定塑炼胶的压出速度，以 mL/min 或 g/min 表示可塑性。数值越大，表示压出速度越快，胶料的可塑性越大。本法与压出机口型的工作状况相似，故可更确切地反映胶料的流变性质。但由于压出法试样消耗量多，测试时间长，故工业生产上应用较少，一般用于科研。

2. 影响混炼胶流动性的因素

影响混炼胶流动性的因素有三大类：原料因素、模具因素和工艺因素。

（1）原料因素 包括混炼胶中生胶的分子量和塑炼程度和配方中所用的填料和软化剂（增塑剂）的品种和用量。混炼胶中高聚物的分子量越低，模压时胶料的流动性越好，也改善了胶的充模性，使模型制品的花纹饱满清晰。模压用的胶料可塑度宜低，威廉氏可塑度一般保持在 0.30～0.45。可塑度不宜过大，否则模压时流失胶较多，产品物理力学性能和耐老化下降。

混炼胶所用的填料的粒径越小、结构性越高、用量越大，胶料的门尼黏度越大，流动性越差。所用的软化（增塑）剂的品种如果和橡胶混溶性好、用量大时，混炼胶的模压流动性越好。

（2）模具因素 一般模具型腔内表面光洁程度高，流道短呈流线形，能够提高橡胶混炼胶的流动性。

（3）工艺因素 包括模压温度和模压压力。在许可的模压温度和胶料的焦烧时间范围内，温度越高，胶料受热软化，流动性提高。压力的一个主要作用即为使胶料易于流动和充满模腔。胶料的门尼黏度一般较高，适宜的压力才能将胶料挤压入形状结构较为复杂的模腔，可保证获得花纹清晰、饱满的橡胶制品。实验表明，模压橡胶制品，若模压温度为 100～140℃时，则压力为 2～4.9MPa；若模压温度为 40～50℃时（如注压充模定型时），则压力为 49～78.4MPa，才能保证胶料良好流动，充满模腔。

第四节
橡胶的加工工艺

一、橡胶的压延成型

1. 橡胶压延前的准备

（1）胶料热炼和供胶 为了保证压延作业的正常进行和半成品的质量，获得无气泡、无疙瘩的光滑胶片或胶布（如胶帘布、胶帆布等），要求压延所用胶料必须具有一定的热可塑性以及均匀一致的质量。目前，胶料在压延作业前，一般都要将已混炼好、经过停放和检验合格的胶料，在开炼机或者在密炼机中进行翻炼预热，以达到一定的均匀的热可塑性。这一工艺过程称为热炼。也有不需要热炼作业的，而是将从密炼机压片机下来的混炼胶趁热直接向压延机供料。

为使胶料具有良好的热可塑性，热炼常分两步进行。第一步称之为粗炼，采用较小的辊距（2～5mm）和较低的辊筒温度（40～50℃）薄通7～8次，以进一步提高胶料的可塑性和均匀性。第二步称之为细炼，采用高辊温（60～70℃）、大辊距（7～10mm）过辊6～7次，以便胶料获得热可塑性。

压延使用的胶料应具有必要的可塑性，对NR的各种压延胶料可塑度要求见表10-4所示。擦胶作业要求胶料有较高的可塑性，以便胶料渗入纺织物组织的空隙中；压片和压型作业的胶料可塑性不能过高，以使胶料有较好的挺性；贴胶作业的胶料，其可塑性则介于上述二者之间。

表 10-4　各种压延胶料可塑度范围

压 延 方 法	胶料威廉氏可塑度	压 延 方 法	胶料威廉氏可塑度
擦胶	0.45～0.65	压片	0.25～0.35
贴胶	0.35～0.55	压型	0.25～0.35

开炼机与开炼机之间用皮带运输机传送胶料，组成流水线。在生产中有连续和间断两种供料方法。间断供料是根据压延机的大小和操作方式把热炼的胶料打成一定大小的胶卷或制成胶条，再往压延机上供料。使用时，要按胶卷的先后顺序供料。胶卷停放时间不能过长，一般不要超过30min，以防胶料早期硫化。

连续供料是在供料用的开炼机上，用圆盘式或平板式切刀，从辊筒上切下一定规格的胶条，由皮带运输机均匀地、连续不断地往压延机上供料。运输带的线路不能过长，以防止胶条温度下降，影响压延质量。

近来，也有在热炼供胶的开炼机和压延机之间安装挤出机的，由挤出机向压延机连续均匀地供胶。

（2）纺织物的预加工　进行挂胶压延的纺织物（包括已浸胶的）在压延前必须烘干，以减少其含水量，避免压延时产生气泡和脱层现象，也有利于提高纺织物温度，压延时易于上胶。

纺织物容易在贮存过程中吸水，一般棉纤维含水量在7%左右，化学纤维含水量可达10%～12%左右；而用于挂胶压延的纺织物含水量在1%～2%时，才能保证足够的附着力。

但烘干时一定要注意温度不宜过高，以免造成纺织物变硬发脆，损伤强力。一般可用蒸汽辊筒烘干、红外线干燥及微波干燥，但目前仍以蒸汽辊筒烘干为主。辊筒的温度和牵引速度直接关系到纺织物干燥的效率。一般烘干辊筒的温度为110～120℃左右（锦纶帘布烘干温度较低，为70℃以下）。牵引速度视纺织物含水率而定。烘干后的纺织物不宜停放，以防在空气中吸水，所以，可直接与压延机组成联动装置。

锦纶具有受热收缩的特性。如果不热伸张，制成的轮胎收缩就较大，加之使用时又容易膨胀变形，轮胎的使用寿命就会受到影响。若将锦纶在浸胶干燥后，在热的条件下拉伸，在张力下定形冷却，这样就可以大大提高帘布的动态疲劳性能，降低延伸率，减少制品变形。这个过程就叫"热伸张"。

生产中，常通过压延机辊筒与干燥辊筒、冷却辊筒的速度差，产生对帘布的帘线拉伸力（张力）使帘布处于伸张状态。张力可保持在1.5kN左右。当压延张力达到9.8～14.7N/根时，压延后的锦纶帘布就基本不收缩了。

（3）帘布浸胶　帘布浸胶的目的，在于使胶料与帘布之间建立起一过渡性的中间层，用以增加胶料与帘布间的结合强度，提高帘布的耐疲劳性和轮胎的使用寿命。

浸胶工艺设备，一般分为单独的和与压延机联动的两种。目前生产中以单独浸胶工艺流程为主。设备随着帘布材料和生产条件的不同，有些差别。图 10-17 为浸胶干燥装置。浸胶工作过程：帘布 1 经过储布调节装置 2，进入浸胶槽 3，再经压辊 4、干燥室 5，被卷取架 6 卷取供压延用。

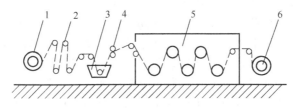

图 10-17　浸胶干燥联动装置

1—未浸帘布；2—储布调节装置；3—浸胶
乳液槽；4—压辊；5—干燥室；6—卷取架

浸胶工艺条件对浸胶帘布质量有很大的影响。主要因素有浸胶胶乳的组成和浓度、帘布浸渍时间和帘布张力、挤压辊压力、干燥条件和附胶量等。

2. 橡胶压延工艺方法及工艺参数

（1）压片与压型　很多橡胶制品制造过程中所需的半成品（如制造胶管、胶带的内外层胶和中间层胶，轮胎的缓冲胶片，自行车胎的胎面，胶鞋的大底等）有不少是胶片或表面带花纹的胶条，它们都是通过压片和压型来制造的。

① 压片　压片工艺是指将热炼好的胶料用压延机辊筒等速压制成一定尺寸规格的胶片。胶片应表面光滑、无气泡、不皱缩、厚度一致。

压片可以在三辊压延机，也可在四辊压延机上进行。在三辊压延机上压片时上、中辊间供胶，中、下辊间出胶片。NR 压片时，在中、下辊间不能存有堆积胶，否则会增大压延效应。对收缩性较大的合成橡胶（如 SBR）来说，若有堆积胶，则可使胶片密实，减少气泡。对规格要求很高的半成品，则采用四辊压延机压片。多通过一次辊距，压延时间增加，松弛时间较长，收缩相应减小，厚薄的精确度和均匀性都可提高，其作业示意图见图 10-18。

② 压型　压型是将热炼后的胶料通过压延机制成表面有花纹并有一定断面形状的胶片，与压片所不同的主要是压型结束后，胶料为一有花纹的并有一定断面形状的胶条。压型工艺主要用来制造胶鞋大底、力车胎胎面、胎侧等半成品。这些半成品的质量要求，主要是花纹清晰，规格尺寸准确，无气泡。因而对胶料的可塑性和收缩性要求较高，在可能的条件下，配方中可多加填充剂和适量物理增塑剂以及再生胶等以防止花纹扁塌。压延定型胶条一般采用急冷，以便花纹定形、清晰有光泽，防止扁塌变形、尺寸不准。

图 10-18　四辊压延机
压片作业示意图

压型设备根据不同情况，可选用三辊、四辊。胶片压延经过的最后一个辊筒都为具有压型花纹尺寸的辊筒。在生产中制品规格尺寸的变化较多，为了方便更换压型花纹辊筒，除压型压延机宜选用小规格外，在结构上也应有所考虑。

（2）帘布为骨架材料的压延成型

① 挂胶　不少橡胶制品由于使用性能的要求，需要各种骨架材料。如轮胎中使用的帘

布、帆布等，对轮胎性能有十分重要的作用。为了充分发挥这些骨架材料（如帘布）在制品中的作用，帘布层与帘布层、帘线与帘线、帘布与胶料之间都必须结合成一整体才行。为此需要在帘布、帆布等纺织物上挂上薄薄一层胶。在压延机上挂胶一般有贴胶和擦胶两种。帘布，特别是浸过胶的帘布，一般用贴胶的方法，而帆布一般用擦胶的方法。

②普通帘布的压延挂胶 帘布的贴胶是利用压延机上的两个等速辊筒的压力，将一定厚度的胶料贴合于纺织物（主要用于密度较稀的帘布，也包括白坯布或已浸胶、涂胶或擦胶的胶布）上的工艺过程。从帘布的结构来看，经线强度大，密度高，而纬线强度很小，密度稀，只是起一个固定经线的作用，帘线与帘线间有相当的空隙。在等速贴胶过程中，速度较快，对帘布的损伤较小，但胶料渗入较差。如果胶料可塑性和压延温度等工艺条件适当，仍然可以将部分胶料压入帘线的间隙中，特别是对浸胶帘布来说，是可以达到挂胶目的的。

根据纺织物材料及制品性能要求，贴胶又分贴胶和压力贴胶两种工艺方法。

贴胶法的特点是操作较易控制，生产效率较高，帘布受伸张较小，耐疲劳强度较高。但胶料不能很好地渗入布缝中，胶与布的附着力较低，且两面胶层之间易形成空隙而使胶布产生气泡或剥皮露线。

贴胶作业是保证贴胶半成品质量的关键。其操作程序为：贴胶正式开始前，先开车试运行，将压延机辊筒预热至规定温度范围，检查润滑系统是否正常，加入胶料，调整辊距，直至胶片的厚度、宽度和光泽度都符合要求；再填入帘布头，待一切正常，将压延机速度提高到预定水平进行贴胶作业。在贴胶过程中要时刻注意续胶量的均匀一致。

③钢丝帘布的压延挂胶 随着子午线轮胎，特别是载重子午线轮胎的发展，钢丝帘布的使用日趋增加。因此，钢丝帘布的压延挂胶已成为不可缺少的工艺。钢丝帘布的压延可分为有纬和无纬帘布两种贴胶法。有纬钢丝帘布贴胶工艺，可用普通压延设备进行。无纬钢丝帘布贴胶工艺又有冷、热贴胶工艺之分，目前多采用热贴工艺。

钢丝帘布压延挂胶的工艺流程见图10-19，主要包括钢丝导开、清洗、干燥、张力排线、压延贴胶、冷却、卷取、裁断等工序。钢丝帘布压延工艺条件如表10-5所示。

表 10-5　钢丝帘布规格及压延工艺条件

名　称	胎体钢丝帘布	缓冲钢丝帘布
压延机	XY-4Γ-230	XY-4Γ-230
压延方法	两面一次贴胶	两面一次贴胶
帘线规格/根	39	21
帘线总根数/根	237	180
帘线密度/(根/cm)	5	3.5
帘线宽度/mm	470	540
压延胶厚度/mm		
旁、上辊间	1.15±0.05	0.9±0.05
下、中辊间	1.5±0.05	1.4±0.05
压延辊筒温度/℃		
旁、上辊	80～90	85～90
中、下辊	95～100	95～100
压延速度/(m/min)	3.25	3
压延帘布厚度/mm	2.7	2.2

由于子午线轮胎结构要求帘布胶料具有较高的定伸强度，良好的耐屈挠、耐疲劳性能，以及与钢丝的较高黏着性，故压延用的混炼胶料的可塑性较低，可塑度（威氏）一般为0.35左右。所以，压延速度也相应较慢，一般为3m/min左右。

（3）帆布为骨架材料的压延挂胶 因帆布由相等（或近乎相等）强度的经纬线紧密交织

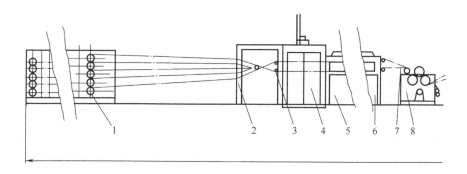

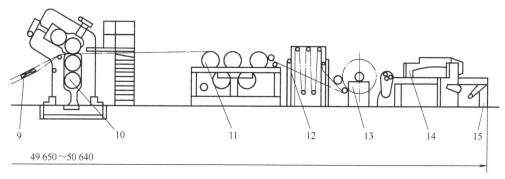

图 10-19 XYZ-1730 型钢丝帘布压延联动装置

1—导开架；2—排线分线架；3—托辊；4—清洗装置；5—吹干装置；6—干燥箱；
7—整经装置；8—夹持装置；9—分线辊；10—四辊压延机；11—牵引冷却装置；
12—二环储布器；13—卷取装置；14—裁断装置；15—运输装置

而成，布纹间隙很小，如用贴胶的方法，则胶料不能进入布纹中，胶片在帆布表面贴不牢，易脱落。因此对帆布必须采用促进胶料进入布纹的措施，如增加胶料的可塑性，提高胶料的温度，但主要的手段是采用速比辊筒，增强剪切作用，促使胶料擦入布纹组织。所以，擦胶是利用压延机两个有速比的辊筒，将胶料挤擦入纺织物组织的缝隙中的工艺过程。因此，生产中主要用于轮胎、胶管、胶带等制品所用帆布或细布的挂胶。

擦胶一般在三辊压延机上进行，供胶在上、中辊间隙，擦胶在中、下辊间隙。上、下辊等速，中辊较快，速比一般在 1：(1.3～1.5)：1 的范围内变化。

擦胶可分为厚擦与薄擦两种：厚擦中辊全包胶；薄擦中辊后半转部分不包胶。薄擦的耐屈挠性较好，表面光滑。厚擦胶料渗入布层较深，黏着性能较好。选择薄擦或者厚擦视胶料性能和要求而定。

帆布要烘干到水分含量 3%以下，烘布温度为 70℃。胶料可塑性要求较大。擦胶温度主要决定于生胶种类，几种橡胶的擦胶温度见表 10-6。对同种生胶，擦胶温度随条件不同，也有差异。擦胶温度对于天然橡胶压延机辊温控制的原则是：中辊不包胶法为：上辊温＞中辊温＞下辊温；中辊包胶法为：上辊温＞下辊温＞中辊温，包胶的中辊温度最低，是为了防止胶料发生焦烧。

表 10-6 几种橡胶擦胶温度

胶　　　种	上辊温度/℃	中辊温度/℃	下辊温度/℃
NR	80～110	75～100	60～70
NBR	85	70	S0～60
CR	50～120	50～90	30～65
IIR	85～105	75～95	90～115

辊筒线速度太大,对胶料渗入不利,这对合成纤维更为明显。织物强力大的,线速度可大些,对厚帆布可达 30～50m/min。强力小的则相反。通过辊距间堆积胶的多少,可影响胶料擦入布层的深浅。

3. 橡胶压延工艺参数及其分析

(1) 辊筒温度的设置　不同的压延工艺辊筒温度的设置也有很大的差异。控制压延机辊温是保证压片质量的关键。适当控制各辊之间的温度差才能使胶料沿辊筒之间顺利通过。而辊温决定于胶料的性质,通常含胶率高的或弹性大的胶料,辊温应高些;含胶量低的或弹性小的胶料,辊温应低些。常用橡胶的压片温度见表 10-7 所示。为了排除胶料中的气体,在保证适量积胶的同时,降低辊温效果会更加明显。

表 10-7　常用橡胶的压片温度

胶 料 种 类	上辊筒温度/℃	中辊筒温度/℃	下辊筒温度/℃
NR 胶料			
含胶率 85%	95	90	15
含胶率 50%	75	70	15
含胶率 30%	60	55	15
SBR 胶料	50～60	45～70	35
PB 胶料			
通用型 CR 胶料	50	45	35
弹性态(压片精度要求不高时)	50	45	35
塑性态(压片精度要求较高时)	90～120	65～100	25 或 90～120
NBR 胶料	70	60	50 以下
IIR 胶料	90～110	70～80	80～105
三元乙丙橡胶胶料	90～100	90	90～120

(2) 压延过程中制品厚度的测量　压延半成品中的质量问题有多种,主要问题之一就是厚度是否准确和均一。它普遍存在于帘布的贴胶、帆布的擦胶、胶料的压片和压型等工艺中。厚度不准确、不均匀,不仅增加原材料的消耗,而且对产品质量有很大的影响。高速轮胎对动平衡问题要求很高,如贴胶帘布厚度不均匀,就会使轮胎各部位的重量不平衡,影响轮胎的质量和寿命。由此可见,对压延半成品厚度影响因素的分析、厚度的测量与控制就十分重要。

在分析影响压延半成品厚度的诸因素中,可从沿辊筒轴线方向和垂直辊筒轴线(压延方向)方向两方面来谈。

① 沿辊筒轴线方向　决定用某种胶料压延某一厚度的胶片或帘布贴胶后,压延机的性能就对半成品厚度的精确度有决定性的影响。

横压力一定时,压延机不同,辊距增大的多少也不同,因此对厚度的影响也不同。如果辊筒的工作长度和直径之比及辊筒的材料和结构不同,辊筒弯曲的程度就会有差别。一般来说,长径比大,弯曲会大些,厚度的不均匀性也会大些。在压延机的结构上有无对弯曲补偿的措施,对厚度均匀性影响也很大。将辊筒设计有中高度(腰鼓形),或采用辊轴交叉等均可对弯曲有所补偿,改善沿辊筒轴线方向上的厚度均匀性。总之,由于横压力的作用而使辊筒产生弯曲以及各种补偿措施,使得沿辊轴线方向上各点的辊距不相同,它的间距为一条复杂的曲线。

沿辊筒轴线方向上的厚度,还受温度均匀性的影响。在一般中空辊筒的大型压延机上,辊筒两端部的温度往往比中间的低很多,有时会相差 5～8℃。温差随辊温和长径比的增大而增加。

② 垂直辊筒轴线方向 在垂直辊筒轴线方向上同样存在厚度均匀性的问题。压延速度会引起胶料收缩并使厚度发生变化。一般来说，压延速度快的，胶料的厚度就较大。有的压延机，其压延速度的变化，还会影响辊筒的浮动，进而引起厚度波动。对目前大多数压延机来说，在帘布接头通过辊筒间隙时，需调大辊距，这样会使接头附近的厚度大大增加。

此外，胶料可塑性和温度的均匀性、供料和堆积胶的多少与均匀与否，都会对压延半成品厚度有明显的影响。

在生产中一般用千分表间断地测量厚度。但测得的只是某一瞬间、某些点的厚度，而无法连续测知厚度变化情况。目前，应用的连续测厚方法有辊筒法、电阻法和射线法几种。

厚度的自动控制是通过比较测得的厚度值与预先给定的数值之差进行调整的。目前，已有应用数字电子计算机进行压延生产集中自动控制的。它具有保证产品质量、节省物料和劳动力、提高效率等优点，已引起国内外普遍注意。

(3) 其他工艺参数

① 辊速及速比 对于压片和压型工艺辊速控制应根据胶料的可塑性来决定。可塑性大的胶料，辊速可快些；可塑性小的胶料，辊速应慢些。但辊速不宜太慢，否则影响生产能力。辊筒之间有一定的速比，有助于排除气泡，但对所出胶片的光滑度不利。通常三辊压延机压片时，上、中辊供胶处有速比，以排除气泡，而中、下辊等速，以便压出具有光滑表面的胶片。

对于贴胶工艺，胶片通过压延机辊筒缝隙后全部贴合于纺织物表面上。进行贴胶的两个辊筒转速相同，供胶的两个辊筒转速可以相同，也可不同。供胶辊筒有速比时，有利于消除气泡，特别适用于高含胶率胶料及合成橡胶胶料。

擦胶所用三辊压延机的辊筒速比一般在 1：(1.3～1.5)：1 的范围内变化。速度太快，纺织物和胶料在辊筒缝隙间停留时间短，受力时间短，影响胶与布的附着力，合成纤维尤为明显。速度太慢，生产效率低。因此，生产中薄布擦胶速度一般掌握为 5～25m/min；厚帆布擦胶速度为 15～35m/min。

② 混炼胶的可塑度 胶料的可塑度大，容易得到光滑的胶片。但可塑度太大时，容易产生粘辊，可塑度小，则压片表面不光滑，收缩率大。因此，为便于压片和压型操作，胶料可塑度须保持在 0.30～0.35 左右。

二、橡胶的挤出工艺

橡胶制品挤出（压出）是胶料在挤出机螺杆的挤压下，通过一定形状的口型进行连续造型的工艺过程。它广泛地用于制造胎面、内胎、胶带以及各种复杂断面形状或空心的半成品，并可用于包胶操作（如电线、电缆外套等）挤出薄片（如防水卷材、衬里用胶片等）及快速密炼机的压片（取代原有的开炼机压片）。此外，不同形式的螺杆挤出机还可用于滤胶、造粒、塑炼、连续混炼等许多方面。

1. 橡胶在挤出机中的变化

(1) 胶料在挤出过程中的运动状态 胶料沿螺杆前进的过程中，受到机械和热的作用后，其黏度逐渐下降，状态发生明显变化，即由黏弹体渐变为黏流体。

冷喂料挤出机，加料段较长；热喂料挤出机，胶料被预先热炼，故此段很短。由加料段输送来的松散胶团在压缩段将被压实和进一步软化，最后形成一体，并将胶料中夹带的空气向加料段排出。计量段的作用是将黏流态的胶料进一步均匀塑化、压缩并输送到机头和口型挤出。在挤出段中螺纹槽充满了流动的胶料，在螺杆旋转时，这些胶料沿着螺纹槽推向前进。

(2) 挤出变形 胶料从螺杆的螺纹槽被推出后，流入机头内。胶料的流动也由螺纹槽内有螺旋式向前流动变成在机头中的稳定直线流动。机头内表面与胶料的摩擦作用，胶料流动受到很大阻力，因此胶料在机头内的流速分布是不均匀的。

胶料经机头流过后便直接流向口型，胶料在口型中流动是在机头中流动的继续，为轴向流动。由于口型内表面对胶料流动的阻碍，胶料流动速度也存在着与机头类似的速度分布。只是由于口型横截面比机头横截面小，导致胶料流动速度以及中间部位和口型壁边部位的速度梯度更大，这就使得胶料离开口型后，中间部位的变形大于边缘部位。

胶料是黏弹性物质，使得挤出半成品的形状和口模尺寸不完全相同。这种经口型挤出后的半成品变形，即长度沿压出方向缩短，厚度沿垂直于压力方向增加的性质，称为挤出变形。

挤出变形现象不仅使挤出半成品的形状与口型形状不一致，而且也影响半成品的规格尺寸。因此，无论口型设计还是工艺中对挤出半成品要求定长时，都必须考虑挤出变形的因素。

影响挤出变形的因素很多，主要决定于胶种和配方、工艺条件及半成品规格等三个方面。

① 胶种和配方的影响　不同胶种具有不同的挤出变形，在通用型胶种中，SBR、CR 和 IR 的挤出变形都大于 PB 和 NR 的挤出变形，见表 10-8。

表 10-8　不同胶种的胎面半成品膨胀率

生 胶 种 类	膨胀率/%			
	边　缘	胎冠边缘	胎　　冠	全　宽　度
100%NR	33	33	33	98
NR/SBR	33	100	100	95
100%SBR	28	115	120	90

胶料配方中含胶率越高，挤出变形越大。炭黑的结构性和用量增加，可以降低胶料的挤出变形，见表 10-9。白色填料，活性大的挤出变形较小，各向异性的（如陶土等），挤出变形也小。加入油膏、再生胶及其他润滑型软化剂，能增加胶料的流动性和松弛速度，使挤出变形减小。

表 10-9　丁苯橡胶配用不同炭黑的挤出膨胀率

炭 黑 品 种	炭 黑 用 量				
	25 份	37.5 份	50 份	62.5 份	70 份
中超耐磨炉黑	141	100	60	35	23
高耐磨炉黑	122	88	52	36	28
快压出炉黑	144	90	52	18	5
半补强炉黑	142	114	87	52	15
槽法炭黑	140	126	104	84	67

② 工艺条件的影响　胶料的可塑性越高弹性越小，胶料流动性越好，挤出变形较小。反之，则较大。因此，适当提高挤出前胶料热炼的均匀性，有利于降低挤出变形。但胶料可塑度不可太大，否则影响半成品挺性和成品力学性能。

适当提高机头温度，可以增加胶料的流动性，也可以降低挤出变形。

挤出口型的类型不同，也影响着挤出收缩率，有芯挤出比无芯挤出的变形要小。这是因为胶料的回复变形受到芯型的阻力作用之故。口型孔径尺寸相同时，形状复杂者，则挤出变形较小。

此外，若将挤出半成品在带外力的条件下停放或适当提高停放温度，挤出变形也会减小。

③ 半成品规格的影响　相同配方的胶料，由于半成品的规格形状不同，挤出变形也不一样。挤出半成品尺寸越大，挤出变形越小。

总之，影响挤出变形的因素较多。在实际生产中，可以从多方面着手控制主要因素，兼顾次要因素，就能有效降低挤出变形，获得准确断面、尺寸稳定的半成品。

2. 橡胶挤出工艺方法及工艺条件

挤出工艺主要包括胶料热炼（冷喂料压出不必经过热炼）、供胶、挤出、冷却、裁断、接取和停放等工序。挤出工艺方法按喂料形式分为热喂料挤出法和冷喂料挤出法。一般挤出操作（除热炼外）均组成联动化作业。

（1）挤出前胶料的准备

① 热炼　热炼主要是为了提高胶料混炼的均匀性和热塑性，以便于胶料挤出，得到规格尺寸准确，表面光滑，内部致密的半成品。热炼一般分为粗炼和细炼。粗炼为低温薄通（温度为 45℃，辊距为 1～2mm），目的为进一步提高胶料的均匀性和可塑性。细炼为高温软化（温度为 60～70℃，辊距为 5～6mm），目的是进一步提高胶料的热塑性。生产中对于质量要求较低或小规格半成品（如力车胎胎面胶），可以一次完成热炼过程。

用于热炼的设备一般为开炼机，但前后辊的速比要尽可能小。

热炼的工艺条件（辊温、辊距、时间）需根据胶料种类、设备特点、工艺要求而定，以胶料掺和均匀并达到要求的预热温度为佳。常用橡胶的热炼工艺条件如表 10-10 所示。

表 10-10　各种橡胶胶料热炼条件

生胶种类	温度/℃		时间/min	胶片厚度/mm
	前　辊	后　辊		
NR	76	60	8～10	10～12
NR/SBR	50	60	8～10	10～12
NR/PBR	50	60	8～10	10～12
NBR	40	50	4～5	4～6
CR	<40	<40	3～4	4～6

通常，胶料的热塑性越高，流动性越好，挤出就越容易，但是，热塑性太高时，胶料太软，挺性差，会造成挤出品变形、下坍或产生折痕。因此，供挤出中空制品的胶料，要特别防止过度热炼。

② 供胶　由于胶料挤出为连续生产，因而要求供胶均匀、连续，并且与挤出速度相配合，以免因供胶脱节或过剩影响压出质量。供胶方法有人工填料法和运输带连续供胶法。

（2）挤出工艺方法

① 热喂料挤出法　热喂料挤出法是指胶料喂入挤出机之前需经预先加热软化的挤出方法，所采取的设备为热喂料挤出机。其螺杆长径比较小（3～5），挤出机的功率也较小。

热喂料挤出法是目前国内采用的主要方法。其设备结构简单，动力消耗小，胶料均匀一致；半成品表面光滑，规格尺寸稳定。但由于胶料需要热炼，增加了压出作业工序，使总体的动力消耗大，占地面积大。

热喂料挤出法按机头可分为有芯挤出和无芯挤出，按半成品组合形式可分为整体挤出和分层挤出。整体挤出是指用一种胶料一台挤出机挤出一个半成品或由多种胶料多台挤出机，再通过复合机头挤出一个半成品。而分层挤出是指用多种胶料多台挤出机分别挤出多个部件，再经热贴合而形成一个半成品。

挤出工艺条件主要包括挤出温度和挤出速度。

为使挤出过程顺利，减少挤出膨胀率，得到表面光滑、尺寸准确的半成品，并防止胶料焦烧，必须严格控制挤出机各部位温度。一般距口型越近，温度越高。表 10-11 列出常用橡胶的挤出温度。

表 10-11　常用橡胶的挤出温度　　　　　　　　单位：℃

部　位	NR	SBR	PB	CR	IR	NBR	乙丙橡胶
机筒	50～60	40～50	30～40	20～35	30～40	30～40	60～70
机头	75～85	70～80	40～50	50～60	60～90	65～90	80～130
口型	90～95	100～105	90～100	<70	90～120	90～110	90～140
螺杆	20～25	20～25	20～25	20～25	20～25	20～25	20～25

挤出速度是以单位时间内挤出半成品的长度（或质量）来表示，与挤出温度、胶料性质和设备特性等有关，一般应按半成品规格性质而定，通常为 3～20m/min，螺杆的转速应控制在 30～50r/min 为宜。

② 影响挤出工艺及其质量的因素　影响挤出工艺及其质量的因素主要有胶料的组成和性质、挤出机的规格和特征及工艺条件三个方面。

影响挤出工艺及其质量的因素是十分复杂的。生产中只有结合胶料的配方和挤出设备的实际情况，才能制出恰当的挤出工艺条件，制得合乎要求的挤出半成品。

冷喂料挤出法是指胶料直接在室温条件下喂入挤出机中的一种方法。摩擦引起的热量比一般挤出机大，所以冷喂料挤出机所需功率较大，相当于普通挤出机的两倍。

冷喂料挤出法和热喂料挤出法相比，由于胶料无须热炼，故简化了工序，节省了人力和设备，劳动力可节约 50% 以上；挤出工艺总体消耗能源少，设施占地面积小；应用范围广，灵活性较大，不存在热炼工序对半成品质量的影响，使挤出物外形更趋一致，而且不易产生焦烧现象，但有挤出机昂贵等缺陷。

冷喂料挤出工艺与热喂料挤出工艺的区别是在加料前，需将机身和机头预热，并开快转速，使挤出机各部位温度普遍升高到 120℃左右。然后开放冷却水，在短时间内（2min），使温度骤降到机头 70℃左右，机身 65℃左右，加料口 55℃左右，螺杆 80℃左右，若挤出合成橡胶胶料，加料后可不通蒸汽，甚至还要开放冷却水。NR 胶料进行冷喂料压出时，则各部位的温度应控制得略高些，机头和机筒还应适当通入蒸汽加热。冷喂料挤出机的温度控制比较灵敏。

胶料刚挤出后，因半成品刚刚离开口型，温度较高，有时可高达 100℃以上，并且挤出为连续过程，故挤出后必须相继进行冷却、裁断、称量和停放等过程。

实际生产中，挤出半成品的冷却、裁断、称量等均可在联动线上进行。此外，有些挤出半成品还需进行打磨、喷浆、打孔等处理。总之，挤出后的工艺应根据制品的加工及性能要求合理确定。

三、橡胶的注射工艺

橡胶注射成型是一种将橡胶直接从料筒注入模型硫化的生产方法。这是一种很有发展前途的先进的生产方法。世界上技术先进的工业国家均已开始在生产中推广应用。随着科学技术的飞速发展和自动化水平的迅速提高，特别是热塑性弹性体的出现，为橡胶注射成型开辟了更为广阔的发展前景。

注射工艺注射模型与设备是连在一起的，并且可以自动开闭。胶料进入注射成型机的料筒后，由柱塞或螺杆直接注入模型就地（也称为"在位"）硫化，不必像压铸法那样再将模型移到硫化罐内。当胶料在模型中硫化时，注射机进行下一次注射的进料塑化动作，注射周期仅数秒至数十秒即可完成。

橡胶注射成型虽具有塑料注射成型所有的优点，但是长期以来，橡胶注射成型的推广遭到了很大的困难。首先是工艺上的问题。由于橡胶的黏度太大，高温下胶料又容易焦烧而引起堵塞，所以，需要寻找超速高效硫化剂进行配合。在设备方面，注射机结构复杂，投资高，使用、维修、保养均需较高的技术水平。特别应该指出，注射成型的优点只有在正确使用和配备合适模具的条件下，才能得到充分的发挥。

近年来橡胶科学领域的成就，为橡胶注射成型奠定了基础，已经配制出性能稳定、黏度较低、硫化速度高、防焦性能好的各种胶料。随着机械化、自动化生产的普及和提高，设备的使用、维修等技术问题也逐步得到解决。现在，注射工艺已在许多国家开始推广使用，广泛地用来生产橡胶工业制品和各类胶鞋，有的还用于轮胎翻修工业，我国除从外国引进一些注射设备外，已自己试制成功了橡胶注射成型机。

1. 橡胶在注射机中的变化

现以六模胶鞋注射机工作过程为例详细说明（参看图10-20）胶料在注射机中的变化。

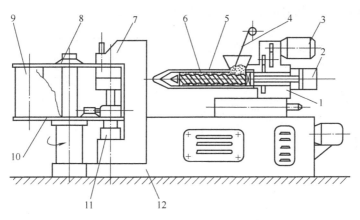

图 10-20　国产六模胶鞋注射机示意图

1—注射座；2—注胶油缸；3—螺杆驱动装置；4—带状胶料；5—螺杆；6—机筒；
7—夹紧装置；8—旋转供应阀；9—模具；10—转盘；11—液压锁模缸；12—机座

（1）**胶料塑化**　先将预先混炼好的胶料（通常加工成带状或粒状）经料斗送入机筒6；在螺杆5的旋转作用下，胶料沿螺槽推向机筒前端，此时螺杆本身在胶料的反作用下沿机筒后退，而胶料在沿螺槽前进过程中，由于激烈搅拌和变形，加上机筒外部加热，温度很快升高，可塑性增加；由于螺杆在后退时受到注胶油缸2的反压力，且螺杆本身具有一定的压缩比，胶料受到强大的挤压作用而排出残留的空气，并变得十分致密。

（2）**胶料注射保压**　当胶料到达机筒前端后，整个注射部位连同注射座1、螺杆驱动装置3一起前移，使机筒前端的喷嘴与模型的浇道口接触，然后，注胶油缸推动螺杆进行注胶，胶料经喷嘴注入模腔。当模型中充满胶料后，注射完毕。继续保压一定时间，以保证胶料密实，压力均匀，并通过分子链松弛，消除内应力。

（3）**橡胶硫化出模**　在保压过程中，胶料在高温下渐渐转入硫化阶段，此时注射座后移，螺杆又开始旋转进料，而转盘10转动一个工位，使注满胶料的模型移出夹紧机构7继续硫化，直至出模。与此同时，已经取出制品而需要注胶的空模型，则转入夹紧机构中进行另一次注胶，如此周而复始，循环不息地连续生产。

在橡胶注射生产的整个过程中，胶料主要经历了塑化注射和热压硫化两个阶段。对于热压硫化阶段的分析，可以使我们进一步了解注射成型可以发挥高温快速硫化特点的原因和注射工艺的基本原理。

2. 热压硫化过程分析

胶料通过喷嘴、流胶道、浇口等注入硫化模型之后，便进入热压硫化阶段。当胶料通过狭小的喷嘴时，由于摩擦生热，料温可以升到 $120℃$ 以上，再继续加热到 $180～220℃$ 的高温，就可以使制品在很短的时间内完成硫化。注射硫化的最大特点是内层和外层胶料的温度比较均匀一致，从而保证了产品的质量，提供了高温快速硫化的必要前提。

将注射工艺和普通模压工艺的硫化过程温度曲线见图 10-21。图 10-21(a) 为模压硫化时的温度曲线，图 10-21(b) 为注射硫化时的温度曲线。胶料加热硫化随时间的变化过程大致可以划分为四个阶段：

A——预热阶段（加入胶料后直到开始硫化前的整个升温过程）；

B——欠硫阶段（胶料开始硫化，交联度随时间而增加）；

C——最佳硫化阶段（硫化一定时间后进入正硫化时间，此阶段硫化胶物理力学性能最好）；

D——过硫阶段（硫化时间过长，有降解现象产生）。

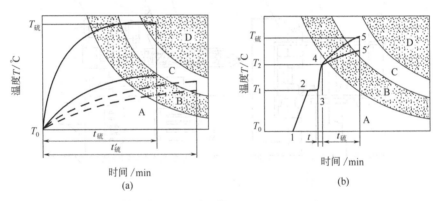

图 10-21　胶料硫化时的温度变化曲线

A—预热区；B—欠硫区；C—最佳硫化区；D—过硫（降解）区；T_0—胶料开始时
的温度；$T_硫$—硫化温度；T_1—胶料塑化温度；T_2—喷嘴出口处胶料的温度；
t—焦烧时间；$t_硫$—硫化时间；$t'_硫$—降低硫化温度后的硫化时间

从图 10-21(a) 中可见，如果将温度为 T_0（通常为 $20～40℃$）的胶料填入模型，在模压过程中，外层胶料的温度很快上升，并逐渐接近模温，升到硫化温度 $T_硫$，但由于胶料的导热性通常都比较差，胶层内部的温度都上升较慢，这样内层胶和外层胶的温差相差很大。往往当外层胶已进入最佳硫化阶段 C 时，而内层胶才刚刚开始硫化，处于欠硫的 B 阶段；当内层胶到达最佳硫化阶段时，而外层胶却已过硫，进到了 D 阶段，这样内外层胶的加热时间始终不能协调，致使产品质量下降。升温速度越快，内外层温差越大，对质量影响也越大。采用低温硫化，可以使内外层升温曲线靠拢［如图 10-21(a) 中虚线所示］，但这样需要大大增加硫化时间，从而降低了生产效率。

注射硫化的情况完全不同。从图 10-21(b) 中可见，胶料在料筒中塑化时，从温度 T_0很快上升到 T_1（曲线上 1～2 段），胶料在机筒前端储积时温度不变（水平线 2～3），当胶料通过喷嘴而进入模腔的瞬间，料温急剧上升到 T_2（几乎是垂直上升的 3～4 段），这时 T_2 的温度已非常接近硫化温度。此后再进一步在模腔中加热硫化，此时虽然内外层温度稍有差异，但毕竟很小，它们几乎同时进入最佳硫化阶段 C（图中 5 及 5'）。由上可见，注射工艺的过程本身提供了内外胶层温度均匀一致的条件，从而创造了高速硫化的可能性。整个硫化周期仅仅是 4～5 的一段时间，而 1～4 是在硫化前注射阶段完成的。所以这样的工艺过程不仅生产效率高，而且产品质量也好。

3. 注射工艺过程及工艺参数分析

橡胶注射工艺大致包括喂料、塑化、注射、保压、硫化、出模几个过程。这个过程与热固性塑料注射成型相似，只是硫化过程相当于热固性塑料注射成型中的固化过程。

注射工艺的中心问题是在怎样的温度、压力条件下，能使胶料获得良好的流变性能，并在尽可能短的成型周期内获得质量合格的产品。

（1）温度　　首先应该指出：橡胶注射温度的控制与塑料注射有原则上的不同。热塑性塑料的注射是在料筒中先将物料加热到物料熔点 T_m 或黏流温度 T_f 以上，使它具有流动性，然后在柱塞或螺杆压力的推动下将物料注入模型，冷却凝固而得产品。物料的流动性主要靠外界加热提高温度来达到。橡胶注射时，首先考虑的不是加温流动，而是防止胶料温度过高发生焦烧的问题。一旦温度太高，胶料在机筒中发生早期硫化，轻则喷嘴堵塞，重则会使整个注射机堵死，所以，经喷嘴射出后，尽可能接近模腔的硫化温度，以缩短生产周期，提高生产效率。温度虽然对胶料的流动性有一定的影响，但起决定性作用的则是注射压力、分子量大小（塑化程度）及胶料配方。

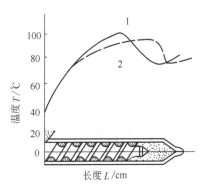

图 10-22　胶料在料筒中的温度变化
1—螺杆后退位置时；2—螺杆前进位置时

① 料筒中的胶料温度变化及控制　　胶料进入料筒后的温度变化如图 10-22 所示。当胶料进入螺杆后，由于料筒和螺杆的加热以及胶料本身变形放出的大量热能，温度很快上升，当胶料推出螺槽而进入料筒前端筒腔时，温度又有所下降，有时（如 NR）可能下降 30℃，此时胶料呈塞流缓缓向前推移直到全部填满。注射时，胶料通过喷嘴射出，由于强烈剪切摩擦，温度又急剧上升。螺杆前推时温度曲线的变化如图 10-22 中虚线所示。

胶料在料筒中的允许最高温度与胶料硫化特性有关，一般不应超过 120℃。因为硫黄的熔点为 119℃，高于 120℃时就可能开始硫化，而料筒上测得的温度往往比胶料内层温度低 20～25℃，所以，料筒温度多半控制在 90～95℃，这样胶料温度就不至于超过 120℃ 的允许温度。

为了保证料筒中胶料温度在允许范围以内，需要控制影响胶料温度的因素。影响料筒中胶料温度的因素很多，主要有螺杆转速、背压大小、胶料性质、螺杆结构及料筒温度。

转速与温度的关系，可用下式计算：

$$T_{胶} = T_{筒} + \alpha n \tag{10-3}$$

式中　$T_{胶}$——胶料温度；

　　　$T_{筒}$——机筒温度；

　　　n——螺杆转速；

　　　α——经验常数。

式(10-3) 对 NR、NBR、CR 等胶料均可适用。为了保证胶料的塑化效果，排除气泡并使出胶稳定，在塑化过程中需要有一定的背压。背压大小，直接影响升温的高低。当有背压存在时，胶料温度可近似地用下式计算：

$$T_{胶} = T_{筒} + \alpha n + \beta \Delta p \tag{10-4}$$

式中　Δp——背压；

　　　β——经验常数。

表 10-12 中列入了一些胶料 α、β 参数的经验数据。

表 10-12　各种胶料的 α、β 参数

胶 料 名 称	不同料筒温度下的 α 参数值			平 均 值	
	50℃	70℃	90℃	α	β
NR 胶料	0.1	0.1	0.07	0.1	0.07
NBR-40	0.34	0.29	0.32	0.30	0.1
NBR-18＋CR	0.29	0.20	0.223	0.23	0.1

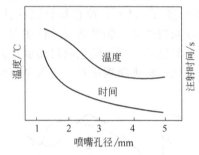

图 10-23　喷嘴孔径对温度和
注射时间的影响

② 经喷嘴后的胶料温度　胶料通过喷嘴后的升温与喷嘴结构（包括入口斜度和孔径大小）及胶料组成有关。

三种胶料的实验研究结果表明，当喷嘴锥形部位的斜度为 30°～75°时胶料温度上升最慢，此时压力损失也小。

在一定条件下，当喷嘴孔径减少时，胶料温度上升，注射时间增加，硫化时间缩短，如图 10-23 所示。当孔径小于 2mm 时，喷嘴大小对温度影响不大，曲线变化较为平坦，而太大时（大于 6mm）影响也不大，所以一般取 2～6mm 为佳。表 10-13 为 NBR-18 和 CR 胶料通过喷嘴后的升温数据。

表 10-13　NBR-18 和 CR 胶料通过喷嘴后的升温数据

喷嘴直径(入口角 60°)/mm	2	4	6
胶料温度/℃	130	120	110

喷嘴直径有时仅差零点几毫米就会得到不同的结果。例如，实验表明，当用直径 3.2mm 的喷嘴注射某胶料时会引起焦烧，而改用 4mm 的喷嘴，直径仅差 0.8mm，则不产生焦烧现象。

胶料种类不同，通过喷嘴后升温情况也不相同。各种橡胶胶料的平均升温如表 10-14 所示。

表 10-14　各种橡胶胶料经喷嘴后的平均升温

胶种	IR	Q	CR	充油 SBR	IIR	NR	低温 SBR	NBR
升温/℃	10	18	23	25	26	35	38	60

（2）压力　注射压力对胶料充模起着决定性作用。注射压力的大小取决于胶料的性质、注射机的类型、模具的结构以及注射工艺条件的选择等，所以其值很难明确规定。

橡胶的表观黏度随压力和剪切速率的增加而降低。所以，增加注射压力可以提高胶料的流动性，缩短注射时间。由于提高压力可使胶料温度上升，因而硫化周期也大大缩短。从防焦的观点来看，提高压力也是有利于防止焦烧的，因为压力虽然提高了胶料的温度，但它缩短了胶料在注射机中的停留时间，因此减少了焦烧的危险性。所以原则上说，注射压力应在许可压力范围内选用较大的数值。

（3）时间——成型周期　完成一次成型过程所需的时间称为成型周期或总周期，用 $t_{总}$ 表示，它是硫化时间 $t_{硫}$ 和动作时间 $t_{动}$ 的总和：

$$t_{总}=t_{硫}+t_{动} \tag{10-5}$$

其中，动作时间包括注射机部件往复行程所需的时间 $t_{行}$、充模时间 $t_{充}$、模型开闭时间 $t_{模}$ 和取件时间 $t_{取}$：

$$t_{动}=t_{行}+t_{充}+t_{模}+t_{取} \tag{10-6}$$

供料、塑化等过程是硫化时间同时进行的，这些时间已包括在硫化时间之内，所以不必另行计算。

在整个注射周期中，硫化时间和充模时间极为重要，它们的计算分配取决于胶料的硫化特性和设备参数。从硫化工艺来看，主要根据胶料在一定温度下的焦烧时间 $t_{焦}$ 和正硫化时间 $t_{正硫}$ 进行配合，要求：

$$t_{充}<t_{焦}, t_{硫}=t_{正硫} \tag{10-7}$$

充模时间必须小于焦烧时间，不然胶料会在喷嘴和模型流道处硫化，此外还要考虑到充模后应留下一定的时间使胶料能在硫化反应开始前完成压力均化过程，通过分子链的松弛消除物料中流动取向造成的内应力。

以 NBR-40 胶料为例，如果我们在 190℃时进行注射硫化，预先测得该胶料在 190℃下的焦烧时间为 25s，正硫化时间为 60s，那么 $t_{充}$ 可定为 15s，压力均化为 5s，这样

$$15s+5s<25s$$

确定充模时间后，就可以根据每次注胶量确定注射速度和压力。

胶料的配方，特别是填充剂及软化剂的品种和含量，有十分重要的影响，高耐磨炭黑、白炭黑和软质高岭土对充模时间的影响见图 10-24。

软化剂可以大大缩短一定压力下的充模过程，如果不加软化剂该胶料在 70MPa 的注射压力下，充模过程还是十分缓慢的，然而同样的胶料加入环烷油后，在 20～30MPa 的压力下只要 50s 即可充模。软化剂对充模时间的影响见图 10-25。

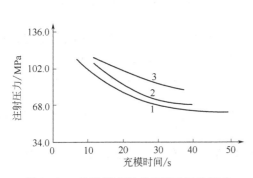

图 10-24　几种填充剂对充模时间的影响
1—高耐磨炭黑；2—白炭黑；3—软质高岭土

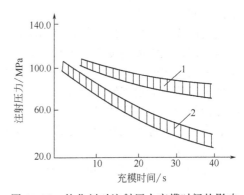

图 10-25　软化剂对注射压力充模时间的影响
1—不加软化剂；2—加入软化剂

硫化时间在整个周期中占很大比例，有时往往比其他过程所需时间多出许多倍。缩短硫化时间是注射工艺的重要任务。为了解决某些制品（如胶鞋）硫化时间过长的矛盾，通常采用一机多模的办法，当第一模台注射完毕进行硫化时立即进行另一模台的注射。

胶料的焦烧时间和正硫化时间，通常采用门尼黏度计和硫化仪测定。

（4）胶料的注射能力　由于模压的某些胶料，可以不必改变配方直接用于注射，但是从

各方面的参数来看，远不能说是最佳的，而且经济效果也比较差，因此必须事先测定胶料性能是否适合于注射。

一般若要预先估计以下该胶料是否适合于注射，只要测定以下门尼黏度和焦烧时间即可。如果门尼黏度不大于65，而焦烧时间在10～20min之间，这种胶料通常就认为适合于注射。

必须指出：门尼黏度并不是一个理想的用来表示胶料注射性能的指标，因为当注射压力

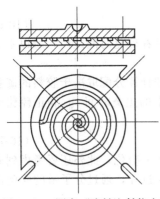

图10-26　测定"胶料注射能力"的螺旋式标准模具结构图

大于0.7MPa时，同样门尼黏度胶料的流动性可以完全不同，充模时间相差很大，有时甚至相差好几倍，这是由于测定门尼黏度时只有一种固定的切变速率，与实际相差较大，这样测得的胶料流动性可能引起很大的差错。试图用德弗硬度、弹性等指标来评价胶料的注射性能，也没有得到理想的结果。胶料的流动，实际上是多种因素综合影响的结果，不能用现有的橡胶物理力学性能测试方法来确定。

目前，引入了一个"胶料注射能力"的新概念。所谓"胶料注射能力"是指胶料在一定条件下注入螺旋注射模中的充模长度，模具结构如图10-26所示。胶料从中心浇口注入，沿矩形断面的沟槽螺旋地回转向外流动。胶料注射性能好的充模长度长，性能差的充模长度短，也有采用同心圆模型的，这时型腔由十个矩形断面的同心圆组成，圆与圆之间有沟槽相通，注胶后观察充胶胶圈的多少作为衡量"胶料注射能力"好坏的尺度。

四、橡胶模压工艺

模压工艺是目前橡胶制品应用广泛的成型方法，它具有设备造价低、操作简单的优点，但劳动强度大，余胶量大，胶料在模腔中受压较低，密度低，质量均匀性差。为保证产品质量，工艺中应采取相应措施。

橡胶模压和硫化是同时进行的。在模压成型的过程中，硫化在一定的温度、压力下经过一定的时间随之发生，使橡胶大分子由线性结构转化为网状结构。通过硫化使橡胶在塑炼工序中失去的弹性重新回复，使物理力学性能大大提高。

为了制造致密而精度高、构型复杂的橡胶制品，广泛采用平板硫化机模压硫化工艺。采用这种方法可同时进行胶料在模具型腔内加压流动成型和硫化反应这两个过程。

模压工艺所需混炼胶需停放2～24h后才可模压硫化。为防止杂质混入，混炼胶存放必须有专门的存放架和存放盘，建立严格的混炼胶管理规范。

装模前，混炼胶试样剪取必须按标准试样的形状和压延方法从混炼胶片上裁取未硫化试样。其方法如下。

① 板状或条状试样：强力试样剪片方向与压延方向一致，撕裂试样取样垂直于压延方向。

② 圆柱试样：下片时把胶料下为2mm的薄片。以稍高于试样高度为宽度按垂直于压延方向剪成胶条，并把胶卷成圆柱体。要卷得紧密，不得有空隙，直径应符合装模要求。

③ 圆形试样：不计压延方向，把胶料剪成圆形胶片。厚度不够可以重叠。

在装胶以前，必须用铜制的清模工具将模具清理干净，严禁用钢制工具清理模具，防止破坏模具内部的光洁度。为防止橡胶制品与模具粘连，可在模具工作面上涂刷隔离剂，如硅油乳液、肥皂水等。

冷模应在平板上合板（不加压）硫化温度下预热20～30min，尽可能在短时间内将剪好

的半成品胶料装入模具中，为保证胶料充满型腔及良好的致密性，半成品质量要比成品质量大 2%～3%，但硫化后的制品要修剪飞边、胶柱等。每次调节硫化温度后，从而将模具在新的硫化温度下预热一定的时间后方可硫化。

然后将装好胶的模具推入平板间，在上下两平板压紧下进行硫化，到所需的硫化效应后取出模具，再取出制品。

硫化模具的面积不应小于硫化机活塞面积，否则必须加垫片，以防损坏硫化平板。模具应位于硫化平板中间，严禁较大偏斜，以防应力不均造成平板破碎。新型平板硫化机一般装有温度自控装置及机械脱模器，以实现自动化操作。

将模压温度、模压压力、模压时间等工艺参数根据要求设定好。

将模具放入平板之间后，开动油泵，使下平板缓缓上升，在上升之后严禁用手或其他东西触及模具或平板，当压力指针到达硫化压力后，硫化开始时要放气数次，以排除型腔中窝存的空气。然后开始计时。

在硫化到预定时间前 10～15s，除去压力，开始启模，取出后在室温下冷却 10～15min 后，然后开始修边即可得到模压制品。

模压工艺条件应根据制品的结构、配方和制品的质量要求来确定。

该法的直接硫化介质是热空气，但实际上又都是间接采用饱和蒸汽、电或过热水平板或模具的。采用饱和蒸汽可使平板及模具快速、均匀地加热，并可通过调节输入平板的蒸汽压力颇为精确地调节温度。在平板孔内生成水垢后会降低平板温度及其加热均匀性，此外当高温硫化时（160～220℃），要大幅度升高热力系统的蒸汽压力。而采用电加热，加热速度较快，很容易使平板加热到指定温度，但当温度调节器的调节精度不够时，会造成平板表面温度不一致或偏高偏低等，从而影响制品的硫化质量。

平板硫化的压力通常是由液压（水压或油压）泵提供，常用的压力范围是：低压泵为 1.5～2.0MPa；高压泵为 20～45MPa，也有利用螺栓提供压力的。

第五节　橡胶的硫化

硫化是橡胶制品生产的最后一道工序。硫化是指将具有塑性的混炼胶经过适当加工（如压延、挤出成型等）而成的半成品，在一定的外部条件下通过化学因素（如硫化体系）或物理因素（如 γ 射线）的作用，重新转化为弹性橡胶或硬质橡胶，从而获得使用性能的工艺过程。

硫化的实质是橡胶的微观结构发生了质的变化，即通过交联反应，使线型的橡胶分子转化为空间网状结构（软质硫化胶）或体型结构（硬质硫化胶）。促使这个转化作用的外部条件就是硫化所必需的工艺条件：温度、时间和压力。因此，硫化工艺条件的合理确定和严格控制，是决定橡胶制品质量的关键一环。

一、橡胶硫化历程及胶料性能的变化

1. 硫化历程

在硫化过程中，胶料各种性能变化的转折时间，主要取决于生胶的性质、硫化条件、配合剂尤其是硫化体系配合剂的性质和用量。通常，多采用橡胶的某一项物性随硫化时间的变化曲线，来表征硫化的历程和胶料性能变化的规律，如图 10-27 所示。

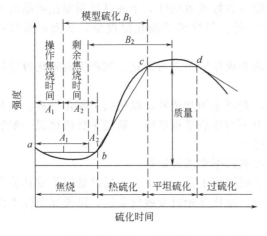

图 10-27　硫化历程图

通过对图 10-27 的分析，橡胶的硫化历程可分为三个阶段，第一阶段是硫化进行期，它包括硫化诱导期（也称焦烧时间）和热硫化时间两个子阶段；第二阶段是硫化平坦期；第三阶段是过硫化期。

（1）硫化诱导期　硫化诱导期为图 10-27 中的 ab 段。硫化诱导期系指正式硫化开始前的时间。即胶料放入模内随着温度上升开始变软，黏度下降，随后达到一个最低值，由于继续受热，胶料开始硫化，从胶料放入模内至出现轻度硫化的整个过程所需的时间称为硫化诱导期（通常称作"焦烧时间"，也称作"初硫点"）。从此阶段的终点起，胶料开始发硬并丧失流动性，因此焦烧时间也可看作是胶料的定型时间。焦烧时间的长短是衡量胶料在硫化前的各加工过程，如混炼、压延、压出或注射等过程中，受热作用发生早期硫化（即焦烧）现象难易的尺度。该时间越长，越不容易发生焦烧，胶料的操作安全性越好。焦烧时间的长短则主要取决于配方中的硫化体系。

胶料的实际焦烧时间，包括操作焦烧时间 A_1 和剩余焦烧时间 A_2 两部分。操作焦烧时间是指在橡胶加工过程中由于热积累效应所消耗掉的焦烧时间，它取决于加工程度（如胶料返炼次数、热炼程度及压延、压出工艺条件等）。剩余焦烧时间是指胶料在模型中受热时保持流动性的时间。在操作焦烧时间和剩余焦烧时间之间没有固定界限，它随胶料操作和存放条件不同而变化。如果一个胶料经历的加工热历史越长，它占用的操作焦烧时间就越长（如图 10-27 中 A_1 所示），则剩余焦烧时间就越短（如图 10-27 中 A_2 所示），胶料在模型中流动时间就越少。因此，一般的胶料都应避免经受反复多次的加工作用。

（2）热硫化时间　图 10-27 中的 bc 段为热硫化时间。此阶段中胶料进行着交联反应，逐渐生成网状结构，于是橡胶的弹性和拉伸强度急剧上升，此段时间的长短是衡量硫化速度快慢的尺度。从理论上讲，该时间越短越好。热硫化时间的长短，是由胶料配方和硫化温度所决定。

事实上，胶料在模型内的加热硫化的时间应等于剩余焦烧时间加上热硫化时间，即图 10-27 中所示的模型硫化时间 B_1。然而，每批胶料的剩余焦烧时间会有所波动，因而每批胶料的热硫化时间也会有所波动，其波动范围则在 B_1 和 B_2 之间。

（3）硫化平坦期　硫化平坦期为图 10-27 中的 cd 段。此时交联反应已趋于完成，反应速度已缓和下来，随之而发生交联键的重排、热裂解等反应，由于交联和热裂解反应的动态平衡，所以胶料的拉伸性能曲线出现平坦区。在此阶段中硫化胶保持有最佳的性能，因此成为工艺中取得产品质量的硫化阶段和选样正硫化时间的范围。平坦范围的宽度，可表明胶料热稳定性的好坏。硫化平坦时间的长短也决定于胶料配方（主要是生胶品种以及硫化剂、促进剂和防老剂的品种和用量）。

（4）过硫化期　如图 10-27 中 d 以后的部分为过硫化期。该阶段主要进行着交联键的重排以及交联键和橡胶分子主链热裂解的反应。对于天然橡胶，由于网构裂解渐趋显著，因此，胶料的断裂强度显著下降。

2. 硫化过程中橡胶结构及性能的变化

① 硫化过程中橡胶微观结构的变化过程　橡胶的硫化过程是一个十分复杂的化学反应

过程，它包含橡胶分子与硫化剂及其他配合剂之间发生的一系列化学反应及在形成网状结构的同时所伴随发生的各种副反应。就主体反应而言，从微观结构变化看，其化学反应历程包括诱导阶段、交联反应阶段和网构形成阶段，最终得到网构稳定的硫化胶。

在橡胶微观结构变化的同时，橡胶的宏观结构性能也将随之变化。生产中，更多的则是以橡胶宏观性能的变化直观地表征橡胶的硫化历程。

② 硫化过程中橡胶宏观性能的变化　橡胶的硫化过程，是硫化胶结构连续变化的过程。不同结构的橡胶，在硫化过程中物理力学性能的变化虽然有不同的趋向，但大部分性能的变化却基本一致，即随硫化时间的增加，除了断裂伸长率和永久变形是下降外，其余的指标均是提高的。因为，未硫化的生胶是线型结构，其分子链具有运动的独立性，而表现出可塑性大，伸长率高，并具有可溶性。经硫化后，在分子链之间形成交联键而成为空间网状结构，因而在分子间除次价力外，在分子链彼此结合处还有主价力发生作用，并且交联键的存在，使分子链间不能产生相对滑移，但链段运动依然存在。所以，硫化胶比生胶的拉伸强度大、定伸应力高、断裂伸长率小而弹性大，并失去可溶性而产生有限溶胀。

二、正硫化及其测定方法

1. 正硫化及其正硫化时间的概念

正硫化又称最宜硫化，是指硫化过程中胶料综合性能达到最佳值时的硫化状态。在正硫化阶段中，胶料的物理力学性能能保持最高值或略低于最高值。如果实际胶料的硫化不及正硫化，则称为欠硫；超过正硫化，则称为过硫。欠硫和过硫都会使胶料的物理力学性能和耐老化性能下降。

相应地，把胶料达到正硫化所需要的最短硫化时间称为正硫化时间。把保持胶料处于正硫化阶段所经历的时间称为平坦硫化时间，此时间为一个时间段。

胶料正硫化时间的长短不仅与胶料的配方、硫化温度和硫化压力等有直接的关系，而且要受到硫化工艺方法，尤其是受到所考察的某些主要性能的影响。因为硫化工艺条件下不可能使胶料所有的性能同时达到最佳值，另外有些特性还会在一定程度上出现相互矛盾。如橡胶的撕裂强度、耐裂口性能在达到正硫化时间前稍微欠硫时最好。胶料的回弹性、生热性、抗溶胀性能及压缩永久变形等则在轻微过硫时最好，而胶料的拉伸强度、定伸应力（指天然橡胶硫黄硫化时），耐磨及耐老化性能则在正硫化时为最好。把这种考察上述诸多因素之后而得到的正硫化时间，称为工艺正硫化时间。显然，工艺正硫化时间更具有生产现实意义。

2. 正硫化时间的测定方法

测定胶料的硫化程度和正硫化时间的方法很多，但基本上可以分为三大类，即物理-化学法、物理力学性能法和专用仪器法。前两类方法是在确定的硫化温度下，用不同硫化时间制得硫化胶试片，测得各项性能后，绘制成曲线图，从曲线中找出最佳值所对应的时间，作为正硫化时间。最后一类方法则是在确定的温度下，连续测出硫化曲线，直接从曲线上找出正硫化时间，这种方法最简便、快捷。

（1）物理-化学法　属于此类测定方法的有游离硫测定法和溶胀法。

① 游离硫测定法　这是分别测出不同硫化时间的试片中的游离硫量，然后绘出游离硫量-时间曲线，曲线上游离硫量最小值所对应的硫化时间即为正硫化时间。胶料在硫化过程中，随着交联密度的增加，结合硫量逐渐增加，而游离硫量逐渐减小，当游离硫量降至最低值时，即达到最大的交联程度。因此，此法所测得的正硫化时间与理论正硫化时间应该是一致的。但由于在硫化反应中消耗的硫黄并非全部构成有效的交联键，因此，所得结果不能准确地反映胶料的硫化程度，而且不适于非硫黄硫化的胶料。

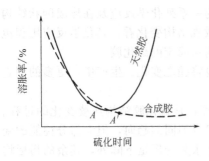

图 10-28 溶胀曲线

A，A'为正硫化点选择

② 溶胀法　这是将不同硫化时间的试片，置于适当的溶剂（如苯、汽油等）中，在恒温下，经一定时间达到溶胀平衡后，取出试片进行称量，根据计算出的溶胀率绘成溶胀曲线，如图 10-28 所示。溶胀率的计算公式如下：

$$溶胀率 = (G_2 - G_1)/G_1 \times 100\% \tag{10-8}$$

式中　G_1——试片在溶胀前的质量，g；

　　　G_2——试片在溶胀后的质量，g。

图 10-28 中，NR 的溶胀曲线呈"U"形，曲线最低点的对应时间即为正硫化时间。合成橡胶的溶胀曲线类似于渐近线，其转折点即为正硫化时间。橡胶在溶剂中的溶胀程度是随交联密度的增大而减小的，在充分交联时，将出现最低值。因此，溶胀法是测定正硫化的标准方法，由此测得的正硫化时间为理论正硫化时间。

（2）物理力学性能测定法　在硫化过程中，由于交联键的不断形成和裂解等，橡胶的物理力学性能都随之发生变化。因此，可以说所有的物理力学性能试验方法都能用作测定正硫化时间的方法。但在生产中，通常是根据产品的性能要求，而采用一项或几项性能试验作为正硫化时间的测定方法。如性能侧重于强度的就采用定伸应力或拉伸强度的试验；如性能侧重于变形的，可采用压缩变形试验；如要兼顾强伸性能的，可采用抗张积试验。

① 定伸应力法　这是根据不同硫化时间试片的 300%定伸应力绘出曲线，如图 10-29 所示。曲线在强度曲线的转折点所对应的时间即为正硫化时间。也可采用图解法确定正硫化时间，即通过原点做一条直线，与定伸应力曲线上最早出现的最高点相连接，然后再画一条与之平行并与之定伸应力相切的直线，其切点（图 10-29 中的 F 点）所对应的时间即为正硫化时间。

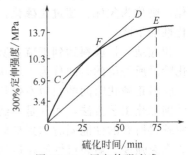

图 10-29 用定伸强度求
正硫化时间图解

在一般情况下，定伸应力是与交联密度成正比的。硫化过程中定伸应力的增大在某种程度上是反映橡胶弹性的增大，其曲线是随结合硫量的增加而增至最高值。由 300%定伸应力所确定的正硫化时间基本上与理论正硫化时间相一致。

② 拉伸强度法　此法与定伸强度法相似。通常，选择拉伸强度最大值或比最大值略低（考虑到后硫化）时所对应的时间为正硫化时间。胶料的拉伸强度是随交联密度的增加而增大，但达到最大值后，便随交联密度的增加而降低，这是因为交联密度的进一步增加，会使分子链的定向排列发生困难所致。所以，由拉伸强度确定的正硫化时间为工艺正硫化时间。

③ 抗张积法　这是依据不同硫化时间试片的拉伸强度和断裂伸长率分别绘出曲线，两曲线虽然不一，但它们乘积的最大值可代表强伸性能的最佳平衡所在，因此，可作为正硫化范围。从抗张积的物理意义考虑，它近似于试片被拉断时所消耗的能量。由于抗张积的最大值处于最大交联密度之前，因此，用抗张积确定的正硫化时间也为工艺正硫化时间。

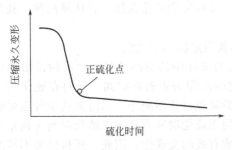

图 10-30　压缩永久变形与硫化时间的关系

④ 压缩永久变形法　这是根据不同硫化时间试样的压缩永久变形值绘成曲线，如图 10-30 所

示。曲线中第二转折点对应的时间即为正硫化时间。在硫化过程中，随交联密度的上升，胶料的塑性逐渐下降，而弹性逐渐上升，压缩永久变形则逐渐减小。在一般情况下，压缩永久变形与交联密度成反比关系，因此，可用压缩永久变形的变化曲线来确定硫化程度，且所测得的正硫化时间与理论正硫化时间一致。

⑤ 综合取值法　这是分别测出不同硫化时间试样的拉伸强度、定伸应力、硬度和压缩永久变形等四项性能的最佳值所对应的时间，按下式取平均值，作为正硫化时间。

$$正硫化时间 = (4t_1 + 2t_2 + t_3 + t_4)/8 \tag{10-9}$$

式中　t_1——制品在使用中第 1 性能指标的最高值（或最低值）对应的时间，min；

t_2——制品在使用中第 2 性能指标的最高值（或最低值）对应的时间，min；

t_3——制品在使用中第 3 性能指标的最高值（或最低值）对应的时间，min；

t_4——制品在使用中第 4 性能指标的最高值（或最低值）对应的时间，min。

由此确定的正硫化时间为工艺正硫化时间，它具有综合平衡意义。用物理力学性能法测定正硫化时间要比物理-化学法简单而实用，但仍具有手续麻烦、时间长、精度差、重现性低等缺点。

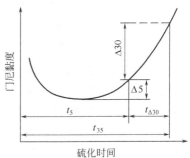

图 10-31　门尼硫化曲线

（3）专用仪器法　用于专门测定橡胶硫化特性的测试仪器有门尼黏度计和各类硫化仪等。它们都能连续地测定硫化全过程的各种参数，如初始黏度、焦烧时间、硫化速度、正硫化时间（门尼黏度计不能直接测得正硫化时间）等。

① 门尼黏度法　这是早期出现的测试胶料硫化特性的方法，由门尼黏度计测得的胶料硫化曲线称为门尼硫化曲线，如图 10-31 所示。

由图 10-31 可见，随硫化时间的增长，胶料的门尼黏度值先下降至最低点后又恢复上升。一般由最低点上升 5 个门尼值（用 $\Delta 5$ 来表示）时所对应的时间称为门尼焦烧时间（t_5）。从最低点上升至 35 个门尼值（用 $\Delta 5 + \Delta 30$ 表示）时所对应的时间称为门尼硫化时间（t_{35}）。$t_{\Delta 30}$ 则表示门尼硫化时间与门尼焦烧时间之差，在 $t_{\Delta 30}$ 的单位时间（min）内的黏度上升值则称为门尼硫化速度。

门尼黏度计不能直接测出正硫化时间，但可以通过下列经验公式来推算：

$$正硫化时间 = t_5 + 10(t_{35} - t_5) \tag{10-10}$$

② 硫化仪法　所用的硫化仪是测试橡胶硫化特性的专用仪器，其种类很多，但根据作用原理为：第一类是在硫化中对胶料施加一定振幅的力，测得相应的变形量。第二类是在硫化中对胶料施加一定振幅的剪切变形，测出相应的剪切模量，称为振动硫化仪。我国制造的 LH-Ⅰ 型和 LH-Ⅱ 型硫化仪均属第二类。

由硫化仪测得的胶料硫化曲线如图 10-32 所示。从硫化曲线中可以获得各种硫化参数，通常可以取五个特性数值，即最大转矩 M_m、最小转矩 M_n、起始转矩 M_0、焦烧时间（t_{10}）和正硫化时间（t_{90}）。

由于硫化仪的转矩读数反映了胶料的剪切模量，而剪切模量又是与交联密度成正比的，所以硫化仪测得的转矩变化规律是与交联密度的转矩变化规律相一致的。因此，最大转矩 M_m 可代表最大交联密度；最大转矩所对应的时间 t_m 为理论正硫化时间；起始转矩 M_0 可代表胶料的初始黏度；最小转矩 M_n 可代表胶料最低黏度；t_1 为胶料达到最低黏度所对应的时间。对焦烧时间和正硫化时间的确定标准，世界各国至今尚未统一。我国采用转矩达到 $M_n + 10\%(M_m - M_n)$ 所对应的时间——t_{10} 为焦烧时间；转矩达到 $M_n + 90\%(M_m - M_n)$ 所对应的时间——t_{90} 为工艺正硫化时间；$t_{90} - t_{10}$ 可代表胶料的硫化速度。

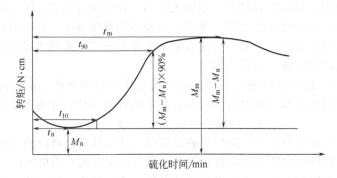

图 10-32　硫化历程曲线分析

M_n—最小转矩（反映胶料在一定程度下的流动性）；M_m—最大转矩（反映硫化胶的最大交联度）；

t_n—达到最低黏度对应的时间；t_m—达到最高黏度对应的时间；

t_{10}—转矩达到 $[M_n+(M_m-M_n)\times10\%]$ 所需的时间（焦烧时间）；

t_{90}—转矩达到 $[M_n+(M_m-M_n)\times90\%]$ 所需的时间（正硫时间）

对于合成橡胶胶料，当其硫化曲线出现不收口现象时，由于不能获得最大转矩 M_m，因此也就无法确定焦烧时间 t_{10} 和工艺正硫化时间 t_{90}。此时，可用提高实验温度的方法使硫化曲线收口。如仍无效果时，可由以下方法求出最大转矩的近似值，如图 10-33。

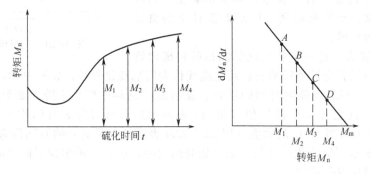

图 10-33　硫化仪最大转矩近似值求解示意图

最大转矩 M_m 的求解方法是建立在当胶料硫化到达理想终点时，硫化曲线的斜率 dM_n/dt 应该等于零的基点上。为此，可在硫化曲线上取任意四点（或更多），其转矩分别为 M_1、M_2、M_3、M_4，然后分别求出它们的斜率 A、B、C、D。作图连接 A、B、C、D 各点，并延长至 X 轴得到一交点，此点即为所求的最大转矩 M_m，它符合 $dM_n/dt=0$ 的条件。

三、硫化介质与硫化工艺方法

1. 硫化介质

多数情况下，橡胶的硫化都是在加热条件下进行的，对胶料加热，就需要一种能传递热能的物质，这种物质称为硫化介质。作为优良的硫化介质的条件：具有优良的导热性和传热性；具有较高的蓄热能力；具有比较宽的温度范围；对橡胶制品及硫化设备无污染性和腐蚀性。硫化介质的种类很多，常见的有：饱和蒸汽、过热水、热空气、熔融盐、红外、远红外、γ射线等。

（1）饱和蒸汽　饱和蒸汽是一种应用最为广泛的高效能硫化介质。饱和蒸汽的热量主要来源于汽化潜能。所以，无须温度发生变化，就能放出大量能量。其蓄能大（150℃时的汽化潜能达 2118.5kJ/kg），给热系数大 [150℃时为 1200～1770W/(m²·K)]，并可以通过改变压力而准确地调节加热温度，操作方便，成本低廉。但所加热的温度要受压力的限制，要想得到较高的温度，就必须具有较高的蒸汽压力。

（2）过热水　过热水也是常用的一种硫化介质。主要是靠温度的降低来供热，其密度大（150℃时为 917kg/m³），比热容大 [150℃时为 4.312kJ/(kg·K)]，热导率大 [150℃时为 0.684W/(m·K)]，给热系数大 [150℃时为 293～17560W/(m²·K)]。采用过热水硫化可赋予制品以很高的硫化压力，适用于高压硫化。如轮胎外胎硫化时，将过热水充满水胎中，以保持内温在 160～170℃，内压在 2.2～2.7MPa 范围内。其主要缺点是，传热是通过降温实现的，因此，硫化温度不易控制均匀。为保证恒温，要用过热水专用泵强制循环。此外，过热水在一些场合下，不宜与硫化制品直接接触。

（3）热空气　热空气与过热水一样，也是靠温度的降低来传热的，因而于硫化过程中也需要以风机强制使其循环，以防止硫化介质温度的降低。热空气是一种低效能的硫化介质，其比热容小 [150℃时为 1.026kJ/(kg·K)]，密度小（150℃时为 0.835kg/m³），热导率小 [150℃时，为 3.55×10⁻²W/(m·K)]，传热系数小 [150℃时，为 0.12～48W/(m²·K)]。其主要特点是加热温度不受压力的影响，可以是高温低压，也可以是低温高压。另外，热空气比较干燥，不含水分，对制品的表面质量无不良影响，制品表面光亮。但是，热空气中因含有氧气，易使制品氧化，于高温高压下尤为明显。

（4）固体熔融液　固体熔融液是指低熔点的共熔金属和共熔盐的熔融液。共熔金属常用铋、锡合金（锡 42%、铋 58%），熔点为 150℃；共熔盐常用 53% KNO_3、40% $NaNO_2$、7% $NaNO_3$ 混合而成，熔点为 142℃。

固体熔融液常用于连续硫化工艺中，其加热温度高，可达 180～250℃，导热、传热系数高，热量大，是一种十分高效的硫化介质。但是，其密度大，易使制品漂浮表面或者将半成品压扁；又因硫化介质粘于制品表面，硫化后需要进行专门清洗。

2. 硫化工艺方法

硫化工艺方法很多，根据硫化温度不同，可分为热硫化工艺和冷硫化工艺，前者是指在加热条件下进行的硫化工艺，后者是指在室温下进行的硫化工艺。而间歇式热硫化工艺又可根据硫化设备的不同分为如下类型。

（1）硫化罐硫化工艺　硫化罐硫化工艺属于间歇式硫化工艺的范畴。其硫化设备为硫化罐。该工艺最广泛应用的硫化介质为饱和蒸汽。此外，热空气或热空气-饱和蒸汽混合硫化介质也很常见。在一些场合下也可用热水、过热水、氮气或其他惰性气体等硫化介质进行硫化。

硫化罐硫化过程主要包括装罐及关闭罐盖，升高罐内的温度和压力，在规定的温度、压力和时间下硫化制品，降低罐内温度和压力；打开罐盖和卸罐等几个操作程序。根据硫化介质的不同，硫化罐硫化工艺又有如下几种主要硫化方法。

① 直接饱和蒸汽硫化法　该法是将饱和蒸汽直接通入硫化罐中，接触橡胶制品或模具，而进行制品的热硫化。硫化前需将罐内空气完全排除，否则，蒸汽若与空气混合，会使罐内压力升高而改变饱和蒸汽的温度。此外，罐内空气也会增加冷凝水的生成，冷凝水会从较凉的制品表面透入其内部，使制品产生气泡、起鼓或分层。排除空气的做法是利用空气密度大于蒸汽密度这一特点，从罐的上部逐步充入蒸汽，使空气从罐底的支管排出。为消除可能出现的空气滞积区，还需用蒸汽吹洗硫化罐。

由于加热形式的不同，直接蒸汽硫化罐硫化又有开放式硫化、包层硫化、埋粉硫化和模型硫化等方法。

② 热空气硫化法　对于硫化罐实施的热空气硫化法，又常使用饱和蒸汽间接加热。而

极少有电间接加热硫化的。间接饱和蒸汽硫化所采用的硫化罐均为夹套式硫化罐或带蛇形加热管的硫化罐。硫化时蒸汽不直接接触橡胶制品，而是充入夹套或蛇形管加热空气，再以热空气硫化橡胶制品。热空气硫化法主要适用于外观质量要求高的制品。因为热空气不含水分，硫化出的橡胶制品表观美观，色泽鲜艳，诸如胶鞋、胶靴等民用生活用品等大多用此种硫化方法。为保证加热均匀及制品密实，热空气要以空气压缩机鼓入空气进行鼓动，并具有0.3MPa 左右的压力。

③ 热空气-蒸汽混合硫化法　单纯用热空气作硫化介质导热性差、蓄能低、硫化效率低，故常改用热空气和蒸汽混合气体作为硫化介质，即在硫化的最初阶段通入热空气使制品定型，在第二阶段再通入饱和蒸汽以加强硫化。如胶鞋的传统硫化工艺常采用此种方法。其硫化条件为 (138～143)℃×(38～40)min。前段采用间接蒸汽（热空气）硫化，时间 24～25min，后段采用直接蒸汽硫化，时间为 15～16min。

(2) 外加压式硫化工艺　硫化罐硫化工艺硫化压力的提供方式是通过硫化介质的流体内压（或至少可以说是以硫化介质的流体内压为主体）而实现的。在其他许多情况下，还可以用机械加压的方式来提供硫化压力，完成硫化作业。常见的有平板硫化机硫化工艺、液压式立式硫化罐硫化工艺、个体硫化机硫化工艺、注压硫化工艺等。

① 平板硫化机模压硫化法　为了制造致密而精度高、构型复杂的橡胶制品，广泛采用平板硫化机模压硫化工艺。采用这种方法可同时进行胶料在模具型腔内加压流动成型和胶料在硫化温度及硫化压力下发生硫化反应这两个过程。

平板硫化机模压硫化工艺的应用范围很广，常用于各种胶带、胶板、密封制品、模压胶鞋以及各种模型制品的硫化。

② 液压式立式硫化机硫化法　液压式立式硫化罐又称罐式硫化机。它是由立式硫化罐与水压机相连的硫化设备，可在水压机的加压作用下同时硫化多个模型橡胶制品。目前，罐式硫化机主要应用于汽车外胎的硫化。硫化时，将汽车外胎或其他大型模型制品的半成品放入模型中，再将模型依次叠放于硫化罐中，由通入罐中的饱和蒸汽直接加热模型，由水压机提供 13.2MPa 的锁模力。此外，还用过热水从制品内部（水胎）加热加压，以保证制品致密、花纹清晰，并使制品受热硫化均匀。

此法的优点是设备结构简单，占地面积小，产量大。但过热水和蒸汽消耗量大，劳动强度大，制品易出现硫化程度不均匀的现象。

③ 个体硫化机硫化法　它是带有固定模型的特殊结构的硫化机，包括从老式的表壳式硫化机到最新式的双模定型硫化机。个体硫化机的最大特征是模型与机体连在一起，半边模型装于固定的下机台，另半边模型装于可动部分。它主要用于硫化大规格的汽车外胎、力车胎外胎以及硫化内胎、垫带、工业制品以及某些品种的胶鞋。

轮胎外胎硫化广泛使用的个体定型硫化机，因带有可膨胀和收缩的胶囊，起到定型的作用，从而集定型和硫化于一体。

个体硫化机也存在着占地面积大、设备投资高、不易换产品规格等缺点。

(3) 连续硫化工艺　随着橡胶压出制品的发展，为提高质量、增加产量，对大量生产的密封条、纯胶胶管、电线电缆等都逐步采用连续硫化工艺。其优点是产品不受长度限制，无重复硫化，能实现连续化、自动化，提高生产效率。常见的连续硫化工艺如下。

① 热空气连续硫化室硫化法　这是常见的硫化工艺方法，主要用于硫化胶布、胶片和乳胶制品。让制品连续通过硫化室进行加热硫化。硫化室进行加热硫化。硫化室可分为三段，第一段为预热、升温，将制品加热到硫化温度；第二段为恒温硫化，制品于该段内的停留时间可以通过调节制品运动速度的方法加以调节；第三段为降温冷却，以便于制品的收卷。硫化室可采用间接蒸汽、电、红外线等加热。

② 蒸汽管道连续硫化法　此工艺的特点是使制品连续地通过密封的硫化管道进行硫化。硫化管道与挤出机相连，制品挤出后直接进入硫化管道，管道中通入 1～2.5MPa 高压蒸汽，管道尾部有高压冷却水进行冷却。硫化管道的两端都安装防止高压蒸汽泄漏的装置，一般采用迷宫式垫圈或水封法密封。这种硫化方法主要用于硫化胶管、电缆、电线等制品，工艺过程如图 10-34 所示。

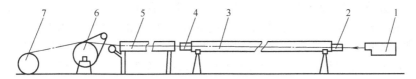

图 10-34　卧式蒸汽管道连续硫化示意图
1—挤出机；2，4—防泄装置；3—硫化管道；5—冷却槽；6—牵引装置；7—卷取装置

③ 液体介质连续硫化法（盐浴连续硫化法）　这是使用熔融的低熔点合金或低熔点金属盐作硫化介质的连续硫化方法。硫化时先将硫化介质以电加热至 180～250℃，然后将半成品迅速通过（通过时间依胶料的硫化条件而定），便可进行硫化。硫化过程如图 10-35 所示。

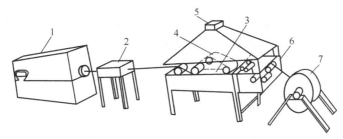

图 10-35　液体介质连续硫化过程示意图
1—挤出机；2—表面处理装置；3—胶料；4—环形带；5—排气罩；6—洗净槽；7—卷取装置

由于熔融合金或熔融盐的密度很大（1926kg/m³），因而，必须用钢带将半成品型材压浸入熔融液中。由于熔融液传热很快，能使半成品迅速受热硫化，在 180～250℃下以 10～15m/min 速度挤出硫化制品。但存在易使薄制品和空心制品变形的缺陷。此法常用于胶管、胶条、电缆以及其他型材的硫化。

④ 沸腾床连续硫化法　"沸腾床"是指在热空气中悬浮直径为 0.15～0.25mm 的玻璃珠或粒径为 0.2～0.3mm 的石英砂为硫化介质的装置。在受热空气流的吹动下，固定粒子悬浮于气体中往复翻动，形成沸腾状态的加热床。呈沸腾状态的介质可以像液体一样流动，并具有良好的传热性能，可以硫化挤出橡胶制品。

与热空气连续硫化法相比，由于沸腾床导热系数比空气大50～100 倍，所以，硫化速度快，硫化装置也小。与盐浴连续硫化法相比，沸腾床使硫化介质呈悬浮状态的空气压力是很低的（层高 0.15mm 时的压力为 1.7～1.8kPa），它不会发生使制品截面受压变形的情况，可以硫化复杂型面的空心制品和海绵型材。为防止悬浮热载体粘在硫化制品上，需将挤出后的半成品用隔离剂（滑石粉）处理。

⑤ 硫化鼓连续硫化法　鼓式硫化机是平板硫化机的一种发展，主要由硫化鼓、加压钢带、长度调节轮、电热装置、传动机构及机架等构成，如图 10-36 所示。其特点是以一圆鼓进行加热

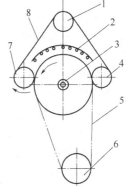

图 10-36　三角带鼓式
硫化机示意图
1—钢丝带张紧辊；2—电加热器；3—蒸汽进出口管；4—钢带支撑辊；5—三角带；6—伸张轮；7—主动轴；8—钢带

（圆鼓内蒸汽或电加热），圆鼓外绕着环形钢带，制品放于圆鼓和钢带间进行加热硫化。钢带起加压作用，压力可达 0.5～1MPa。为使制品两侧均匀受热和硫化，钢带外侧用电加热。圆鼓可以转动，转速可根据制品硫化条件在 1～20m/min 的范围内调节。它主要应用于胶板、胶带、三角带等连续硫化。

在实际生产中，除上述讨论的几种连续硫化法外，还有红外线，高频及微波等连续硫化工艺。其中高频及微波连续硫化法有显著的优越性。高频及微波硫化是橡胶分别在 10～15MHz 及 915MHz 或 2450MHz 的高频交变电场及微波（超高频）作用下本身发热而硫化，从而克服通常采用的加热介质热传导所造成的表里温差，有利于提高橡胶制品的硫化质量，并可缩短硫化时间。特别是对厚壁制品的硫化，如载重车胎和大型越野轮胎经微波加热后，能减少 1/3 以上的硫化时间；对挤出制品进行连续硫化，若硫化前经微波预热，可缩短硫化床的长度。其次，不需要任何价格昂贵的热介质，不存在介质的回收和处理，所以，热能消耗仅为其他连续硫化方法的 20％左右。

四、硫化时间的计算

1. 硫化效应

硫化效应是衡量胶料硫化程度深浅的尺度。硫化效应大，说明胶料硫化程度深，硫化效应小，说明胶料硫化程度浅。硫化效应等于硫化强度与硫化时间的乘积。

$$E = It \tag{10-11}$$

式中　E——硫化效应；

　　　I——硫化强度（硫化反应速度）；

　　　t——硫化时间，min。

硫化强度是指胶料在一定的温度下，单位时间所达到的硫化程度或胶料在一定温度下的硫化速度。硫化反应速率快，达到同一硫化程度所需硫化时间短；硫化反应速率慢，达到同一硫化程度所需时间长。硫化反应速率取决于胶料的硫化温度系数和硫化温度。

$$I = K^{(T-100)/10} \tag{10-12}$$

式中　T——胶料硫化温度，K；

　　　K——硫化温度系数。

硫化温度系数 K 的意义是，橡胶在特定的硫化温度下获得一定性能的硫化时间与温度相差 10℃时获得同样性能所需的硫化时间之比。凡是用于测定正硫化的方法都可用来测定 K 值。其中最方便而又准确的方法是采用硫化仪分别测出胶料在 T_1 和 T_2 温度下（一般取 T_1、T_2 相差为 10℃）相对应的正硫化时间 t_1 和 t_2，然后代入范特霍夫方程式即可计算出实际胶料的 K 值。

硫化温度系数随胶料的配方和硫化温度而变化。一般，配方中的生胶和硫化体系的硫化活性越大，硫化温度越高时，K 值越大。通常 K 值在 1.8～2.5 之间变化，可通过实验确定。

2. 等效硫化时间

硫化时间是受硫化温度制约的。当硫化温度改变时，硫化时间必须作相应的调整。通常，可用范特霍夫方程式计算出不同温度下的等效硫化时间。所谓等效硫化时间是指在不同的硫化温度下，经硫化获得相同的硫化程度所需要的时间。

$$t_1/t_2 = K^{(T_2-T_1)/10} \tag{10-13}$$

式中　t_1——温度在 T_1 时的硫化时间，min；

　　　t_2——温度为 T_2 时的硫化时间，min；

　　　K——硫化温度系数（通常取 $K=2$）。

例1　某制品正硫化条件为 $148℃×10\text{min}$，$K=2$，问硫化温度改为 $153℃$、$158℃$、$138℃$ 时其等效硫化时间应分别是多少？

解：① 当 $T_2=153℃$ 时，$t_2=t_1/K^{(T_2-T_1)/10}=10/2^{(153-148)/10}=7.1\text{min}$

② 当 $T_2=158℃$ 时，$t_2=t_1/K^{(T_2-T_1)/10}=10/2^{(158-148)/10}=5\text{min}$

③ 当 $T_2=138℃$ 时，$t_2=t_1/K^{(T_2-T_1)/10}=10/2^{(138-148)/10}=20\text{min}$

答：硫化温度改为 $153℃$、$158℃$、$138℃$ 时，其等效硫化时间应分别是 7.1min、5min 和 20min。

3.厚制品正硫化时间的确定

由于橡胶是一种热的不良导体，因而厚制品在硫化时各部位或部件的温度是不相同的（即使是同一部位或同一部件在不同的硫化时间内温度也不同）。在相同的硫化时间内所取得的硫化效应也是不同的，并且，随着制品厚度的增加这种现象越为明显。为了正确确定厚制品的硫化工艺条件和各层胶件的胶料配方，往往需要首先拟定一个硫化工艺条件，然后将厚制品于该硫化工艺条件下进行硫化。同时，测出各胶层温度随硫化时间的变化情况，计算出各胶层的硫化效应，再将其分别与各胶层胶料试片在硫化仪上测出的达到正硫化的允许硫化效应相比较，如果各胶层的实际硫化效应都在允许的范围之内，即可认为拟定的硫化工艺条件是适宜的。否则，要对硫化工艺条件或各胶层胶料配方作调整。具体可分如下三步。

① 于硫化仪上测定构成厚制品各胶层的不同配方胶料试片的正硫化条件及硫化平坦范围，计算出硫化温度系数 K 及可允许的最小硫化效应 $E_{\min}$ 和最大硫化效应 $E_{\max}$。

② 根据厚制品各层胶料的配方的特性以及长期积累的实践经验，拟定厚制品的一个初步硫化工艺条件，并将制品于该硫化工艺条件下进行硫化。

③ 拟定制品在硫化过程中各层温度的变化情况，再计算出各层的硫化效应。

各层温度的测量一般可用热电偶直接测得，但热电偶必须在制品成型时就埋入指定的位置，测温时从制品加热时开始，间隔一段时间（通常为 5min）测量一次，连续测量至硫化结束，如图 10-37 所示。如果将温度与时间作图，可得到的硫化效应面积图，见图 10-38。图中的曲线表明了制品各层的温度是随硫化时间变化而变化的。

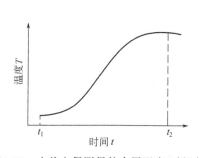

图 10-37　由热电偶测得的内层温度-时间曲线

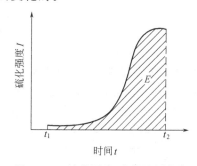

图 10-38　硫化强度-硫化时间曲线

图 10-38 中曲线所包围的面积（阴影部分）即为硫化效应。如用积分式表示，则为：

$$\int_{t_2}^{t_1} I\,\mathrm{d}t \tag{10-14}$$

其积分值可用下式近似求得：

$$E=\Delta t\left[(I_0+I_n)/2+I_1+I_2+\cdots+I_{n-1}\right] \tag{10-15}$$

式中　　　　Δt——读数的时间间隔（通常为 5min）；

　　　　　　I_0——硫化初始温度相应的硫化强度；

I_1、I_2、…、I_{n-1}——第一个读数的时间间隔到第 $n-1$ 个读数的时间间隔温度下的相应的
硫化强度。

④ 分别比较各胶层的硫化强度 E 与各胶层胶料的最小硫化效应 E_{min} 和最大硫化效应
E_{max}，如所有胶层都符合 $E_{min} < E < E_{max}$，则硫化工艺条件拟定是正确的，否则应该提出
改进措施。如果所有胶层的硫化效应都同时偏小或偏大，则可提高硫化温度，延长硫化时间
或降低硫化温度，缩短硫化时间。如果个别胶层不符合要求，或有的偏大，有的偏小，则要
从配方和硫化条件两方面着手改进。

例2　某外胎缓冲胶层，其胶料硫化温度系数为 2，在实验室条件下的正硫化条件为
$140℃ \times 24min$，硫化平坦范围为 $24 \sim 100min$。在实际生产中，硫化时间为 70min，现测出
其温度变化如下，判断是否达到了正硫化？

硫化时间/min	0	5	10	15	20	25	30	35
胶层温度/℃	30	40	80	100	110	113	120	124
硫化时间/min	40	45	50	55	60	65	70	
胶层温度/℃	127	131	133	137	138	140	141	

解：① 利用公式(10-12)，计算各温度下的硫化强度 I_i 如下：

I_i	I_{30}	I_{40}	I_{80}	I_{100}	I_{110}	I_{113}	I_{120}	I_{124}	I_{127}	I_{131}	I_{133}	I_{137}	I_{138}	I_{140}	I_{141}
计算结果	0.008	0.016	0.25	1	2	2.46	4	5.28	6.5	8.59	9.86	13	13.97	16	17.2

② 求硫化效应 E：

$$E = \Delta t[(I_0 + I_n)/2 + I_1 + I_2 + \cdots + I_{n-1}]$$
$$= 5 \times [(0.008 + 17.2)/2 + 0.016 + 0.25 + 1 + 2 + 2.46 + 4 + 5.28 + 6.5 + 8.59 +$$
$$9.86 + 13 + 13.97 + 16]$$
$$= 457.6$$

③ 计算允许硫化效应的极限值 E_{min} 和 E_{max}：

$$I_{140} = K^{(T-100)/10} = 2^{(140-100)/10} = 16$$
$$E_{min} = I_{140} t_{min} = 16 \times 24 = 384$$
$$E_{max} = I_{140} t_{max} = 16 \times 100 = 1600$$

因为：$E_{min} < E < E_{max}$

所以，该层胶料达到了正硫化。

例3　通过测温得知轮胎缓冲胶层硫化条件如下：问缓冲胶层胶料在实验室硫化试片时
采用 $130℃ \times 20min$，是否符合成品的硫化程度？应作如何调整？（$K=2$）

硫化时间/min	0	5	10	15	20	25	30	35	40	45	50
胶层温度/℃	30	40	50	70	90	110	130	140	140	140	140

解：① 利用公式(10-12)，求出各温度下的硫化强度 I_i，所得结果如下：

I_i	I_{30}	I_{40}	I_{50}	I_{70}	I_{90}	I_{110}	I_{130}	I_{140}	I_{140}	I_{140}	I_{140}
计算结果	0.0078	0.0156	0.03125	0.125	0.5	2	8	16	16	16	16

② 求缓冲层胶料的硫化效应 E

$$E_{缓} = \Delta t[(I_0 + I_n)/2 + I_1 + I_2 + I_3 + \cdots + I_{n-1}]$$
$$= 5 \times [(0.0078 + 16)/2 + 0.0156 + 0.03125 + 0.125 + 0.5 + 2 + 8 + 16 \times 3]$$

$$=333.4$$

③ 求与成品硫化效应相同的试片等效硫化时间。

令

$$E_{缓}=E_{试}$$

则

$$333.4=t\times 2^{(130-100)/10}$$

$$t=333.4/2^3$$

$$=41.7\text{min}$$

从试片的等效硫化时间远大于试片的实际硫化时间看，试片的硫化条件必须进行调整。调整方法有二：一是延长硫化时间至41.7min（130℃下）；另一是提高硫化温度。

阅读材料

不可不知的硫化橡胶发明人——查尔斯·固特异

当查尔斯·固特异（Charles Goodyear，1800—1860）发明"硫化橡胶"的时候，他没有想到，这个耗费了无数精力，浸注了无限希望的发明并没有帮他致富，反而让他更加贫困。当弗兰克·史伯林把自己创建的轮胎橡胶公司命名为"固特异"的时候，他也没有想到，百年之后，这成为轮胎业最响亮的一个名字。

橡胶作为一种古老的材料很早就为东方的先民所使用，那时橡胶大都用于黏合剂。西方人第一次见到橡胶制品大概是在哥伦布西征，他曾记载了美洲印第安人用树泪（胶乳）制造的一种有弹性的球，这种球比西方人的充气球要重，但弹性更好。土著人把白色的树泪（胶乳）倒在木质的模子上，用熏蒸的办法去掉水分，固化成球。1775年对于"橡胶"有了正式的命名。

自橡胶发现伊始，西方人便不断开发它的用途。德国的弗雷德里克用溶解在乙醚中的橡胶制成了一双骑马用的长统靴。由于橡胶能擦去铅笔痕迹，因而人们把它制作成了橡皮。1791年英国制造商用松节油作溶剂将橡胶制成了防水服，并申请了橡胶的第一个专利。在19世纪初，英国和美国兴起早期的橡胶工业。但橡胶却有一个致命的缺点，就是对温度过于敏感。温度稍高它就会变软变黏，而且有臭味；温度一低它就会变脆变硬。这一缺点使得橡胶产品毫无市场，早期的橡胶工业无一例外地陷入了危机。

1834年夏天，固特异参观了纽约的印第安橡胶公司，他了解到橡胶的这种性质困扰着整个橡胶工业，但橡胶同时具有高弹性、可塑性、耐用、防水、绝缘等一系列优秀性质，因而固特异决心研究橡胶的改性。从这时一直到他的生命结束，他都到致力于橡胶的研究和推广。

固特异既不是化学家，也不是科学家，在工厂中，他就像工人一样不停地劳作，不停把各种材料拿来与橡胶一起试验。经过持之以恒的工作，固特异的研究不断取得突破。1837年固特异用硝酸处理橡胶薄片并取得"酸气过程"的专利。1839年1月固特异的试验有了重大突破，他偶然把橡胶、氧化铅和硫黄放在一起加热并得到了类似皮革状的物质。这种物质不像通常知道的弹性橡胶会在较高的温度下分解。固特异经过一系列改良，最终确信他所制备的这种物质不会在沸点以下的任何温度分解，"橡胶硫化技术"问世了。但可惜的是，这一技术与这一技术的价值却没有同时到来。

1841年11月6日，美国专利局承认了他的发明。同一年，他不顾极端贫困和身体疾病，把自己的发明投入生产，还没有产生效益他就再次破产，被关进监狱。1844年6月14日美国专利局批准了他的专利（专利号3633），但他不得不把该专利的制造和收益的权利转给他的债权人。

在余下的16年间，他仍然围绕着自己的专利开发了各种各样的产品。但由于硫化技术"太容易"掌握，许多橡胶厂都在无偿享受他用辛苦换来的成果。固特异陷入与侵权者无休止的斗争。1852年9月28日，固特异在新泽西伦登获得了诉讼的决定性胜利。但这些诉讼大量消耗了固特异的时间和金钱，固特异依然一贫如洗。

1851 年 5 月 1 日，固特异靠借来的 3 万美元参加了维多利亚女王主办的展览会，他的展品从家具到地毯，从梳子到纽扣都是由橡胶制成的，成千上万的人参观了他的作品。他因此被授予国会勋章以及拿破仑三世的英雄荣誉勋章、军团英雄十字勋章。但他的债权人以他的发明得不到收益为由将他告上法庭，这次他挂着勋章进了牢房。1860 年 6 月 1 日，固特异在贫病中去世，这时他还欠债权人 20 万～60 万美元。

在固特异去世后的 38 年以后，为了纪念查尔斯·固特异对美国橡胶工业做出的巨大贡献，弗兰克·克伯林把自己创建的轮胎橡胶公司命名为固特异。

从血缘上到经济上，查尔斯·固特异与后来的固特异公司并没有联系。但固特异公司却更乐于认为，他们不但在技术上是对查尔斯·固特异的传承，更重要的是他们继承了查尔斯·固特异在逆境中不断探索的精神。

 习题

1. NR 的主要成分是什么？除此之外还有哪些成分？

2. 什么叫橡胶的自补强性？NR 为什么会有自补强性？

3. NR、IR、SBR、BR、CRIIR、NBR、乙丙橡胶、硅橡胶、聚氨酯橡胶和丙烯酸分别有哪些优良性能？同时还有哪些不足？（提示：可列表表达）

4. CR 能用硫黄硫化吗？为什么？

5. 按聚合时所用单体数目的多少，乙丙橡胶可分为哪两大类？

6. 什么是热塑性弹性体？其共性有哪些？这在工业生产中有何意义？

7. 热塑性弹性体可分为哪四类？

8. 热塑性弹性体的结构特征有哪些？（提示：分三方面叙述）

9. 什么是硫化剂？常用的硫化剂有哪几种类型？

10. 完善的硫黄硫化体系应有哪三大类成分？

11. 工业生产中为什么要使用促进剂和活性剂？

12. 什么是硫化促进剂？什么是硫化活性剂？橡胶工业中常用的活性剂有哪两种？

13. 什么叫防焦剂？为什么要使用防焦剂？有哪几种类型？

14. 什么叫橡胶的老化？产生老化因素有哪些？老化类型有哪几种？

15. 什么叫橡胶补强剂？

16. 炭黑的主要成分是什么？

17. 什么是白炭黑？补强效果如何？为什么要用白炭黑？

18. 按生产方法，白炭黑有哪两类？

19. 橡胶中有哪些矿物填料？试各举一例。

20. 什么是橡胶用软化剂？

21. 根据软化剂的来源来分，橡胶用软化剂可分为哪几类？

22. 什么是橡胶塑解剂？有哪些主要品种？

23. 橡胶制品中为什么要使用骨架材料？对骨架材料有何要求？

24. 生胶塑炼的目的及意义是什么？

25. 氧在 NR 塑炼过程所起的作用是什么？

26. NR 低温塑炼机理和高温塑炼机理分别是什么？

27. 比较开炼机塑炼和密炼机塑炼的优点，并论述开炼机塑炼橡胶的主要影响因素。

28. 橡胶混炼的目的和意义是什么？

29. 配合剂为什么要进行预加工？生产中哪些配合剂需要准备加工？举例说明。

30. 开炼机混炼包括哪三个阶段？试简述之。

31.论述开炼机混炼橡胶的工艺方法及影响因素。

32.影响密炼机混炼橡胶的因素主要有哪些？试简述之。

33.什么是橡胶的流动性？如何表征？

34.橡胶压延前的准备工作有哪些？其目的是什么？

35.造成压延橡胶制品收缩率的原因是什么？如何减小压延制品的收缩率？

36.论述胶料压片、压型、贴胶等压延作业的主要工艺方法及其要点是什么？

37.何谓贴胶和擦胶？它们各适合何种织物挂胶？各有何优缺点？

38.论述胶料挤出变形的实质及其影响因素。

39.挤出过程中胶料若产生焦烧应如何处理？

40.冷喂料挤出工艺的基本特点是什么？

41.为什么说用注射成型方法得到的橡胶产品是高质量的产品（与模压成型相比）？

42.影响胶料在料筒中的温度变化的因素有哪些？并简述之。

43.橡胶的注射成型中为什么要用低温高压的注射工艺？

44.橡胶注射成型周期由哪些时间组成？简述这些时间的相互关系。

45.为什么要用螺旋式标准模具测定胶料的注射能力？

46.简述橡胶模压工艺过程和工艺参数。

47.解释关于硫化的名词术语：

硫化　硫化诱导期　操作焦烧时间和剩余焦烧时间　硫化平坦期　硫化返原　工艺正硫化时间　门尼硫化时间　门尼焦烧时间　门尼硫化速度　硫化介质　硫化效应　硫化强度　硫化温度系数　等效硫化时间

48.橡胶的硫化历程有哪几个阶段？

49.正硫化点的测试方法有哪几种？

50.橡胶常用硫化介质有哪几种？各有何特性？

51.橡胶硫化工艺方法有哪几种？

52.橡胶厚制品正硫化时间如何确定？

第十一章

其他工艺方法

学习目标

1. 掌握热成型所处的热力学状态、基本方法和基本工艺。
2. 掌握浇铸成型的基本原理、工艺过程和工艺参数。
3. 掌握中空吹塑、人造革涂覆成型和涂层的基本工艺。
4. 了解废旧塑料回收的工序，初步掌握塑料回收工艺。

塑料其他成型工艺虽然应用不广泛，但也有独到之处。有些塑料制品的成型还是非此工艺方法不行。

第一节
塑料的热成型与冷成型

热成型是将热塑性塑料片状或管状材料加热至软化，在气体压力、液体压力或机械压力下，采用适当的模具或夹具而使其成制品的一种方法。热成型是在塑料的高弹态范围内的成型方法。

热成型有如下四个特点。

① 适应性强。用热成型方法可以成型特大、特小、特厚或特薄的制品。

② 应用范围广。如日常生活中器皿、食品和药品的包装、汽车部件、雷达罩、飞机舱罩等。

③ 设备投资少。热成型所需的压力不高，对设备的压力控制要求不高。

④ 模具制造方便。由于成型压力低，模具材料除了金属外，木材、塑料、石膏等都可作为模具材料。

大多数热塑性塑料的半成品（如薄膜、片材、板材或管材）都可作为热成型所用的原料，如 PS、PMMA、PVC、ABS、PE、PP、PA、PC 及 PET 的半成品等。

一、热成型的基本方法及其特点

1. 差压成型

在气体差压的作用下，使已加热至软化的坯料（片或管）紧贴模面，冷却后制得制品，这种方法称为差压成型。根据压差形成的方法不同，可分为两大类：真空成型和气压成型（也称为加压成型）。也有将真空和加压结合在一起的。这种成型方法的特点有二：其一，与模面贴合的一面，结构上比较鲜明和精细，而且光洁度较高；其二，坯料与模面贴合得越晚的部位，其厚度越小，即有制品厚度的均匀性较差的缺点。

差压成型又可细分为覆盖成型、柱塞助压成型（还可分为：柱塞助压真空成型、柱塞助压气压成型、气胀柱塞助压气压成型）和回吸成型（包括真空回吸成型、气胀真空回吸成型、推气真空回吸成型）等几类。

2. 模压成型

这类方法中还可以细分为：单阳模法、单阴模法、对模成型和复合模压成型四种。模压（也称为对模成型）成型可适用于所有的热塑性塑料。

3. 双片成型

这是成型中空制品的一种方法，是将两块已加热至足够温度的片材放在两瓣模具的模框中间，并将其夹紧，然后将吹针插入两片材之间，通过吹针，将压缩空气吹入两片之间，与此同时，在两瓣模上进行抽真空，使片材贴合两瓣模的内腔；经冷却、脱模和修整后成为中空制品。该法所成型的中空制品壁厚较均匀，还可制成双色或厚度不同的制品。

4. 其他成型

板材的弯角、法兰的弯制、管材的弯制等弯曲；还有，由板材卷制成筒、容器的口部或底部的卷边、管材的扩口等都属于热成型的范畴。

二、热成型的设备及工艺要求

热成型的基本工序是：片材的夹持→加热→成型→冷却→脱模。

通常以夹紧装置的最大尺寸和最大成型深度作为热成型机的主要参数。现在常用的热成型机有：单工位成型机、固定式双工位成型机、旋转式双工位成型机、专用机组与生产线。

热成型机的基本组成如下：①高效加热器；②夹持片材的框架；③真空泵和真空贮槽；④安装成型模具的平台；⑤机械装置；⑥制品的冷却系统；⑦仪表、管道、阀门等。

1. 加热器

现在，常用的加热方法有：热辐射加热、气体传导加热、固体传导加热、组合加热法和高频电加热法几种。热辐射法是加工中用得较为普遍的方法，如电加热器和远红外加热器。对加热器的总的要求是在规定的时间内将片材加热到规定的温度。在大多数热成型机上，加热器的功率约为总功率的 60%。

（1）电加热器 加热的持续时间和质量取决于加热器的结构、辐射表面的温度、传热的热惯性、型坯与加热器的距离、辐射能的吸收系数、加热器的表面特性以及材料的热物理性能。通道式管状或板状加热器，其表面的工作温度可达 597℃，条带式和芯棒式加热器的单位功率取决于加热体系元件安装密度，最大可达 $10W/cm^2$，这种加热器的工作温度为 497～797℃，达到工作温度的加热时间需要 10～15min。

（2）远红外加热器 其特点是：加热速度快；远红外线具有光的一切性质；具有一定的穿透能力，可以使物体在一定深度的内部和表面同时加热；可以通过发射元件的选择和组合，对形状复杂、体积庞大、死角较多的物体进行立体加热；与高频加热和微波加热相比，设备费用低，对人体伤害小；但向周围环境散射的能量多。其要求是：远红外线的波长与塑料材料的吸收峰相配合；提高加热器的表面输出功率；加热器与片材之间要保持适当的距离；加热器中要设置反射板或反射罩等以集中能量；对于厚度大于 3mm 的片材要双面加热。加热器的加热面要略大于夹持框的夹持面积。

根据塑料片材的种类和厚度的不同，片材与加热器的距离通常为 10～30cm。加热在高温下工作时，最适宜薄板材的加热，也适合 PS 的厚板材；而对于其他厚板材，最好在加热器温度较低的条件下加热。

对流加热、接触法加热和高频电加热有时也有应用。

2. 夹持设备

塑料板坯在成型时，板坯被固定在夹紧装置上。在热成型的通用型和复合型的成型机上多采用便于固定各尺寸板材的夹紧装置。夹紧装置的结构形式将影响夹紧力均匀分布。

夹紧装置可分为两类：框架式和分瓣式。在双工位或多工位成型机中，夹紧装置可以一个工位转到另一个工位。成型工艺要求夹持要均衡，要有可靠的气密性，能实现自动化，动作迅速灵活；夹持框大多数呈垂直或水平放置。

成型板坯厚度为 1mm 的制品，常采用构架式夹紧框架。成型薄膜或薄板坯时可用弦索式夹紧框架。夹紧框架的设计应考虑使其工作温度保持低于板坯的玻璃化温度 20～30℃，工作时，框架下降到加热器内，框架应配置冷却系统；若落不到加热区内，则应配置有加热系统。

3. 气动与真空系统

在真空和气动成型以及综合成型的成型机系统中，都有能产生气压的系统，真空系统一般只用来产生成型所需要的压力差；气动系统用来产生成型压力或其他辅助用途，以保证各部件传动的动力源。

真空系统由真空泵、储气罐、阀门、管路以及真空表组成。在真空成型中常采用低真空泵，此种泵在流量为零时能在进气管路中产生 $4 \times 10^{-3} \sim 1.3 \times 10^{-5}$ MPa 的压力。真空贮罐的容量至少应比最大成型室的容量大一倍半；真空泵的传动功率一般在 2～4kW。气动系统可由成型机自身带有压缩机和储气罐，或由车间主管路集中供给。成型机需要压力为 0.4～0.5MPa 的压缩空气。额定的排气量为 0.15～0.30m³/min。

4. 传动装置

传动装置是成型机建立工作压力和完成主要运动的机构。成型机中广泛采用气动缸和液压缸，以完成各种机构的往复运动。热成型机上片材的牵引速度一般为 0.25～1.0m/s。

5. 冷却系统

内表面和外表面要同时冷却，冷却时间基本上等于加热时间，必要时也可以进行强制冷却。

6. 热成型模具

在工作压力不高时，可采用强度低的材料制造热成型模具。材料的选择要根据成型的数量和对其质量要求而定。如，选木制模具可承受 500 次造型，石膏模可承受 50 次造型；型砂模和树脂砂模可承受 500 次以上的造型。

模具上的通风孔制作也是在浇注型砂前插上表面涂有隔离剂的钢丝，浇注 14h 后再抽出钢丝。

为了提高模具的使用寿命，模具可用铝、铜、锌或钢来制造。铝质模具表面质量高，导热好，供大量生产时用。与制品接触的表面应精加工，粗糙度为 $0.16\mu m$。

一模成型数只制品时，不采用阳模，而采用多模腔阴模。外形简单的制品用阴模成型时，因制品收缩，易于从模具上自由地取出；但对形状复杂的制品要施加顶出力。对用阳模成型小型深拉制品时，此时阳模的高度尤为重要。

阳模表面上的侧圆半径不应小于板厚的 3～5 倍，当板材厚度小于 0.5 时，圆角半径要增大到 10 倍。必要时，阳模要配以空气导出孔。

7.控制系统

现代热成型机上配备包括微机在内的各种先进的控制仪器。

三、热成型工艺实例

RPVC 和 SPVC 片材都可以用于热成型。RPVC 片材在热成型温度下的拉伸率为 5%～25%。单阳模或单阴模的板材垂制或弯曲，其温度可为 70～100℃。SPVC 片材的成型温度比 RPVC 低，具体温度取决于 PVC 的增塑程度。

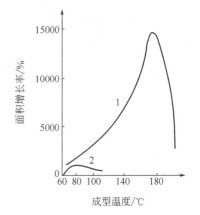

图 11-1　制品面积增长率与成型温度的关系
1—ABS；2—RPVC

PE 片材热成型温度高时可高于熔点 5～50℃，有利于制品的尺寸稳定。所用原料的 MFR 最好偏低。PP 片材热成型与 HDPE 相似，热成型温度一般控制在 140～150℃。

非定向的 PS 片材一般不宜作热成型的原料，因成型后切边困难。双向拉伸 PS 片材可用于热成型，但所用框架必须坚固，以防片材热收缩而发生意外。

RPVC 熔体的热力学强度较低，面积增长率较小；ABS 熔体的热力学强度较高，面积增长率较大，所以，既可以方便地用各种热成型方法成型，又可以制得拉伸比较大和结构精细的制品，见图 11-1。

热成型时应严格控制片材的温度，不宜作较大的拉伸，最好是气压和真空并用。双向拉伸 PS（即 BOPS）片材气压成型工艺条件见表 11-1。PS 泡沫片材也可用作热成型的原料，但必须是高质量的。

表 11-1　BOPS 片材气压成型工艺条件

成型温度/℃	113～135
加热器功率密度/(W/cm²)	4.7
加热器进空气孔直径/mm	孔径 0.5；孔距 12～25
加热器接触空气压力/MPa	0.035～0.175
模具进气孔及排气孔直径/mm	孔径 0.5
成型时空气压力/MPa	0.56～1.06
制品脱模空气压力/MPa	2.8～4.2

PMMA 是丙烯酸酯类塑料的代表。无论是浇铸成型的板、片材还是挤出成型的板、片材都可以用于热成型。浇铸成型的板材，分子量高些，因此，成型温度要高些。

成型温度应该严格控制，低于规定的温度，成型困难；高于规定的温度，制品会有麻点、皱纹、泛黄等缺陷。

用板材单模垂制或弯曲时，其温度为 110～115℃（通用型）或 140～145℃（耐热型）。

如果 PMMA 板材规定的成型温度为 130℃±5℃，则有一个加热时间与板材厚度关系的经验公式：

$$t = 5S + 10 \tag{11-1}$$

式中　t —— 加热时间，min；

　　　S —— 板材的厚度，mm。

值得注意的是，PMMA 板材按规定条件加热并离开热源后，不能立即放入模具成型，而应该在 25～35℃下放置 2～5min（视厚度而定），再进入模具，以免造成表面损伤。

PMMA 板、片材适用的热成型工艺有模压成型、真空成型、无模具气压成型和珠光暗花制法。

前几种方法已简述。珠光暗花制法是利用珠光颜料平行排列的特点，可制得珠光暗花制品。将加热后的珠光 PMMA 板放置在冷平面上，用一块刻有花纹的模具置于上方加压，压力为 0.02～0.05MPa，释压冷却后，用机械方法将凹凸不平的表面磨平抛光，印上的花纹就会清晰地保留下来。运用此法可以制得丰富多彩的工艺美术制品。PMMA 板、片材典型热成型工艺条件见表 11-2。

表 11-2　PMMA 板、片材热成型工艺参数

成型方法	柱塞助压真空成型
制品拉伸比	2：1
坯料厚度/mm	2
坯料面积/mm²	350×350
加热方式	全功率单面加热
坯料加热温度/℃	140～150
加热器与坯料间的距离/mm	100
坯料加热时间/s	45～60
真空度/mmHg	750
抽真空方式	加热器退出后抽真空成型
冷却方式	风扇、压缩空气喷枪
冷却时间/s	15～30
总周期/s	80～110

注：1mmHg=133.322Pa。

PMMA 在成型加工过程中，容易产生内应力。内应力的存在是制品在使用过程中产生银纹和开裂的主要原因。减少内应力的有效方法是退火处理。退火工艺如下。

厚度等于或小于 10mm 的制品，升温速率为 0.5～1.5℃/min，加热至 80～90℃，保温 3～4h，然后缓慢而均匀地冷却至室温。厚度越厚的制品，升温速率慢，加热温度高，保温时间长。

在纤维素塑料中，醋酸纤维素是用于热成型的主要材料。这种材料在热成型时有两点须引起注意。首先，醋酸纤维素中的增塑剂和残余溶剂，在加热时很可能外逸，若用阴模成型，挥发物会凝结在模面上，如果在阴模中加设通气孔或改用阳模，则可消除。其次，加热时，这些挥发物也可能在片材内部形成微孔，从而使片材失去了原有的透明性，采用较快的加热速率，就能避免这些现象。

在成型时，如果将模具温度保持在 50～60℃，可免除坯料在拉伸过程中的发白或发红现象。

乒乓球是硝酸纤维素热成型的一个典型实例。

乒乓球的坯料（圆片）厚度为 0.51～0.53mm，主要热成型的条件是 135℃/2.5h，采用铜制阳模。为了保证乒乓球的质量，坯料要在开水中处理数天，成型并黏结后，还进行长时期的干燥，反复进行蒸汽膨胀和冷水喷淋。

PC、PET、PA 和聚砜等塑料都可以进行热成型。

综上所述，现将几种常用塑料热成型工艺总结于表 11-3。

表 11-3　几种常用塑料片材热成型工艺参数

塑料材料	热成型工艺条件				热膨胀系数 /×10^{-5}℃$^{-1}$
	成型温度/℃		模具 温度/℃	柱塞 温度/℃	
	最佳值	最低值			
RPVC	135～180	95～125	40～45	60～150	5.0～8.5
LDPE	120～190	105	50～75	150	15～30
HDPE	135～190	120	65～95	150	15～30
PP	150～200	—	70～90	—	11
BOPS	113～135	110	50～60	115～120	6～8
ABS	150～175	140～160	60～80	—	4.8～11.2
PMMA（浇铸）	145～180	—	60～80	—	5～9
PMMA（挤出）	110～160	—	—	—	7.5～9.0
醋酸纤维素	130～165	100～120	50～60	—	10～15
醋酸丁酸纤维素	95～120	—	—	30～40	11～17
硝酸纤维素	90～115	—	—	30～40	8～12
乙基纤维素	105～135	—	—	30～40	10～12
PC	225～245	215	75～95	275～315	7
PA-6	215～220	210	—	—	7.9～8.7
PA-66	220～250	—	—	—	9～10
PET	175～255	—	—	—	—
PET	175～205	—	—	—	6
聚砜	220～280	—	160	—	—

四、冷成型

在金属冲模压力机上进行，将塑料板材拉伸成中空容器，一般称为冷成型。通常采用的额定压力为 1000～2000kN。压力的工作速度应在 2.0～15mm/s 范围内。压力机配备有工艺装备及加热器等。

塑料板冷成型装备按功用可为造型、拉伸、压紧、弯曲以及能同时完成型坯拉伸和卷边组合装备。按工装材料可分为刚性模和弹性模装备；按工装加热情况可分为有加热装备和无加热装备。

冷成型时，工装上所承受的负荷要比热成型时大得多。因此，广泛采用金属的铸型设备。制造大型装备时，多采用焊接结构。小批量生产时，成型装备可采用聚酯树脂或酚醛树脂为主的混合组分或夹布胶木制成。

第二节
浇 铸 成 型

一、概述

浇铸成型通常是将液态的单体（或预聚体）和催化剂、促进剂等一起倒入模具中，在加热的条件下使单体在模具中聚合成聚合物，最后冷却定型；或者是将液态或粉状的树脂倒在模具中，不施加压力，只用加热和冷却使之定型而成为制品。

按成型过程中塑料受力的形式来分类，浇铸成型可分为静态浇铸和离心浇铸；按成型制品的组成可分为普通浇铸和嵌铸；按所用原料类型可分为单体浇铸和混合浆料浇铸。

浇铸成型的特点：成型所用的设备简单；成型过程中一般不要加压（即对模具的强度要求不高）；制品的尺寸限制较少，宜生产小批量大型制品；制品的内应力低，质量良好。但因成型周期较长，制品的尺寸精度较低。

对原料的工艺要求：熔体或溶液的流动性好，容易充满模腔；浇铸成型的温度应比产品（即聚合物）的熔点低；原料在模具中固化时没有低沸点物或气体等副产物；浇铸原料的化学变化、反应放热、结晶、固化等过程在反应体系中能均匀分布，体积收缩小，不易使制品出现缩孔或残余应力。

二、MC 尼龙静态浇铸

聚己内酰胺的浇铸制品称为"单体浇铸尼龙"，简称为"浇铸尼龙"，缩写代号为"MC尼龙"。

己内酰胺单体为白色片状晶体，熔点为 67～69℃，沸点为 267℃，密度为 $1.023g/cm^3$，在空气中极易受湿。MC 尼龙的基本配方如下：己内酰胺：NaOH：TDI（或 MDI）＝1：0.004：0.003（摩尔比），如果使用 N-乙酰基己内酰胺，则摩尔比为 1：0.004：0.005。NaOH 的用量为 1.4g/kg 己内酰胺。

MC 尼龙浇铸工艺流程见图 11-2。

单体的熔融 → 除水 → 加入催化剂 → 活性单体 → 加入助催化剂 → 混合 → 浇铸入模 → 聚合成型 → 后处理

图 11-2　MC 尼龙浇铸工艺流程

成型过程中的化学反应如下：

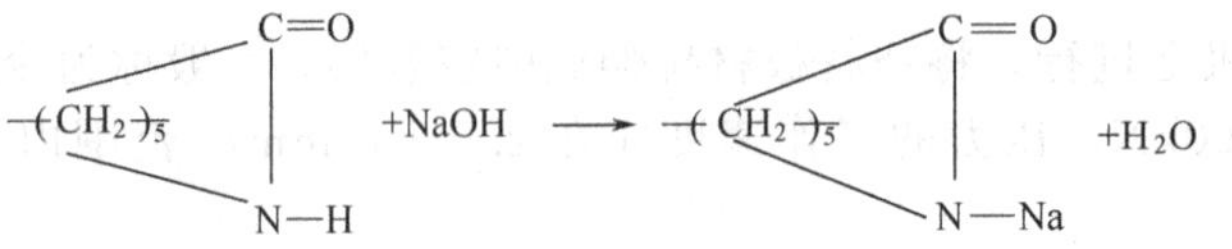

$$\underset{\overset{|}{N-H}}{\overset{C=O}{(CH_2)_5}} + NaOH \longrightarrow \underset{\overset{|}{N-Na}}{\overset{C=O}{(CH_2)_5}} + H_2O \tag{1}$$

$$\underset{\overset{|}{N-Na}}{\overset{C=O}{(CH_2)_5}} + TDI \longrightarrow \text{高分子钠衍生物} \quad \underset{(MC尼龙)}{[\overset{O}{\overset{\|}{C}}(CH_2)_5 NH]_n} \tag{2}$$

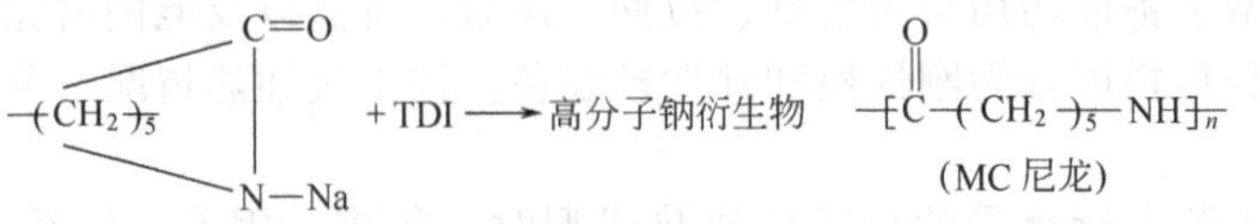

MC 浇铸过程中的具体步骤与工艺条件如下。

(1) 在模具的型腔内涂上脱模剂（硅油），加热并保温在 160℃±5℃待用。

（2）按模腔容量（按密度进行计算）称取己内酰胺单体置于反应器内加热熔化。当原料局部熔化时开始抽真空（真空度要大于 750mmHg），脱去部分水，同时检查管路及真空装置的情况。

（3）己内酰胺全部熔化后（此时温度约 120℃）停止抽真空，并停止加热，加入催化剂（NaOH），然后再加热，抽真空脱水（此时水是阻聚剂，必须除干净）。

（4）继续加热，当反应器内呈沸腾状，翻腾程度越来越大，并发出一定的响声，这个过程要维持 20～30min，温度控制在 140℃±2℃。

（5）脱水后，取下反应器，加入助催化剂（如 TDI、MDI 等二异氰酸酯类）搅拌均匀后，立即浇铸到已准备好的模具中。浇铸时，动作要快，要准确，防止未浇铸完就发生聚合。

（6）将已注满的模具放入烘箱中，在 160℃±2℃下保温一段时间（约几分钟）。

保温的目的有二：其一，保证单体完全聚合；其二，是控制一定的聚合速度，使制品各部分聚合度均匀。

（7）完全聚合后，即逐渐降温冷却。

（8）脱模后制品先置于 150～160℃的机油中恒温 2h，然后再与油一起冷却到室温。

从油中取出制品，再置于水中煮 24h 后慢慢地冷却到室温。通过调湿处理以达到消除内应力和稳定制品尺寸的目的。

三、PMMA 的浇铸

1. PMMA 板材的浇铸成型

PMMA 是聚甲基丙烯酸甲酯的英文缩写，俗称有机玻璃。有些 PMMA 制品（表面积较小的制品）是由 PMMA 粒料通过注射成型等方法而得到；有些 PMMA 制品（如表面积很大的板材）只能通过甲基丙烯酸甲酯（MMA）浇铸方法而得到。

（1）浇铸 PMMA 板材所用原料与配方　单体：甲基丙烯酸甲酯（MMA）；引发剂：BPO（过氧化二苯甲酰）0.02 份，一般为单体加入量的 0.01％～0.5％；添加剂：DBP 4份，硬脂酸 0.1 份；着色剂：适量。

浇铸 PMMA 板材工艺过程见图 11-3。

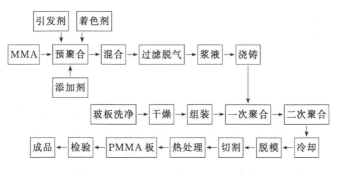

图 11-3　PMMA 板材浇铸工艺流程

（2）工艺参数　在预聚合釜中于 60～100℃，得到转化率为 10％左右的黏稠浆液；一次聚合是指封入模腔内的预聚物放在 40～70℃的空气浴或水浴中加热。由于 MMA 聚合时放热为 54.34kJ/mol，为了散去聚合热，故一次聚合宜在水浴中加热为佳。如 2～6mm 的板材，温度为 50～70℃时，时间为 4～8h；10～15mm 的板材，温度为 40～60℃时，时间为 8～20h。二次聚合在 100～120℃的空气浴中进行直到完全聚合，如 2～6mm 的板材在温度为 100～120℃时的时间为 2～4h；10～15mm 的板材，温度为 100～120℃时的时间为 3～6h。

（3）MMA 浇铸过程中的"凝胶效应"　从以上浇铸的工艺参数中可以看出，在聚合成型的过程中，温度一般都在 100℃以下，并且时间较长。其原因是：MMA 在聚合过程中是放热反应，所放出的热量为 48.53～53.97kJ/mol。在聚合反应过程中，当 MMA 的转化率达到 14%～40%时，体系中黏度上升很快，聚合速度迅速提高，常会导致局部过热，发生爆发性聚合。这种现象称为凝胶效应。

2. MMA 的嵌铸

嵌铸是将各种非塑料物品包封在塑料中一种成型方法。现在，通常用于制造"人造琥珀""人造玛瑙"等工艺品，如将动植物标本、电子元件、古人的字画包封在塑料里。

人造琥珀是仿造天然琥珀的样式，把昆虫、花卉、鱼虾等包覆在透明的聚合物中，其形、色与天然琥珀非常相似。该产品以 MMA 为原料，经本体聚合把标本镶嵌在晶莹透明的 PMMA 中，产品型坯经削磨、抛光处理后，变成具有一定欣赏和保存价值的精美的工艺品。

现就以"人造琥珀"为例阐述工艺要点。

人造琥珀的工艺流程见图 11-4。

图 11-4　人造琥珀的工艺流程

在嵌铸工艺中，被嵌物的预处理可分为干燥、润湿、涂层和粗化等几个工序。

（1）被嵌物的干燥处理　金鱼、青蛙等软体动物的干燥不能用烘箱直接脱水定型。把活金鱼放入甲醇溶液中浸 48h 左右，取出后用单体浸洗；或在一定浓度的甘油中浸泡，以抽出内部水分，然后用吸湿纸将表面吸干。

花卉的处理：置于干燥的硅胶中一两天，或用叔丁醇抽提水分，再于真空干燥器中脱叔丁醇。这样可使花卉脱水定型，而且保持了开花时的形态和颜色。

螃蟹等硬体动物的处理：先将活螃蟹等硬体动物放入乙醇中浸泡 24h，然后干燥脱水，使其具有活的真实感。

蝴蝶等昆虫类等标本的整形处理：使其保持活时栩栩如生的姿态，放入烘箱中脱水定型，时间为 4～8h，温度为 40～60℃。

（2）被嵌物表面的润湿　被嵌物表面润湿处理的目的是增强被嵌物与塑料之间的粘接，避免气泡的产生。

（3）被嵌物的表面涂层　有些被嵌物对塑料的固化起不良影响时（如有阻聚作用），则可在嵌件表面上涂一层惰性物质（如水玻璃、聚乙烯醇等）。如果被嵌物中有文字说明时可用墨汁写在透明薄膜上，再涂上一层聚乙醇（目的是显不出衬底）。

（4）被嵌物表面的粗化　由于被嵌物件如金属与塑料的膨胀系数不同，且在使用中电子元件等有可能发热，而可能导致塑料层的开裂或造成被嵌物与塑料的脱落，故也可将被嵌物表面粗化。

（5）被嵌物件的固定　可用透明丝线或与浇铸塑料相同的物件将被嵌物固定在模具中；有些被嵌物可能发生上浮或下沉，此时用分次浇铸法即可。

（6）防止凝胶措施　采用单体-聚合物浆状物的混料体系，使 MMA 单体的转化率超过 40%。

人造琥珀用原材料及典型配方下 PMMA 浇铸板材大致相同。

人造琥珀的工艺参数如下。

① 预聚制浆 把原料、辅料等计量后投入预聚釜中，开动搅拌器，升温到90℃，然后关闭热源，通冷却水，保持80℃恒温，转化率达10%，冷却到30℃卸出浆液。

② 嵌铸聚合 嵌铸前先向模具型腔内喷涂一薄层硅油（脱模剂），放入烘箱中烘干备用；在模具中浇入第一层浆液作底层（视制品的体积大小而定），放入烘箱中引发聚合，等单体浆液聚合成硬膜后，摆放被嵌物，随后分次浇入浆液；聚合温度约为40℃，时间约4～6天。

③ 削磨处理 嵌铸聚合生成的人造琥珀型坯，按产品造型设计进行削磨、抛光处理，使用普通机床、砂轮机、布轮抛光机即可完成。

④ 阻聚剂的分离 碱液洗涤法是用1%～5%的 NaOH 或 Na_2CO_3 的溶液加入被洗涤的单体中，摇晃、静置、分层至溶液不呈色为止；可用水洗之呈中性，分离单体，用无水硫酸钠或氯化钙干燥。碱液用量为：在100份单体中加入5%的 NaOH 水溶液20份。

⑤ 单体在贮存、运输过程中的注意事项 MMA 有相当的挥发性，10℃时极易燃烧，常温常压下在空气中的气体体积含量达到2.1%～12.5%时，遇火花即发生爆炸式的燃烧，故在贮存时要做到电器防爆，禁明火，保持生产及贮存时的空气流通；要避光、低温贮存；长时间贮存时要加入0.06%～0.1%的对苯二酚于单体中；严禁穿带钉的鞋进入生产车间和用金属工具敲击设备。

四、搪塑成型

1. 搪塑成型

搪塑成型是用糊塑料制造空心软制品的成型方法。将模具加热到一定温度时，将糊塑料倒入开口的中空模具中，直到达到规定的容量，此时将注满料的模具放入到烘箱中一段时间，使模具壁的凝胶层达到一定厚度时，倒出模具中的液体料，再将带有一定厚度凝胶料的模具放在烘箱加热，使凝胶层熔化，取出模具进行冷却，最后从模壁上剥出制品。

2. 搪塑的特点

搪塑成型的优点是设备费用低，工艺控制较简单，但制品的厚度、重量等准确性较差。

3. 糊塑料成型中的热处理

PVC 糊塑料由悬浮体转变为制品的过程称为"热处理"，这一过程实质上是树脂在加热条件下继续溶解成为溶液的过程。一般地将这个过程分为两个阶段："凝胶"和"熔化"。"凝胶"（有时也称为"胶凝"）是从 PVC 糊塑料开始加热起，直到糊塑料形成薄膜，表现出一定的力学强度为止，这一阶段称为"凝胶"。在这一过程中，树脂不断地吸收增塑剂，并发生肿胀，同时 PVC 糊塑料中液体部分逐渐减少，此时体系的黏度逐渐增大，树脂颗料间的距离也逐渐靠近，最终，残余的液体成为不连续相。

从宏观上看，PVC 糊塑料成为一种表面无光且干而易碎的形态。此时即可认为，凝胶阶段已结束。PVC 糊塑料的凝胶温度通常在100℃左右。

"熔化"是指在前一种状态下的 PVC 糊塑料继续加热，直到薄膜的力学性能达到最佳状态的过程。必须注意：此时此地所讲的"熔化"绝不是将树脂加热到黏流态，而是指胀大的树脂颗粒在界面之间发生粘接，随后，其界面越来越小，直到全部消失。此时，体系中除了不溶解的组分（颜料或填料）以外，其余的组分都处于均匀的单一相。从宏观上来看，薄膜形成连续的透明体或半透明体。PVC 糊塑料的熔化温度通常在175℃左右。

4. 搪塑成型工艺流程

搪塑成型工艺流程见图11-5。

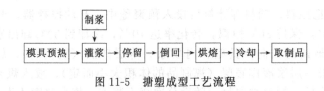

图 11-5　搪塑成型工艺流程

5. 工艺参数

模具的预热温度为 130℃；停留时间为 15～30s；余浆倒回后壁上膜的厚度为 1～2mm；烘熔的温度为 160℃，时间为 10～40min；冷却时间为 1～2min，并使温度低于 80℃。

6. 注意事项

(1) 必要时可以重复灌浆，在灌浆前只能在 130℃ 以下加热。

(2) 对 PVC 糊塑料的要求是黏度适中、无毒，耐污染，制品透明性好，有弹性。

(3) 对制品造型设计及模具设计的要求是不能有狭小缝隙处，要防止难于脱模。

有条件时也可以采用连续化的生产方式，但设备较复杂。

五、其他几种浇铸工艺

1. 离心浇铸

离心浇铸是利用离心力成型管状或空心筒制品的方法，将定量的液态树脂或树脂的分散体在旋转的容器（即模具）中，使其绕单轴高速旋转，此时放入的物料即被离心力迫使而分布在模具的近壁部位；在旋转的同时，放入的物料又通过加热等方法而发生熟化，随后视需要经过冷却或不冷却即能取得制品。在成型增强塑料制品时还可以同时加入增强性的填料。

2. 滚塑与旋转铸塑

滚塑是类似于旋转铸塑的一种成型方法。所不同的是该法所用的物料不是液体，而是烧结性干粉。其过程是把粉料装入模具中，而使它绕两个互相垂直的轴旋转，受热并均匀地在模具内壁上熔结成整体，而后再冷却从模具中取得空心制品。

旋转铸塑是用液态物料成型中空制品的一种方法。该法是将液态物料装在密闭的模具中而使以较低速度绕单轴或多轴旋转，这样，物料能借助于重力而分布在模具内壁上，再通过加热达到熟化，冷却后即可从模具中取得制品。

3. 流延成型

用流延成型制取薄膜时，先将液态树脂、树脂溶液或分散体流布在运行的载体（一般为金属带）上，随后用适当的方法（一般是加热）将其熟化，最后即可从载体上剥取薄膜。

流延薄膜的特点是：厚度小（最薄可达 5～10μm）；厚度均匀；内应力小；透明度高；绝无各向异性。但也存在生产效率低、要消耗大量溶剂等不足。

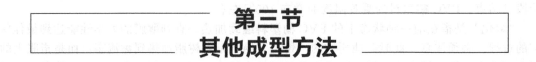

一、中空吹塑

1. 概述

在工业生产和日常生活中，我们会碰到许多塑料中空制品，如贮存酸、碱的大容器，各种各样的塑料瓶、热水瓶壳、儿童玩具、水壶等。它们多半是采用中空吹塑法生产的。

中空吹塑工艺是将挤出或注射成型所得到的半熔融状态的管坯置于各种形状的模具中，在管坯中通入压缩空气将其吹胀，使之紧贴于模腔壁上，再经冷却脱模得到中空制品的成型方法。中空吹塑可分为：挤出吹塑、注射吹塑、拉伸吹塑和多层吹塑共 4 大类。

用于中空吹塑的塑料有：PE、PVC、PP、PS、热塑性聚酯、PA、醋酸纤维塑料等。其中又以 PE 使用得最广泛，大多用于制造包装药品的各种容器。LDPE 主要用作食品包装容器；HDPE/LDPE 共混物用于制造各种商品容器；UHMWPE 则用于制造燃料罐和大型桶等。PVC 塑料因透明度和气密性都较好，也是中空吹塑常用的材料之一。随着无毒 PVC 塑料的出现，国外已大量采用 PVC 中空制品作食品包装，如包装食用油、酒、矿泉水、醋以及啤酒和其他软饮料。PP 因其气密性仅为 PVC 的 30%～40%，刚性也差，耐冲击强度和成型性能又都较 PE 差，所以用作中空吹塑曾受到限制，但自从采用双轴定向拉伸吹塑工艺后，对 PP 的透明度和强度均有很大提高，可作薄壁瓶子，并能节约原材料，故近来又有新的发展。

用作中空吹塑材料应具有下列特性：

① 耐环境应力开裂性要好。作为容器，当与表面活性剂溶液接触时，在应力作用下，应具有防止龟裂的能力。一般是选择分子量较大的材料。

② 气密性要好。这是指阻止氧气、二氧化碳、氮气及水蒸气等向容器内外透散的特性。

③ 耐冲击性要好。为保护容器内物品，在一定温度下，制品应具有从一米高度落下不破不裂的耐冲击性。

此外，还有耐药品性、抗静电性、韧性和耐挤压性等都有一定的要求。

中空吹塑分为"挤出-吹塑"和"注射-吹塑"。

挤出-吹塑是先用挤出机挤出管状型坯，然后趁热将型坯送入吹塑模中，通入压缩空气进行吹胀，使其紧贴模腔壁面而获得模腔形状，在保持一定压力的情况下，经冷却定型，开模脱模即得到吹塑制品。挤出吹塑具有管坯生产效率高、型坯温度比较均匀、制品破裂减少、强度较高，能生产大型容器、设备投资较少、熔接缝少，对容器的形状、大小和壁厚的允许范围较大等优点，因此，在当前中空-吹塑制品生产中仍占有优势。

挤出吹塑的全过程一般包括下列五个步骤。

① 通过挤出机使聚合物熔融，并使熔体通过机头成型为管状型坯。

② 型坯达到预定长度时，吹塑模具闭合，将型坯夹持在两半模具之间，并切断后移至另一工位。

③ 把压缩空气注入型坯内，吹胀型坯，使之贴紧模具型腔成型。

④ 冷却。

⑤ 开模，取出成型制品。

按出料方式不同，挤出-吹塑可分为直接挤出-吹塑和挤出-贮料-压出-吹塑两大类。直接挤出-吹塑的优点是：设备简单，投资少，容易操作，适用于多种塑料的吹塑。挤出-贮料-压出-吹塑的工艺特点是：可以用小设备生产大容器；在较短的时间内获得所需要的型坯长度，保证了制品壁厚的均匀性。其缺点是：设备复杂，液压系统的设计和维护困难，投资大。

拉伸-吹塑是将加热到熔点以下的适当温度的有底型坯置于模具内，先用拉伸杆进行拉伸，然后再进行吹塑成型的成型方法。拉伸-吹塑分为挤出-拉伸-吹塑（简称挤-拉-吹）和注射-拉伸-吹塑（简称注-拉-吹）两大类型。

2. 设备与工艺

（1）挤出机 挤出机是中空吹塑装置中的主要设备。吹塑制品的力学性能和外观质量、各批成品之间的均匀一致性、成型加工的生产效率和经济性，在很大程度上取决于挤出机的结构特点和正确操作。

挤出吹塑用挤出机与普通场合下的挤出机并无特殊之处，一般挤出机均可用于吹塑。然而，挤出机能适应周期性频繁停歇；开动和停歇的电钮应安装在离操作人员较近的地点。不论采用哪种类型的挤出机，为生产出合乎质量要求的产品，挤出的型坯必须满足下列要求：①各批型坯的尺寸、熔体黏度和温度均匀一致；②型坯的外观质量要好；③型坯的挤出必须与合模、吹胀、冷却所要求的时间一样快；④型坯必须在稳定的速度下挤出；⑤对温度和挤出速度应有精确的测定和控制；⑥由于冷却时间直接影响吹塑制品的产量，因此，型坯总是在尽可能低的加工温度下挤出，在此情况下，熔体的黏度较高，必然产生高的背压和剪切力，这就要求挤出成型机的传动系统和止推轴承应有足够的强度。

(2) 机头　机头可分为直接挤出式和储料式两种。挤出吹塑制品型坯时，机头对型坯的质量影响很大。目前吹塑用挤出机头，基本上可分为直通式和转角式两种类型。除一些特殊的装置（如水平吹塑系统或采用立式挤出机）之外，绝大多数吹塑是采用出口向下的转角式机头。

(3) 模具吹塑模　吹塑模具主要由两半阴模构成。因模颈圈与各夹坯块容易磨损，一般做成镶嵌结构以便于修复或更换。

(4) 中空吹塑成型工艺　成型工艺的主要因素有进气形式、温度、膨胀比、吹胀比、口模尺寸、吹气压力、成型收缩率等。

进气形式有三种：针吹、顶吹和底吹法。温度主要包括型坯温度和模具温度。HDPE料筒温度通常在 $170 \sim 220℃$，LDPE料筒温度为 $150 \sim 190℃$。对于MFR为 $0.3 \sim 1.0g/min$ 的PP树脂，料筒温度为 $210 \sim 230℃$，机颈温度为 $200℃$，口模温度为 $220℃$；MFR为 $1 \sim 2g/min$ 的PP树脂，成型时，料筒温度为 $200 \sim 210℃$，机颈温度为 $190℃$，口模温度为 $200℃$。

模具温度应十分均匀，而且能使制品各部分得到均匀的冷却，模具温度通常维持在 $20 \sim 50℃$ 左右，如果制品小，模温可以低一些；大型薄壁制品，模温适当高些。

模具温度过低时，夹口处所夹的塑料的延伸性降低，吹胀后此处壁厚就比较厚，过低的温度会使制品表面出现斑点或橘皮状。模具温度过高时，在夹口处所出现的现象恰与过低时相反，并且还会延长成型周期和增加制品的收缩率。

在吹塑成型中，制品的冷却时间占成型周期的 60% 以上，厚度大的制品达 90%。因此，提高吹塑制品的冷却效果，可缩短成型周期，降低能耗。

(5) 壁厚与长度的调节　吹塑制品的壁厚受多种因素的影响。手动调节是在靠近机头出口处的周向设置一定数量的螺钉，以径向调节口模，使之产生适量的弹性变形，可调节型坯周向壁厚分布，保证型坯垂直下降。轴向厚度分布同样对制品质量起重要作用。通过拧动芯模调节螺母来轴向移动芯棒，可改变口模间隙，调节型坯的轴向壁厚分布。

(6) 螺杆转速　螺杆转速的选择应遵循这样一个原则，在既能够挤出光滑而均匀的型坯，又不会使挤出传动系统超负荷的前提下，尽可能采用较快的螺杆转速。否则，型坯的黏度低，挤出速度又慢，由于塑料自重作用而引起的型坯下垂，将会造成壁厚相差悬殊，甚至无法成型。

(7) 吹气压力和速率　吹塑时，引进空气的容积速率越大越好，这样可以缩短吹胀时间，使制品得到较为均匀的厚度和较好的表面质量。但是空气进入的线速度不能过大，否则可能产生两种不正常的现象。一种是在空气进口处产生低压，使这部分型坯内陷；另一种是空气把型坯在口模处冲断，以致不能吹胀。

吹塑的空气应有足够的压力，不然就不能将型坯吹胀或将模面的花纹完全显出。所用压力的大小主要决定于制品的壁厚、容积以及塑料的类型。厚壁制品的压力可小些，因这种制品的型坯壁厚较大，塑料的黏度一时不会变得很高以致妨碍它的吹胀。反之，薄壁制品就需要采用较高的压力。容积大的制品应用高压，反之就用较低的压力。熔融黏度大的塑料所需压力比黏度小的高。一般吹塑压力为 0.2～1.0MPa，个别可达 2MPa。

3. 拉伸吹塑

拉伸-吹塑又可分为一步法与两步法两种。在一步法中，型坯的成型、冷却（注拉吹不用）、加热（注拉吹不用）、拉伸、吹塑、冷却及制品的取出均在一台成型机上依次完成。两步法则先用挤出或注射法成型型坯，并使之冷却至室温，成为半成品；然后将型坯送入成型机中再加热、拉伸、吹塑成型为制品。一步法和两步法拉伸吹塑各有其特点。

4. 注射-吹塑

注射-吹塑是由注射机将熔融塑料注入注射模内形成管坯，开模后管坯留在芯模上，然后趁热移至吹塑模内，从芯模的管道吹入压缩空气，使型坯吹胀后即得到吹塑制品。

注射-吹塑有如下两种形式。

① 利用注射机注射出管状型坯，用分合模夹持封闭管坯的开放端，然后吹塑。

② 联合使用注射型坯模和吹塑模，先用注射机在注射模内注射成型，制成有底的型坯，然后再将熔融型坯移至吹塑模内进行吹塑。

注射-吹塑的工艺特点：自动化程度高，可多模生产，生产效率高；制品无拼缝线；制品底部的强度高；制品的壁厚均匀，口部尺寸精确；废料少。但每种制品需要两副模具；注射型坯的模具要能承受高压；生产周期长；操作人员要有熟练的操作技术。

二、人造革的涂覆成型

PVC 人造革是属于塑料涂层制品，在有压延机的厂家可用压延法成型 PVC 人造革，在此论述的是 PVC 和 PU 人造革的涂覆成型。

1. 直接涂覆法 PVC 人造革的生产

直接涂覆法是把 PVC 塑性溶胶直接涂覆在经过处理的布基上，再使其通过熔融、塑化、轧花、冷却、表面处理等工序成为人造成革的工艺。其优点是工艺流程简单，设备投资少，生产效率高；缺点是布基必须经过预处理，不宜采用强度低的布基和纸基，不适用于针织布基人造革的生产。其工艺流程如图 11-6 所示。

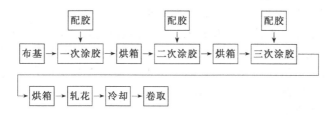

图 11-6　直接涂覆法 PVC 人造革的生产工艺流程

涂布的方法有刮刀法和辊涂法（类似于压延法）。刮刀法是在底布放卷后，调成具有一定张力的底层胶和面层胶，用立式刮刀涂刮。辊涂法是用辊筒将塑性溶胶涂覆在基材上一种方法。

制得的底层胶料通过刮刀直接涂布在经过预处理的布基上，而后进入烘箱预塑化（即凝胶化），冷却后再涂布面层胶料（当然，不涂这层胶料，贴一层膜也可以），再经过烘箱熔融、塑化，轧花冷却后即得到普通 PVC 人造革。第一道烘箱的长度约 14m，温度大约在100℃±5℃，时间大约为 2min±0.5min。车速是由人造革在烘箱内的时间所决定的。第二道烘箱的温度为 150～200℃，烘箱的长度与第一道烘箱大致相同。

不论是涂二层还是三层，每涂一层胶后必须经过凝胶处理后才能涂第二层。贴膜时必须经过烘熔塑化后才能贴膜。

2. 间接涂覆法 PVC 人造革的生产

将塑性溶胶用刮刀或逆辊涂覆的方法涂覆到一个循环的载体上（一般为不锈钢或离型纸），通过预热烘箱使其在半凝胶状态下与布基贴合，再经过主烘箱塑化或发泡，然后冷却并从载体上剥离下来，再压花、表面涂饰处理而成为制品。用这种方法生产人造革时，必须对剥离的表面进行处理，以制造成手感滑爽的优良表面。间接涂覆法适用于生产针织布基或无纺布基的普通人造革及泡沫人造革。

（1）钢带法　钢带法针织布基 PVC 泡沫人造革生产的工艺流程如图 11-7。

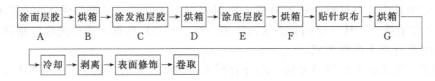

图 11-7　钢带法针织布基 PVC 泡沫人造革生产工艺流程

成型工艺参数如下：

A：胶层厚约 0.1mm；B：烘箱长 3m，温度 100℃±5℃，凝胶；C：胶层厚约 0.4mm；D：烘箱长 3m，温度 100℃±5℃，凝胶；E：约 0.1～0.2mm；F：烘箱长 3m，温度 80℃±5℃，并凝胶；G：烘箱长 10m，温度 190℃±10℃，塑化、发泡。涂覆时的车速约为 3.0～4.5m/min。剥离后的半成品切边，通过涂刮机（或印花机）将表面处理剂的混合液涂覆于表层，涂刮量约 30g/m²，然后在温度为 120～160℃ 的烘箱内加热（烘干），经压花、冷却得到成品革。

发泡层胶料的配制是按一定的顺序加入各种原料，在搅拌器内搅拌 20min 左右，经三辊研磨机研磨后，再搅拌 20min，得到混合均匀、黏度一致的胶料。

针织布筒子纱经剖幅上浆后，卷取待用。

不锈钢带载体是由氩弧焊或其他焊接方法制成的环形带，由主动传动装置带动前、后转鼓使其循环移动。在加热状态下，钢带局部易伸长，因此，要特别注意调整钢带的张力，使其左右一致，并要在张力辊筒的中心运转。同时，张力配重要适宜，配重过高，钢带易疲劳变形；配重不足则钢带松弛跑偏。另外，要防止钢带受热不均匀。

（2）离型纸法　配方、工艺流程及其工艺条件两者相似；不同的是面层胶是涂在带有花纹的离型纸上，因此人造革表面不需要轧花，但离型纸的利用率不高，折算下来成本反而比钢带法还要高，并且离型纸还需要进口。离型纸循环使用次数要求在 10 次以上，然而，有关厂家生产实际证实，实际上只有 3～4 次。

离型纸法的工艺流程见图 11-8。

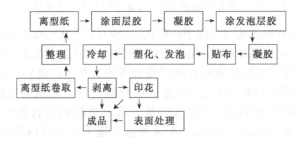

图 11-8　离型纸法针织布基 PVC 泡沫人造革生产工艺流程

三、涂层工艺

涂层工艺包括两个方面的内容：其一，是非塑料制品上涂一层塑料或含有塑料成分的涂料；其二，是在塑料制品上涂上一层含有塑料成分或不含塑料成分的涂料。

在非塑料物体上喷涂塑料主要有四类工艺。喷涂工艺主要用于在金属制品涂上塑料，防止金属制品生锈，增强物体的耐腐蚀性和耐化学药品性。

（1）火焰喷涂　火焰喷涂是使粉状或糊状塑料通过喷枪发射的火焰而变为表面熔化物粒子，然后，再通过火焰的气流喷射到物体表面，并形成塑料层。

（2）热熔喷涂　热熔喷涂是将被涂层的制品先行加热到一定的温度，然后用喷枪将常温的塑料粉末喷上，借被涂物的热量而熔融，冷却后即得到塑料涂层。热熔喷涂所用喷枪不带燃烧系统，可利用普通油漆喷枪。

（3）沸腾敷涂　沸腾敷涂是将预热到塑料熔点以上的物体放入到处于沸腾状态的粉状塑料中，使流动的塑料粉与物体表面接触并熔化，而后再进行补充加热，而使塑料粉成为完全的涂层。沸腾敷涂能涂覆复杂的物体，涂层质量高，树脂粉末几乎没有损失，工作环境清洁；但对大型物体难以涂覆。

（4）静电喷涂　静电喷涂实质上就是用高压静电发生器造成静电场，被涂物体接地作为正高压，塑料粉末经过喷枪，再经过负高压喷杯喷出，带负电；在静电场的作用下，带负电荷的塑料粉末就飞向被涂物，在表面形成均匀的粉末层，再加热熔化，淬火而得到均匀的塑料涂层。

静电喷涂的主要特点是：涂层均匀，光泽度和附着力好，涂料损失少，生产效率高，一次可得到较厚的涂层，易于自动化和远距离操作，劳动强度低，劳动保护好。但设备复杂，并有高压电设施，对大型物体不适用。总之，这是一种很有发展前途的喷涂技术。

静电喷涂的主要设备有：高压电发生器、静电喷枪、喷涂室和干燥系统。

对塑料制品进行涂覆时，首先要对塑料制品进行表面处理，其方法有化学处理和物理处理法。

第四节
废旧塑料的回收与再生利用

由于各种塑料制品被广泛地用于工业、农业等各种领域，随之而来的是数量惊人的废旧塑料——"白色垃圾"，其已成为世界性公害。另外，大量的塑料废物弃之不用也是不可再生资源的损失。

一、废旧塑料中杂质的清除

要回收、再生和利用废旧塑料，首先需将废旧塑料中泥沙、油污等杂质清除干净，然后再将各种不同的废旧塑料鉴别分类。

如果是铁类金属杂质，则可用磁选法予以清除；如果只是一般泥沙，则用水清洗即可；如果是油污，则通常用碱水煮，然后用清水洗；对于难以用水或碱水清洗的油污，则要采用手工法予以清除。

用碱液清除油污时，一般用浓度为 15% 的碱水，碱煮时间为 15～20min，温度为 80～100℃。碱水可重复使用。经水洗的废旧塑料还要晾晒干后才能进入下一道工序。

二、塑料的鉴别与分类

要较好地回收和利用废旧塑料，就必须将塑料进行分类。然而，要准确、严格地将塑料分类，这是一件很难的事。一般说来，收集废旧塑料和清除塑料中的杂质，一般人员就能胜任；而要对塑料进行鉴别，则需要专业人员才能胜任。鉴别分类方法很多，现就将常用的方法作一简述。

1. 直观鉴别法

这主要是指用人的感官鉴别。如用眼看、用手摸、用指甲划、用鼻闻或摔一摔用耳听其声等方法。

2. 测试鉴别法

测试鉴别法的方法很多。有的很简单，有的较为复杂。

（1）沉浮法　最简单的测试法就是将塑料放在水中，看其是沉是浮？这就是定性认定该塑料的密度是大于 $1g/cm^3$ 还是小于 $1g/cm^3$？当然，该塑料的密度究竟是多少，还要用密度法来测定。

（2）密度法　对于较纯的塑料，用密度法还是很有效的。如果在塑料中加入很多的填料，虽也能测其密度，但也无法鉴别出是哪种塑料品种。

（3）燃烧法　可取一小块塑料，放在火焰上燃烧，观察其燃烧的难易程度、火焰的颜色、冒烟情况、有什么气味，根据这些情况判断是什么塑料。这还是相当准确的方法。因为不同的官能团在燃烧时的情况不同。

（4）溶剂鉴别法　不同的塑料都各有其不同的良溶剂。有时，一种溶剂虽可溶解两种以上的塑料，但各种塑料溶解时的情况也不相同。

（5）元素鉴别法　对塑料中的所含元素进行鉴定分析，这是相当有效的一种方法。但此在应用中有一定的条件，技术难度较大。

（6）理化分析法　采用红外光谱、核磁共振、色谱-质谱联用、X 射线衍射等方法来鉴别塑料品种十分可靠，但需要昂贵的仪器，因此，此法的应用受到限制。

（7）热解分析法　将塑料热裂解（或降解），用化学试纸来测试是否有氯化氢气体等。

（8）综合分析法　将上述方法的两种以上联用，以增加鉴别的可靠性。

三、塑料的再生和利用

废旧塑料的再生利用方法有三大类：再生为低级塑料原料、裂解还原和燃烧回收热能。

1. 再生为低级塑料原料

对于工厂中边角料，在生产过程中就地回收利用，这种再生称为简单再生。这在各个塑料加工都在普遍使用。

对于从自然界收集来的废旧塑料，按照如下工艺路线，生产出用于低级制品的原料：

收集→清除杂质→清洗→分类→粉碎造粒或改性造粒

2. 裂解还原

回收的废旧塑料，要尽可能塑化再生，作为二次材料利用。但混杂脏乱、有各种杂色、填充物较多、油腻污染严重难以洗涤的废旧塑料，是不能用于再生造成粒的。废旧塑料可用于裂解还原，转化为塑料的单体及化工原料、汽油、柴油及燃气等。但实际上还是有许多技术问题需要解决。

3. 燃烧回收热能

对于无再生价值的废旧塑料，可燃烧回收热能，但问题是这些热能如何转变为其他形式的能量、热能如何储存及如何输送，这些实际技术的解决仍需要时日。

阅读材料

降解塑料

随着现代社会农业科学技术的发展，薄膜的使用逐渐深入到农业生产的各个领域。曾给农业生产带来福音的"白色革命"在极大地促进我国农业生产发展的同时，也给我国的生态环境造成了极大的"白色污染"。连年不降解的碎膜逐年累积于土壤耕层造成土壤板结、通透性变差、根系生长受阻，后茬作物减产，有些作物减产幅度达到20%以上，并且这一情况正在进一步恶化，由此产生的环保负面效应已引起社会各界的严重关注和忧虑。解决此类问题的主要方法，一是对废弃塑料进行再生回收使用，另一个就是发展降解塑料。

降解塑料是一类新型功能塑料，按照降解机理可大致分为光降解塑料、生物降解塑料和光-生物双降解塑料。其中，具有完全降解特性的生物降解塑料和具有光-生物双重降解特性的光/生物双降解塑料，是目前主要的研究开发方向和产业发展方向。

光降解塑料一般是指在太阳光的照射下，引起光化学反应而使大分子链断裂和分解的塑料。一般光降解塑料的制备方法有两种：一是在高分子材料中添加光敏剂，由光敏剂吸收光能后产生自由基，促使高分子材料发生氧化作用后达到劣化；另一种是利用共聚的方式将光敏基团（如羧基、双键等）导入高分子结构内赋予材料光降解的特性。因此光降解塑料可分为添加型和合成型两类。

光降解塑料由于价格较高，又只能在光照下降解，受地理环境、气候制约性很大，埋地部分不能降解等问题，使大面积应用受到一定限制。光降解塑料表现出来的诸多缺点使得光降解塑料最终退出历史舞台，而生物降解塑料所表现出的优良的全降解性能，使得各国开始把研究目光转向生物降解塑料。目前研究开发的生物降解材料有天然高分子材料、微生物合成高分子材料、人工合成高分子材料以及共混性高分子（添加型）材料。

尽管目前对光降解塑料和生物降解塑料的研究和报道较多，但在推广过程中遇到不少问题：①经济问题，生物降解塑料的价格要比普通塑料高2～15倍，高昂的价格成为其进入市场的阻力；②技术问题，生物降解塑料在不同应用领域要求有不同的降解速度，如在用作包装材料时要求有一定的使用期，作医药材料时则要求降解速率快，要做到能有效控制降解时间，在技术上还待提高；③安全问题。

面对光降解塑料与生物降解塑料不可忽视的缺点，各国开始考虑两种降解的结合，即光-生物双降解塑料。光-生物双降解塑料具有光、生物的双重降解性，是当前世界降解塑料的主要开发方向之一。其制备方法是采用通用高分子材料（如PE）中添加光敏剂、自动氧化剂、促氧化剂、抗氧剂和作为微生物培养基的生物降解助剂等的添加剂。

光-生物双降解塑料分为合成型双降解塑料和掺混型双降解塑料，但由于合成型光降解塑料成本较高，研究较少。目前研究较多的是掺混型光-生物双降解塑料。

降解塑料目前仍处于不断成熟的阶段，技术含量较高，特别是随着人们对环境污染问题的日益关注和可持续发展战略的实施，降解塑料的研究前景看好，应用领域也将会逐步拓展。然而就目前的研究成果而言，欲使其普遍使用仍需较长的时间。

 习题

1. 解释下列名词术语：

热成型　差压成型　浇铸成型　MC尼龙　MMA浇铸过程中的"凝胶效应"　嵌铸　离心浇铸　滚塑　旋转铸塑　搪塑　流延　中空吹塑　挤出-吹塑　注射-吹塑　挤-拉-吹和注-拉-吹　涂覆成型　火焰喷涂　热熔喷涂　沸腾喷涂　静电喷涂

2.热成型有何特点？常用的原料有哪些？

3.热成型的基本方法有哪几类？各有何特点？

4.热成型工序有哪几步？热成型设备有哪几个主要组成部分？

5.浇铸成型工艺有何特点？可分为哪几类？

6.用于静态浇铸原料的工艺性有哪些？

7.试简述 MC 尼龙的原料配比、成型原理与工艺过程及工艺参数。（凡能用反应式表示的，则尽能用反应式表示）

8.简述 PMMA 板材浇铸原料、配方、工艺流程与工艺参数。

9.与静态浇铸相比，离心浇铸有何优点？

10.中空吹塑用塑料材料应具有哪些特性？

11.挤出中空吹塑的工艺流程可分为哪五步？

12.中空吹塑用挤出机有哪些特性？

13.简述直接涂覆法人造革生产的工艺流程、所用设备与工艺参数。

14.简述间接涂覆法（钢带法）人造革生产的工艺流程、所用设备与工艺参数。

15.静电喷涂有何特点？其工艺原理与工艺要点分别有哪些内容？

16.塑料的鉴别方法有哪些？

17.如何回收、再生和利用废旧塑料？

附　录

计量单位与换算关系

计量单位名称	法定单位		原用单位		换　算　关　系
	中文名称	符号	中文名称	符号	
长度	米	m			$1m＝10dm＝10^2cm＝10^3mm＝10^4dmm＝10^5cmm＝10^6\mu m$
	分米	dm			
	厘米	cm			$1m＝39.37008in＝3.28084ft＝1.093613yd$ $＝6.213712\times10^{-6}mile＝3\ 市尺$
	毫米	mm			$1mm＝0.03937in$
	丝米	dmm	码	yd	$1yd＝3ft＝91.44cm＝0.9144m$
	忽米①	cmm	英尺	ft(′)	$1ft＝12in＝30.48cm＝0.3048m$
	微米	μm	英寸	in(″)	$1in＝8\ 英分＝25.4mm＝2.54cm＝0.0254m$
	纳米	nm	英分	(1/8″)	$1\ 英分＝3.175mm＝4\ 角$
	(毫微米)	(mμm)	市尺		$1\ 市尺＝1/3m$
			费密		$1\ 费密＝10^{-15}m$
			密尔	mil	$1mil＝0.025mm$
			埃	A	$1A＝10^{-10}m＝10^{-8}cm$
	海里	n mile			$1n\ mile＝1852m(只用于航程)$
	英里	mile			$1mile＝1760yd＝5280′$
质量	吨 (公吨)	t (MT)			$1t＝10^3kg＝10^6g＝20cwt.＝2204.623lb$ $＝35273.96oz＝1.102311ton$ $＝0.9842\ 英吨$
			英吨(长吨,毛吨)	ton	$1\ 英吨＝2240\ lb＝1016.046988kgf$
			美吨(短吨,净吨)		$1ton＝2000\ lb＝907.18474kgf$ $＝0.9071847t$ $＝907184.7g＝32000oz$
	千克 (公斤)	kg	英担	cwt.	$1kg＝10^3g＝10^3t＝1.102311\times10^{-3}ton$ $＝2.204623\ lb＝35.27396oz$
			公担	q	$1q＝100kg$
			磅	lb(lb)	$1\ lb＝16oz＝0.4536kg＝453.592g$ $＝4.535924\times10^{-4}t$
重量	克	g	盎司(英两)	oz	$1oz＝16dr.＝28.346g$
			打兰	dr.	$1dr.＝1.771g$
			市斤		$1\ 市斤＝0.5kg$
	原子质量单位	u			$1u\approx1.66056\times10^{-27}kg$
			米制克拉		$1\ 米制克拉＝2\times10^{-4}kg$

续表

计量单位名称	法定单位		原用单位		换 算 关 系
	中文名称	符号	中文名称	符号	
压力 压强	帕[斯卡]	Pa	牛/厘米^2 牛/毫米^2 达因/厘米^2 千克力/厘米^2 巴	N/cm^2 N/mm^2 dyn/cm^2 kgf/cm^2 bar	$1Pa=1N/m^2=m^{-1}\cdot kg\cdot s^{-2}$ $1N/cm^2=10^4 Pa$ $1N/mm^2=1MPa$ $1dyn/cm^2=0.1Pa$ $1kgf/cm^2=9.80665\times10^4 Pa$ $1bar=10^5 Pa$
应力			毫巴 标准大气压 毫米汞柱 托 千克力/厘米^2 工程大气压 毫米水柱	mbar atm mmHg Torr kgf/cm^2 at mmH$_2$O	$1mbar=10^2 Pa$ $1atm=101325Pa$ $1mmHg=133.322Pa=1Torr$ $1Torr=133.322Pa=1mmHg$ $1kgf/cm^2=9.80665\times10^4 Pa=1kgf/cm^2$ $1at=9.80665\times10^4 Pa=760mmHg=1kgf/cm^2$ $1mmH_2O=9.80635Pa$
体积 容积	米^3 分米^3 厘米^3 升	m^3 dm^3 cm^3 L(l)			$1m^3=10^3 dm^3=27\text{ 市尺}^3=35.3147ft^3=1.3080yd^3$ $1dm^3=10^3 cm^3$ $1cm^3=10^3 mm^3$ $1L(l)=1000cm^3=1dm^3=10^{-3}m^3=61.02374in^3$ $\quad=0.03531467ft^3=1.056688qt$ $\quad=0.2641721gal$
			英尺^3	ft^3	$1ft^3=28316.85cm^3=1728in^3=29.92208qt$ $\quad=7.4805208ga=128.31685L$ $\quad=0.0283168m^3$
			英寸	in^3	$1in^3=5.787037\times10^{-4}ft^3=0.01731602qt$ $\quad=4.329004\times10^{-3}gal=16.38706cm^3$ $\quad=0.01638706L=1.638706\times10^{-5}m^3$
			英液盎司 美液盎司 英加仑 美加仑 夸脱	UK floz US floz UK gal US gal qt	$1UK\ floz=28.4131cm^3$ $1US\ floz=29.5735cm^3$ $1UK\ gal=4.54609dm^3$ $1US\ gal=3.78541dm^3=3.785412L=231in^3=4qt$ $1qt=57.75in^3=0.946353L=0.03342014ft^3$ $\quad=0.25gal=946.353cm^3$
面积	米^2 厘米^2	m^2 cm^2			$1m^2=1550.003in^2=10.76391ft^2=1.19599yd^2$ $\quad=3.861022\times10^{-7}mi.^2=10^4 cm^2$ $1cm^2=10^{-4}m^2=1.19599\times10^{-4}yd^2$ $\quad=3.861022\times10^{-11}mi.^2=0.1550003in^2$ $\quad=1.076391\times10^{-3}ft^2$
			靶恩 英寸^2	b in^2	$1b=10^{-28}m^2$ $1in^2=6.944444\times10^{-3}ft^2=7.7166049\times10^{-4}yd^2$ $\quad=2.490977\times10^{-10}mi.^2=6.4516cm^2$ $\quad=6.4516\times10^{-4}m^2$
			英尺^2	ft^2	$1ft^2=144in^2=0.11111yd^2=3.587007\times10^{-8}mi.^2$ $\quad=929.0304cm^2=0.09290304m^2$
			码^2	yd^2	$1yd^2=1296in^2=9ft^2=3.228306\times10^{-7}mi.^2$ $\quad=8361.273cm^2=0.8361273m^2$
			英里^2	mile^2	$1mile^2=4.014490\times10^9 in^2=2.78784\times10^7 ft^2$ $\quad=3.0976\times106yd^2=2.589988\times10^{10}cm^2$ $\quad=2.5899881010m^2$

计量单位名称	法定单位		原用单位		换 算 关 系
	中文名称	符号	中文名称	符号	
时间	秒 分 [小]时 天(日) 年	s min h d a			1s＝1/60min 1min＝60s 1h＝60min＝3600s 1d＝24h＝86400s 1a＝12 月
热力学温度	开[尔文]	K			
平面角	弧度 [角]秒 [角]分 度 直角	rad (″) (′) (°)	直角	L	L＝1/2rad 1″＝(π/64800°)rad 1′＝60″＝(π/10800)rad 1°60′＝(π/180)rad＝0.0174533rad
立体角	球面度 球面角	sr			球面角＝4π 立体弧度
功率	瓦[特] 千瓦	W kW	米制 马力 英制 马力 千克力·米/秒 英尺 磅力/秒 卡/秒 千卡/小时 英热单位/小时	ps hp kgf·m/s ft·lbf/s cal/s kcal/h But/h	1W＝1J/s＝1m²·kg·s⁻³ 1ps＝735.49875W＝0.73549875kW＝75kg·m/s 1hp＝745.65W＝0.74565kW＝55 lb·ft/s＝745.65W 1kgf·m/s＝9.80665W 1ft·lbf/s＝1.35582W 1cal/s＝4.1868W 1kcal/h＝1.163W 1But/h＝0.293071W
力 重力	牛[顿]	N	千克力 达因 磅力 吨力	kgf dyn lbf tf	1N＝1kg·m/s²＝1m·kg·s⁻² 1kgf＝9.80665N 1dyn＝1×10⁻⁵N 1 lbf＝4.44822N 1tf＝9.80665×10³N
力矩	牛[顿]米	N·m	千克力·米 磅力·英寸 磅力·英尺	kgf 1 lbf·in 1 lbf·ft	1kgf·m＝9.80665N·m 1 lbf·in＝0.112985N·m 1 lbf·ft＝1.35582N·m
动力黏度	帕[斯卡]·秒	Pa·s	泊 厘泊 千克力·秒/米² 磅力·秒/英尺² 磅力·秒/英寸²	P cP kgf·s/m² lbf·s/ft² lbf·s/in²	1P＝0.1Pa·s 1cP＝0.001Pa·s＝1mPa·s 1kgf·s/m²＝9.80655Pa·s 1 lbf·s/ft²＝47.8803Pa·s 1 lbf·s/in²＝6894.76Pa·s
运动黏度	米²/秒	m²/s	斯[托克斯] 厘斯[托克斯]	St cSt	1St＝1cm²/s＝10⁻⁴m²/s 1cSt＝1mm²/s＝10⁻⁶m²/s
功 能量 热	焦[耳] 电子伏[特]	J eV	卡[路里] 卡[路里] (蒸汽)	cal calIT	1J＝1N·m＝1m²·kg·s⁻²＝0.2388459calIT ＝0.2390057cal ＝1.112650×10⁻¹⁴ 克质量(能当量) ＝9.478172×10⁻⁴BtuIT ＝2.777777×10⁻⁷kW·h ＝0.7375622ft·lb(wt) ＝5.121960×10⁻³ft²·lb(wt)in² ＝9.869233×10⁻³L·atm 1cal＝4.184J＝0.9993312calIT ＝3.965667×10⁻³BtuIT 1calIT＝4.1868J＝1.000669cal ＝3.968321×10⁻³BtuIT 1eV≈1.6021892×10⁻¹⁹J

计量单位名称	法定单位		原用单位		换算关系
	中文名称	符号	中文名称	符号	
			尔格	erg	$1erg=10^{-7}J$
			千克力·米	kgf·m	$1kgf·m=9.80665J$
			米制马力·小时	ps·h	$1ps·h=2.64780×10^6J$
			升·大气压	L·atm	$1L·atm=101.325J=0.09603757BtuIT$
			英尺·磅力	ft·lbf	$1ft·lbf=1.355818=5.050505×10^{-7}HPh$
			英热单位 （蒸汽）	BtuIT	$1BtuIT≈1055.056J=2.930711×10^{-4}kW·h$ $=10.41259L·atm$
			热化学卡	(cal)	1 热化学卡(cal)$=4.1840J$
拉伸强度 弯曲强度 压缩强度 弹性模量 剪切强度 布氏硬度	帕[斯卡]	Pa			$1Pa=N/m^2$
			千克力/厘米^2	kgf/cm^2	$1kgf/cm^2=9.80665×10^4Pa=0.0980665MPa=0.1M$
			千克力/毫米^2	kgf/mm^2	$1kgf/mm^2=9.80665×10^6Pa=9.80665MPa$
			千克力/米^2	kgf/m^2	$1kgf/m^2=9.80665Pa$
			磅力/英寸^2	lbf/in^2	$1lbf/in^2=6894.76Pa≈6.895kPa≈0.006895M$
			千磅力/英寸^2	klbf/in^2	$1klbf/in^2=6894760Pa=6894.76kPa$
			磅力/英尺^2	lbf/ft^2	$1lbf/ft^2=47.8803Pa=0.04788kPa$
冲击强度	千焦/米^2 千焦/米 焦[耳]/米	kJ/m^2 kJ/m J/m	千克力·厘米/厘米^2	kgf·cm/cm^2	$1kgf·cm/cm^2=0.0098J/cm^2≈0.1J/cm^2≈1kJ/m^2$
			千克力·厘米/厘米	kgf·cm/cm	$1kgf·cm/cm=0.0098kJ/m≈0.01kJ/m$
			英尺·磅力/英寸	ft·lbf/in	$1ft·lbf/in=0.5337J/cm=53.37J/m$
			英尺·磅力/英寸^2	ft·lbf/in^2	$1ft·lbf/in^2=0.21J/cm^2=2.1kJ/m^2$
撕裂强度 剥离强度 抗劈强度	牛[顿]/米	N/m	千克力/厘米	kgf/cm	$1kgf/cm=9.80665N/cm=980.665N/m≈10N/m$
			磅力/英寸	lbf/in	$1lbf/in=175.12677N/m$
介电强度	千伏/毫米	kV/mm	伏/密耳	V/mil	$1V/mil=0.04kV/mm$
热导率 （导热系数）	瓦/（米·开）	W/(m·K)	卡/（厘米·秒·开）	cal/(cm·s·K)	$1cal/(cm·s·K)=418.68W/(m·K)$
			千卡/（米·时·开）	kcal/(m·h·K)	$1kcal/(m·h·K)=1.163W/(m·K)$
			英热单位/（英尺·时·华氏度）	Btu/(ft·h·°F)	$1Btu/(ft·h·°F)=1.73073W/(m·K)$
			英热单位·英寸/（英尺^2·时·华氏度）	Btu·in/(ft^2·h·°F)	$1Btu·in/(ft^2·h·°F)=0.144228W/(m·K)$
			千卡·厘米/（米^2·时·摄氏度）	kcal·cm/(m^2·h·℃)	$1kcal·cm/(m^2·h·℃)=0.01163W/(m·K)$
转速 旋转速度	每秒 转/每分	s^{-1} r/min	转/每分	rpm	$1r/min=(1/60)s^{-1}$
物质的量	摩[尔]	mol			
发光强度	坎[德拉]	cd			
速度	米/每秒 节	m/s kn			$1kn=1n$ mile/h$=(1852/3600)m/s$ $=0.51444m/s$（只用于航程）
加速度	米/秒^2	m/s^2	伽	Gal	$1Gal=10^{-2}m/s^2$

续表

计量单位名称	法定单位		原用单位		换　算　关　系
	中文名称	符号	中文名称	符号	
物质 B 的浓度	摩[尔]/米^3	mol/m^3			
光照度	勒[克斯]	lx	辐透	Phot	$1Phot=10^4lx$ $1lx=1m/m^2$
电荷量	库[仑]	C			$1C=1A \cdot s=1s \cdot A$
电流	安[培]	A			
电压 电位 电动势	伏[特]	V			$1V=1W/A=1m^2 \cdot kg \cdot s^{-3} \cdot A^{-1}$
线密度	千克/米	kg/m	特[克斯] 旦巴尔 英制支数	tex den den	$1tex=1g/km=10^{-6}kg/m$（特克斯一般称公制号数） $1den=1/9g/km=0.111112 \times 10^{-6}kg/m$ $1tex=9den$ $1tex=1000/$支数
磁通量	韦[伯]	Wb	麦克斯韦	Mx	$1Wb=1V \cdot s=1m^2 \cdot kg \cdot s^{-2} \cdot A^{-1}$ $1Mx=10^{-8}Wb$
电容	法[拉]	F			$1F=C/V=1m^{-2} \cdot kg^{-1} \cdot s^4 \cdot A^2$
电阻	欧[姆]	Ω			$1\Omega=V/A=1m^2 \cdot kg \cdot s^{-3} \cdot A^{-2}$
电导率	西[门子]/米	S/m	欧姆$^{-1}$·米$^{-1}$	$\Omega^{-1} \cdot m^{-1}$	$1\Omega^{-1} \cdot m^{-1}=1S/m$
电导	西[门子]	S			$1S=1A/V=1m^{-2} \cdot kg^{-1} \cdot s^3 \cdot A^2$
磁通量密度 磁感应强度	特[斯拉]	T	高斯	Gs(G)	$1T=1Wb/m^2=1kg \cdot s^{-2} \cdot A^{-1}$ $1Gs=10^{-4}T$
电感	亨[利]	H			$1H=1Wb/A=1m^2 \cdot kg \cdot s^{-2} \cdot A^{-2}$
磁场强度	安[培]/米	A/m	奥斯特	Oe	$1Oe=(1000/4\pi)A/m$
放射性活度	贝可[勒尔]	Bq	居里	Ci	$1Bp=1s^{-1} \approx 2.703 \times 10^{-11}$ $1Ci=3.7 \times 10^{10}Bq$
吸收剂量	戈[瑞]	Gy	拉德	rad(rd)	$1Gy=1J/kg=1m^2 \cdot s^{-2}=100rad$ $1rad=10^{-2}Gy$
剂量当量	希[沃特]	Sv	雷姆	rem	$1Sv=1J/kg=1m^2 \cdot s^{-2}=100rem$ $1rem=10^{-2}Sv$
光通量	流[明]	lm			$1lm \approx cd \cdot Sv$
照射量	库[仑]/千克	C/kg	伦琴	R	$1R=2.58 \times 10^4C/kg$
级差	分贝	dB			**无量纲量**
光亮度	坎[德拉]/米^2	cd/m^2	尼特	nt	$1nt=1cd/m^2$
线胀系数	1/开[尔文]	1/K	华氏度$^{-1}$	°F^{-1}	$1°F^{-1}=1.8K^{-1}$
温度	摄氏度 开[尔文]	℃ K	华氏度	°F	$1℃=(°F-32)/1.8$ $1K=℃$（当表示温度差和温度间隔时） $0℃=273.15K$
密度	千克/米^3 克/厘米^3	kg/m^3 g/cm^3			$1g/cm^3=0.5780365oz/in^3=0.03612728\ lb/in^3$ $=62.42795\ lb/ft^3$ $=8.345403\ lb/gal^3=1000g/L$

计量单位名称	法定单位		原用单位		换算关系
	中文名称	符号	中文名称	符号	
密度			克/升	g/L	$1g/L = 5.780365 \times 10^{-4} oz/in^3$ $= 3.612728 \times 10^{-5} lb/in^3$ $= 0.06242795 \ lb/ft^3$ $= 8.345403 \times 10^{-3} lb/gal = 10^{-3} g/cm^3$
			盎司/英寸³	oz/in³	$1 \ oz/in^3 = 0.0625 \ lb/in^3 = 108 \ lb/ft^3$ $= 14.4375 \ lb/gal = 1.729994 g/cm^3$ $= 1729.994 g/L$
			磅/英寸³	lb/in³	$1 \ lb/in^3 = 1728 \ lb/ft^3 = 231 \ lb/gal$ $= 27.67991 g/cm^3 = 27679.91 g/L$ $= 1boz/in^3$ $= 27679.9 kg/m^3$
			磅/英尺³	lb/ft³	$1 \ lb/ft^3 = 9.259259 \times 10^{-3} oz/in^3$ $= 0.1336806 \ lb/gal$ $= 5.7870370 \times 10^{-4} lb/in^3$ $= 0.01601847 g/cm^3 = 16.01847 g/L$ $= 16.0185 kg/m^3$
			磅/加仑	lb/gal	$1 \ lb/gal = 6.9264069 \times 10^{-2} oz/in^3$ $= 4.329004 \times 310^{-3} lb/in^3$ $= 7.480519 \ lb/ft^3$ $= 0.1198264 g/cm^3$ $= 119.8264 g/L$
比热容	焦/(千克·开)	J/(kg·K)	千卡/(千克·开)	kcal/(kg·K)	$1kcal/(kg·K) = 418608J/(kg·K)$
			千克力·米/(千克·开)	kgf·m/(kg·K)	$1kgf·m/(kg·K) = 9.80665J/(kg·K)$
			英热单位/(磅·华氏度)	Btu/(lb·°F)	$1Btu/(lb·°F) = 4186.8J/(kg·K)$
			英尺·磅力/(磅·华氏度)	ft·lbf/(lb·°F)	$1ft·lbf/(lb·°F) = 5.38032J/(kg·K)$
频率	赫[兹]	Hz			$1Hz = 1s^{-1}$

① 工厂中习惯将忽米称为"丝"或"道"，即 1cmm＝0.01mm。

注：1. 圆括号内有几种意义。

a.（ ）号内是已废弃淘汰的旧名称，例如米（公尺）中"公尺"及千瓦中"瓩"等现在不再采用。

b.（ ）号内的字为前者的同义词，或为新旧名称之区别，例如纳米（毫微米）等。

c.（ ）号内是补充说明前面的解释，例如英热单位（蒸汽）等。

d. 视具体情况而定，例如千卡/（米·时·开）表示将米·时·开这三个量连成整体，均在分母上。

2. 方括号［ ］内的字，是在不致混淆的情况下，可以省略的字。

参 考 文 献

[1] 韩冬冰等编著. 高分子材料概论. 北京：中国石化出版社，2003.
[2] 成都科技大学编. 高分子材料成型加工原理. 北京：化学工业出版社，2004.
[3] ［以色列］Z. 塔德莫尔等编著. 聚合物加工原理. 任冬云译. 北京：化学工业出版社，2009.
[4] 何红等编著. 聚合物加工流变学基础. 北京：化学工业出版社，2015.
[5] 瞿金平等编著. 聚合物成型原理及成型技术. 北京：化学工业出版社，2001.
[6] 王小妹等编著. 高分子加工原理与技术. 北京：化学工业出版社，2015.
[7] 华幼卿等编著. 高分子物理. 北京：化学工业出版社，2013.
[8] 桑永等编著. 塑料材料与配方. 北京：化学工业出版社，2014.
[9] 黄锐编著. 塑料成型工艺学. 北京：中国轻工业出版社，2014.
[10] 冯钠编著. 高分子材料成型工程. 北京：中国轻工业出版社，2014.
[11] 刘敏江编著. 塑料加工技术大全. 北京：中国轻工业出版社，2003.
[12] 温变英编著. 高分子材料与加工. 北京：中国轻工业出版社，2011.
[13] 甘争艳等编著. 高分子材料成型工艺. 北京：化学工业出版社，2016.
[14] 陈海涛等编著. 塑料制品加工实用新技术. 北京：化学工业出版社，2010.
[15] 王加龙等编著. 实用塑料加工技术. 北京：金盾出版社，2000.
[16] 杨中文等编著. 塑料成型工艺. 北京：化学工业出版社，2009.
[17] 江水青等编著. 塑料成型加工技术. 北京：化学工业出版社，2009.
[18] 北京塑料工业公司编. 塑料成型工艺. 北京：中国轻工业出版社，2013.
[19] 林师沛等编著. 塑料配制与成型. 北京：化学工业出版社，2004.
[20] 丁浩编著. 塑料工业实用手册（上、下册）. 北京：化学工业出版社，2004.
[21] ［美］詹姆士等编著. 聚合物成型加工新技术. 刘廷华等译. 北京：化学工业出版社，2004.
[22] 杨卫民等编著. 塑料挤出加工新技术. 北京：化学工业出版社，2006.
[23] 王加龙等编著. 热塑性塑料挤出生产技术. 北京：化学工业出版社，2003.
[24] 李建钢等编著. 塑料挤出成型. 北京：化学工业出版社，2015.
[25] 徐百平编著. 塑料挤出成型技术. 北京：中国轻工业出版社，2011.
[26] 唐志玉等编著. 挤塑模设计. 北京：化学工业出版社，2002.
[27] 黄汉雄等编著. 塑料吹塑技术. 北京：化学工业出版社，2001.
[28] 李跃文. 塑料挤出成型技术研发动态. 塑料科技，2010，11：83-86.
[29] 戴伟民等编著. 塑料注射成型. 北京：化学工业出版社，2015.
[30] 张维合等编著. 塑料成型工艺与模具设计. 北京：化学工业出版社，2014.
[31] 吴健文. 塑料注射成型技术的最新进展. 国外塑料，2010，3：49-54.
[32] 王加龙等编著. 热塑性塑料注塑生产技术. 北京：化学工业出版社，2004.
[33] 申开智编著. 塑料成型模具. 北京：中国轻工业出版社，2013.
[34] 瞿金平. 高分子材料成型加工技术创新与发展. 广东塑料，2003，3（3）.
[35] 张京珍等编著. 泡沫塑料成型加工. 北京：化学工业出版社，2005.
[36] 周殿明等编著. 塑料压延技术. 北京：化学工业出版社，2003.
[37] 王林等. 国内压延机的发展趋势. 广东塑料，2005，1/2：25-28.
[38] 孙立新等编著. 塑料成型工艺及设备. 北京：化学工业出版社，2017.
[39] 卜建新编著. 塑料模具设计. 北京：中国轻工业出版社，2009.
[40] 刘亚青等编著. 工程塑料成型加工技术. 北京：化学工业出版社，2006.
[41] 何继敏等编著. 新型聚合物发泡材料及技术. 北京：化学工业出版社，2008.
[42] 傅志红等. 微孔塑料成型技术及关键步骤. 塑料，2003，32（4）：8.
[43] 王宝春等. 泡沫塑料研究进展. 工程塑料应用，2009，10：77-81.
[44] 聂恒凯等编著. 橡胶材料与配方. 北京：化学工业出版社，2015.
[45] 焦书科编著. 橡胶化学与物理导论. 北京：化学工业出版社，2009.